高等学校应用型本科创新人才培养计划系列教材

高等学校计算机类专业课改系列教材

ASP.NET 程序设计及实践

青岛英谷教育科技股份有限公司　编著

西安电子科技大学出版社

内 容 简 介

本书分为两篇：理论篇和实践篇。理论篇从最基本的概念出发，深入地讲解了 C# 的基础知识以及新特性，具体包括 ASP.NET 和 C#语言基础知识、面向对象编程、数组与集合、ADO.NET 数据库访问、数据控件、页面设计、LINQ 数据访问技术、ASP.NET MVC 开发、Web Service 技术以及配置和部署网站。实践篇介绍了基于 Visual Studio 2010 环境开发 ASP.NET 应用程序的方法，具体包括使用 C#开发控制台、类库以及 Web 网站等应用程序，使用 ADO.NET 进行数据库连接及访问，使用数据控件进行数据绑定及操作，使用母版页、内容页和页面导航控件进行页面设计，使用 LINQ 进行集合、数据库查询，配置、部署和发布网站等内容。

本书重点突出，偏重应用，理论联系实际，将 ASP.NET 的技术知识点贯穿整个实践篇，能够使读者加深对 ASP.NET 技术应用的了解，并迅速理解和掌握 ASP.NET 知识，全面提高动手能力。

本书适用面广，可作为本科计算机科学与技术、软件工程、网络工程，高职高专计算机软件、计算机网络、计算机信息管理、电子商务和经济管理等专业的程序设计课程的教材。

图书在版编目(CIP)数据

ASP.NET 程序设计及实践/青岛英谷教育科技股份有限公司编著.
—西安：西安电子科技大学出版社，2015.7(2023.1 重印)
ISBN 978-7-5606-3725-9

Ⅰ.① A…　Ⅱ.① 青…　Ⅲ.① 网页制作工具—程序设计—高等学校—教材
Ⅳ.① TP393.092

中国版本图书馆 CIP 数据核字(2015)第 153807 号

策　　划　毛红兵
责任编辑　闫　彬
出版发行　西安电子科技大学出版社(西安市太白南路 2 号)
电　　话　(029)88202421　88201467　　邮　　编　710071
网　　址　www.xduph.com　　电子邮箱　xdupfxb001@163.com
经　　销　新华书店
印刷单位　广东虎彩云印刷有限公司
版　　次　2015 年 7 月第 1 版　　2023 年 1 月第 4 次印刷
开　　本　787 毫米×1092 毫米　1/16　印　张　31
字　　数　739 千字
印　　数　7001～7500 册
定　　价　79.00 元
ISBN 978-7-5606-3725-9/TP
XDUP 4017001-4
如有印装问题可调换

高等学校计算机类专业
课改系列教材编委会

❖❖❖ 前　　言 ❖❖❖

本科教育是我国高等教育的基础，而应用型本科教育是高等教育由精英教育向大众化教育转变的必然产物，是社会经济发展的要求，也是今后我国高等教育规模扩张的重点。应用型创新人才培养的重点在于训练学生将所学理论知识应用于解决实际问题，这主要依靠课程的优化设计以及教学内容和方法的革新。

另外，随着我国计算机技术的迅猛发展，社会对具备计算机基本能力的人才需求急剧增加，“全面贴近企业需求，无缝打造专业实用人才”是目前高校计算机专业教育的革新方向。为了适应高等教育体制改革的新形势，积极探索适应 21 世纪人才培养的教学模式，我们组织编写了高等院校软件专业系列课改教材。

该系列教材面向高校软件专业应用型本科人才的培养，强调产学研结合，内容经过了充分的调研和论证，并参照了多所高校一线专家的意见，具有系统性、实用性等特点，旨在使读者在系统掌握软件开发知识的同时，提高其综合应用能力和解决问题的能力。

该系列教材具有如下几个特色。

1. 以培养应用型人才为目标

本系列教材以应用型软件人才为培养目标，在原有体制教育的基础上对课程进行了改革，强化“应用型”技术的学习，使读者在经过系统、完整的学习后能够掌握如下技能：

- ✧ 掌握软件开发所需的理论和技术体系以及软件开发过程规范体系；
- ✧ 能够熟练地进行设计和编码工作，并具备良好的自学能力；
- ✧ 具备一定的项目经验，能够进行代码的调试、文档编写、软件测试等；
- ✧ 达到软件企业的用人标准，做到学校学习与企业需求能力的无缝对接。

2. 以新颖的教材架构来引导学习

本系列教材采用的教材架构打破了传统的以知识为标准编写教材的方法，采用理论篇与实践篇相结合的组织模式，引导读者在学习理论知识的同时，加强实践动手能力的训练。

- ✧ 理论篇：学习内容的选取遵循“二八原则”，即重点内容由企业中常用的20%的技术组成。每章设有本章目标，以明确本章学习重点和难点，章节内容结合示例代码，引导学生循序渐进地理解和掌握这些知识和技能，培养学生的逻辑思维能力，掌握软件开发的必备知识和技巧。
- ✧ 实践篇：多点集于一线，以任务驱动，以完整的具体案例贯穿始终，力求使学生在动手实践的过程中，加深对课程内容的理解，培养学生独立分析和解决问题的能力，并配备相关知识的拓展讲解和拓展练习，拓宽学生的知识面。

另外，本系列教材借鉴了软件开发中“低耦合，高内聚”的设计理念，组织结构上遵循软件开发中的 MVC 理念，即在保证最小教学集的前提下可以根据自身的实际情况对整个课程体系进行横向或纵向裁剪。

3. 提供全面的教辅产品来辅助教学实施

为充分体现“实境耦合”的教学模式，方便教学实施，该系列教材配备了可配套使用的项目实训教材和全套教辅产品。

- ✧ 实训教材：集多线于一面，以辅助教材的形式，提供适应当前课程(及先行课程)的综合项目，按照软件开发过程进行讲解、分析、设计、指导，注重工作过程的系统性，培养学生解决实际问题的能力，是实施“实境”教学的关键环节。
- ✧ 立体配套：为适应教学模式和教学方法的改革，本系列教材提供完备的教辅产品，主要包括教学指导、实验指导、电子课件、习题集、实践案例等内容，并配以相应的网络教学资源。教学实施方面，提供全方位的解决方案(课程体系解决方案、实训解决方案、教师培训解决方案和就业指导解决方案等)，以适应软件开发教学过程的特殊性。

本书由青岛英谷教育科技股份有限公司编写，参与本书编写工作的有王燕、宁维巍、朱仁成、宋国强、何莉娟、杨敬熹、田波、侯方超、刘江林、方惠、莫太民、邵作伟、王千等。本书在编写期间得到了各合作院校专家及一线教师的大力支持与协作，在此衷心感谢每一位老师与同事为本书出版所付出的努力。

由于水平有限，书中难免有不足之处，欢迎大家批评指正！读者在阅读过程中发现问题，可以通过邮箱(yujin@tech-yj.com)发给我们，以帮助我们进一步完善。

本书编委会
2015 年 3 月

❖❖❖ 目　　录 ❖❖❖

理　论　篇

第 1 章　C# 与 .NET 框架......3
1.1　.NET 框架......4
1.1.1　.NET 框架结构......4
1.1.2　.NET 公共语言运行库......5
1.1.3　MSIL 和 JIT......5
1.1.4　C# 与 .NET 框架......6
1.1.5　C# 语言的特点......7
1.1.6　.NET 框架应用程序种类......8
1.2　ASP.NET 技术......9
1.2.1　ASP.NET 特点......9
1.2.2　ASP.NET 的命名空间......9
1.2.3　ASP.NET 控件种类......10
1.3　第一个 C# 程序......11
1.3.1　C# 程序结构......11
1.3.2　C# 代码注释......12
1.3.3　HelloWorld 示例......13
本章小结......13
本章练习......14
第 2 章　掌握 C# 基本语法......15
2.1　变量和常量......16
2.1.1　变量......16
2.1.2　常量......16
2.2　数据类型......17
2.2.1　值类型......17
2.2.2　引用类型......19
2.2.3　装箱和拆箱......19
2.3　运算符和表达式......20
2.3.1　运算符的类别......20
2.3.2　算术运算符......20
2.3.3　赋值运算符......22
2.3.4　关系运算符......22
2.3.5　逻辑运算符......22
2.3.6　三元运算符......23
2.3.7　运算符优先级......24
2.4　语句......26
2.4.1　分支语句......26
2.4.2　循环语句......30
2.4.3　转移语句......33
2.4.4　lock 语句......34
2.4.5　using 语句......35
2.5　字符串......36
2.5.1　字符串基础......36
2.5.2　String 类......36
2.5.3　StringBuilder 类......38
2.5.4　格式化......39
2.6　异常处理......43
本章小结......46
本章练习......46
第 3 章　C# 面向对象编程......47
3.1　类......48
3.1.1　定义类......48
3.1.2　构造函数......49
3.1.3　字段......51
3.1.4　属性......52
3.1.5　方法......52
3.1.6　this 关键字......56
3.2　访问修饰符......57
3.3　继承......59
3.3.1　C# 中继承的实现......59
3.3.2　base 关键字......61
3.3.3　方法的重写......62
3.3.4　密封类和密封方法......63

3.4　接口......65
本章小结......66
本章练习......66
第 4 章　数组与集合......67
4.1　数组......68
4.1.1　数组的声明......68
4.1.2　数组的初始化......68
4.1.3　访问数组元素......69
4.2　Array 类......71
4.2.1　创建 Array 数组......71
4.2.2　复制数组......72
4.3　集合类......74
4.3.1　ArrayList 类......75
4.3.2　Stack 类......76
4.3.3　Queue 类......78
4.3.4　Hashtable 类......79
4.3.5　SortedList 类......80
本章小结......81
本章练习......82
第 5 章　认识 ASP.NET......83
5.1　ASP.NET 页面......84
5.1.1　页面开发模式......84
5.1.2　页面生命周期......87
5.1.3　页面事件......88
5.1.4　页面指令......90
5.1.5　页面注释......91
5.2　ASP.NET 页面内置对象......92
5.2.1　Response 对象......92
5.2.2　Request 对象......94
5.2.3　Session 对象......96
5.2.4　Application 对象......100
5.2.5　Cookie 对象......104
5.2.6　Server 对象......105
本章小结......107
本章练习......107
第 6 章　ASP.NET 常用控件......109
6.1　服务器控件......110
6.1.1　服务器控件简介......110
6.1.2　服务器控件分类......110
6.2　Web 服务器控件......112
6.2.1　文本控件......113
6.2.2　控制权转移控件......114
6.2.3　选择控件......115
6.2.4　容器控件......121
6.3　验证控件......126
6.3.1　RequiredFieldValidator 控件......126
6.3.2　CompareValidator 控件......127
6.3.3　RangeValidator 控件......129
6.3.4　RegularExpressionValidator 控件......130
6.3.5　CustomValidator 控件......131
6.3.6　ValidationSummary 控件......132
本章小结......134
本章练习......134
第 7 章　使用 ADO.NET 操作数据库......135
7.1　ADO.NET 简介......136
7.2　ADO.NET 结构......136
7.2.1　ADO.NET 结构原理和核心组件......136
7.2.2　ADO.NET 中的命名空间和类......138
7.3　ADO.NET 核心对象......139
7.3.1　Connection......139
7.3.2　Command......141
7.3.3　DataReader......144
7.3.4　DataAdapter......148
7.3.5　DataSet......148
本章小结......152
本章练习......152
第 8 章　数据绑定......153
8.1　数据控件概述......154
8.1.1　数据源控件......154
8.1.2　数据绑定控件......154
8.2　SqlDataSource 控件......155
8.3　GridView 控件......158
8.3.1　GridView 数据绑定......158
8.3.2　GridView 列类型......163
8.3.3　GridView 事件......164
8.3.4　GridView 数据操作......164
本章小结......169
本章练习......169

第 9 章　页面设计 171
9.1　母版页和内容页 172
9.1.1　母版页 172
9.1.2　内容页 175
9.2　站点导航 178
9.2.1　站点导航简介 178
9.2.2　TreeView 控件 178
9.2.3　SiteMapPath 控件 181
9.2.4　Menu 控件 182
本章小结 184
本章练习 184
第 10 章　LINQ 数据访问技术 185
10.1　LINQ 简介 186
10.1.1　LINQ 组成 186
10.1.2　LINQ 示例 187
10.2　Lambda 表达式 189
10.3　LINQ 查询方法 190
10.3.1　Select() 190
10.3.2　Where() 191
10.3.3　OrderBy() 192
10.3.4　GroupBy() 193
10.3.5　高级查询方法 195
10.4　LINQ to SQL 查询 198
10.4.1　创建对象模型 198
10.4.2　查询数据库 200
本章小结 201
本章练习 201
第 11 章　学习 ASP.NET MVC 203
11.1　MVC 介绍 204
11.2　MVC 优势 204
11.3　ASP.NET MVC 实践 204
11.3.1　开发准备 204
11.3.2　ASP.NET MVC 4 实例 205
本章小结 218
本章练习 218
第 12 章　使用 Web Service 219
12.1　Web Service 简介 220
12.1.1　引言 220
12.1.2　Web Service 的特点 221
12.1.3　Web Service 的组成 222
12.1.4　Web Service 的优势与局限 223
12.2　实现 Web Service 225
本章小结 233
本章练习 233
第 13 章　网站部署 235
13.1　配置文件 236
13.1.1　配置文件简介 236
13.1.2　常用的配置元素 237
13.2　安装和部署 ASP.NET 应用程序 242
13.2.1　创建 ASP.NET 安装项目 242
13.2.2　部署 ASP.NET 应用程序 244
本章小结 246
本章练习 246

实　践　篇

实践 1　ASP.NET 概述 249
实践指导 249
知识拓展 260
实践 2　C# 基础训练 263
实践指导 263
知识拓展 276
拓展练习 279
实践 3　ASP.NET 初步 280
实践指导 280
知识拓展 290
拓展练习 292
实践 4　ASP.NET 服务器控件 293
实践指导 293
知识拓展 311
拓展练习 319
实践 5　ASP.NET 数据库访问 320
实践指导 320
知识拓展 337

拓展练习 343
实践 6　数据控件 344
实践指导 344
知识拓展 396
拓展练习 398
实践 7　页面设计 399
实践指导 399
知识拓展 435
拓展练习 436
实践 8　LINQ 查询技术 437
实践指导 437
知识拓展 468
拓展练习 471
实践 9　配置和部署网站 472
实践指导 472
知识拓展 476
拓展练习 483

附录 A　C# 程序中的两类关键字 484
附录 B　ADO.NET 命名空间中的类 485

理论篇

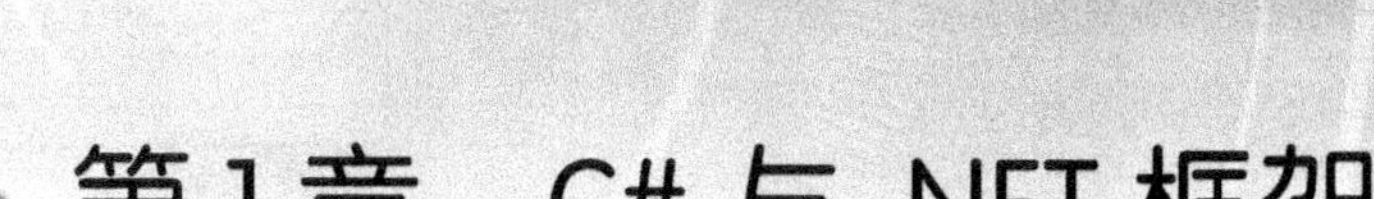

第1章　C# 与 .NET 框架

本章目标

- ■了解 .NET 框架的结构
- ■理解 CLR、JIT、CTS、MSIL 概念
- ■掌握 C# 程序在 .NET 框架上执行的过程
- ■了解 C# 语言的特点以及与 .NET 框架的联系
- ■了解 ASP.NET 及其控件种类
- ■了解 .NET 命名空间
- ■掌握 C# 程序的结构

1.1 .NET 框架

2000 年，微软公司推出了“Microsoft .NET 下一代互联网软件和服务战略”，引起 IT 行业的广泛关注。2002 年，微软发布了 Visual Studio .NET(内部版本号为 7.0)，在这个版本中，引入了建立在 .NET 框架上的托管代码机制和一门新的编程语言 C#，之后微软先后发布了 Visual Studio .NET 2003、Visual Studio 2005、Visual Studio 2008、Visual Studio 2010、Visual Studio 2012、Visual Studio 2013 和 Visual Studio2015，对应的 .NET 框架经历了 .NET Framework 1.0、.NET Framework 2.0、NET Framework 3.5、.NET Framework 4.0 和.NET Framework 4.5 版本。

1.1.1 .NET 框架结构

微软 .NET 平台的核心是一系列新的集合，统称为 .NET Framework(框架)，它代表了一个可以作为平台支持下一代 Internet 的可编程集合框架。.NET 框架集提供了一个可快速开发各种应用程序的平台，其目的就是让用户在任何地方、任何时间，利用任何设备都能访问他们所需要的信息、文件和程序。例如使用 .NET 框架可以开发 Web 应用程序、Windows 窗体应用程序以及类库等。

.NET 框架体系结构由以下四个主要部分组成：

✧ 公共语言运行时(Common Language Runtime，CLR)。
✧ 基础类库(Base Class Library)。
✧ ADO.NET。
✧ 活动服务器页面(ASP.NET)。

其层次结构如图 1-1 所示。

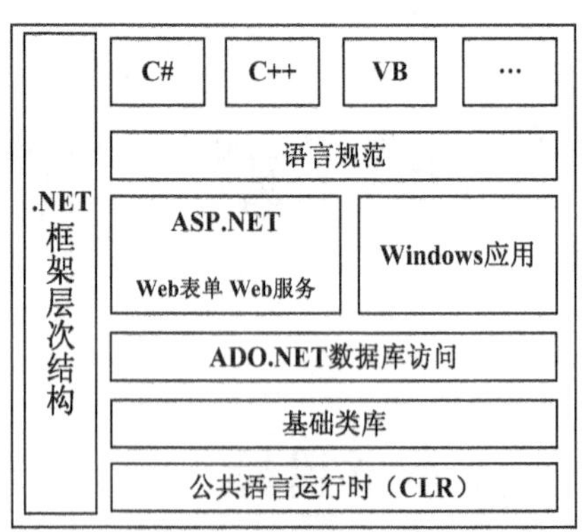

图 1-1 .NET 框架体系结构

1. 公共语言运行时(CLR)

公共语言运行时是.NET 框架应用程序的执行引擎。在程序运行过程中，CLR 负责管理内存分配、启动或删除线程和进程、实施安全性策略，同时满足当前组件对其他组件的需求。在开发阶段，公共语言运行时实现了高度的自动化，使开发人员的工作变得非常轻松，尤其是映射功能显著减少了开发人员将业务逻辑程序转化成可复用组件的代码编写量。

2. 基础类库

.NET 框架为开发人员提供了一个统一的、面向对象的、层次化的、可扩展的类库集(API)。在 .NET 平台支持的各种语言中都可以使用这个类库。

3. ADO.NET

ADO.NET 起源于 ADO(ActiveX Data Objects)，它是一组用于和数据源交互的面向对象的类库。ADO.NET 实现了 ADO 无法满足的三个重要需求：提供了断开的数据访问模

型，这对 Web 环境至关重要；提供了与 XML 的紧密集成；还提供了与 .NET 框架的无缝集成。

4. 活动服务器页面(ASP.NET)

ASP.NET 提供了 Web 应用程序模型，该模型由一组控件和一个基本结构组成。ASP.NET 使 Web 应用程序的构建变得非常容易，开发人员可以直接使用 ASP.NET 控件集；ASP.NET 还提供一些基本结构服务(诸如会话状态管理和进程重启服务)，这些服务大大减少了开发人员要编写的代码量，并使应用程序的可靠性得到大幅度提高。

1.1.2　.NET 公共语言运行库

公共语言运行库包括管理内存、线程执行、代码执行、代码安全验证、编译以及其他系统服务。使用基于公共语言运行库的编译器开发的代码称为托管代码。托管代码具有许多优点，如跨语言集成、跨语言异常处理、增强的安全性、版本控制和部署支持等。这些功能是在公共语言运行库上运行的托管代码所固有的。

若要使公共语言运行库能够向托管代码提供服务，语言编译器必须发出对代码中的类型、成员和引用进行描述的元数据。元数据与代码一起存储，运行库使用元数据查找和加载类，在内存中对实例进行布局、解析方法调用、生成本机代码、强制安全性以及设置运行时上下文边界。

公共语言运行时(CLR)包括两部分：公共语言规范(Common Language Specification，CLS)及公共类型规范(Common Type Specification，CTS)。运行库通过公共类型规范(CTS)的严格类型验证和代码验证基础结构来加强代码健壮性。CTS 确保所有托管代码都是可以自我描述的。各种 Microsoft 和第三方语言编译器都可以生成符合 CTS 的托管代码，这意味着托管代码可在严格实施类型保护和类型安全的同时使用其他托管类型和实例。

1. 公共类型规范(CTS)

CTS 定义了可以在中间语言(IL)中使用的预定义数据类型，所有面向 .NET Framework 的语言都可以生成最终基于这些类型的编译代码。通用类型系统不仅指定了基本数据类型，还定义了一个内容丰富的类型层次结构，其中包含设计合理的位置，在这些位置上，代码允许定义它自己的类型。

2. 公共语言规范(CLS)

公共语言规范(Common Language Specification，CLS)和通用类型系统一起确保语言的互操作性。CLS 是一个最低标准集，所有面向 .NET 的编译器都必须支持它。

1.1.3　MSIL 和 JIT

在编译使用 .NET 框架创建的代码时，不是立即创建操作系统特定的本机代码，而是把代码编译为微软中间语言(Microsoft Intermediate Language，MSIL)代码，这些 MSIL 代码不专用于任何一种操作系统，也不专用于任何一种语言，有些类似于 JAVA 的字节码，C#、VB.NET 等 .NET 平台语言都编译为这种中间语言代码。

因为代码在编译阶段没有直接编译成本机代码，所以在执行应用程序时，必须完成更多的工作，这就是 Just In Time(JIT)编译器的任务。

JIT 会把 MSIL 代码再编译为专用于某种操作系统和目标机器结构的本机代码，只有这样，操作系统才能执行应用程序。这里编译器的名称“Just In Time”反映了 MSIL 代码仅在需要时才被编译的特性。

应用程序在 .Net Framework 上执行的顺序如图 1-2 所示。

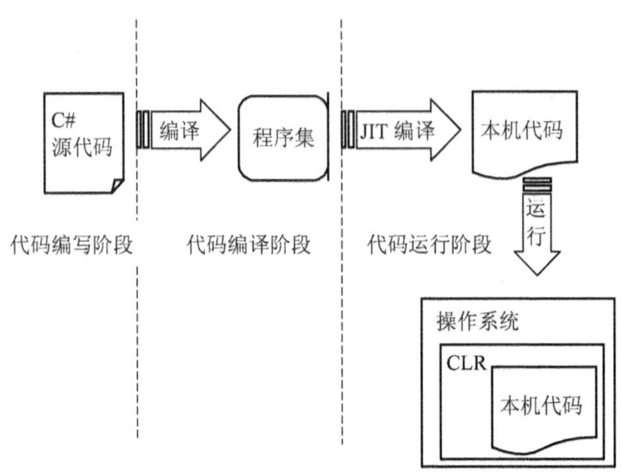

图 1-2　应用程序在框架中的执行顺序

1.1.4　C#与.NET 框架

.NET 是一种开发框架，其提供了一组类库供各种应用程序调用。而应用程序使用的语言可以是 C#，也可以是 VB.NET 或者其他 .NET 所支持的语言。通过 .NET 还可以轻松转换 VB.NET 程序与 C# 程序，这样在一个项目中，可以有一部分使用 VB.NET 开发，另一部分使用 C# 开发，最后通过 .NET 框架整合即可。

.NET 的框架结构图如图 1-3 所示，其中可以看到 C# 在 .NET 框架中的具体位置。

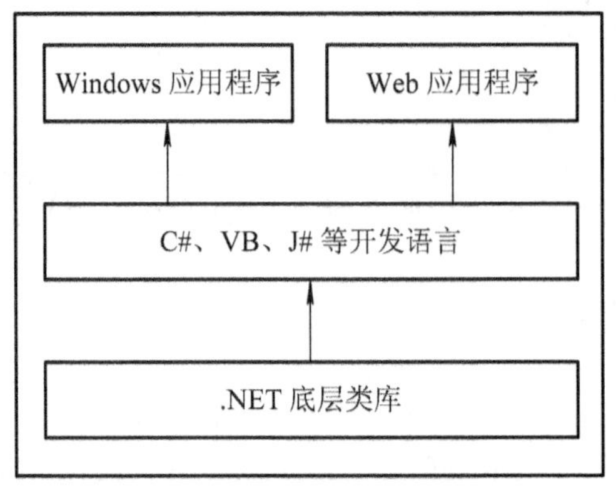

图 1-3　.NET 的框架结构

C# 就其本身而言只是一种语言，尽管它可用于生成面向 .NET 环境的代码，但它本身

不是 .NET 框架的一部分。.NET 支持的一些特性，C# 并不支持，而 C# 语言支持的另一些特性，.NET 却不支持，例如运算符重载。

1.1.5　C# 语言的特点

1. 简单

C# 最大的特点就是简单。在 C# 中，摒弃了指针功能，使程序开发简单、安全。默认情况下，开发人员编写的代码以托管代码的形式运行，限制开发人员编写的代码直接存取内存中的数据，从而提高了程序的安全性。

2. 现代

为了满足现代金融行业和其他行业的需求，在 C# 语言中还添加了金融数据类型。这种金融数据类型是一种新的十进制数据类型，专门用于金融方面的计算。因此，可以说 C# 语言能够根据程序设计的需求，很容易地创建出新的数据类型，而不像传统开发语言那样繁杂。

3. 面向对象

C#语言是一种面向对象的语言，支持所有关键的面向对象的概念，如封装、继承和多态性等功能。被 C#语言封装的这些特性，使程序开发更加简单、快捷。另外 C# 语言延续了 C++、Java 语言中的权限保护机制，提供了 private、protected、public 和 internal 四种访问权限，从而提高了程序开发的安全性。

4. 版本控制

在 C++ 开发过程中，开发人员在升级程序的版本时经常会造成 DLL(Dynamic Link Library，动态链接库)链接错误，从而使整个开发程序陷入困境当中。这些在业内被称为“DLL 地狱”的动态链接文件，在 C#语言中得到了改善。在每次程序发布的过程中，C# 语言开发平台都会动态更正这些 DLL 链接库，从而使程序员控制开发版本更为容易。

5. 兼容

C# 并没有存在于一个封闭的世界中，它允许使用最先进的 NGWS(下一代 Windows 服务)的通用语言规定(Common Language Specification，CLS)访问不同的 API。CLS 规定了一个标准，规范化了符合这种标准的语言之间的操作。为了加强 CLS 的编译功能，C# 编译器检测所有的公共出口，并在编译失败时列出明确的错误信息。

6. 灵活

在使用 C# 语言时，某些特殊情况下可能需要使用指针、结构等特性来访问内存中的数据，这时在类中定义一些非安全的类型，可以大大提高程序的灵活性。

另外在 .NET 4.0 中用到的 C#中还提供了一些新的功能，如隐式类型本地变量、对象和集合初始值设定项、匿名类型、宽松委托等语法。

注意

动态链接库是指包含可由多个程序使用的代码和数据的库，动态链接库不是可执行文件。ASP.NET 的页面最终也会被编译成动态链接库。

1.1.6 .NET 框架应用程序种类

.NET 框架是一个综合的开发框架，开发人员可以利用它创建不同类型的应用程序。

首先，打开 Visual Studio 2010，然后单击“文件→新建→项目”菜单，将弹出如图 1-4 所示的“新建项目”窗口。在“项目类型”中可以看到，使用 Visual Studio 2010 可以创建 Windows、Web 等应用程序。

图 1-4　新建项目

1. 类库

ASP.NET 框架一个比较重要的功能是创建类库。可以把公用代码封装为类库供多个应用程序调用，当需要调整代码功能的时候，只需要到类库中做指定的修改，而无须修改调用类库的应用程序，这大大提高了编程效率和代码的重用性。

2. ASP.NET Web 应用程序

ASP.NET Web 应用程序主要用于开发动态网站，用户可以使用浏览器进行访问，是 B/S 模式的应用程序。IIS(Internet Information Services)通过 aspnet_isapi.dll(ASP.NET 的进程模型)对可发布的 ASP.NET 文件的所有请求提供服务，而 ASP.NET 引擎则会执行服务器端代码并生成 HTML 发送到客户端。

注　意

有关 IIS 安装及配置参见实践篇。

ASP.NET Web 应用程序在 Web 服务器上的虚拟目录及其子目录中有很多可调用的文件和可执行代码，其类型如下：

- ✧ 网页(.html 文件)。
- ✧ Web 表单页面(.aspx 文件)。
- ✧ Web 表单用户控件(.ascx 文件)。

✧ XML Web 服务(.asmx 文件)。
✧ HTTP 处理程序。
✧ HTTP 模块和其他文件(如图像和配置文件)。

3．控制台应用程序

控制台应用程序是指通过命令行运行的控制台应用，此种应用程序通过 DOS 环境下的命令行与用户进行交互。计算机用户经常把控制台应用程序作为一种“遗物”来看待，但是它们仍然是系统管理员非常喜欢的一种形式，而且还是高级用户的“工具箱”之一。另外，当开发者需要做大量重复的脚本操作，当然还有可能是更复杂的操作时，都会用到这种控制台应用程序。

4．Windows 应用程序

Windows 窗体应用程序是指运行于 Windows 操作系统之上的窗口式应用程序。.NET 框架封装了 win32API，提供一个高效的、面向对象的、可扩展的类集，使 Windows 应用程序开发更加简单，效率更高。

1.2　ASP.NET 技术

1.2.1　ASP.NET 特点

Microsoft .NET Framework 4.0 彻底地改进了 ASP.NET，使 ASP.NET 成为增强的 Web 应用技术。开发者能够发现，实现 Web 站点和页面所需要的代码量越来越少了，从而体验到前所未有过的轻松。ASP.NET 具有以下特点：

✧ 生产力：通过现有的或新引入的 ASP.NET 服务器控件，开发者创建 ASP.NET Web 页面和应用程序的过程将变得更加简单高效。包括成员关系、个性化以及外观主题在内的新特征可以提供系统级别的功能服务，通常实现这些服务需要开发大量代码。核心开发方案、特殊数据等被封装到了新的数据控制、非编码绑定以及智能数据显示控件中。
✧ 灵活性和可扩展性：ASP.NET 的大部分特征都可扩展，开发者可以将自定义特征合并到应用程序中去。
✧ 性能：通过预编译、可配置的高速缓存以及 SQL 语句高速缓存等特征实现 Web 应用程序的优化。
✧ 安全：在 Web 应用程序中添加验证和许可更加容易。
✧ 宿主：简化宿主环境的管理，并且为宿主程序实时添加内容创造更多的机会。
✧ 完整性：新旧特征能够一起协调合作，使开发者能够创建终极方案。

1.2.2　ASP.NET 的命名空间

在 ASP.NET 中，.NET Framework 提供了丰富的基础类，为了能在程序中引用这些基础类，必须引用其对应的命名空间。ASP.NET 中各命名空间及其作用如表 1-1 所示。

表 1-1 ASP.NET 中各命名空间及作用

命 名 空 间	描 述
Microsoft.CSharp	支持 C#语言编译和生成代码
System	包含了基础类，用于定义类型、数组、字符串、事件、事件处理程序、异常处理、接口、数据类型转换、数学计算、应用程序环境管理等
System.Coolections	包含了一组用于管理对象集合(例如列表、队列、数组、哈希表、字典等)的类
System.Data	主要包括了组成 ADO.NET 体系结构的类
System.diagnostics	提供用于调试、跟踪以及与系统进程、事件日志、性能计数器进行交互的类
System.Drawing	提供访问 GDI+基本图形功能(在 System.Drawing 以下的命名空间，包括 System.Drawing.Drawing2D、System.Drawing.Text 等，提供了更高级和特殊的 GDI+图形功能)的类
System.IO	包含了用于读写数据流、文件和普通输入/输出(I/O)功能的类型和类
System.Reflection	包括提供类型检测和动态绑定对象功能的类和接口
System.reflection.Emit	生成动态程序集
System.Text	包含用于字符编码、将字符块转换为字节块、将字节块转换为字符块等功能的对象
System.Text.RegularExpressions	包含了提供访问.NET 框架正则表达引擎的类
System.Timer	提供了 Timer 组件
System.Web	包含了用于实施浏览器、服务器通信和其他 Web 相关功能的类
System.Web.Services	包含了用于创建和消费 Web 服务的类
System.Web.UI	包含了用于创建 Web 页和控件的用户接口的类和接口
System.Windows.Forms	包含了用于创建基于 Windows 的用户接口的类
System.XML	提供了支持处理 XML 的类

1.2.3 ASP.NET 控件种类

ASP.NET 4.0 内部提供的服务器控件大致可分为 3 种类型：

✧ HTML 服务器控件。

✧ ASP.NET 标准服务器控件。

✧ 自定义服务器控件。

1. HTML 服务器控件

HTML 服务器控件是由普通 HTML 控件转换而来的，其输出基本上与普通 HTML 控件一致。在创建 HTML 服务器控件时，直接从“工具箱”中拖动选中的 HTML 控件，放置在页面中，然后在属性中加入“runat="server"”即可。

2. ASP.NET 标准服务器控件

ASP.NET 标准服务器控件是在 ASP.NET 4.0 框架中预先定义的，它们与 HTML 控件相比，具有丰富的功能，其操作数据和呈现数据的功能也变得非常强大。例如，在绑定数据库中的数据时，使用一个 GridView 控件，即可实现数据的呈现、布局、修改、删除等操作，这就大大简化了页面代码的复杂性。

在 ASP.NET 4.0 中主要提供了 6 种类型的标准服务器控件，即标准控件、数据控件、验证控件、站点导航控件、登录控件、WebParts 控件，另外还提供了一些 AJAX 控件和 HTML 控件。

3. 自定义服务器控件

自定义服务器控件由开发人员自行设计开发，开发人员可自定义 UI、功能、属性、方法、事件等特征，这是自定义服务器控件与 ASP.NET 标准服务器控件本质的区别。常见的自定义服务器控件分为 4 种：复合控件、验证控件、模板控件和数据绑定控件。

1.3　第一个 C# 程序

1.3.1　C# 程序结构

使用 C# 语言来编写应用程序时，每个文件可以包含零个或零个以上的命名空间。一个命名空间除了可以包含其他命名空间外，还可以包含类、结构、接口、枚举、委托等类型。C#中程序结构的关键概念为程序、命名空间、类型、成员和程序集。在程序中可以声明类型，类型中可以包含成员，而最典型的类型使用就是类和接口。成员可以包含字段、方法、属性和事件。

【示例 1.1】 演示 C# 程序的结构。

```
using System;
namespace Demo
{
    public class Stack
    {
        Entry top;//声明一个 Entry 类型的对象
        public void Push(object data)
        {
            //使用 Entry 类的构造函数来初始化 top 对象
            top = new Entry(top, data);
        }
        public object Pop()
        {
            if (top == null)
            throw new InvalidOperationException();//异常处理
```

```
                object result = top.data;//声明一个 object 类型的对象，并初始化
                op = top.next;
                return result;//返回 result 对象的值
            }
            class Entry
            {
                //声明对象
                public Entry next;
                public object data;
                //定义构造函数
                public Entry(Entry next, object data)
                {
                    this.next = next;
                    this.data = data;
                }
            }
        }
}
```

上述代码是一个基本的 C# 语言程序的结构。在 C# 程序代码中首先需要使用 using 关键字引入 ASP.NET 框架集中封装的类文件；接下来使用 namespace 关键字声明 C# 编写的类文件所在的命名空间(此项为可选)；再使用 class 关键字声明类文件；在成员方法中使用已定义的类声明对象。在以后的学习中会不断深入讲解这些内容。

1.3.2 C# 代码注释

C# 程序代码中的注释有以下两种：

- ✧ 单行注释。
- ✧ 多行注释。

单行注释是使用“//”注释某行代码，例如：

```
//这是一个单行的注释
```

多行注释是使用“/*……*/”注释多行代码，例如：

```
/*  这是多行注释
    可以用来注释代码段
*/
```

除了以上两种注释外，在 Visual Studio 中，经常看到“///”注释，用于注释类或方法，可以对类或方法的功能进行说明。例如：

```
/// <summary>
/// 用来注释类或者方法，作为类或方法的功能说明
/// </summary>
```

1.3.3　HelloWorld 示例

【示例 1.2】 使用 C#编写 HelloWorld 程序控制。

在 Visual Studio 2010 中，选择 C# 语言，创建一个名为 HelloWorld 的控制台应用程序并编写代码如下：

```
using System;
namespace HelloWorld
{
    class HelloWorld
    {
        static void Main(string[] args)
        {
            //通过 WriteLine 向屏幕输出信息
            Console.WriteLine("第一个 C#程序！");
            Console.WriteLine("hello HelloWorld,This is C# Program!");
        }
    }
}
```

上述代码中，Main()方法是主函数(整个程序的入口)，其参数是字符串数组。Console 是控制台类，它提供了一组操纵控制台对象的方法，其中 WriteLine()方法用于在控制台输出一行信息。

按下“Ctrl + F5”组合键，调试运行上述程序代码，然后在非 Debug 环境下重新运行该程序。程序执行后控制台的输出结果如图 1-5 所示。

图 1-5　HelloWorld 运行结果

注意　按下“F5”键，程序将调试运行，运行结束后，控制台窗口会自动关闭；按下“Ctrl + F5”组合键，程序将直接运行，运行结束后控制台窗口不会关闭，按任意键后可以关闭。

本 章 小 结

通过本章的学习，学生应该能够掌握：

✧ .NET Framework 主要由四个重要组件构成：公共语言运行时(CLR)、.NET 基础类库、ADO.NET 和 ASP.NET。

- ✧ CTS 公共类型规范，定义和管理所有类型所遵循的规则，且无需考虑源语言。
- ✧ C# 语言具有简单、现代、面向对象、版本控制、兼容、灵活等特点。
- ✧ C# 源程序需要经过二次编译，才能成为可以运行的本机代码。
- ✧ ASP.NET 是 .NET 框架提供的一个统一 Web 开发模型。
- ✧ ASP.NET 的控件可分为三种类型：HTML 服务器控件、ASP.NET 标准服务器控件和自定义服务器控件。

本 章 练 习

1. 以下哪一项不是 .NET 框架体系结构的组成部分__________。
   - ✧ A．公共语言运行时(Common Language Runtime，CLR)
   - ✧ B．基础类库(Base Class Library)
   - ✧ C．ADO
   - ✧ D．活动服务器页面(ASP.NET)
2. 经过几次编译，C# 源代码文件可以被编译为本地 CPU 指令__________。
   - ✧ A．1 次
   - ✧ B．2 次
   - ✧ C．3 次
   - ✧ D．4 次
3. ASP.NET 4.0 内部提供的服务器控件大致可分为三种类型，它们分别是___________、___________________和____________________。
4. ASP.NET 4.0 中的标准服务器控件主要包括__________、___________、___________、__________、_________和_________。
5. 简述 C# 语言和 ASP.NET 的特点。
6. 简述 .NET 框架的组成部分及各个部分所代表的意义。
7. 简述 C# 与 .NET 框架之间的关系。
8. 简述 .NET 框架应用程序种类。
9. 编写一个控制台应用程序，输出一句话“好好学习，天天向上”。

第 2 章 掌握 C# 基本语法

本章目标

- ■掌握 C# 中的变量、常量以及关键字
- ■掌握 C# 基本数据类型
- ■理解装箱和拆箱的概念
- ■掌握 C# 中的各种运算符及其优先级
- ■掌握 C# 中的分支、循环语句
- ■掌握 C# 中的异常处理过程

2.1 变量和常量

变量是在程序运行过程中可以改变值的量，变量通常用来表示存储程序的中间结果和最终结果。变量在使用前必须进行声明。常量是在程序运行中值不可发生改变的量。

2.1.1 变量

在使用编程语言编写程序时，都需要使用变量作为临时存储体来存储数据。每个变量都必须有指定的数据类型。在使用变量时，必须使用相同的数据类型运算。

1. 变量的声明

使用变量前必须进行声明与初始化。声明变量的语法格式如下：

```
数据类型 变量名;
```

例如：

```
int i;
```

在声明变量的同时可以直接为其赋值，例如：

```
int x = 25;
```

2. 变量的命名

变量的名称，在定义时必须遵循以下规则：

- ✧ 变量名必须以字母、下划线或者“@”开头。
- ✧ 变量名只能由字母、数字和下划线组成，不能包含空格、标点符号、运算符等其他符号。
- ✧ 变量名不能与 C# 中的关键字名称相同。
- ✧ 变量名不能与 C# 中的库函数名称相同。
- ✧ 变量名区分大小写。
- ✧ 如果使用未声明的变量，代码就不会被编译，此时编译器会检测出这个问题。另外，使用未赋值的变量也会产生一个错误，编译器会检测出这个错误。

3. 变量的初始化

变量的初始化体现 C# 的安全性，C# 编译器需要用某个初始值对变量进行初始化，之后才能在操作中引用该变量。大多数现代编译器把没有初始化的变量标记为警告，但 C# 编译器把它当作错误来看待。这就可以防止无意中从其他程序遗留下来的内存中获取垃圾值。例如：

```
int d;
Console.WriteLine(d);            //不能这样做，变量在使用之前需要初始化。
```

2.1.2 常量

声明常量的语法格式如下：

```
const 数据类型 变量名;
```

例如：

```
const int a = 123;              // 声明一个整型常量 a，并初始化为 123
a=456;          //错误，常量的值不能被改变
```

使用 const 关键字声明常量，常量必须定义为基本类型，且一经赋值其值不变。

常量具有如下特征：

✧ 常量必须在声明时初始化。

✧ 常量总是静态的。

2.2 数据类型

C# 是强类型语言，在使用变量和对象时必须声明类型。在 C# 语言中的数据类型主要分为两类：值类型和引用类型。二者的不同之处是，值类型的变量值直接包含数据，而引用类型的变量把它们的引用存储在对象中。

2.2.1 值类型

C# 中的值类型主要包括整型、字符型、浮点型、小数型、布尔型、结构体(struct)和枚举(enum)等。

1. 整型

C# 中整型类型大致可以分为 8 种子类型，这些子类型如表 2-1 所示。

表 2-1　整型数据类型成员

类　型	位　数	数 值 范 围
Sbyte	有符号的 8 位整数	−128～127
Byte	无符号的 8 位整数	0～255
Short	有符号的 16 位整数	−32 768～32 767
Ushort	无符号的 16 位整数	0～65 535
Int	有符号的 32 位整数	−2 147 483 648～2 147 483 648
Uint	无符号的 32 位整数	0～4 294 967 295
Long	有符号的 64 位整数	−9 223 372 036 854 775 808～9 223 372 036 854 775 808
Ulong	无符号的 64 位整数	0～18 446 744 073 709 551 615

2. 字符型

字符型也叫 char 型，可以处理无符号的 16 位整数，其数值范围为 0～65 535。在使用 char 型时，需要注意的是，char 型与整型之间不能隐式转化。在对 char 型进行赋值时需要使用 “'” (单引号)括起来。对于 char 型有以下 3 种赋值方法。

```
char a='A';
char a ='\x0065';               //十六进制
char a ='\u0065';               //unicode 表示法
```

在 char 型中还定义了一些转义字符，以方便程序开发时使用，如表 2-2 所示。

表 2-2 转义字符

转义字符	描述	转义字符	描述
\'	用来表示单引号	\f	用来表示换页
\"	用来表示双引号	\n	用来表示换行
\\	用来表示反斜杠	\r	用来表示回车
\0	用来表示空字符	\t	用来表示水平 tab
\a	用来表示感叹号	\v	用来表示垂直 tab
\b	用来表示退格		

字符类型变量的赋值操作，必须使用单引号括起来，而字符串类型在赋值的时候使用双引号括起来。

3. 浮点型

C# 同其他类型语言一样支持浮点数类型。C# 中的浮点数类型主要有两种：float 和 double。float 型所能表示的值的范围大约为 1.5×10^{-45}～3.4×10^{38}，精确到小数点后面 7 位。double 型所能表示的值的范围大约为 5.0×10^{-324}～1.7×10^{308}，精确到小数点后面 15 位或 16 位。

给 float 类型的变量进行赋值时，需要在其后加上字符 F(或 f)；而 double 则可直接赋值。例如：

```
float t=12.3F;          //单精度浮点数
double d=4.56;          //双精度浮点数
```

浮点类型的数据与整型类型的数据进行运算时，整型类型会隐式地转换为浮点类型再进行运算，即精度低的类型会自动向精度高的类型进行转换。同样当 float 类型与 double 类型进行运算时，float 型会自动转换为 double 型再进行运算。

4. 小数型

小数型主要用来进行金融和货币的运算，其取值范围为 1.0×10^{-28}～7.9×10^{28}，精确到小数点后面 28 位。如果二元操作中的其中一个操作数是小数型，那么另外一个操作数可以是整型或小数型，整型在运算前被转化为小数型。如果一个小数型的算术运算产生了一个对于小数型的格式来说太小的值，操作的结果将会变成 0。如果一个小数型的算术运算产生了一个对于小数型的格式来说太大的值，就会触发溢出错误。小数型较浮点型而言，具有更大的精确度，但是数值范围相对小了很多。将浮点型的数值向小数型转化时会产生溢出错误，将小数型向浮点型转化时会造成精确度的损失。因此，两种类型不存在隐式或显式转换。

```
decimal a = 0.5m;       //声明一个小数类型的变量并赋值
```

当定义一个变量并赋值时，使用 m 后缀以表明它是一个小数型。如果省略了 m，在变量被赋值之前，它将被编译器认作 double 型。

5．布尔型

定义布尔型变量的关键字为 bool，布尔类型的值为 true 或 false。布尔型不能与其他类型相互转换。

2.2.2　引用类型

引用类型包括类类型、接口类型、委托类型和数组类型。引用类型的变量又称为对象，可存储对实际数据的引用。如果声明了一个引用类型的变量却不给它赋任何对象，那么它的默认值就是 null，而数值类型的值不能为 null。

2.2.3　装箱和拆箱

装箱(boxing)和拆箱(unboxing)的概念是 C# 的类型系统的核心，它在值类型和引用类型之间架起了一座桥梁，使得在 C# 类型系统中，任何值类型都可以转换为 object 类型，反过来也可以。

1．装箱操作

装箱操作是指将一个值类型隐式地转换成一个 object 类型。将一个值类型的值装箱，就是创建一个 object 实例并将这个值复制给该 object。

```
int i=123;
object o = i;    //装箱(装箱用 object)
```

上面变量的定义在内存中的位置如图 2-1 所示。

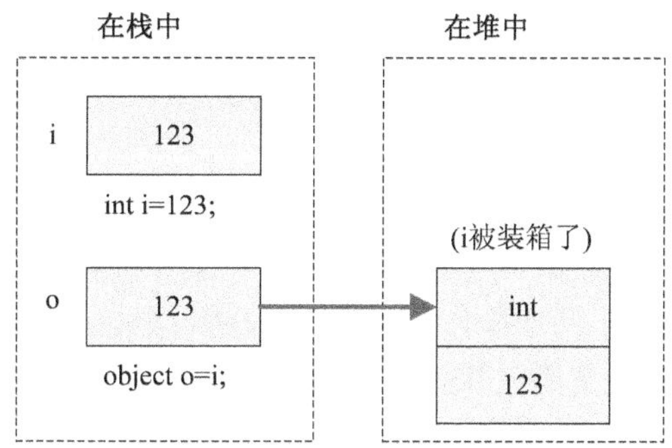

图 2-1　装箱引用类型

2．拆箱操作

C# 拆箱和装箱正好相反，拆箱操作是指将一个对象类型显式转换成一个值类型。拆箱的过程分为两步：首先，检查这个对象实例，看它是否为给定的值类型的装箱值；然后，把这个实例的值拷贝给值类型的变量。

```
int i = 123;
object o = i;
int j =(int)o;
```

上面变量的定义在内存中的位置如图 2-2 所示。

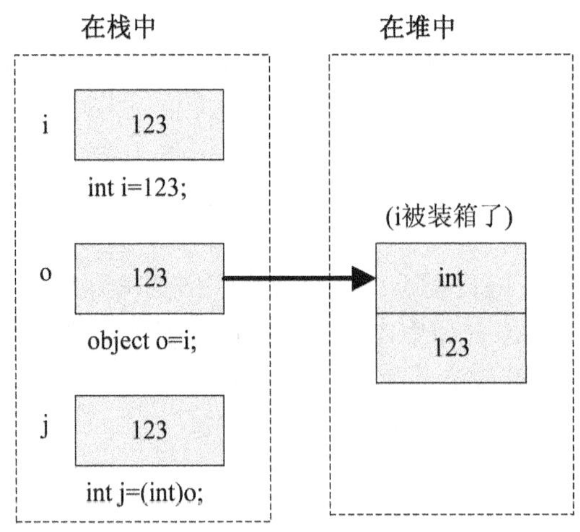

图 2-2　装箱然后拆箱

2.3　运算符和表达式

运算符是组成计算机表达式的关键，是用来对变量、常量或数据进行计算的符号。C# 语言和其他编程语言一样，具有多种运算符。在 C# 语言中，运算符大体分为 6 种：算术运算符、条件运算符、逻辑运算符、关系运算符、赋值运算符和成员访问运算符。

2.3.1　运算符的类别

表达式由运算符和操作数组成。运算符指出了对操作数的操作，比如 +、– 等；操作数可以是文字、域、当前变量或表达式。

依照运算符作用的操作数的个数来分，C# 中有三种类型的运算符：

- ✧ 一元运算符：只作用于一个操作数，有前缀运算符和后缀运算符。
- ✧ 二元运算符：作用于两个操作数，使用时在操作数中间插入二元运算符。
- ✧ 三元运算符：C# 中仅有一个三元运算符“?:”，它作用于三个操作数，使用时在操作数中间插入操作符。

例如：

```
int x=1,y=2,z;
x++;    //后缀一元运算符
--x;    //前缀一元运算符
z=x+y;          //二元运算符
y=(x>5?0：1);          //三元运算符
```

2.3.2　算术运算符

算术运算符主要是用于算术运算，例如实现加、减、乘、除等算术基本操作，如表

2-3 所示。

表 2-3　算术运算符表

算术运算符	说　　明	表 达 式
+	执行加法运算(如果两个操作数是字符串，则该运算符为字符串连接运算符，用于将一个字符串添加到另一个字符串的末尾)	oper1+oper2
-	执行减法运算	oper1-oper2
*	执行乘法运算	oper1*oper2
/	执行除法运算	oper1/oper2
%	执行求余运算	oper1%oper2
++	将操作数加 1	oper++ 或 ++oper
--	将操作数减 1	oper-- 或 --oper
～	将一个数按位取反	~oper

【示例 2.1】 演示运算符操作。

创建类 OperatorDemo.cs 并编写代码如下：

```
class OperatorDemo
{
    static void Main(string[] args)
    {
        //定义两个变量
        int x = 5, y = 3;
        //两个数进行算术运算并输出
        Console.WriteLine("{0} + {1} = {2}", x, y, x + y);
        Console.WriteLine("{0} - {1} = {2}", x, y, x - y);
        Console.WriteLine("{0} * {1} = {2}", x, y, x * y);
        Console.WriteLine("{0} / {1} = {2}", x, y, x / y);
        Console.WriteLine("{0} % {1} = {2}", x, y, x % y);
    }
}
```

上述代码中，在输出语句中使用了“{n}”占位符，其中 n 是索引，从 0 开始，标识第几个参数。参数是从第 1 个逗号后开始的，例如：

```
Console.WriteLine("{0}+{1}={2}", x, y, x + y)
```

该语句中，“x”是第一个参数，对应“{0}”；“y”是第二个参数，对应“{1}”；“x+y”是第三个参数，对应“{2}”。输出时，将参数的值显示到对应占位符的位置。

示例 2.1 的运行结果如图 2-3 所示。

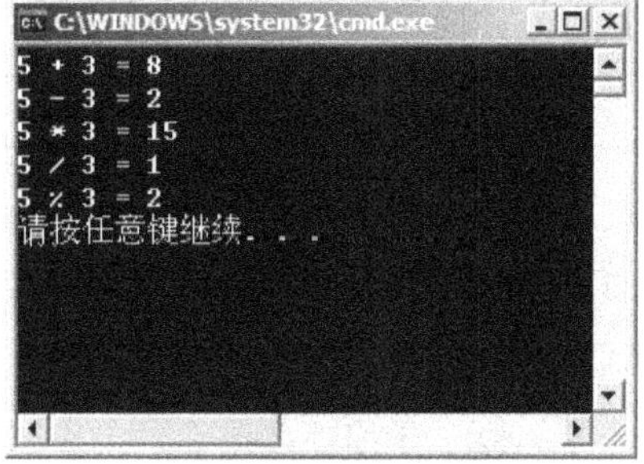

图 2-3　算数运算符

2.3.3 赋值运算符

赋值就是给变量一个值，赋值运算的左操作数必须是一个变量，且赋值运算符是右关联的，即从右向左进行赋值操作。

1. 赋值

“=”被称为赋值运算符，在一个赋值过程中，右操作数必须为某种类型的表达式，且该类型必须可以隐式地转换为左操作数类型。例如：

```
a = 1;
```

2. 复合赋值

复合赋值运算符是在赋值运算符“=”前面加上其他运算符，例如 +=、−=、*=、/=、%=。复合赋值运算符其实是程序的一种简化做法，凡是二元运算都可以用复合赋值运算符对表达式进行简化，其含义就是变量与表达式先进行运算，再把运算结果赋值给该变量。例如：

```
a+=2; //等价于 a = a + 2
b -= 3; //等价于 b = b - 3
c *= 4; //等价于 c = c * 4
d /= 5; //等价于 d = d / 5
e%=6;  //等价于 e = e % 6
```

2.3.4 关系运算符

关系运算用于进行一种判断，判断的结果要么是真，要么是假，即关系表达式的返回值都是布尔值。常用的关系运算符如表 2-4 所示。

表 2-4 关系运算符

关系运算符	说 明	表 达 式
>	判断一个数是否大于另一个数	oper1>oper2
<	判断一个数是否小于另一个数	oper1<oper2
>=	判断一个数是否大于或等于另一个数	oper1>=oper2
<=	判断一个数是否小于或等于另一个数	oper1<=oper2
==	判断两个值是否相等	oper1==oper2
!=	判断两个值是否不相等	oper1!=oper2

2.3.5 逻辑运算符

C# 语言提供了三种逻辑运算符：

✧ &&：逻辑与。

✧ ||：逻辑或。

✧ !：逻辑非。

其中，“&&”和“||”都是二元运算符，要求有两个操作数；“!”为一元运算符，只需一个操作数。逻辑运算符的操作数都是布尔类型的值或者表达式，当操作数为不同的组合时，其运算结果也是不同的。逻辑操作符的运算结果可以用“真值表”来表示，如表 2-5 所示。

表 2-5　真　值　表

a	b	a && b	a || b	!a
true	true	true	true	false
true	false	false	true	false
false	true	false	true	true
false	false	false	false	true

为了提高运算效率，C# 提供“短路运算”功能：

✧ 对于“a&&b”，只有当 a 为 true 时，才继续判断 b 的值。如果 a 为 false，则整个逻辑表达式的值已经确定为 false，无需继续判断 b 的值，此时表达式 b 就被短路。

✧ 对于“a||b”，只有当 a 为 false 时，才继续判断 b 的值。如果 a 为 true，则整个逻辑表达式的值已经确定为 true，无需继续判断 b 的值，此时表达式 b 就被短路。

2.3.6 三元运算符

三元运算符“?:”也称为条件运算符，是“if...else”结构的简化形式。三元运算符名称的出处是因为它带有三个操作数，其语法结构如下：

```
condition ?true_value : false_value
```

其中：

✧ condition 是要计算的布尔型表达式。

✧ true_value 是当 condition 为 true 时返回的值。

✧ false_value 是当 condition 为 false 时返回的值。

执行时，先检查 condition 是否为真，如果为真，则返回 true_value 的值，否则返回 false_value 的值。

恰当地使用三元运算符，可以使程序非常简洁。例如：取两个数中的最大数,使用“if...else”语句实现如下：

```
if(a>b)
{
    max=a;
}
else
{
    max=b;
}
```

而使用三元运算符则可将上面的多条语句简化成一条语句：

```
max = a > b ? a : b;
```

【示例 2.2】 演示三元运算符操作。

创建类 ThreeOper.cs 并编写代码如下：

```
class ThreeOper
{
    static void Main(string[] args)
    {
        int a=34, b=67;
        int max = a > b ? a : b;
        Console.WriteLine("{0}和{1}中最大的数是{2}",a,b,max);
    }
}
```

运行结果如图 2-4 所示。

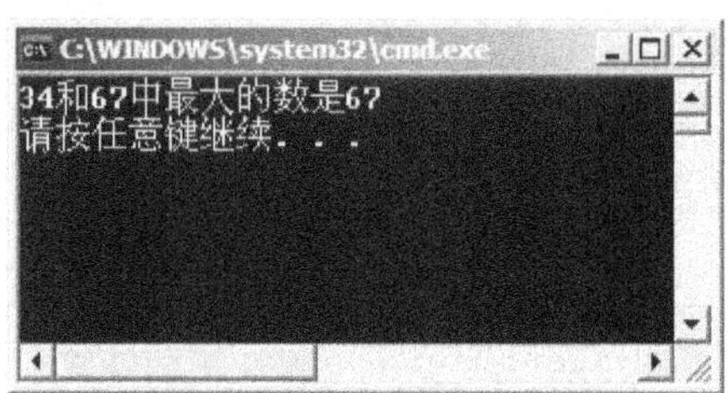

图 2-4 三元表达式运行结果

2.3.7 运算符优先级

C# 语言规定了运算符的优先级与结合性。运算符的优先级如表 2-6 所示。

表 2-6 运算符的优先级

运算符类型	运 算 符
初级运算符	()，x.y，f(x)，a[x]，x++，x--，new，typeof，checked，unchecked
一元运算符	+，-，!，~，++x，--x，(T)x
算术运算符	*，/，%
算术运算符	+，-
位运算符	<<，>>，&，|，^
关系运算符	<，>，<=，>=，is，as
比较运算符	==，!=
逻辑运算符	&&
逻辑运算符	||
三元运算符	?:
赋值运算符	=，+=，-=，*=，/=，<<=，>>=，&=，^=，|=

在复杂的表达式中，应避免利用运算符优先级来生成正确的结果。使用括号指定运算符的执行顺序，可以使代码更整洁，避免出现潜在的冲突。

【示例 2.3】 输入两个整数，求这两个整数的最小公倍数。

创建类 Mold.cs 并编写代码如下：

```
public class Mold
{
    public static void Main(string[] args)
    {
        int m, n, i, t;//声明整型变量
        Console.WriteLine("请输入第一个整数：");//输出提示信息
        //使用 ReadLine()获取用户输入的值，并将值进行类型转换后赋值给变量 m
        m = int.Parse(Console.ReadLine());
        Console.WriteLine("请输入第二个整数：");
        //使用 ReadLine()获取用户输入的值，并将值进行类型转换后赋值给变量 n
        n = int.Parse(Console.ReadLine());
        //使用 for 循环，遍历两个数的最小公倍数
        for (i = n; i < m*n; i++)
        {
            //判断当前值是否可以被 m 和 n 整除
            if (i %m == 0 && i % n == 0)
            {
                //输出两个数的最小公倍数
                Console.WriteLine("最小公倍数为：{0}", i);
                break;//得到最小公倍数后，中断循环语句
            }
        }
    }
}
```

上述代码遍历输入两个整数中的任意一个数字与这两个整数乘积之间的数字，若其中有一个数字同时能整除这两个整数，则为其最小公倍数，运行结果如图 2-5 所示。

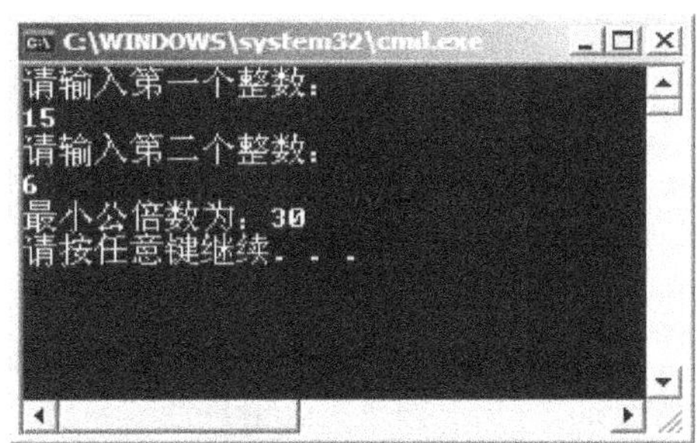

图 2-5　两个整数的最小公倍数

另外，在接收用户输入信息时，默认是以字符串的形式，如果需要做整型运算，则必须将接收到的数据转换为整型类型。int.Parse()方法可以将字符串转换成整数，类似的double.Parse()方法可以将字符串转换成 double 类型。此外 C# 中还提供了一个转换类Convert，此类可以将一个数据类型转换成另一个数据类型，其常用的转换方法如表 2-7所示。

表 2-7　Convert 类中常用的转换方法

方　法	功 能 说 明
ToInt32()	转换成 32 位的整数，即 int 类型
ToInt64()	转换成 64 位的整数，即 long 类型
ToSingle()	转换成单精度的浮点数，即 float 类型
ToDouble()	转换成双精度的浮点数，即 double 类型
ToString()	转换成字符串，即 string 类型

2.4　语句

与其他语言一样，C# 程序设计过程是由语句构成的，例如分支语句、循环语句、转移语句、异常处理语句。本节将会结合示例详细讲解这些语句的使用方法。

2.4.1　分支语句

在分支语句中，程序会根据条件表达式的值来判断程序将要执行的代码块。常用的条件语句有 if 语句、if...else 语句、嵌套 if 语句和 switch 语句等。

1. if...else 语句

if…else 语句是最常用的分支语句，其语法格式如下：

```
if(表达式)
{
    语句 1;
}
else
{
    语句 2;
}
```

当表达式的值为 true 时，执行语句 1 中的代码；否则执行语句 2 中的代码。

例如：

```
if (num1 > num2)
{
    maxNum = num1;
    minNum = num2;
```

```
}
else
{
        maxNum = num2;
        minNum = num1;
}
```

2. 嵌套 if 语句

嵌套 if 语句的使用方法和 if...else 语句类似，其语法格式如下：

```
if (表达式 1)
{
        语句 1;
}
else if (表达式 2)
{
        语句 2;
}
...
else
{
        语句 n;
}
```

当表达式 1 的值为 true 时，执行语句 1；当表达式 2 的值为真时，执行语句 2；否则当所有表达式都为 false 时，执行语句 n。

【示例 2.4】 使用嵌套的 if 语句判断成绩的等级：90 分以上是优秀，80 分以上(含 80 分)是良好，70 分以上(含 70 分)是中等，60 分以上(含 60 分)是及格，60 分以下是不及格。

创建类 Conditional.cs 并编写代码如下：

```
public class Condational {
        static void Main(string[] args) {
                Console.WriteLine("请输入分数后按回车：");//输出提示信息
                string r1 = Console.ReadLine();//获取用户输入的成绩
                //将用户输入的成绩类型转换为 double 类型
                double result = Convert.ToDouble(r1);
                //验证用户输入的成绩是否在 0～100 范围之内
                if (result < 0 || result > 100) {
                        Console.WriteLine("您输入的数据不合法！");
                        return;
                }
                if (result < 60) {
```

```
                //输入成绩小于 60 时的输出信息
                Console.WriteLine("不及格！");
            } else if (result < 70) {
                //输入成绩小于 70 且大于等于 60 时的输出信息
                Console.WriteLine("及格！");
            } else if (result < 80) {
                //输入成绩小于 80 且大于等于 70 时的输出信息
                Console.WriteLine("中等！");
            } else if (result < 90) {
                //输入成绩小于 90 且大于等于 80 时的输出信息
                Console.WriteLine("良好！");
            } else {
                //输入成绩大于等于 90 且小于等于 100 时的输出信息
                Console.WriteLine("优秀！");
            }
        }
}
```

代码运行结果如图 2-6 所示。

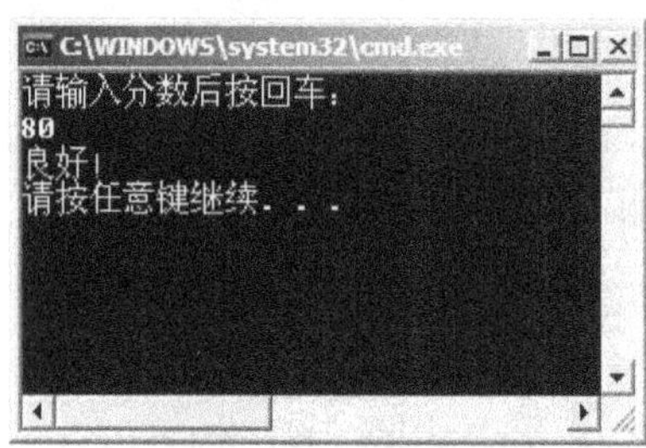

图 2-6　判断成绩的等级

3．switch 语句

在 C# 语言中还提供了另外一种条件语句，那就是 switch 语句。switch 语句根据某个传递参数的值来选择执行的代码。用 if 语句只能测试单个条件，如果需要测试多个条件，则需要书写冗长的代码，而 switch 语句能有效避免书写冗长的代码，并能测试多个条件。

switch 语句的语法格式如下：

```
switch (参数)
{
    case 参数的对应值 1: 操作 1; break;
    case 参数的对应值 2: 操作 2; break;
    case 参数的对应值 3: 操作 3; break;
    default: 操作 N;
}
```

【示例 2.5】 使用 switch 修改示例 2.4。

创建类 SwitchDemo.cs 并编写代码如下：

```
class SwitchDemo
{
    static void Main(string[] args)
    {
        Console.WriteLine("请输入分数后按回车：");//输出提示信息
        string rl = Console.ReadLine();//获取用户输入的成绩
        //将用户输入的成绩类型转换为 double 类型
        double result = Convert.ToDouble(rl);
        //验证用户输入的成绩是否在 0～100 范围之内
        if (result < 0 || result > 100)
        {
            Console.WriteLine("您输入的数据不合法！");
            return;
        }
        int flag = (int)result / 10;
        switch (flag)
        {
            case 10:
            case 9:
                Console.WriteLine("优秀！");
                break;
            case 8:
                Console.WriteLine("良好！");
                break;
            case 7:
                Console.WriteLine("中等！");
                break;
            case 6:
                Console.WriteLine("及格！");
                break;
            default:
                Console.WriteLine("不及格！");
                break;
        }
    }
}
```

上述代码先将成绩除以 10 后取整(即取成绩十位上的数)，然后使用 Switch 语句进行判断，并输出对应的结果。运行效果与示例 2.4 的运行效果完全相同。switch 语句可以多个 case 语句一起执行，中间没有间断(break)，例如：

```
case 10:
case 9:
        Console.WriteLine("优秀！");
        break;
```

即当取整后是 10 或 9 时，都输出“优秀”。

2.4.2 循环语句

在 C# 语言中提供的循环语句，主要有 for、while、do…while、foreach 等。这些循环语句可以充分解决程序开发过程中需要重复循环才能实现的问题。循环能够减少代码量，避免重复输入相同的代码行，也能够提高应用程序的可读性。

1. for 语句

for 语句一般用于已知重复执行次数的循环，是程序开发中常用的循环语句之一。当 for 循环表达式中的条件为 true 时，就会一直循环代码块；当表达式中的条件为 false 时，for 循环会结束循环并跳出。

for 循环的语法格式如下：

```
for(初始化表达式;条件表达式;迭代表达式)
{
        循环语句;
}
```

【示例 2.6】 使用 for 循环接收 10 个整数求和并输出。

创建类 ForDemo.cs 并编写代码如下：

```
class ForDemo
{
        static void Main(string[] args)
        {
                int sum=0;
                Console.WriteLine("输入 10 个数，然后计算这 10 个数的和！");
                for (int i = 0; i < 10; i++)
                {
                        Console.WriteLine("请输入第{0}个后按回车：",i+1);
                        sum += int.Parse(Console.ReadLine());
                }
                Console.WriteLine("10 个数的和为：    "+sum);
                Console.WriteLine();
        }
}
```

执行结果如图 2-7 所示。

```
C:\WINDOWS\system32\cmd.exe
输入10个数，然后计算这10个数的和！
请输入第1个后按回车：
3
请输入第2个后按回车：
5
请输入第3个后按回车：
6
请输入第4个后按回车：
7
请输入第5个后按回车：
8
请输入第6个后按回车：
9
请输入第7个后按回车：
3
请输入第8个后按回车：
4
请输入第9个后按回车：
2
请输入第10个后按回车：
1
10个数的和为：   48

请按任意键继续. . .
```

图 2-7　求和结果

2．while 语句

while 语句一般用于重复执行次数可变的循环。while 语句略带有 if 语句的特点，同样也是经常使用的循环语句。while 循环语句的语法格式如下：

```
while(条件表达式)
{
    循环语句;
}
```

while 循环会根据条件表达式的值来判断是否满足执行条件，如果满足则执行下面的循环语句，否则终止循环。

【示例 2.7】 使用 while 循环接收 10 个整数求和并输出。

创建类 WhileDemo.cs 并编写代码如下：

```
class WhileDemo
{
    static void Main(string[] args)
    {
        int sum = 0;
        int i = 0;
        Console.WriteLine("输入 10 个数，然后计算这 10 个数的和！");
        while (i < 10)
        {
            Console.WriteLine("请输入第{0}个后按回车：", i + 1);
            sum += int.Parse(Console.ReadLine());
            i++;
        }
        Console.WriteLine("10 个数的和为：   " + sum);
```

```
    }
}
```

上述代码使用了 while 语句来控制程序。变量 i 初始值为 0，只要当 i 的值小于 10 时，程序会执行 while 循环语句。在循环体中“i++”用来对 i 的值进行修改，如果没有该语句，则 while 会变为死循环，程序永远不会停止。示例 2.7 的运行结果与上面的 for 循环结果一致。

3．do…while 语句

do…while 循环其实是 while 循环的一种特殊形式，区别在于 do…while 循环会先执行一次循环语句，然后再判断 while 中的条件。do…while 语句的语法格式如下：

```
do
{
    循环语句;
}while(条件表达式);
```

在 while 循环开始之前，会先执行循环语句块中的语句，等执行完之后，再对条件表达式进行检查，如果满足条件则继续执行循环，否则终止循环。

【示例 2.8】 演示 do...while 语句的使用。

创建类 DoWhile.cs 并编写代码如下：

```
class DoWhile
{
    static void Main(string[] args)
    {
        int i = 0;
        int sum = 0;
        do
        {
            i++;
            sum = sum + i;
        } while (i < 10);
        Console.WriteLine("1 到{0}的和为：{1}", i, sum);
    }
}
```

代码运行结果如图 2-8 所示。

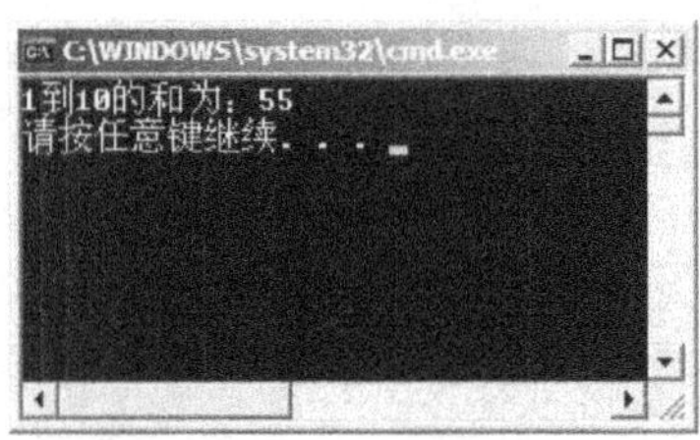

图 2-8　do while 循环语句示例

4．foreach 语句

foreach 循环是 for 循环的一种特殊表现形式，如果想遍历集合或者数组中的所有条目，使用 foreach 是很好的解决方案。foreach 语句的语法格式如下：

```
foreach (数据类型 局部变量 in 集合)
{
    循环语句;
}
```

其表述的意义是当局部变量的值是集合中的一部分时，执行循环语句；当局部变量的值超出集合范围时，停止循环。

【示例 2.9】 演示 foreach 循环的使用方法。

创建类 Foreach.cs 并编写代码如下：

```
class Foreach {
    static void Main(string[] args) {
        //定义整型数组
        int[] num = { 1, 2, 3, 4, 5, 6, 7, 8, 9, 10 };
        foreach (int i in num) {
            Console.WriteLine(i);
        }
    }
}
```

代码运行结果如图 2-9 所示。

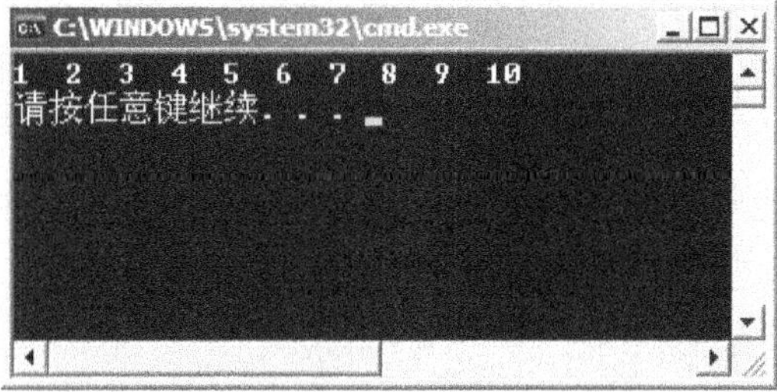

图 2-9　foreach 循环语句示例

2.4.3　转移语句

转移语句用于无条件地转移控制。转移语句会将控制转到某个位置，这个位置就称为转移语句的目标(target)。当一个转移语句出现在某个块内，而该转移语句的目标在该块之外时，就称该转移语句退出该块。虽然转移语句可以将控制转到一个块外，但它永远不能将控制转到一个块的内部。

1．break 语句

break 语句的目标是退出直接封闭它的 switch、while、do...while、for 或 foreach 语句。如果 break 语句不是由 switch、while、do...while、for 或 foreach 语句所封闭的，则产

生编译错误。当多个 switch、while、do…while、for 或 foreach 语句彼此嵌套时，break 语句只作用于最里层的循环体。若要穿越多个嵌套层直接转移控制，则必须使用 goto 语句。

例如：

```
for(int i=1; i<10; i++)
{
    if(i==5)
        break;
    Console.WriteLine(i);
}
```

上述代码中，当 i 的值等于 5 时，中断并跳出循环，因此只能输出“1、2、3、4”这四个数。

2．continue 语句

continue 语句的目标是开始直接封闭它的 while、do…while、for 或 foreach 语句的一次新迭代，即跳出此次循环体，继续进入到下一次循环。例如：

```
for(int i=1;i<10;i++)
{
    if(i==5)
        continue;
    Console.WriteLine(i);
}
```

上述代码中，当 i 的值等于 5 时，跳出当前循环体，继续进入到下一个循环，因此只有“5”没被输出，而其他的数“1、2、3、4、6、7、8、9”都被输出。

3．return 语句

return 语句用于结束当前函数体，并将结果返回给函数调用者。不带表达式的 return 语句只能用在不返回值的函数成员中，即函数的返回类型为 void。例如：

```
static int Add(int a,int b)
{
    return a+b;
}
static void Main(string[] args)
{
    Console.WriteLine(Add(1,2));
    return;
}
```

2.4.4 lock 语句

lock 语句用于获取某个给定对象的互斥锁，执行一条语句，然后释放该锁。当一个互

斥锁被占用时，其他线程中执行的代码在该锁被释放前是无法获得它的。

例如：

```
class Account
{
    decimal balance;
    public void Withdraw(decimal amount)
    {
        //锁定当前对象
        lock (this)
        {
            if (amount > balance)
            {
                Console.WriteLine("余额不足");
            }
            balance -= amount;
        }
    }
}
```

注意　不要随便使用锁定这种方式来同步对静态数据的访问，因为其他代码可能也会锁定该类类型，如此可能导致死锁。因此，请使用锁定私有静态对象这种方法来同步对静态数据的访问。

2.4.5　using 语句

C# 通过 .NET 公共语言运行库(CLR)自动释放用于存储不再需要的对象的内存，但是内存何时释放具有不确定性；一旦 CLR 决定执行垃圾回收，就会立即释放内存。

在程序开发过程中，开发人员可以通过使用 using 语句来指定使用资源的对象应何时释放资源。

using 的使用方式如下：

```
//获取 StreamWriter，执行结束之后，释放该资源
using (StreamWriter sw = new StreamWriter("haier.txt"))
{
    sw.WriteLine("青岛");
    sw.WriteLine("栈桥");
}
```

上述代码中，using 语句被转换成三个部分：获取、使用和释放。其中为 using 语句提供的对象必须实现 IDisposable 接口，此接口提供了 Dispose 方法，该方法将释放此对象的资源。上面代码中的 StreamWriter 类就实现了 IDisposable 接口。

正在使用资源的代码也可以显示地调用 Dispose 方法以表明不再需要该资源。如果不调用 Dispose 方法，则在 using 代码块执行完毕后，最终将因为垃圾回收而对该资源进行自动释放。

2.5 字符串

2.5.1 字符串基础

字符串是最常用的数据类型之一，在 C# 中字符串 string 是 System.String 类的一个引用类型，但与其他引用类型不同的是，在 C# 中可将字符串视为一个基本类型：可以声明为一个常量，并可以直接赋值。例如：

```
string str="121";
```

1. 字符串连接

可以使用“+”号连接字符串，例如：

```
string a="121"+"工程";
```

但这种方法在连接过程会为新的组合字符串分配新的空间，如果在一个较大的循环中使用这种方式就会占用过多的资源，因此这种情况下应该使用 StringBuilder 类来代替连接操作符。

2. 截取和定位

使用 SubString()方法可以在字符串中截取所选的部分，例如：

```
string str = "121 工程";
string s1 = str.Substring(3); //截取第 3 位以后的所有字符串。截取的字符串为"工程"
string s2 = str.Substring(0, 3); //截取从第 0 位开始，长度为 3 的字符串，即"121"
```

上述代码使用了 SubString()方法的两个重载形式，分别取字符不同的子串。

3. 比较

C# 中字符串可以使用“==”直接进行比较，当使用“==”运算符时就会调用 Equals()方法进行字符串比较，所以字符串比较 Equals()方法与“==”是等价的。例如：

```
if (strSex == "男")                // 等价于 if(strSex.Equals ("男"))
```

字符串有四个比较方法：Compare()、CompareOrdinal()、CompareTo()和 Equals()。其中 Compare()方法是 CompareTo()方法的静态版本。

2.5.2 String 类

字符串使用 string 或 String 类来定义，string 是.NET 中 String 类的别名。通常字符串是不可变的，字符串对象一旦创建，其内容就不能更改。String 类中提供了大量的字符串操作方法，其中常用的方法如表 2-8 所示。

表 2-8　字符串常用操作方法

方法名称	作　　用
Compare()	比较两个指定的字符串，并返回一个整数，指示二者在排序顺序中的相对位置
CompareOrdinal()	与 Compare 一样，但不考虑文化背景
Concat()	把多个字符串实例合并为一个实例
CopyTo()	把特定数量的字符从选定的下标复制到数组的一个全新实例中
Format()	格式化包含各种值的字符串和如何格式化每个值的说明符
IndexOf()	定位字符串中第一次出现某个给定子字符串或字符的位置
IndexOfAny()	定位字符串中第一次出现某个字符或一组字符的位置
Insert()	把一个字符串实例插入到另一个字符串实例的指定索引处
Join()	合并字符串数组，建立一个新字符串
LastIndexOf()	与 IndexOf 一样，但定位最后一次出现的位置
LastIndexOfAny()	与 IndexOfAny，但定位最后一次出现的位置
PadLeft()	在字符串的开头，通过添加指定的重复字符填充字符串
PadRight()	在字符串的结尾，通过添加指定的重复字符填充字符串
Replace()	用另一个字符或子字符串替换字符串中给定的字符或子字符串
Split()	在出现给定字符的地方，把字符串拆分为一个子字符串数组
Substring()	在字符串中获取给定位置的子字符串
ToLower()	把字符串转换为小写形式
ToUpper()	把字符串转换为大写形式
Trim()	删除首尾的空白

针对一个字符串对象，可以通过上述成员方法操作以实现指定的目标要求。

【示例 2.10】 演示字符串对象的使用。

创建类 StringDemo.cs 并编写代码如下：

```
public static void Main(string[] args)
{
        string str1 = "Mary had a little lamb";
        string str2 = "Mary had a little lamb";
        Console.WriteLine(str1.ToLower());
        Console.WriteLine(string.Format("字符串 {0} 的长度是 {1}", str1,
                str1.Length));
        Console.WriteLine("第 4 个单词是 '{0}'", str1.Substring(11, 6));
        Console.WriteLine("两个字符串是否相等? " + (str1 == str2.Trim()));
}
```

代码中分别定义了两个字符串变量，通过字符串处理方法，将字符串进行不同形式的转化。运行结果如图 2-10 所示。

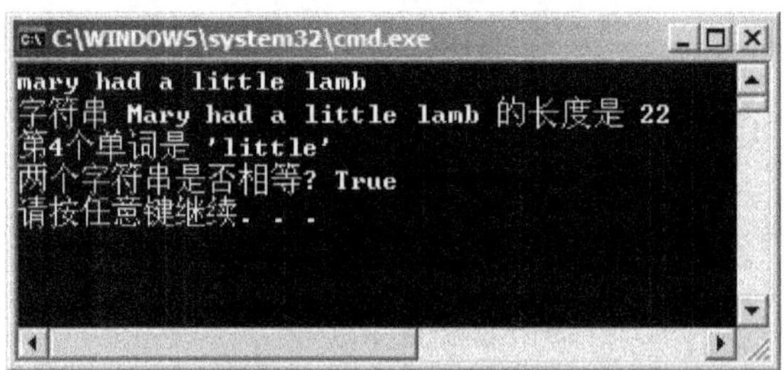

图 2-10　string 类使用

2.5.3　StringBuilder 类

前面提到过，字符串在内存中是不可变的。这意味着，如果为了得到第三个字符串而连接两个字符串时，在一个短暂的时间内，CLR 将会在内存中维护三个字符串的实例。假设编写了如下的代码用于连接字符串：

```
string a = "Hello";
string b = "World";
string c = a + " " + b;
```

上述代码在运行时实际存在四个字符串，分别占用不同的存储空间。为了缓解这种因字符串连接而带来的性能问题，同时为了对字符串连接操作给予编程工具支持，.NET 框架提供了一个名为 StringBuilder 的类。

通过使用 StringBuilder 类来动态创建可变长字符串，可以避免因 CLR 中字符串的不可变性而带来的问题，如此编写的代码通常会更容易阅读。

StringBuilder 类的主要方法如表 2-9 所示。

表 2-9　主要的 StringBuilder 方法

名　称	作　　用
Append()	给当前字符串连接一个字符串
AppendFormat()	连接特定格式的字符串
Insert()	在当前字符串中插入一个字符串
Remove()	从当前字符串中删除特定位置的字符串
Replace()	替换当前字符串中的某一部分为新字符串
ToString()	把当前字符串转换为 System.String 对象(在 System.Object 中被重写)

【示例 2.11】 演示 String 和 StringBuilder 的使用。

创建类 StringBuilderDemo.cs 并编写代码如下：

```
class StringBuilderDemo {
    static void Main(string[] args) {
        const int CYCLE = 10000;
        //Environment 提供平台及环境的相关信息，这里用于计算时间
        long vTickCount = Environment.TickCount;
        string str = null;
```

```
            for (int i = 0; i < CYCLE; i++) {
                str += i.ToString();
            }
            Console.WriteLine("String:{0} 毫秒",
                              Environment.TickCount - vTickCount);
            vTickCount = Environment.TickCount;
            //使用 StringBuilder 类型对象
            StringBuilder sb = new StringBuilder();
            for (int i = 0; i < CYCLE; i++) {
                sb.Append(i);
            }
            Console.WriteLine("StringBuilder:{0}毫秒",
                             Environment.TickCount-vTickCount);
            string tmpStr1 = "A";
            string tmpStr2 = tmpStr1;
            Console.WriteLine(tmpStr1);
            Console.WriteLine(tmpStr2);
            //注意后面的输出结果，tmpStr1 的值改变了但并未影响 tmpStr2 的值
            tmpStr1 = "B";
            Console.WriteLine(tmpStr1);
            Console.WriteLine(tmpStr2);
        }
}
```

运行结果如图 2-11 所示。

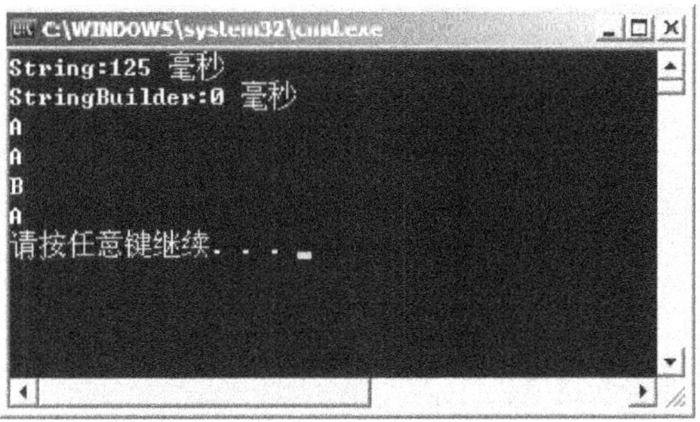

图 2-11　String 和 StringBuilder 的使用

2.5.4　格式化

任何一个类都有 ToString()方法，调用此方法可以以字符串方式显示对象的内容。但是，用户常常希望以各种可能的方式显示内容，通常在不同的文化或地区背景中有不同的格式。System.DateTime 就是最明显的一个例子，不同的用户期望不同的格式：10 June 2008、10 Jun 2008、6/10/08(美国)、10/6/08(英国)或 10.06.2008(德国)。

将对象转化为特定格式的字符串通常使用 string 的 Format()静态方法实现，调用 Format()方法时需要指定一个表示特定格式规则的格式化字符串。

表 2-10 和表 2-11 分别列出了数字类型的标准格式说明符和描述型格式说明符；表 2-12 和表 2-13 分别列出了日期类型的标准格式说明符和描述型格式说明符。

表 2-10　数字类型的标准格式说明符

格式字符	描　　述
C 或 c	货币格式
D 或 d	十进制格式，仅用于整型
E 或 e	科学记数法
F 或 f	浮点格式
G 或 g	普通格式
N 或 n	带有分隔符的格式
P 或 p	百分比
R 或 r	循环数
X 或 x	十六进制格式，仅用于整型

表 2-11　数字类型的描述型格式说明符

格式字符	描　　述
0	0 占位符，不足的位置补 0
#	数字占位符，不足的位置无内容
.	小数点
,	组分隔符逗号
%	百分比符号
E+0,E-0,e+0,e-0	指数符号

表 2-12　日期类型的标准格式说明符

格式字符	描　　述
d	短日期格式
D	长日期格式
t	短时间格式
T	长时间格式
f	长日期及短时间
F	长日期及长时间
g	短日期及短时间
G	短日期及长时间
M 或 m	月/日格式
R 或 r	RFC1123 模板

续表

格式字符	描　　述
s	可排序日期/时间格式
u	通用日期/时间短格式
U	通用日期/时间长格式
Y 或 y	年月格式

表 2-13　日期类型的描述型格式说明符

格式字符	描　　述
d	以 1 到 31 的数值显示日期
dd	与 d 说明符一样，但在显示 1 到 9 时前面会添加一个 0
ddd	显示日期的缩写
dddd	显示日期的完整名称
f	以单精度数字显示秒
ff…	与 f 说明符一样，但以多位数值显示秒数，由 f 的数量指定，最多为 7
g 或 gg	显示纪元，B.C.或 A.D
h	以 1 到 12 的数字显示小时，午夜后第一个小时显示为 12
hh	显示小时，必要时会在前面添加 0
H	以 0 到 23 的数字显示小时
HH	显示小时，必要时在前面添加 0
m	以 0 到 59 的数字显示分钟
mm	显示分钟，必要时在前面添加 0
M	以 1 到 12 的数字显示月份
MM	显示月份，必要时在前面添加 0
MMM	显示月份名称缩写
MMMM	显示完整的月份名称
s	以 0 到 59 显示秒数
ss	显示秒数，必要时在前面添加 0
t	显示 A.M.或 P.M.标识符的第一个字符
tt	显示 A.M.或 P.M.标识符，此时考虑 Windows 系统的区域设置
y	以一位或两位数字显示年份，如 2009 显示为 9，2010 年显示为 10
yy	用两位数字显示年份
yyyy	用四位数字显示年份
z	显示时区，以当地时间与格林尼治时间之差表示
zz	使用两位数字显示时区
:	显示时间分隔符
/	显示日期分隔符

【示例 2.12】 格式化日期和数字。

创建类 StringFormatDemo.cs 并编写代码如下：

```
class StringFormatDemo
{
        static void Main(string[] args)
        {
                // 数字格式化
                Double number = 123456.789;
                // 使用标准格式
                Console.WriteLine("__________________________\n");
                Console.WriteLine(String.Format("{0:C}", number));
                Console.WriteLine(String.Format("{0:E}", number));
                Console.WriteLine(String.Format("{0:N}", number));
                // 使用描述符
                Console.WriteLine("__________________________\n");
                Console.WriteLine(String.Format("{0:#.00}", number));
                Console.WriteLine(String.Format("{0:#.0000}", number));
                Console.WriteLine(String.Format("{0:00000000.0000}", number));
                // 日期格式化
                DateTime dateTime = DateTime.Now;
                // 使用标准格式
                Console.WriteLine("__________________________\n");
                Console.WriteLine(String.Format("{0:D}", dateTime));
                Console.WriteLine(String.Format("{0:T}", dateTime));
                Console.WriteLine(String.Format("{0:F}", dateTime));
                // 使用描述符
                Console.WriteLine("__________________________\n");
                Console.WriteLine(String.Format("{0:yyyy-MM-dd HH:mm:ss:fff}",
                        dateTime));
                Console.WriteLine(String.Format("{0:tt hh:mm:ss}", dateTime));
                Console.WriteLine(String.Format(
                        "{0:yyyy 年 MM 月 dd 日 HH 时 mm 分 ss 秒 fff 毫秒}", dateTime));
                Console.WriteLine("__________________________\n");
        }
}
```

上述代码分别使用了各种方式格式化数字和日期并输出，运行结果如图 2-12 所示。

```
C:\WINDOWS\system32\cmd.exe
─────────────────────────
¥123,456.79
1.234568E+005
123,456.79
─────────────────────────
123456.79
123456.7890
00123456.7890
─────────────────────────
2014年12月19日
10:17:04
2014年12月19日 10:17:04
─────────────────────────
2014-12-19 10:17:04:406
上午 10:17:04
2014年12月19日 10时17分04秒406毫秒
─────────────────────────
请按任意键继续. . .
```

图 2-12　字符串的格式化

2.6　异常处理

异常处理在程序中扮演着重要的角色，恰当地使用异常处理能够使程序更易维护、更健壮。

C# 中提供了三种处理异常语句：

✧ try...catch。

✧ try...finally。

✧ try...catch...finally。

try...catch 捕获异常语法格式如下：

```
try
{
    //程序代码
}
catch(异常类对象)
{
    //异常处理代码
}
```

注 意

System.Exception 类是所有异常的基类，因此一个参数是 Exception 的 catch 语句能够捕获所有类型的异常。另外一个 try 可以跟多个 catch，但只能有一个参数是 Exception 的 catch 语句，且该 catch 放在最后，否则将产生编译错误。

try...finally 语法格式如下：

```
try
```

```
{
    //程序代码
}
finally
{
    //必须执行的代码
}
```

注 意

不管异常发生与否，都必须执行 finally 块中的代码。

try...catch...finally 语法格式如下：

```
try
{
    //程序代码
}
catch(异常类对象)
{
    //异常处理代码
}
finally
{
    //必须执行的代码
}
```

如果在 try 块中引发异常，则调用相应的 catch 进行处理，finally 块中的代码将在 catch 之后执行。如果尚未引发异常，则直接执行 finally 块中的代码。

【示例 2.13】 使用异常处理语句处理程序中出现的异常。

创建类 ExceptionDemo.cs 并编写代码如下：

```
class ExceptionDemo
{
    static void Main(string[] args)
    {
        Console.WriteLine("请输入一个数：");
        try
        {
            //从控制台读取一个数，并转换成 double 数据类型
            //(当输入的不是数据时，会出现异常)
            double result = Convert.ToDouble(Console.ReadLine());
            //验证用户输入的数据是否在 0～100 范围之内
            if (result < 0 || result > 100)
            {
```

```
                    Console.WriteLine("请输入 0~100 的数据！ ");
                }
                else
                {
                    Console.WriteLine("您输入的数据是" + result);
                }
            }
            catch (Exception ex)
            {
                //异常处理
                //如果用户输入的不是数字，则提示本信息
                Console.WriteLine("您的输入有误，导致程序出现异常。异常的类型是"
                    + ex.GetType());
            }
            finally
            {
                Console.WriteLine("执行 finally");
            }
        }
}
```

上述代码使用 try...catch...finally 语句进行异常处理，避免因用户输入的不是数字而导致程序不能正常继续向下执行的情况，完善了程序的健壮性，同时及时提醒用户的错误操作。

执行结果如图 2-13 所示。

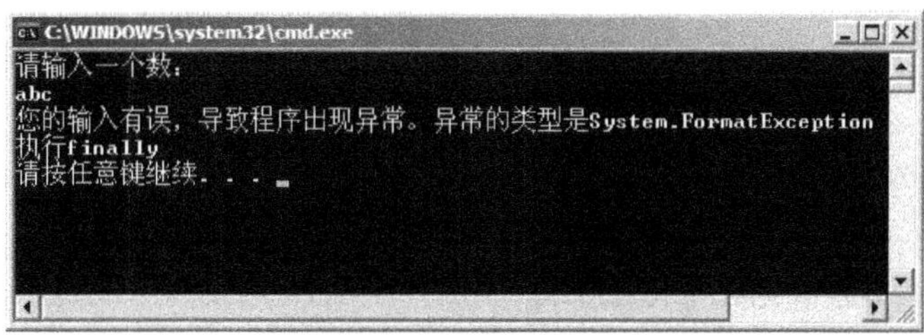

图 2-13　异常处理

C# 中还提供了 throw 语句，可以通过程序的方式引发一个异常。使用 throw 语句既可以引发系统预定的异常，也可以引发自定义异常。例如：

```
if (UserInput<1&&UserInput>100)
{
    throw new InvalidNumberInput(UserInput + "不是有效输入");
}
```

上述代码中使用 throw 引发了一个自定义异常 InvalidNumberInput。引发系统预定义

的异常与此相似，只需指定要引发的系统预定义异常的名称即可，例如 FormateException(格式不匹配异常)、TypeLoadException(类型加载失败异常)等。

本 章 小 结

通过本章的学习，学生应该能够掌握：

- ✧ 变量、常量是存储数据的内存单元。
- ✧ C# 的数据类型分为两大类：值类型和引用类型。
- ✧ 装箱是将值类型转换为引用类型，拆箱是将引用类型转换为值类型。
- ✧ C# 的分支语句有 if…else、switch…case。
- ✧ C# 的迭代语句有 for、while、do…while、foreach。
- ✧ 转移语句有 break、continue 和 return。
- ✧ lock 语句用于获取某个给定对象的互斥锁，执行后再释放锁。
- ✧ using 语句使用一个或多个资源，当执行完毕后这些资源将被释放。
- ✧ 使用 try...catch...finally 进行异常处理。
- ✧ throw 用于抛出一个异常对象。

本 章 练 习

1. 关于 C# 语言的基本语法，下列哪些说法是正确的_______。

   A. C# 语言使用 using 关键字来引用.NET 预定义的名字空间

   B. 用 C# 编写的程序中，Main 函数是唯一允许的全局函数

   C. C# 语言中使用的名称严格区分大小写

   D. C# 中一条语句必须写在一行内

2. C# 中每个 int 类型的变量占用_______个字节的内存空间。

   A. 1　　　　B. 2

   C. 4　　　　D. 8

3. C# 中，新建一字符串变量 str，并将字符串“Tom's Living Room”保存到串中，可以使用哪些语句_______。

   A. string str = "Tom\'s Living Room";

   B. string str = "Tom's Living Room";

   C. string str("Tom's Living Room");

   D. string str("Tom"s Living Room");

4. 简述装箱与拆箱的含义。

5. 100 块钱买 100 只鸡，公鸡 5 元一只，母鸡 3 元一只，小鸡 1 元三只，要求每种鸡至少有一只，编写程序输出所有购买方案。

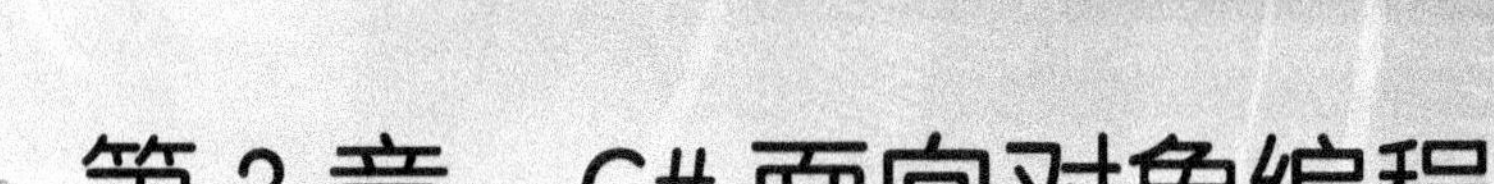

第3章 C# 面向对象编程

本章目标

■掌握 C# 的类和对象

■掌握构造函数

■使用 C# 访问修饰符

■掌握在 C# 中继承的使用

■理解方法的重写和重载

■理解接口的定义

3.1 类

类是面向对象程序设计的基本构成模块，它代表了一组具有相同数据结构和相同操作的对象的集合，它是对一系列具有相同性质的对象的抽象，是对对象共同特征的描述。比如每一辆汽车是一个对象，所有的汽车可以作为一个模板，就可以定义汽车这个类。

3.1.1 定义类

C# 是面向对象的编程语言。在面向对象开发当中，不可避免地要创建一个类。“类”是一种构造，通过使用该构造，开发人员可以将其他类型的变量、方法和事件组合在一起，从而创建自己的自定义类型。

在 C# 中使用关键字 class 来声明类，其语法格式如下：

```
类修饰符 class 类名
{
        类体
}
```

其中：

✧ “类修饰符”是可选的。

✧ 关键字“class”和“类名”(一个用来命名该类的标识符)是必不可少的。

✧ “类体”部分用于定义类的代码块，包含在一对大括号之间。

【示例 3.1】 演示定义类的具体格式。

创建类 Rectangle.cs 并编写代码如下：

```
class Rectangle
{
        //数据成员(字段)
        private int width;
        private int length;
        //构造函数
        public Rectangle()
        {
        }
        //属性
        public int Width
        {
                get { return width; }
                set { width = value; }
        }
        public int Length
```

```
        {
            get { return length; }
            set { length = value; }
        }
        //方法
        public int Area()
        {
            return Width * Length;
        }
}
```

上述代码中声明了一个矩形类 Rectangle，在此类中声明了两个字段 width、length，两个属性 Width、Length 以及一个求面积的方法。

注 意

在 C# 中类名的定义需要遵循一定的命名规则，类名最好能体现类的含义和用途。类名一般采用名词且第一个字母大写，也可以采用多个词构成的组合词。如果类名由多个词组成，则每一个词的第一个字母都应该大写。另外，在同一个命名空间内，类名不能重复。

3.1.2 构造函数

构造函数是面向对象开发方法中比较特别的方法，构造函数一般在对象初始化时执行。

1．构造函数

构造函数用于执行类的实例的初始化。每个类都有构造函数，如果开发人员没有显式地声明类的构造函数，那么编译器会自动为类提供一个默认的构造函数。通常构造函数用来实例化变量，是创建类的对象时调用的方法。

在 C# 中的构造函数一般会具有以下几个特征：

- ✧ 构造函数不能声明返回类型(甚至也不能使用 void)，也不能有返回值。
- ✧ 一般地，构造函数总是 public 类型的，如果是 private 类型的，则表明类不能被实例化，通常用于只含有静态成员的类。
- ✧ 构造函数名与类名相同，并且一个类可以有一个或多个构造函数。
- ✧ 在构造函数中不要做对类的实例进行初始化以外的事情，并且构造函数也不能像普通方法那样被显式地调用。

一个类可以有多个具有不同参数的构造函数，通过传递不同的数据来对类的实例进行不同的初始化。

【示例 3.2】 演示带参数的构造函数的定义和使用方法。

创建类 Dog.cs 并编写代码如下：

```
public class Dog
{
        public string name;
        public int age;
```

```
        public Dog()    //无参数的构造函数
        {
            name = "未知";
            age = 1;
            Console.WriteLine("Dog()：Dog 类已被初始化。");
        }
        public Dog(string dogName)  //带一个参数的构造函数
        {
            name = dogName;
            age = 1;
            Console.WriteLine("Dog(string)：Dog 类已被初始化。");
        }
        public Dog(string dogName, int dogAge)  //带两个参数的构造函数
        {
            name = dogName;
            age = dogAge;
            Console.WriteLine("Dog(string, int)：Dog 类已被初始化。");
        }
        public void Bark()
        {
            Console.WriteLine("汪汪!");
        }
        public static void Main()
        {
            //将使用没有参数的构造函数
            Dog dog1 = new Dog();
            Console.WriteLine("dog1 的名字为“{0}”，年龄为{1}",
                dog1.name, dog1.age);
            //将使用带一个参数的构造函数
            Dog dog2 = new Dog("哈士奇");
            Console.WriteLine("dog2 的名字为“{0}”，年龄为{1}",
                dog2.name, dog2.age);
            //将使用带两个参数的构造函数
            Dog dog3 = new Dog("吉娃娃", 2);
            Console.WriteLine("dog3 的名字为“{0}”，年龄为{1}",
                dog3.name, dog3.age);
        }
}
```

上述代码定义了一个 Dog 类，该类中定义了一个无参数的构造函数和两个带不同参

数的构造函数。运行结果如图 3-1 所示。

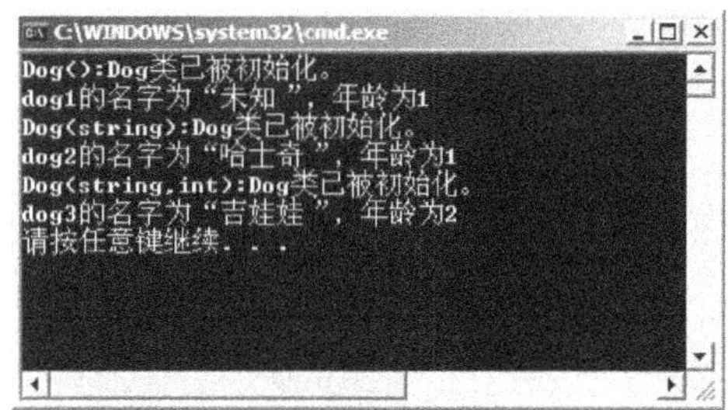

图 3-1　不同参数的构造函数

注 意　不仅类的构造函数可以重载，对于 C# 类中的普通方法，也可以使用重载的方式进行定义。重载时，方法名相同，但参数必须不同(参数的类型、个数或顺序不同)。

3.1.3　字段

字段通常用来存储对象的数据值。例如，在定义一个动物对象 Animal 时，因为一般动物都具有颜色(color)、年龄(age)等特点，因此可以使用字段来对对象进行描述。

【示例 3.3】 演示字段的定义。

创建类 Animal.cs 并编写代码如下：

```
class Animal
{
    public string color;    //声明颜色字段
    public int age;  //声明年龄字段
}
```

在字段的前面除了可以加访问修饰符外，还可以加另外两个修饰符：static 和 readonly。static 和 readonly 的特点如表 3-1 所示。

表 3-1　字段修饰符

修饰符	定　义
static	静态字段是类的状态，而不是类实例的状态。应该使用“类名.静态字段名”方式来直接访问静态字段，而无需创建类的实例
readonly	只读字段只能在声明语句或构造函数中赋值。其效果实际上是将字段变成了一个常量，如果以后通过代码改变字段的值，就会导致错误

【示例 3.4】 演示 static 和 readonly 修饰符的使用。

创建类 MyClass.cs 并编写代码：

```
class MyClass
{
    public static int MyInt;
    public readonly int MyInt = 17;
}
```

静态字段可以通过定义它们的类来访问，而不通过这个类的对象实例来访问。另外，可以使用关键字 const 来创建一个常量。按照定义，const 成员也是静态的，所以不需要用 static 修饰符。

3.1.4 属性

属性结合了字段和方法的特点，属性可以为字段提供保护，避免字段在其所属对象不知情的情况下被更改。属性包括一个 get 访问器和一个 set 访问器。get 访问器用于读取属性值，set 访问器用于设置属性值。当一个字段的权限为私有(private)时，不能通过对象的“.”操作来访问，但是可以通过属性“访问器”来访问。

定义类的属性时，需要注意其修饰符及其赋值方式，

【示例 3.5】 演示属性的使用。

修改类 Animal.cs 代码如下：

```
public class Animal
{
        private int _age;           //定义私有变量
        public int Age              //定义属性
        {
            get                     //取值
            {
                return _age;
            }
            set //赋值
            {
                _age = value;
            }
        }
}
```

在程序代码中，同样可以通过“.”操作符来访问属性，例如：

```
Animal bird = new Animal();  //创建对象
bird.Age = 1;                //Age 访问了_age
```

3.1.5 方法

方法展现类的行为，可用来执行类的操作。方法是由“{}”组合在一起的代码块，用来接收输入数据，在方法体内进行运算处理，并返回处理结果。

方法的语法格式如下：

```
访问修饰符 返回类型 方法名称(参数列表)
{
```

```
    方法代码块
}
```

对方法的声明，需要指定访问级别、返回值、方法名称以及任何必要的参数。参数在方法名称后的括号中，多个参数用逗号隔开，空括号表示无参数。例如：

```
public string getName()
{
    return name;
}
```

在使用类的方法时，经常会根据实际情况定义不同性质的方法。最常用的是静态方法和实例方法。使用 static 关键字定义的方法为静态方法，否则就是实例方法。静态方法是一种特殊的成员方法，它不属于类的某一个具体的实例。实例方法可以访问类中的任何成员，而静态方法只能访问类中的静态成员。例如：

```
class A
{
    int x;
    static int y;
    static int F()
    {
        y=2;   //正确，允许访问
    }
}
```

上述代码中定义了一个类 A，其内部定义了 int 型的变量 x 和 y，其中变量 y 为静态变量。在静态方法 F()中对类中定义的变量进行赋值，但是只能对静态成员赋值。

方法在使用时，通常会对现有的变量进行初始化，或者对指定的变量进行运算，这个时候，就需要使用方法的参数来进行传值操作。参数的传递通常有以下几种，即值参数、引用参数、输出参数和参数数组，这里主要讲解值参数、引用参数和输出参数的使用方法。

1. 值参数

值参数传递是方法的参数传递的最基本形式，也是最常用的形式。默认情况下，方法的参数是按值传递(传值)的。这意味着，会把参数数据的副本(而非实际数据)传递给目标方法。由于传递的不是实际数据，因此，目标方法对这些数据副本的修改不会影响调用例程的原参数。

【示例 3.6】 使用值传递方法参数。

创建类 ValueTransfer.cs 并编写代码如下：

```
class ValueTransfer
{
    public void Test(string s)
    {
        Console.WriteLine(s); // 2
```

```
            s = "修改！ ";
            Console.WriteLine(s); // 3
        }
        static void Main(string[] args)
        {
            ValueTransfervt = new ValueTransfer();
            string s = "编程快乐！ ";
            Console.WriteLine(s); // 1
            vt.Test(s);
            Console.WriteLine(s); // 4
        }
}
```

上述代码中，在 Test()方法内修改了参数的值，在 Test()方法中修改参数值前后和 Main()方法中调用 Test()方法前后分别有 4 次输出，运行结果如图 3-2 所示。

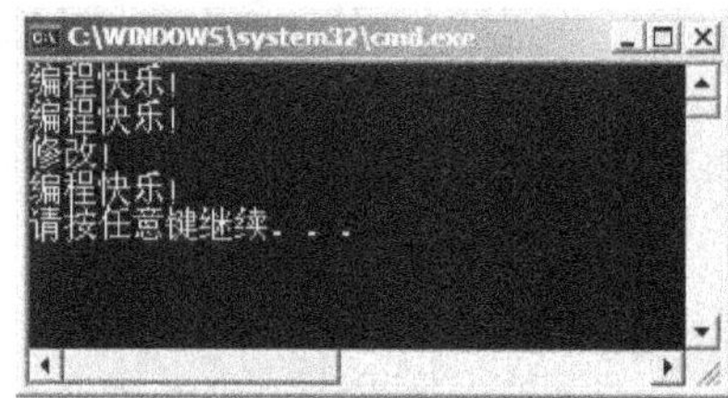

图 3-2　值传递示例

从运行结果可以看到，虽然在 Test()方法内修改了参数值，但是方法调用完毕后，原参数值并没有变化。

2. 引用参数

在 C# 中还可以按引用传递参数，这种方式下会把参数的引用传入方法，所以在方法内操作的实际上就是原始数据。C# 中使用“ref”关键字表示参数按照引用传递，在方法声明时和调用时都必须加上“ref”。

【示例 3.7】 使用 ref 传递方法参数。

创建类 ReferenceTransferREF.cs 并编写代码：

```
class ReferenceTransferREF
{
        public void Test(ref string s)
        {
            Console.WriteLine(s); // 2
            s = "修改！ ";
            Console.WriteLine(s); // 3
        }
        static void Main(string[] args)
```

```
        {
            ReferenceTransferREF vt = new ReferenceTransferREF();
            string s = "编程快乐！";
            Console.WriteLine(s); // 1
            vt.Test(ref s);
            Console.WriteLine(s); // 4
        }
}
```

修改后的代码运行结果如图 3-3 所示。

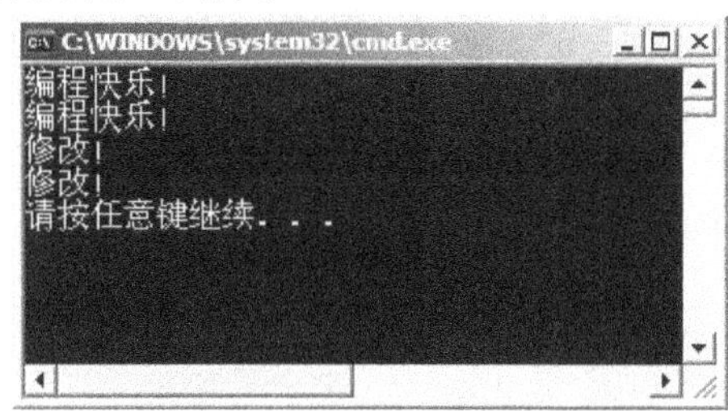

图 3-3　ref 类型参数示例

从运行结果可以看到，参数变为 ref 类型后，在 Test()方法内修改了参数的引用，方法调用完毕后，原数据也相应地改变了。

3. 输出参数

C# 还提供了一种传递引用的方式，即使用“out”关键字声明的输出参数。out 类型的参数与 ref 类型的参数非常相似，它们传递的都是参数的引用，但是有几点关键区别：

✧ 未赋值的变量不可用于 ref 参数，但可用于 out 参数。

✧ 方法内给 out 参数赋值之前不能使用此参数。

✧ 方法内必须给 out 参数赋值。

【示例 3.8】 演示 out 参数使用。

创建类 ReferenceTransferOUT.cs 并编写代码如下：

```
class ReferenceTransferOUT
{
    public void Test(out string s)
    {
        //Console.WriteLine(s); // out 参数未赋值前不可用
        s = "修改！";
        Console.WriteLine(s); // 1
    }
    static void Main(string[] args)
    {
        ReferenceTransferOUT vt = new ReferenceTransferOUT();
        string s;//s 未赋值;
```

```
            //vt.Test(ref s); //未赋值的变量不可用于ref参数
            vt.Test(out s);
            Console.WriteLine(s); // 2
        }
}
```

上述代码中，Test()方法内第一条输出语句已注释掉，因为参数为 out 类型，在赋值前是不可使用的。修改后的代码运行结果如图 3-4 所示。

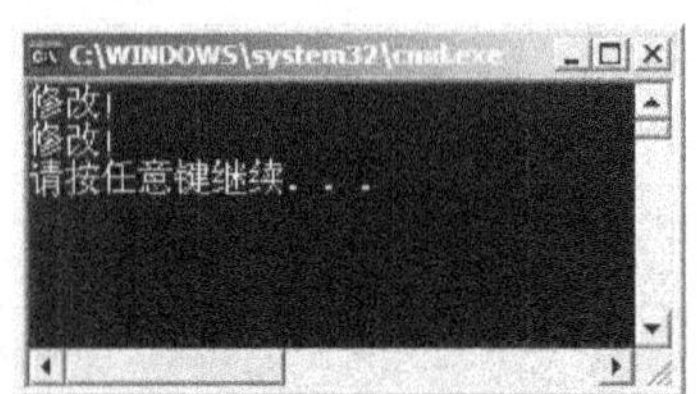

图 3-4　out 类型参数示例

从运行结果可以看到，参数变为 out 类型后，在 Test()方法内修改了参数的引用，方法调用完毕后，原数据也相应地改变了。

引用型的参数(ref)和输出型的参数(out)传递的实际上就是指针，C# 语言提供此种特有的机制，便于方法修改外围变量的引用操作。

3.1.6　this 关键字

在 C#语言中，this 关键字表示当前的对象，可以用来访问类成员，当参数名和类成员中字段名称相同时，可以使用 this 关键字来区分。

【示例 3.9】 使用 this 关键字来访问类成员。

创建类 ThisDemo.cs 并编写代码：

```
class ThisDemo
{
        public string name;                //声明共有变量
        public void getName(string name)
        {
            //使用 this 关键字赋值私有变量
            this.name = name;
        }
        static void Main(string[] args)
        {
            ThisDemo pro = new thisDemo();              //创建一个新对象
            pro.getName("编程快乐！");                   //使用方法进行参数传递
        }
}
```

【示例 3.10】 定义一个学生类 Student.cs，代码如下。

```
class Student {
    //定义各个字段
    public string name, sex, classes;
    int age, score;
    //构造函数
    public Student(string name,string sex,int age) {
        this.name = name;
        this.sex = sex;
        this.age = age;
    }
    //班级属性
    public string Classes {
        get { return classes; }
        set { classes = value; }
    }
    //成绩属性
    public int Score {
        get { return score; }
        set { score = value; }
    }
}
```

上述代码中定义了学生类 Student，并且定义了学生的姓名(name)、性别(sex)、年龄(age)、班级(classes)、成绩(score)。在这里使用 Student 类的构造函数来初始化学生的姓名、性别和年龄，并定义了班级和成绩的属性。

3.2 访问修饰符

在 C# 中定义了一组访问修饰符，如表 3-2 所示，这些修饰符具有不同的适用范围，用来控制类、字段、方法、属性等的可访问性。

表 3-2 访问修饰符

访问修饰符	描　述
public	访问不受限制，可以被类内和任何类外的代码访问
protected	可访问域限定于类内或从该类派生的类内
internal	可访问域限定于类所在的程序集内
protected internal	表示 protected 或者 internal，是二者的并集
private	可访问域限定于所属的类内

如果一个类不是在另一个类内部声明的，那么这个类就是顶级类(否则称为内部类)。

顶级类只能使用 public 和 internal 两种访问修饰符。当顶级类没有指定访问修饰符时，默认的访问修饰符是 internal。当顶级类内的字段、属性或方法没有指定访问修饰符时，默认的访问修饰符是 private。

【示例 3.11】 演示各种访问修饰符的使用。

创建类 ModifierDemo.cs 并编写代码：

```
class ModifierDemo
{
        int x; // 默认可访问性为 private
        protected int y;
        public int z;
        void Method1() { } // 默认可访问性为 private
        protected void Method2() { }
        public void Method3() { }
}
class Child1 : ModifierDemo
{
        void ChildMethod()
        {
                Console.WriteLine(x); // 错误。x 为父类 private 字段
                Console.WriteLine(y);
                Console.WriteLine(z);
                Method1(); // 错误。Method1 为父类 private 方法
                Method2();
                Method3();
        }
}
class Test
{
        static void Main(string[] args)
        {
                ModifierDemo demo = new ModifierDemo();
                demo.x = 1; // 错误。x 为 private 字段
                demo.y = 1; // 错误。y 为 protected 字段，只有子类可访问
                demo.z = 1;
                demo.Method1(); // 错误。Method1 为 private 方法
                demo.Method2(); // 错误。Method2 为 protected 方法，只有子类可访问
                demo.Method3();
        }
}
```

上述代码中，ModifierDemo 类有 3 个字段和 3 个方法，可访问性分别是 private、

protected 和 public。在子类 Child1 中，private 的字段 x 和方法 Method1()都是无法访问的，而可访问性为 protected 和 public 的字段和方法可以访问；类 Test 不是 ModifierDemo 的子类，所以 private 和 protected 的字段和方法都无法访问。

3.3　继承

3.3.1　C# 中继承的实现

继承是面向对象编程最重要的特性之一。当一个类继承另外一个类时，该类将拥有被继承类的所有成员。在 C# 中，继承的类称为子类或者派生类，被继承的类称为父类或者基类。

C# 中继承的语法格式如下：

```
class 子类名:父类名
{
    子类新定义成员
}
```

继承类时，必须在子类和基类之间使用冒号“:”。

【示例 3.12】 实现类之间的继承。

创建类 Vehicle.cs 和 car.cs 并实现子类继承父类，具体代码如下：

```
public class Vehicle
{
    public int wheels;//公有成员：轮子个数
    protected float weight;//保护成员：重量
    public Vehicle() { }
    public Vehicle(int w, float g) {
        this.wheels = w;
        this.weight = g;
    }
    public void speak() {
        Console.WriteLine("交通工具的轮子个数是变化的！");
    }
}
class Car : Vehicle {
    int passengers;//私有成员：乘客数
    public Car(float g, int p) : base(4, g) { // 调用父类构造函数
        this.passengers = p;
    }
}
```

上述代码中，Vehicle 作为基类，体现了“汽车”这个实体具有的公共性质：汽车都有

轮子和重量。Car 类继承了 Vehicle 类的这些性质，并且添加了自身的特性：能搭载乘客。

注 意

C# 只支持单继承，不支持多重继承，即一个类只允许有一个父类，不能同时继承多个类，而且 C# 中所有的类都直接或间接继承自 System.Object 类(也可用 Object 关键字表示)。

C# 中的继承遵循如下规则：

✧ 继承是可传递的。如果 C 派生自 B，B 又派生自 A，则 C 不仅继承了 B 中的成员，同样也继承了 A 中的成员。Object 类是所有类的基类。

✧ 派生类应当是对基类的扩展。派生类能添加新的成员，但不能除去继承自基类的成员。

✧ 构造函数不能被继承。除此以外的其他成员，都能被继承。基类中成员的访问方式决定派生类能否访问它们。

✧ 类可以定义虚方法、虚属性及虚索引指示器，其派生类重载这些成员，从而使类能展示出多态性。

✧ 派生类只能继承一个类，但可以实现多个接口。

【示例 3.13】 演示类之间的继承。

创建 ChildClass.cs 和 ParentClass.cs 并实现子类继承父类，代码如下：

```
public class ParentClass {
        public ParentClass() {
                Console.WriteLine("父类构造函数!");
        }
        public void print() {
                Console.WriteLine("I am a parent class");
        }
}
class ChildClass:ParentClass {
        public ChildClass() {
                Console.WriteLine("子类构造函数!");
        }
        static void Main(string[] args) {
                ChildClass child = new ChildClass();
                child.print();
        }
}
```

上述代码中定义了两个类，ChildClass 类继承了 ParentClass 类，在 Main 函数中创建子类 ChildClass 的对象，并调用其“print()”方法。运行结果如图 3-5 所示。

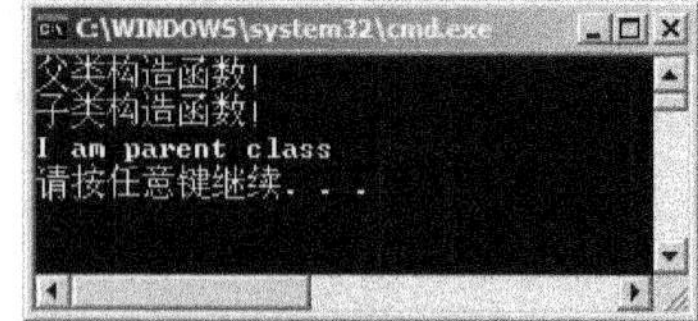

图 3-5　继承示例

3.3.2 base 关键字

在子类中，可以通过 base 关键字访问父类的成员。base 常用于子类对象初始化时和父类进行通信。base 可以访问基类的公有成员和受保护成员，但私有成员是不可访问的。

【示例 3.14】 使用 base 关键字来访问基类成员。

创建类 Parent.cs 和 Child.cs 并编写代码如下：

```
public class Parent
{
        string strParent;
        public Parent()
        {
                Console.WriteLine("父类构造函数");
        }
        public Parent(string str)
        {
                this.strParent = str;
                Console.WriteLine(strParent);
        }
        public void Print()
        {
                Console.WriteLine("这是父类的 Print 方法");
        }
}
public class Child : Parent
{
        public Child()
                : base("继承")//调用父类带参数的构造方法
        {
                Console.WriteLine("子类的构造函数");
        }
        public void Print()
        {
                base.Print();//在子类的方法中调用父类的 Print 方法
                Console.WriteLine("这是子类的 Print 方法");
        }
        public static void Main(string[] args)
        {       Child child = new Child();
                child.Print();//调用子类的 Print 方法
```

```
            ((Parent)child).Print();//调用父类的 Print 方法
        }
}
```

上述代码演示了在子类的构造函数定义中如何实现同基类的通信。冒号“:”和关键字 base 用来调用带有相应参数的基类的构造函数。运行结果如图 3-6 所示。输出结果中，第一行表明：基类的构造函数最先被调用，其参数是字符串“继承”；第三行是“base.Print()”的输出结果；而第五行是“((Parent)child).Print()”的输出结果。

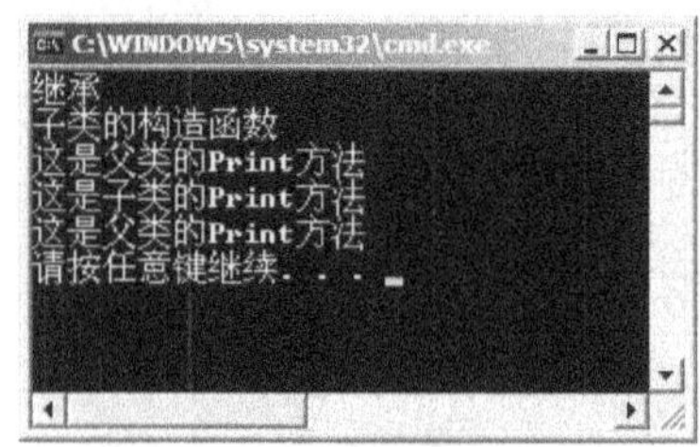

图 3-6　base 的使用

3.3.3　方法的重写

子类可以重写父类的方法。父类中需要被重写的方法用 virtual 修饰符声明，子类中重写的方法用 override 修饰符声明。

- ✧ virtual 在父类中指定一个虚方法(属性)，表示该方法(属性)可以重写。
- ✧ override 用在子类中，指定一个实现重写的方法(属性)，表示对父类虚方法(属性)的重写。

不能重写非虚方法或静态方法。重写的父类方法必须是用 virtual、abstract 或 override 修饰的。

- ✧ override 声明不能更改 virtual 方法的可访问性。override 方法和 virtual 方法必须具有相同的访问级别修饰符。不能使用修饰符 new、static、virtual 或 abstract 来修改 override 方法。
- ✧ 重写属性声明必须指定与继承属性完全相同的访问修饰符、类型和名称，并且被重写的属性必须是 virtual、abstract 或 override 的。

【示例 3.15】 演示方法的重写。

创建类 Count100Class.cs 和 CountClass.cs 并编写代码如下：

```
public class CountClass {
        public int count;//定义变量 count
        public CountClass(int startValue) {
                this.count = startValue;//初始化 count
        }
        public virtual intStepUp() {
                return ++count;
        }
}
class Count100Class : CountClass {
        public Count100Class(int x) : base(x) {

        }
```

```
        //重写基类方法
        public override int StepUp() {
                return (base.count+100);
        }
        static void Main(string[] args) {
                CountClass count = new CountClass(10);
                CountClass bigCount = new Count100Class(10);
                Console.WriteLine("基类中 count 的值 = {0}", count.StepUp());
                Console.WriteLine("派生类中 count 的值 = {0}", bigCount.StepUp());
        }
}
```

上述代码中，在定义子类的构造函数时调用父类构造函数进行初始化，并且子类重写父类的 StepUp() 方法。执行结果如图 3-7 所示。

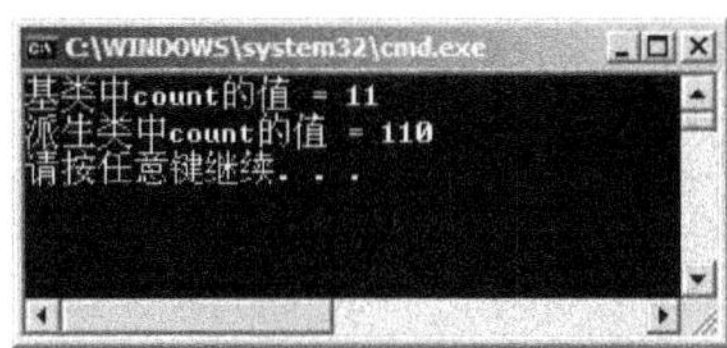

图 3-7　方法重写

3.3.4　密封类和密封方法

密封类和密封方法都是使用 sealed 关键字进行定义的。

1. 密封类

在 C# 中，如果不希望一个类能够被继承，可以将该类定义为密封类。密封类是指在类声明时使用 sealed 修饰的类。密封类不能作为基类和抽象类使用。当对一个密封类进行继承的时候 C# 会提示错误。

【示例 3.16】 演示密封类的定义。

创建类 SealedDemo.cs 和 SealedDemo.cs 并编写代码如下：

```
/声明一个用 sealed 修饰的类
publicsealed class SealedClass{


}
//声明一个名为 SealedDemo 类去继承 SealedClass
public   class SealedDemo : SealedClass {


}
```

在上述代码中，SealedClass 是一个密封类，当用类 SealedDemo 去继承时，C# 会提示“无法从密封类派生”的错误。

2. 密封方法

密封类可以防止类被继承，对方法进行密封可以防止该方法在派生类中被重写，其修饰符也为 sealed。

【示例 3.17】 子类中的密封方法必须对基类的虚方法进行重载，并提供具体的实现。

创建类 BassClassA.cs、ChildClassB.cs、ChildClassC.cs 并编写代码如下：

```
//基类，可继承
public class BassClassA
{
    //此方法可被任何继承它的类重写
    public virtual void Methodf( )
    {
        Console.WriteLine("BassClassA.Methodf") ;
    }
    //此方法可被任何继承它的类重写
    public virtual void Methodg( )
    {
        Console.WriteLine("BassClassA.Methodg") ;
    }
}
//子类，该类中定义了密封方法
public class ChildClassB: BassClassA
{
    //定义密封方法，在其子类中不可重载此方法
    sealed override public void Methodf( )
    {
        Console.WriteLine("ChildClassB.Methodf") ;
    }
    //此方法可被任何子类重写
    override public void Methodg( )
    {
        Console.WriteLine("ChildClassB.Methodg") ;
    }
}
//子类的子类
public class ChildClassC: SealedMethodB
{
    //重写父类中的方法
    override public void Methodg( )
    {
        Console.WriteLine("ChildClassC.Methodg");
    }
}
```

类 ChildClassB 对基类 BassClassA 中的两个虚方法均进行了重载，其中 Methodf()方法使用了 sealed 修饰符，使其成为一个密封方法；而 Methodg()方法不是密封方法，所以在 ChildClassC 中，能重载方法 Methodg()，但不能重载方法 Methodf()。

3.4　接口

在面向对象编程过程中，接口具有重要的作用。使用接口可以更好地实现多态，并且在单继承的 C# 中通过接口可以实现多继承的大部分优点而避免其缺点。

接口本身具有如下特征：

✧ 继承接口的任何非抽象类型都必须实现接口的所有成员。

✧ 不能直接实例化接口。

✧ 接口可以包含事件、索引器、方法和属性，不能包含字段。

✧ 接口成员的默认访问类型都是 public，并且只能是 public。

✧ 接口中的方法只有声明，没有实现。

✧ 一个类可以实现多个接口。

✧ 一个接口可以继承多个接口。

接口使用 interface 关键字来定义，其语法格式如下：

```
interface 接口名
{
	接口体
}
```

【示例 3.18】 演示接口的使用。

创建接口 IAnimal 和类 Cat 并编写代码如下：

```
//公共接口："动物"
public interface IAnimal {
	void Behavior();//行为方法，描述各种动物的特性
}
class Dog1 : IAnimal {
	public void Behavior() {
		Console.WriteLine("我晚上睡觉，白天活动");
	}
}
public class Cat : IAnimal {
	public void Behavior() {
		Console.WriteLine("我白天睡觉，晚上活动");
	}
	static void Main(string[] args) {
		IAnimal myDog = new Dog1();
		myDog.Behavior();
```

```
            IAnimal myCat = new Cat();
            myCat.Behavior();
        }
}
```

上述代码中构造了 IAnimal 接口类型的两个对象，并调用了它们的同一个 Behavior()方法，输出了不同的内容，每个类中的同名方法完成的功能可以是完全不同的。

执行结果如图 3-8 所示。

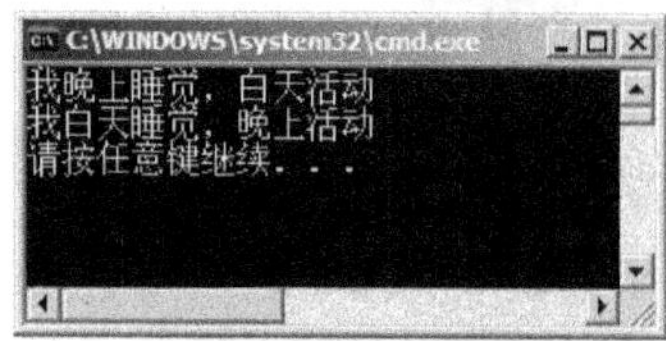

图 3-8　接口演示

本 章 小 结

通过本章的学习，学生应该能够掌握：

✧ 类是一种模板，它封装字段、属性和方法。

✧ 构造函数用于创建和初始化类的实例对象。如果一个类没有默认构造函数，将自动生成一个构造函数使用默认值初始化对象字段。

✧ base 关键字用于从派生类中访问基类成员。

✧ 重写是指子类对父类中的同名方法进行重新实现，必须使用 override 关键字。

✧ 重载是指在一个类中有多个同名方法，这些同名方法的参数不完全相同。

本 章 练 习

1．类的实例化是指_________。

　A．定义类　　　　B．创建类的对象

　C．指明具体类　　D．调用类的成员

2．类定义的关键字是______。

3．类的访问限定符包括____。

4．构造函数的任务是___________。类中可以有_____个构造函数，它们由_____区分。

5．什么是默认的构造函数？默认的构造函数可以有多少个？

6．试述 C# 中的访问修饰符及使用范围。

7．描述继承的相关概念。

8．定义一个 Person 类，该类有两个属性：name 和 age，并且定义两个构造函数，一个无参的，一个带两个参数的；定义一个 Teacher 类，该类有一个属性：salary，该类继承 Person 类，并且继承 Person 类中的带两个参数的构造函数；定义一个测试类，创建 Teacher 类的对象，打印教师的姓名和工资。

第4章　数组与集合

本章目标

- ■掌握 C# 中数组的定义
- ■掌握 Array 类的使用
- ■了解集合的概念
- ■掌握类库中集合类的使用

4.1 数组

数组是具有相同数据类型的元素的有序集合。数组中的一个元素就是数组中的一个值；可以通过索引访问数组中的元素，索引是从零开始的。数组的长度就是包含的元素的总数。

4.1.1 数组的声明

在声明数组时，首先定义数组中元素的类型，然后是一个空方括号和一个变量名。声明数组的语法格式如下：

```
数据类型[] 数组名;
```

下面的代码声明一个整形数组：

```
int[] a; //声明一个整型数组 a
```

在 C# 中，数组声明中的方括号必须跟在数据类型后面，且不能放在变量名称之后，而这在 Java 中是允许的。

4.1.2 数组的初始化

数组是引用类型，在数组声明后，必须为数组分配内存，以保存数组的元素。与对象类似，数组也是使用 new 关键字来指定数组中元素的类型、数量，并分配存储空间的。

```
//第一种初始化方式
int[] myArray;
myArray = new int[4];
//第二种初始化方式
int[] myArray = new int[4];
//第三种初始化方式
int[] myArray = new int[4] {4, 7, 11, 2};
//第四种初始化方式
int[] myArray = new int[] {4, 7, 11, 2};
//第五种初始化方式
int[] myArray = {4, 7, 11, 2};
```

在声明和初始化数组后，myArray 引用了 4 个整型值，它们位于托管堆上，如图 4-1 所示。

指定数组大小后，如果想重新设置已有元素数组的大小，需要复制数组中的所有元素。如果事先不知道数组中包含了多少个元素，那么可以使用集合。

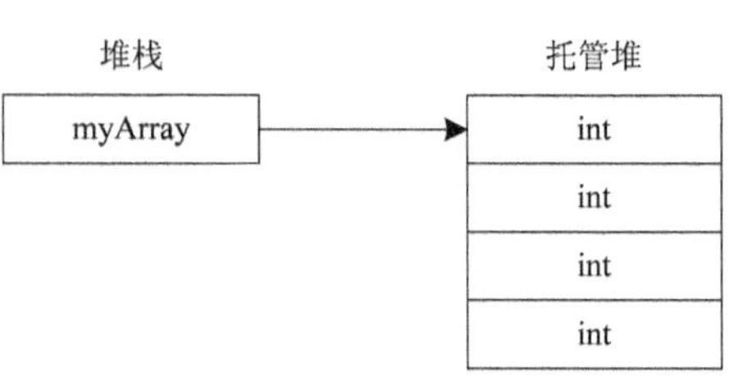

图 4-1　数组空间分配

4.1.3　访问数组元素

数组在声明和初始化后，可以使用索引器访问其中的元素，其语法格式如下：

```
数组名[索引值]
```

其中：

- ✧ 索引值只能为整数。
- ✧ 索引值是从 0 开始的，最大值是数组元素的长度减 1。例如，数组的长度为 10，则索引值的取值范围是 0 到 9。

【示例 4.1】 演示数组的定义、初始化及访问。

创建应用程序 ch04 并创建类 ArrayDemo.cs，代码如下：

```
class ArrayDemo {
    static void Main(string[] args) {
        int[] myArray = new int[] { 4, 7, 11, 2 };
        int v1 = myArray[0];//读取第一个数组元素并赋值给 v1
        int v2 = myArray[1];//读取第二个数组元素并赋值给 v2
        myArray[3] = 44;//为指定元素赋值；
        //通过 for 循环打印数组元素
        for (int i = 0; i<myArray.Length; i++) {
            Console.WriteLine(myArray[i]);
        }
    }
}
```

运行结果如图 4-2 所示。

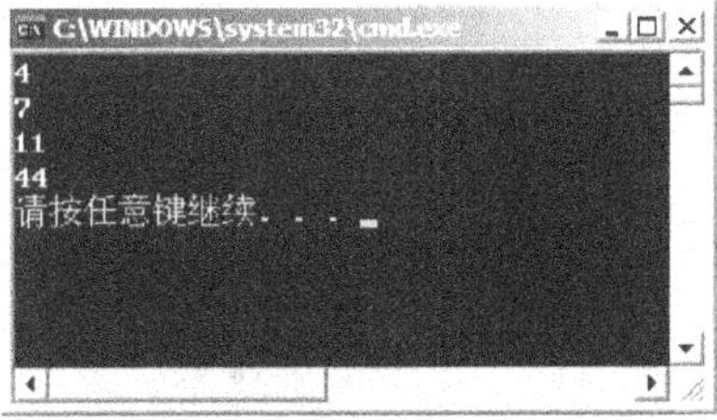

图 4-2　访问数组元素

访问数组时，如果使用错误的索引器值，就会抛出 IndexOutOfRangeException 类型的异常。

【示例 4.2】 定义一个整型数组，接收 10 个数，统计偶数和奇数的个数。

创建类 ArrayTest.cs 并编写代码如下：

```
class ArrayTest {
    static void Main(string[] args) {
        int[] ary = new int[10];//定义一个大小为 10 的数组
        int even = 0;//偶数个数
        int odd = 0;//奇数个数
```

```
            //使用异常处理提示用户输入非数字时的错误
            try {
                //使用 for 循环遍历数组
                for (int i = 0; i<ary.Length; i++) {
                    int n = i + 1;
                    Console.Write("请输入第" + n + "个数字：");
                    //获取用户输入的数字，并进行类型转化
                    ary[i] = Convert.ToInt32(Console.ReadLine());
                }
                for (int i = 0; i<ary.Length; i++) {
                    //如果被 2 整除则为偶数
                    if ((ary[i] % 2) == 0) {
                        even++;
                    } else {
                        odd++;
                    }
                }
                Console.WriteLine("偶数的个数为：" + even);
                Console.WriteLine("奇数的格式为：" + odd);
            } catch{
                Console.WriteLine("格式错误！");
            }
        }
}
```

代码中声明了一个大小为 10 的 int 类型数组，用来接收用户输入的数字。运行结果如图 4-3 所示。

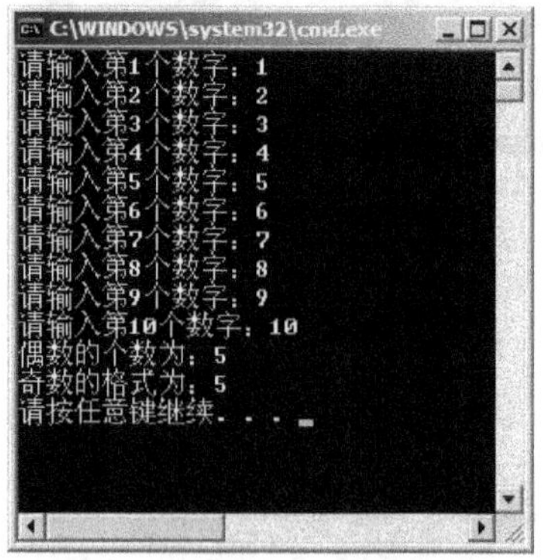

图 4-3　统计奇数和偶数的数量

注 意　使用 ReadLine 方法获取的用户输入字符，默认为字符串形式，需要显式地转换为 int 类型，才能进行奇偶数的运算。

4.2　Array 类

Array 类是公共语言运行库中所有数组的基类，提供了创建、操作、搜索和排序数组的方法。

Array 类常用属性如表 4-1 所示。

表 4-1　Array 常用属性

属　性	描　述
Length	返回数组元素个数，如果需要返回一维中元素个数可使用 GetLength()方法
LongLength	若数组包含的元素个数超过了 32 位 int 值的取值范围，则使用 longlength 来获取元素个数
Rank	获取数组的维数

Array 类提供了许多用于数组的方法，如表 4-2 所示。

表 4-2　Array 类常用的方法

方 法 名	描　述
ConvertAll	静态方法，将一种类型的数组转换为另一种类型的数组
Copy	静态方法，将一个 Array 的一部分元素复制到另一个 Array 中，并根据需要执行类型强制转换和装箱
CopyTo	将当前一维 Array 的所有元素复制到指定的一维 Array 中
CreateInstance	静态方法，初始化 Array 类的新实例
Exists	静态方法，确定指定数组包含的元素是否与指定谓词定义的条件匹配
Find	静态方法，搜索与指定谓词定义的条件匹配的元素，返回 Array 中的第一个匹配项
FindAll	静态方法，检索与指定谓词定义的条件匹配的所有元素
GetLowerBound	获取 Array 中指定维度的下限
GetUpperBound	获取 Array 的指定维度的上限
IndexOf	静态方法，返回一维 Array 或部分 Array 中某个值的第一个匹配项的索引
LastIndexOf	静态方法，返回一维 Array 或部分 Array 中某个值的最后一个匹配项的索引
Resize	静态方法，将数组的大小更改为指定的新大小
Sort	静态方法，对一维 Array 对象中的元素进行排序

4.2.1　创建 Array 数组

由于 Array 类是抽象类，因此不能使用构造函数直接创建数组，但可以使用 Array 类的静态方法 CreateInstance()来创建数组。

【示例 4.3】 使用 Array 类的 CreateInstance()方法创建数组。

创建类 CreateInstanceDemo.cs 并编写代码如下：

```
class CreateInstanceDemo
```

```
{
    static void Main(string[] args)
    {
        //创建一个整型数组，长度为 6
        Array a = Array.CreateInstance(typeof(Int32), 6);
        Console.WriteLine("数组的维数：" + a.Rank);
        Console.WriteLine("数组的长度：" + a.Length);
        Console.WriteLine("数组中的初始值：");
        foreach (int e in a)
        {
            Console.Write(e + " ");
        }
        Console.WriteLine();
        // 给数组的第 1 个元素赋值为 10
        a.SetValue(10, 0);
        //给数组的第 2 个元素赋值为 20
        a.SetValue(20, 1);
        Console.WriteLine("数组中的数据：");
        foreach (int e in a)
        {
            Console.Write(e + " ");
        }
        Console.WriteLine();
    }
}
```

上述代码中使用 Array 类中的 CreateInstance()静态方法创建一个一维整型数组，且指定数组的长度为 6；通过调用数组的 Rank 属性可以获取数组的维数，Length 属性可以获取数组的长度；通过 SetValue()方法可以给指定的元素赋值。运行结果如图 4-4 所示。

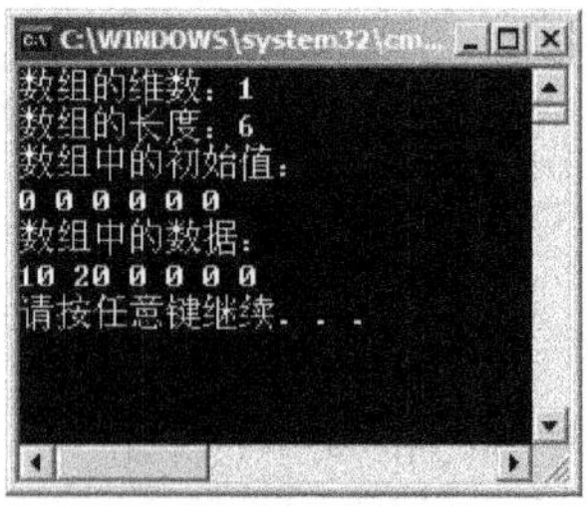

图 4-4　创建数组运行结果

4.2.2　复制数组

因为数组是引用类型，所以将一个数组变量赋予另一个数组变量，会得到两个指向同一个数组的变量。而复制数组，会使数组实现 ICloneable 接口。此接口定义的 Clone()方法会创建数组的浅副本，仅复制 Array 类的元素(无论它们是引用类型还是值类型)，但不复制这些引用所引用的对象。

✧　值类型数组：复制所有的值。

✧ 引用类型数组：不复制对象元素，只复制对象引用，引用还是引用同一个对象。

【示例 4.4】 使用 Array 类的 Copy()方法复制数组中的元素。

创建类 ArrayCopyDemo.cs 并编写代码如下：

```
classArrayCopyDemo {
    //重写方法获取 Object 类型的数组
    public static void PrintValues(Object[] myArr) {
        //通过 foreach 循环，将数组中的元素输出到屏幕
        foreach (Object i in myArr) {
            Console.Write("\t{0}", i);
        }
        Console.WriteLine();
    }
    //重写方法获取 int 类型的数组
    public static void PrintValues(int[] myArr) {
        foreach (int i in myArr) {
            Console.Write("\t{0}", i);
        }
        Console.WriteLine();
    }
    static void Main(string[] args) {
        //分别创建并实例化 int 类型的和 Object 类型的数组
        int[] myIntArray = new int[5] { 1, 2, 3, 4, 5 };
        Object[] myObjArray = new Object[5] { 26, 27, 28, 29, 30 };
        //分别输出两个数组的初始值
        Console.WriteLine("初始值，");
        Console.Write("int 类型数组的值：");
        PrintValues(myIntArray);
        Console.Write("Object 类型数组的值：");
        PrintValues(myObjArray);
        //复制 int 类型数组中的第 1，2 两个值到 Object 类型数组中
        Array.Copy(myIntArray, myObjArray, 2);
        //分别输出两个数组的值
        Console.WriteLine(@"\n 复制 int 数组中的 1，2 两个值到 Object 类型数组后
            两个数组的值，");
        Console.Write("int 类型数组的值：");
        PrintValues(myIntArray);
        Console.Write("Object 类型数组的值：");
        PrintValues(myObjArray);
```

```
            //复制 Object 类型数组中的最后两个值到 int 类型数组中
            Array.Copy(myObjArray, myObjArray.GetUpperBound(0) - 1,
                    myIntArray,myIntArray.GetUpperBound(0) - 1, 2);
            //分别输出两个数组的值
            Console.WriteLine(@"\n 复制 Object 类型数组的最后两个值到 int 类型数组后
                    两个数组的值，");
            Console.Write("int 类型数组的值：");
            PrintValues(myIntArray);
            Console.Write("Object 类型数组的值：");
            PrintValues(myObjArray);
        }
}
```

上述代码中定义了两个重载方法 PrintValues()，在这两个方法中，其参数分别传递的是 Object 对象类型和 int 类型的数组，在方法体中使用 foreach 循环，将传递过来的数组顺序输出到屏幕。

运行结果如图 4-5 所示。

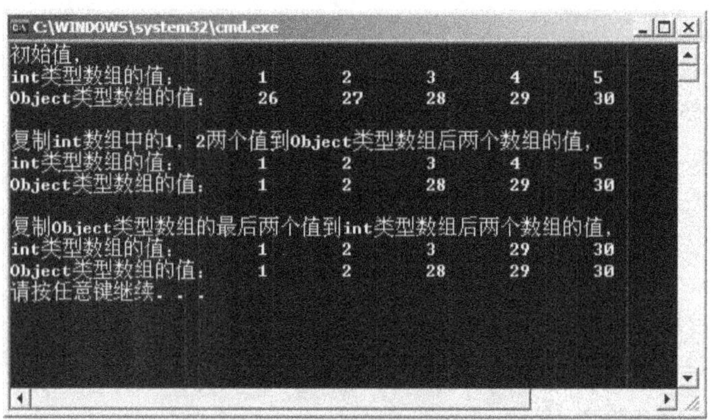

图 4-5　Array 类的使用

4.3　集合类

.NET 提供了对堆栈、队列、列表和哈希表这些数据存储和检索的专用访问类。这些类统称为集合类，这些集合类具有以下特点：

- ✧ 集合类定义在 System.Collections 或 System.Collections.Generic 命名空间中。
- ✧ 大多数集合类都派生自 ICollection、IComparer、IEnumerable、IList、IDictionary 和 IDictionaryEnumerator 接口以及它们的等效泛型接口。
- ✧ 使用泛型集合类可以提供更高的类型安全性，在某些情况下还可以提供更好的性能，尤其是在存储值类型时，这些优势会体现得更明显。

常用的集合类有 ArrayList 类、Stack 类、Queue 类、Hashtable 类、SortedList 类，这些集合类具有公共的操作方法，如表 4-3 所示。

表 4-3　集合类的公共方法

方　　法	说　　明
Clear()	从集合中移除所有元素
Clone()	创建集合的浅副本
Contains()	确定某元素是否在集合中
CopyTo()	将集合或它的一部分复制到一维数组中
ToString ()	返回表示当前集合的字符串

4.3.1　ArrayList 类

ArrayList 类主要用于对数组中的元素进行处理。ArrayList 类中常用的方法如表 4-4 所示。

表 4-4　ArrayList 类中常用方法

方　　法	说　　明
Add()	将对象添加到 ArrayList 的结尾处
Insert()	将元素插入 ArrayList 的指定索引处
Remove()	从 ArrayList 中移除特定对象的第一个匹配项
RemoveAt()	移除 ArrayList 指定索引处的元素

【示例 4.5】 演示 ArrayList 类的使用。

创建类 ArrayListDemo.cs 并编写代码如下：

```
class ArrayListDemo {
	static void Main(string[] args) {
		ArrayList arr = new ArrayList();//实例化一个 ArrayList 对象
		//使用 Add 方法向 ArrayList 中添加元素，将元素添加到其末尾
		arr.Add("A");
		arr.Add("B");
		arr.Add("C");
		foreach (int n in new int[3]{0,1,2}) {
			arr.Add(n);
		}
		//从 ArrayList 中移除特定对象的第一个匹配项，注意是第一个
		arr.Remove("A");
		//移除 ArrayList 指定索引处的元素
		arr.RemoveAt(3);
		//在指定处添加一个元素
		arr.Insert(1, "D");
		//遍历 ArrayList，并输出所有元素
```

```
            for (int i = 0; i<arr.Count; i++) {
                Console.WriteLine(arr[i].ToString());
            }
        }
}
```

上述代码中使用了 ArrayList 类来对集合进行操作。声明了一个 ArrayList 类型的对象 arr 并实例化。使用 ArrayList 类中的 Add()方法，将指定的值压栈到集合类对象中进行存储。使用 arr 对象的 Remove()、RemoveAt()方法移除集合中指定的元素。使用 arr 对象的 Insert()方法，将指定的值插入到集合中的指定位置。运行结果如图 4-6 所示。

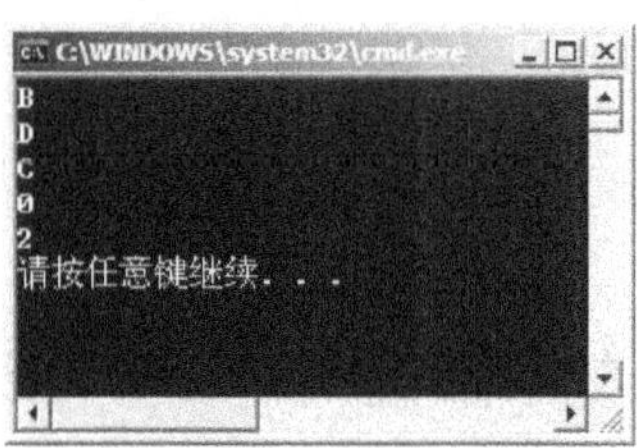

图 4-6　使用 ArrayList 类

需使用 using 关键字引入 System.Collections 命名空间，这是使用集合类时必须引入的命名空间。

4.3.2　Stack 类

Stack 类也叫做堆栈类，用来实现数据结构中的“先进后出”机制。Stack 类中常用的方法如表 4-5 所示。

表 4-5　Stack 类中常用方法

方　　法	说　　明
Push()	将对象插入 Stack 的顶部
Pop()	移除并返回位于 Stack 顶部的对象
Peek()	返回位于 Stack 顶部的对象但不将其移除
ToArray()	将 Stack 复制到新数组中

【示例 4.6】 演示 Stack 类的使用。

创建类 StackDemo.cs 并编写代码如下：

```
class StackDemo
{
    static void Main(string[] args)
    {
        //实例化 stack 类的对象
        Stack stack = new Stack();
        //入栈，使用 Push 方法向 stack 对象中添加数据
```

```
            for (int i = 0; i< 6; i++)
            {
                stack.Push(i);
                Console.WriteLine("{0}入栈", i);
            }
            //返回栈顶元素
            Console.WriteLine("当前栈顶元素为：{0}", stack.Peek().ToString());
            //出栈
            Console.WriteLine("移除栈顶元素：{0}", stack.Pop().ToString());
            //返回栈顶元素
            Console.WriteLine("当前栈顶元素为：{0}", stack.Peek().ToString());
            //遍历栈
            Console.Write("遍历栈:");
            foreach (int i in stack)
            {
                Console.Write(i+" ");
            }
            Console.WriteLine();
            //清空栈
            while (stack.Count != 0)
            {
                int s = (int)stack.Pop();
                Console.WriteLine("{0}出栈", s);
            }
            Console.WriteLine("栈中元素个数为：{0}", stack.Count);
        }
}
```

代码使用了 Stack 类对集合进行数据操作。特别要注意引入 System.Collections 命名空间，这是使用集合类的首要条件。代码中声明了一个 Stack 类型的对象 stack 并实例化。利用 for 循环语句，使用 Stack 类中的 Push()方法，对堆栈进行压栈操作。使用 Stack 类中的 Peek()方法来获取堆栈中的栈顶元素。使用 Stack 类的 Pop()方法移除堆栈中最后压入的元素。使用 foreach()循环语句，将堆栈中的数据输出到屏幕中。利用 while 循环，使用 Pop()方法将堆栈中的数据清除。运行结果如图 4-7 所示。

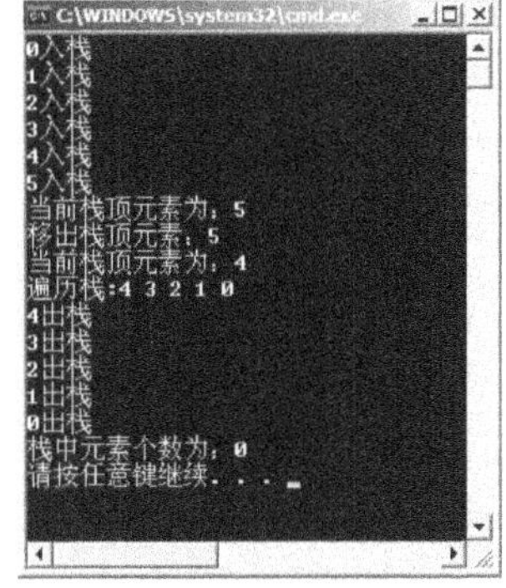

图 4-7　使用 Stack 类

4.3.3 Queue 类

堆栈的操作是一种“先进后出”的模式，提到堆栈必然会联想到队列，队列和堆栈的操作机制类似，但是队列的操作是“先进先出”的模式。在 C# 中提供了 Queue 类来实现队列的操作。Queue 类常用的方法如表 4-6 所示。

表 4-6 Queue 类中常用方法

方　法	说　明
Enqueue()	将对象添加到 Queue 的结尾处
Dequeue()	移除并返回位于 Queue 开始处的对象
Peek()	返回位于 Queue 开始处的对象但不将其移除
ToArray()	将 Queue 元素复制到新数组

【示例 4.7】 演示 Queue 类的使用。

创建类 QueueDemo.cs 并编写代码如下：

```
class QueueDemo
{
        static void Main(string[] args)
        {
                //实例化 Queue 类的对象
                Queue queue = new Queue();
                //入队，使用 Enqueue 方法向 Queue 对象中添加元素
                for (int i = 1; i< 6; i++)
                {
                        queue.Enqueue(i);
                        Console.WriteLine("{0}入队", i);
                }
                //返回队开始处的元素
                Console.WriteLine("当前队开始处元素为：{0}",
                        queue.Peek().ToString());
                //遍历队列
                Console.Write("遍历队列：");
                foreach (int i in queue)
                {
                        Console.Write(i+" ");
                }
                Console.WriteLine();
                //清空队
                while (queue.Count != 0)
```

```
            {
                int q = (int)queue.Dequeue();
                Console.WriteLine("{0}出队", q);
            }
            Console.WriteLine("队列中元素的个数为：{0}",queue.Count);
        }
}
```

上述代码使用了 Queue 类对数据进行操作。代码中创建了一个 Queue 类型的对象 queue 并实例化。使用 for 循环语句将数据插入到队列当中，其中的入队操作是使用 Queue 类的 Enqueue()方法来实现的。使用 Queue 类中的 Peek()方法获取最先进入到队列中的数据。使用 foreach()循环将队列中的数据输出到屏幕上。使用 while 循环语句，将队列中的数据清空。

运行结果如图 4-8 所示。

图 4-8　Queue 类的使用

4.3.4　Hashtable 类

Hashtable 类也叫做哈希表类，它是由一组键(Key)/值(Value)对集合组成。当向哈希表中插入一条新的记录时，会自动将键映射到值上，组成一个有序的键/值对。Hashtable 类常用的方法如表 4-7 所示

表 4-7　Hashtable 类中常用方法

方　　法	说　　明
Add()	将带有指定键和值的元素添加到 Hashtable 中
Remove()	从 Hashtable 中移除带有指定键的元素
ContainsKey()	确定 Hashtable 是否包含特定键
ContainsValue()	确定 Hashtable 是否包含特定值

【示例 4.8】 演示 Hashtable 类的使用。

创建 HashtableDemo.cs 并编写代码如下：

```
class HashtableDemo {
    static void Main(string[] args) {
        //实例化 Hashtable 对象
        Hashtable stuHashTable = new Hashtable();
        //向 Hashtable 中添加元素
        stuHashTable.Add("01", "赵");
        stuHashTable.Add("02", "钱");
        stuHashTable.Add("03", "孙");
```

```
            stuHashTable.Add("04", "李");
            //遍历 Hashtable
            foreach (DictionaryEntry element in stuHashTable) {
                string id = element.Key.ToString();
                string name = element.Value.ToString();
                Console.WriteLine("学生的 ID：{0}学生的姓氏：{1}", id, name);
            }
            //移除 Hashtable 中的元素
            stuHashTable.Remove("03");
        }
}
```

上述代码中使用了 Hashtable 集合类对数据进行操作。使用 Hashtable 类中提供的 Add()方法，将学生的序号和姓氏插入到哈希表中。使用 foreach()循环将哈希表中存储的学生信息输出到屏幕上。使用 Hashtable 类中提供的 Remove()方法将指定序号的学生信息移除。

运行结果如图 4-9 所示。

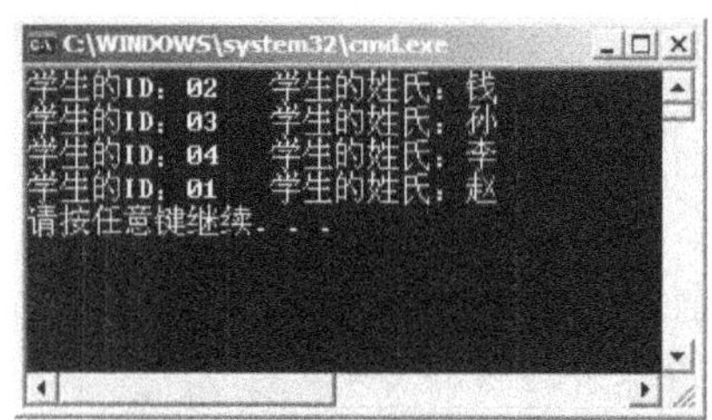

图 4-9　使用 Hashtable 类

使用 Hashtable 类时，一定要注意在 Hashtable 类型对象中存储数据时，其中每一个键都必须是唯一的，不能重复，而且存储的元素是无序的。

4.3.5　SortedList 类

SortedList 类与 Hashtable 类相类似，每个数据也是由键/值对组成的。它们之间的区别在于，SortedList 类中的这些键/值对是按键来排序的，并且可以按照键和索引进行访问。SortedList 类常用的方法如表 4-8 所示。

表 4-8　SortedList 类中常用方法

方　法	说　明
Add()	将带有指定键和值的元素添加到 SortedList 中
Remove()	从 SortedList 中移除带有指定键的元素
RemoveAt()	移除 SortedList 指定索引处的元素
ContainsKey()	确定 SortedList 是否包含特定键
ContainsValue()	确定 SortedList 是否包含特定值

【示例 4.9】 演示 SortedList 类的使用。

创建类 SortedListDemo.cs 并编写代码如下：

```
class SortedListDemo {
        static void Main(string[] args) {
                //实例化 SortedList 类的对象
                SortedList stuSortedList = new SortedList();
                //向 SortedList 中添加元素
                stuSortedList.Add("01", "赵");
                stuSortedList.Add("02", "钱");
                stuSortedList.Add("03", "孙");
                stuSortedList.Add("04", "李");
                //遍历 SortedList
                foreach (DictionaryEntry element in stuSortedList) {
                        string id = element.Key.ToString();
                        string name = element.Value.ToString();
                        Console.WriteLine("学生的 ID：{0}  学生的姓氏：{1}", id, name);
                }
                //移除 SortedList 中 key 为"03"的元素
                stuSortedList.Remove("03");
                //移除 SortedList 中索引为"0"的元素，即第一个元素
                stuSortedList.RemoveAt(0);
        }
}
```

上述代码中使用了 SortedList 集合类对数据进行操作。使用 SortedList 类中提供的 Add()方法，将学生的序号和姓氏插入到 SortedList 中。使用 foreach()循环将 SortedList 中存储的学生信息输出到屏幕上。使用 SortedList 类中提供的 Remove()方法将指定序号的学生信息移除，使用 RemoveAt()方法将指定索引的学生信息移除。

运行结果如图 4-10 所示。

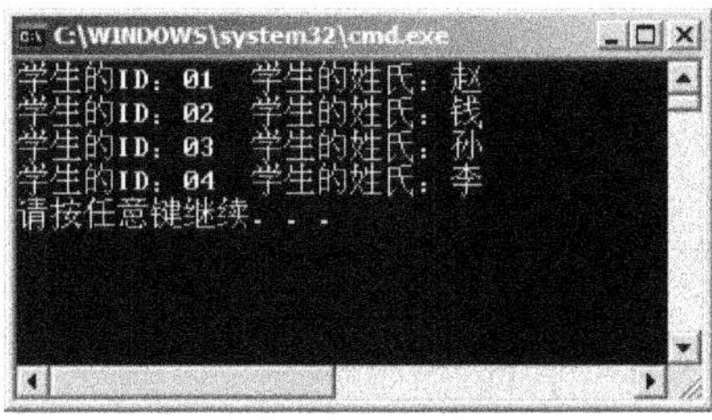

图 4-10　使用 SortedList 类

本 章 小 结

通过本章的学习，学生应该能够掌握：

- ✧ 数组用于存放相同类型的多个数据元素。
- ✧ 可使用 Array 类的 CreateInstance()方法来创建数组，也可以直接定义数组。
- ✧ 类库中的集合定义在 System.Collections 命名空间。
- ✧ ASP.NET 框架集中提供的常用集合类有 ArrayList 类、Stack 类、Queue 类、Hashtable 类、SortedList 类。
- ✧ ArrayList 在 Array 类的基础上提供了动态的特性。
- ✧ Stack 类的操作机制。
- ✧ Queue 类的操作机制。
- ✧ Hashtable 类的组成及使用方法。
- ✧ SortedList 类的使用方法。

本 章 练 习

1．下面对数组类型定义描述正确的是_______。

A．数组的长度可以改变

B．在 C# 中，声明数组时方括号可以放在数据名后面

C．数组的索引为整型，且从 0 开始

D．数组的索引从 1 开始

2．数组定义时有三个要素：数组名、数组元素的类型和数组元素的_________。

A．数量

B．下标运算符

C．下标

D．索引

3．列举三个常用的集合类：________、________和_________。

4．试述 C# 中数组的定义及使用。

5．简述 C# 数组中常用的集合类。

第5章　认识ASP.NET

本章目标

- ■了解ASP.NET页面的开发模式
- ■理解ASP.NET页面的生命周期
- ■掌握页面常用的处理事件
- ■掌握常用的页面指令及其属性
- ■理解ASP.NET服务器端注释和客户端注释的区别
- ■掌握ASP.NET常用的页面内置对象

5.1 ASP.NET 页面

在网站中，用户所浏览的网页是其重要的组成部分。无论是前台的页面设计还是后端的页面逻辑设计，都影响着页面的最终完成。本章详细介绍如何建立和设计 ASP.NET 页面，以及如何利用页面的语法和页面对象实现页面前台和后台逻辑。

5.1.1 页面开发模式

ASP.NET 的页面是以“aspx”为后缀的文件。页面在设计的时候，有两种开发模式：

✧ 代码后置：将代码单独放在另外一个“代码隐藏”文件中。

✧ 代码内置：将代码内嵌在页面中。

这两种模式可以使用相同的控件和代码，开发出来的网站在运行时具有相同的性能。推荐使用代码后置模式，这是 ASP.NET 常用的模式，也是 Visual Studio 默认推荐的选项。

1．代码后置

代码后置是微软的一项技术，页的标记和服务器端元素(包括控件声明)位于 .aspx 文件中，而页代码则位于单独的 .cs 代码文件中，称为页面的后台代码(代码隐藏文件)；页面文件(.aspx)和后台代码文件(.aspx.cs)相互关联构成一个页面。代码后置模式使代码和页面的内容分离，代码更清晰。

【示例 5.1】 演示页面的代码后置的开发模式。

创建项目 ch05，并创建窗体 CodeBehindDemo，页面文件的源代码如下：

```
<%@ Page Language="C#" AutoEventWireup="true" CodeFile="CodeBehindDemo.aspx.cs"
Inherits="CodeBehindDemo" %>
<!DOCTYPE html PUBLIC "-//W3C//DTD XHTML 1.0 Transitional//EN"
"http://www.w3.org/TR/xhtml1/DTD/xhtml1-transitional.dtd">
<html xmlns="http://www.w3.org/1999/xhtml">
<head runat="server">
    <title>代码后置</title>
</head>
<body>
    <form id="form1" runat="server">
    <div>
        <asp:Label ID="lblInfo" runat="server" Text=""></asp:Label>
    </div>
    </form>
</body>
</html>
```

页面文件的第一行使用 Page 指令指明当前页面的相关信息，其中：

✧ Language 属性用于指明页面采用的语言。
✧ AutoEventWireup 属性用于指明是否自动事件引发。
✧ CodeFile 属性用于指明页面的后台代码文件，该属性与 Inherits 属性一起使用可以将代码隐藏源文件与网页相关联。
✧ Inherits 属性用于指明页面后台代码的"分部类"。

在 WebFormDemo.aspx 页面中点拖一个标签控件，并将该标签的 ID 设为"lblInfo"：

```
<asp:Label ID="lblInfo" runat="server" Text=""></asp:Label>
```

注 意　<asp:Label>是 ASP.NET 服务器控件，有关服务器控件的详细介绍参见第 6 章。

页面的后台代码如下：

```
public partial class CodeBehindDemo : System.Web.UI.Page
{
    protected void Page_Load(object sender, EventArgs e)
    {
        lblInfo.Text = "ASP.NET 页面开发模式之：代码后置！";
    }
}
```

在页面的后台代码中，使用 partial 关键字对类进行声明，以表示该类只是包含构成该页的完整类的全体代码的一部分，简称"分部类"，且该类继承自基页类 Page。分部类中的代码通常由事件处理程序构成，实现页面需要处理的业务逻辑。例如，Page_Load 是页面的加载事件，当创建并加载页面时，将调用 Page_Load()方法，并执行该方法中的业务处理代码。运行结果如图 5-1 所示。

图 5-1　CodeBehindDemo.aspx 页面显示结果

代码后置模型在编译时较复杂，编译顺序如下：

(1) 页面后台代码.aspx.cs 文件中的页面类是继承 System.Web.UI.Page 的一个分部类，ASP.NET 编译器将该类编译至项目的动态链接库(.dll)中。

(2) ASP.NET 编译器将页面.aspx 文件生成另一个页面分部类，其中，生成的分部类文件包含页面控件的声明。

(3) ASP.NET 编译器再将两个分部类组合生成页面.dll 文件，运行该.dll 文件可以将输出的结果在浏览器中显示。

上述页面编译过程的流程如图 5-2 所示。

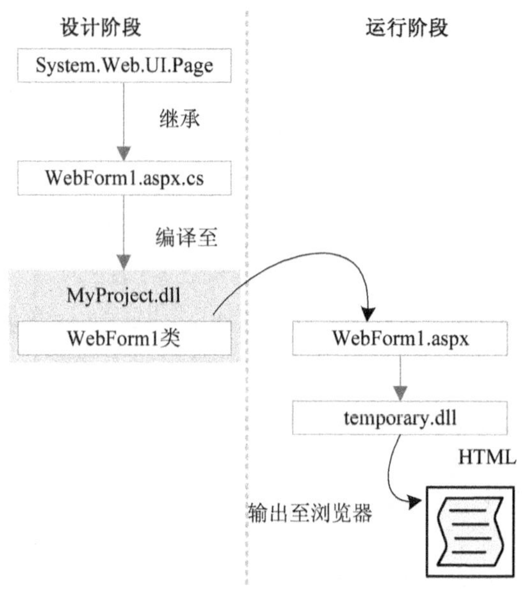

图 5-2　页面编译流程图

2．代码内置

代码内置模式不使用后置的 .cs 文件，而是将标记、服务器端元素以及事件处理代码全都放在一个 .aspx 文件中。创建代码内置模式的页面时，不选择“将代码放在单独的文件中”复选框(如图 5-3 所示)，把代码放在页面中的<% %>之间即可。

图 5-3　新建页面时默认代码后置模式

【示例 5.2】 演示页面的代码内置的开发模式。

创建窗体 CodeInnerDemo.aspx 并编写代码如下：

```
<%@ Page Language="C#" %>
<!DOCTYPE html PUBLIC "-//W3C//DTD XHTML 1.0 Transitional//EN"
        "http://www.w3.org/TR/xhtml1/DTD/xhtml1-transitional.dtd">
```

```
<html xmlns="http://www.w3.org/1999/xhtml">
<head runat="server">
    <title>代码内嵌</title>
</head>
<body>
    <form id="form1" runat="server">
    <div>
        <%
            Response.Write("ASP.NET 页面开发模式之：代码内嵌！<br>");
        %>
    </div>
    </form>
</body>
</html>
```

运行结果如图 5-4 所示。

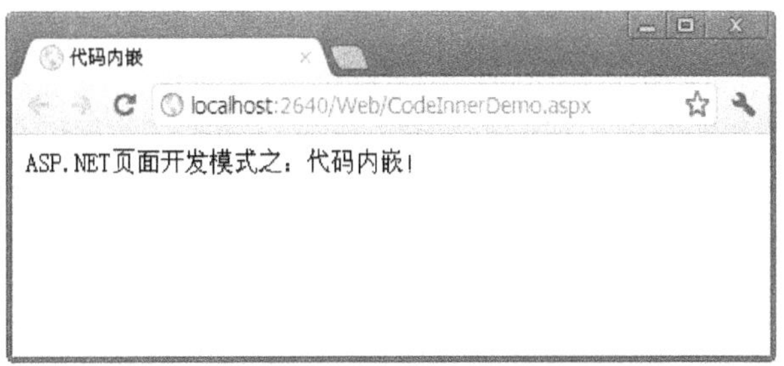

图 5-4　CodeInnerDemo.aspx 页面显示结果

5.1.2　页面生命周期

ASP.NET 页面运行时，每个页面都会有一个生命周期。页面将执行一系列的步骤，包括控件的初始化、控件的实例化、还原状态和维护状态等。

ASP.NET 页面生命周期通常情况下会经历以下几个阶段：

(1) 开始：在用户请求访问页面时，页面就进入了开始阶段。该阶段将设置页面属性，确定请求是回送请求还是新请求(第一次)，并设置 IsPostBack 属性。

(2) 初始化：在开始页面访问之后，会初始化页面中的服务器控件，并设置每个控件的属性等内容。

(3) 加载：为页面加载控件。加载期间，如果当前请求是回送请求，则将使用从视图状态和控件状态恢复的信息加载控件属性。

(4) 验证：调用所有的验证程序控件的 Validate 方法，来设置各个验证程序控件和页面的 IsValid 属性。

(5) 回送事件：如果请求是回送请求，页面会调用事件处理程序，对数据进行相应的处理并回送给客户端。

(6) 呈现：将服务器端回送的数据，呈现在客户端浏览器中，供用户浏览。

(7) 卸载：完全呈现页面后，将页面发送到客户端并准备丢弃时，将调用卸载。

5.1.3 页面事件

在页面周期中的每个阶段，会引发相应的处理事件。ASP.NET 页面常见的事件如表 5-1 所示。

表 5-1 ASP.NET 常见事件

事 件	说 明
Page_Init()	初始化页面，连接可能具有的任何事件处理程序
Page_Load()	加载页面，执行一系列的操作来首次创建 ASP.NET 页面或响应由投递引起的客户端事件
Page_DataBind()	数据绑定，在页面级别调用 DataBind 方法时，将引发 DataBind 事件。如果在单个控件上调用 DataBind，则它只激发自己对应的 DataBind 事件
Page_PreRender()	恰好在保存视图状态和呈现控件之前激发 PreRender 事件，可以使用此事件对页面的内容进行最后更改
Page_Unload()	卸载页面，完成页面呈现之后将激发 Page_Unload 事件。此事件执行最终清理工作，包括：清理打开的数据库连接、丢弃对象或关闭打开的文件等操作
Page_Error()	如果在页面处理过程中出现未处理的例外，则激发 Error 事件。错误事件将提供妥善处理错误的机会

页面事件支持自动事件连接，最常用的就是 Page_Load 事件。在页面加载时，自动调用该事件来初始化特定的信息。

对于控件产生的事件，通过声明的方式执行代码，并将事件处理程序绑定到事件。

【示例 5.3】 演示页面处理事件模型。

新建一个名为 EventDemo.aspx 的页面，并在此页面中放置一个标签和一个按钮控件，页面的代码如下：

```
<%@ Page Language="C#" AutoEventWireup="true" CodeFile="EventDemo.aspx.cs"
Inherits="EventDemo" %>
<!DOCTYPE html PUBLIC "-//W3C//DTD XHTML 1.0 Transitional//EN"
"http://www.w3.org/TR/xhtml1/DTD/xhtml1-transitional.dtd">
<html xmlns="http://www.w3.org/1999/xhtml">
<head runat="server">
        <title>事件演示</title>
</head>
<body>
        <form id="form1" runat="server">
        <div>
```

```
            <asp:Label ID="lblMsg" runat="server" Text=""></asp:Label><br />
            <asp:Button ID="btnOk" runat="server" Text="确定"
                onclick="btnOk_Click" />
        </div>
        </form>
</body>
</html>
```

当单击 Button 按钮时会引发 Click 事件，Click 事件是按钮最常用的事件。

EventDemo.aspx 页面的后台代码如下：

```
public partial class EventDemo : System.Web.UI.Page
{
        protected void Page_Load(object sender, EventArgs e)
        {
            if (!IsPostBack)//判断是否第一次加载
            {
                lblMsg.Text = "第一次加载";
            }
            else
            {
                lblMsg.Text = "回送显示";
            }
        }
        protected void btnOk_Click(object sender, EventArgs e)
        {
            Response.Write("<Script>alert('您好！')</Script>");
        }
}
```

上述代码中使用了页面事件的 Page_Load 事件和按钮的 Click 事件，其中 Page_Load 事件跟随页面创建而自动产生，Click 事件是由用户操作产生的。第一次访问页面时，显示如图 5-5 所示。

图 5-5　第一次显示

当单击按钮后，引发按钮的 Click 事件，弹出对话框，如图 5-6 所示。

图 5-6　按钮的 Click 事件

单击对话框中“确定”按钮，页面回送显示，如图 5-7 所示。

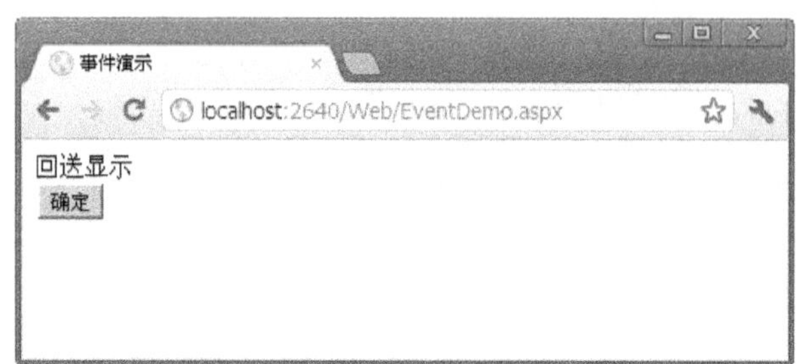

图 5-7　页面回送

5.1.4　页面指令

ASP.NET 指令在每个 ASP.NET 页面中都有，使用这些指令可以控制 ASP.NET 页面的行为。ASP.NET 页面有 11 个指令，无论页面是使用代码后置模型还是代码内置模型，都可以在应用程序中使用这些指令。ASP.NET 中的指令如表 5-2 所示。

表 5-2　ASP.NET 中的指令

指　　令	说　　明
@Assembly	把程序集链接到与它相关的页面或用户控件上
@Control	用户控件(.ascx)使用的指令，其含义与 Page 指令相当
@Implements	实现指定的.NET Framework 接口
@Import	在页面或用户控件中导入指定的命名空间
@Master	指定母版页(关于母版页参见后续章节)
@MasterType	指定页面 Master 属性的类名，使得该页面可以获取对母版页成员的强类型引用
@OutputCache	控制页面或用户控件的输出高速缓存策略
@Page	指定页面的特定属性和值，该指令只能包含在 aspx 文件中
@PreviousPageType	获取上一页的强类型，可通过 PreviousPage 属性访问上一页
@Reference	把页面或用户控件链接到当前的页面或用户控件上
@Register	给命名空间和类名关联上别名，作为定制服务器控件语法中的记号

使用指令时，标准的做法是将指令包括在文件的开头，也可以将它们放在 .aspx 或 .ascx 文件中的任何位置。每个指令都可以包含一个或多个特定于该指令的属性(与值成对出现)。

注 意　@Page 指令只能在.aspx 文件中使用，而@Control 指令只能在 .ascx 文件中使用。

5.1.5　页面注释

在 ASP.NET 页面中通常采用两种类型的注释：

✧　服务器端注释。

✧　客户端注释。

服务器端注释和客户端注释都可以对页面中的内容进行注释说明，但它们在本质上是不同的。

1．服务器端注释

服务器端注释的开始标记和结束标记之间的任何内容，不管是 ASP.NET 代码还是文本，都不会在服务器上进行处理或呈现在结果页上。其语法格式如下：

```
<%--服务器端注释--%>
```

例如，在页面中使用服务器端注释将 Button 控件注释掉：

```
<%--
<asp:Button ID="btnOk" runat="server" Text="确定" onclick="btnOk_Click" />
--%>
```

2．客户端注释

客户端注释其实就是 HTML 注释，其语法格式如下：

```
<!--客户端注释-->
```

客户端注释只是让注释的内容不在页面上显示，但不能阻止代码的执行。

在下面的页面中，分别使用服务器端注释和客户端注释：

```
<%@ Page Language="C#" AutoEventWireup="true" CodeFile="Default.aspx.cs" Inherits="_Default" %>
<!DOCTYPE html PUBLIC "-//W3C//DTD XHTML 1.0 Transitional//EN"
"http://www.w3.org/TR/xhtml1/DTD/xhtml1-transitional.dtd">
<html xmlns="http://www.w3.org/1999/xhtml">
<head runat="server">
    <title>注释</title>
</head>
<body>
    <form id="form1" runat="server">
    <div>
        <%--此处使用服务器端注释:<%=1+2%>--%>
```

```
            <!--此处使用客户端注释：<%=1+2 %>-->
        </div>
        </form>
</body>
</html>
```

运行显示页面时，服务器端注释和客户端注释都不会在页面中显示，如图 5-8 所示，显示一个空白页。

图 5-8　页面中不显示注释的内容

在此空白页中，右键单击并选择“查看源文件”命令，查看页面在客户端显示的源代码如下：

```
......
        <div>
            <!-- 此处使用客户端注释：3 -->
        </div>
......
```

由此可以看出，服务器端注释在服务器端就被注释掉，它里面的代码不会被执行，也不会发往客户端；而客户端注释会发到客户端，只是在页面不显示而已，并不能阻止“<%=1+2%>”代码的执行。因此，要想有效注释掉页面中的服务器控件、代码、指令等内容时，应采用服务器端注释。

5.2　ASP.NET 页面内置对象

在 ASP.NET 页面编程中，提供了一些内置页对象，用来动态保存客户端状态，这些内置对象可以被开发人员通过程序动态配置、提取及检索。常用的内置对象包括 Response、Request、Session、Application、Cookie 和 Server。

5.2.1　Response 对象

Response 对象是 HttpResponse 类的实例，HttpResponse 类用来封装页面操作的 HTTP 响应信息。Response 对象常用的属性如表 5-3 所示。

表 5-3　Response 对象常用的属性

属　性	描　　述
Cache	获取 Web 页面的缓存策略
Charset	获取或设置输出流的 HTTP 字符集类型
ContentEncoding	获取或设置输出流的 HTTP 字符集
BufferOutput	获取或设置一个值，该值指示是否缓冲输出并在完成处理整个页面之后将其发送
IsClientConnected	获取一个值，通过该值指示客户端是否仍连接在服务器上
TrySkipIisCustomErrors	获取或设置一个值，指定是否支持 IIS 7.0 自定义错误输出
ContentType	获取或设置输出流的 HTTP MIME 类型

在 Response 对象中还包含一些方法，如表 5-4 所示。

表 5-4　Response 对象常用的方法

方　法	描　　述
AddHeader()	将一个 HTTP 头添加到输出流
BinaryWrite()	将一个二进制字符串写入 HTTP 输出流
Write()	将信息写入 HTTP 响应流，输出到客户端
WriteFile()	将指定的文件数据写入到 HTTP 响应流，输出到客户端
End()	停止页面执行
Clear()	清除页面缓冲区中的数据
Flush()	将页面缓冲区中的数据立即显示
Redirect()	将客户端浏览器的 URL 地址重定向

注　意

内置对象中包含的属性和方法都是静态的，在使用时直接调用即可。

【示例 5.4】 演示使用 Response 对象。

创建页面 ResponseDemo.aspx 并编写后台代码如下：

```
public partial class ResponseDemo : System.Web.UI.Page {
    protected void Page_Load(object sender, EventArgs e){
        string[] str = { "a", "b", "c", "d", "e", "f" };
        Response.Write("字符串数组过滤后结果为：<br>");
        for (int i = 0; i < str.Length; i++){
            //判断即将输出的数据是否等于"e"
            if (str[i] == "e"){
                Response.End();//终止程序输出
            }
            else{
                Response.Write(str[i]);//将数组的值输出
```

```
                }
            }
            //清除缓冲区
            Response.Clear();
            //页面重定向，跳转到 Default.aspx 页面
            Response.Redirect("Default.apsx");
        }
}
```

上述代码中使用了 Response 对象中常用的操作方法：Write()方法用于在页面上输出并显示数据；End()方法用于终止页面输出；输出完毕后，通常需要使用 Clear()方法来清除缓冲区；最常用的 Response 操作方法是 Redirect()，用于页面间跳转，不过由于在本页面中调用了 Response 的 End 方法，所以并没有发生重定向的页面跳转。运行结果如图 5-9 所示。

图 5-9　Response 对象演示

5.2.2　Request 对象

Request 对象是 HttpRequest 类的实例，主要用来读取客户端发送的 HTTP 请求信息。浏览器在向服务器发出请求时，会将客户端的信息封装到 Request 对象中并发送到服务器。Request 对象成员列表如表 5-5 所示。

表 5-5　Request 对象成员列表

成　员	描　　述
Cookies	获取客户端发送的 Cookie 集合
QueryString	获取 HTTP 数据流中查询字符串的集合
Browser	获取发起请求的浏览器的功能信息
Params	获取 QueryString、Form、ServerVariables 和 Cookies 项的集合，可以直接通过[]的方式从 Params 中取得数据，例如通过 Params["name"]，取得参数 name 的值
URL	获取当前请求的 URL 信息
UserHostAddress	获取远程客户端的 IP 主机地址
Path	获取当前请求的虚拟路径
MapPath()	映射请求 URL 中的虚拟路径到服务器上的物理路径

【示例 5.5】 演示使用 Request 对象。

创建页面 RequestDemo.aspx 并编写代码如下：

```
public partial class RequestDemo : System.Web.UI.Page
{
    protected void Page_Load(object sender, EventArgs e)
    {
        //获取页面的请求字符串
        Response.Write("页面请求字符串为："
            +Request.QueryString.ToString()+"<br/>");
        //利用 QueryString 来取得页面参数值
        Response.Write("页面请求字符串为：" +
            Request.QueryString["id"] + "<br/>");
        //获取页面传递的请求参数值
        Response.Write("参数 name 的值为："+
        Request.Params["name"]+"<br/>");
        //页面请求地址
        Response.Write("页面请求地址为：" +
            Request.Path.ToString() + "<br/>");
        //获取客户端 IP 地址
        Response.Write("客户端 IP 地址为：" +
            Request.UserHostAddress + "<br/>");
        //获取客户端浏览器信息
        Response.Write("客户端浏览器信息：" +
            Request.Browser.Type.ToString() + "<br/>");
    }
}
```

QueryString 集合收集的信息来自于请求 URL 中“?”号后面的数据，这些数据通常称为“URL 查询字符串”。例如，下面的 URL 中传了两个参数：id 的值为 102，name 的值为 tom。

```
http://host/path?id=102&name=tom
```

QueryString 集合主要用于收集 HTTP 协议中的 Get 请求发送的数据，因此如果一个请求事件中被请求的 URL 中出现“?”号且“?”号后有数据，则表示此次请求方式为 Get。Request 对象的 Params 属性用于取得请求参数的值；Request 对象的 Path 属性用来获取客户端页面请求的地址。当需要对相应的文件进行操作时，可以使用 Request.Path 的信息进行判断。Request 对象的 UserHostAddress 属性通常在制作网站流量统计器中使用。运行结果如图 5-10 所示。

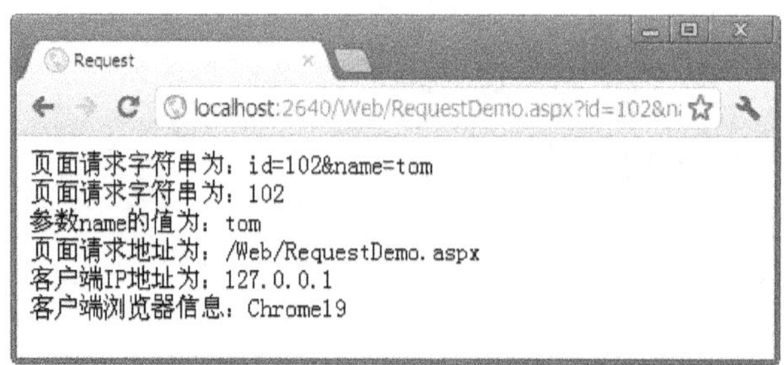

图 5-10　Request 对象演示

5.2.3　Session 对象

Session 对象是 HttpSessionState 的一个实例，主要用于维护客户端的用户信息，如将客户登录用的用户名和密码存储到 Session 中，这样可以在其他页面显示用户信息，实现用户所访问的一系列页面间的数据共享。Session 对象成员如表 5-6 所示。

表 5-6　Session 对象成员

成　员	描　　述
Contents	没有使用元素定义的存储于特定 Session 对象的所有变量的集合
StaticObject	使用元素定义的存储于 Session 对象中的所有变量的集合
CodePage	可读/写，整型，用于定义在浏览器中显示页内容的代码页，代码页是字符集的数字值，不同的语言使用不同的代码页。例如，ANSI 代码页为 1252
SessionID	只读，整型，返回本会话的会话标识符。每创建一个会话，由服务器自动分配一个唯一的标识符。可以根据它的值判断两个用户谁先访问的服务器
Timeout	可读/写，整型，为会话定义以分钟为单位的超时限定，如果用户在这个时间内没有刷新或请求任何一个网页，则该用户产生的会话自动结束。缺省值是 20
Contents.Remove("变量名")	从 Session.contents 集合中删除指定的变量
Contents.Removeall()	删除 Session.contents 集合中的所有变量
Abandon()	结束当前用户会话并且撤消当前 Session 对象
OnStart	当用户会话产生时触发，一旦有任一用户对本服务器请求任一页面，即产生该事件
OnEnd	当用户会话结束时触发，当使用 Abandon()方法或超时也会触发该事件

Session 对象的 Contents.Removeall()和 Abandon()都会释放当前用户会话的所有 Session 变量，不同的是，Contents.Removeall()方法只是单纯地释放 Session 变量的值，而不终止当前的会话；而 Abandon()方法除了释放 Session 变量外，还会终止会话并引发 Session_OnEnd 事件。

【示例 5.6】 将登录的用户名保存到 Session 中，并在另一页面中显示该用户的用

户名。

(1) 创建 Login.aspx 页面。

首先创建一个登录页面 Login.aspx，设计页面如图 5-11 所示。

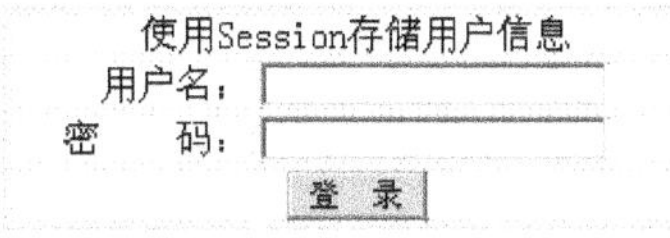

图 5-11　设计登录页面

Login.aspx 页面的源代码如下：

```
<%@ Page Language="C#" AutoEventWireup="true" CodeFile="Login.aspx.cs" Inherits="Login" %>
<!DOCTYPE html PUBLIC "-//W3C//DTD XHTML 1.0 Transitional//EN"
"http://www.w3.org/TR/xhtml1/DTD/xhtml1-transitional.dtd">
<html xmlns="http://www.w3.org/1999/xhtml">
<head runat="server">
    <title>登录</title>
</head>
<body>
    <form id="form1" runat="server">
    <div>
        <table style="border: 0px; width: 300px;">
            <tr>
                <td colspan="2" align="center">
                    使用 Session 存储用户信息
                </td>
            </tr>
            <tr>
                <td align="right">
                    用户名：
                </td>
                <td>
                    <asp:TextBox ID="tbUserName" runat="server">
                    </asp:TextBox>
                </td>
            </tr>
            <tr>
                <td align="right">
                    密    码：
                </td>
                <td>
```

```
                    <asp:TextBox ID="tbPassword" runat="server"
                        TextMode="Password"></asp:TextBox>
                </td>
            </tr>
            <tr>
                <td colspan="2" align="center">
                    <asp:Button ID="btLogin" runat="server"
                        OnClick="btLogin_Click" Text="登录" />
                </td>
            </tr>
        </table>
    </div>
    </form>
</body>
</html>
```

上述代码中使用了 TextBox 文本框，而密码框只需将 TextBox 控件的 TextMode 属性值设为“Password”即可。

后台代码如下：

```
public partial class Login : System.Web.UI.Page
{
    protected void Page_Load(object sender, EventArgs e)
    {
    }
    protected void btLogin_Click(object sender, EventArgs e)
    {
        string strName = tbUserName.Text.Trim();
        string strPwd = tbPassword.Text.Trim();
        if (strName == "" || strPwd == "")
        {
            this.ClientScript.RegisterStartupScript(this.GetType(),"",
                "<script>alert('用户名和密码不能为空')</script>");
            return;
        }
        else
        {
            //将用户名保存到 Session 中
            Session["userName"] = strName;
            //跳转到 SessionDemo.aspx 页面
            Response.Redirect("SessionDemo.aspx");
```

```
        }
    }
}
```

上述代码中，当用户名或密码为空时，为了在客户端页面中弹出对话框进行提示，使用了如下语句：

```
this.ClientScript.RegisterStartupScript(this.GetType(), "",
    "<script>alert('用户名和密码不能为空')</script>");
```

其中：

✧ ClientScript 能够对客户端的 Script 脚本进行管理、注册以及动态添加新的 Script。

✧ RegisterStartupScript()方法可以将脚本添加到页面并执行，该方法通常用于只“执行一次”的 Script，例如弹出对话框进行提示。

(2) 创建 SessionDemo.aspx 页面访问 Session 中的数据。

创建 SessionDemo.aspx 页面，并在该页面放一个名为 lblName 的标签，该页面的后台代码如下：

```
public partial class SessionDemo : System.Web.UI.Page
{
    protected void Page_Load(object sender, EventArgs e)
    {
        if (Session["userName"] != null)
        {
            lblName.Text = "用户名：" + Session["userName"];
        }
        else
        {
            lblName.Text = "请您登录后，再访问此页面，谢谢！";
        }
    }
}
```

运行结果如图 5-12 所示。

图 5-12　运行 Login.aspx

如果一次都没有登录过就直接访问 SessionDemo.aspx 页面，而不通过 Login.aspx 页面，则显示结果如图 5-13 所示。

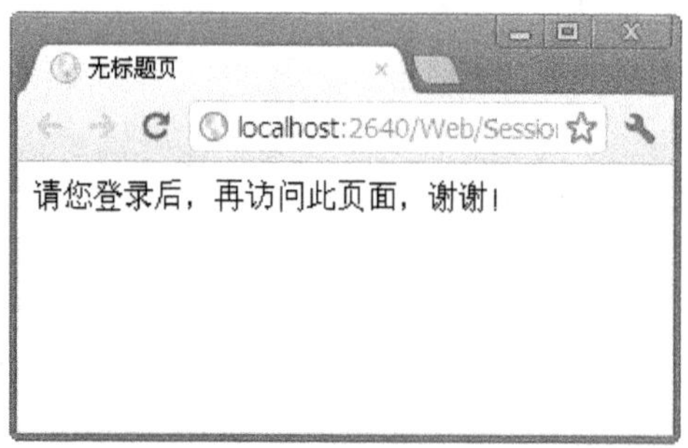

图 5-13　直接访问 SessionDemo.aspx

5.2.4　Application 对象

Application 对象是 HttpApplication 类的实例，通常用来存储网站的一些公共信息，即在服务器内存中存储数量较少又独立于客户请求的数据。Application 中的成员如表 5-7 所示。

表 5-7　Application 对象中的成员

成　员	描　　述
Contents	没有使用<OBJECT>元素定义的存储于 Application 对象中的所有变量的集合
StaticObjects	使用<OBJECT>元素定义的存储于 Application 对象中的所有变量的集合
Contents.Remove("变量名")	从 Application.Contents 集合中删除指定的变量
Contents.RemoveAll()	把 Application.Contents 集合中的所有变量删除
Lock()	锁定 Application 对象，使得只有当前的 ASP 页对内容能进行访问
Unlock()	解除对 Application 对象的锁定
OnStart 事件	第一个访问服务器的用户第一次访问某一页面时发生
OnEnd 事件	当最后一个用户的会话已经结束并且该会话的 OnEnd 事件所有代码已经执行完毕后发生，或最后一个用户访问服务器一段时间(一般为 20 分钟)后仍然没有人访问该服务器时产生

在 ASP.NET 中，Application 对象的自我管理功能非常弱，没有 Session 对象的超时机制。只要 Application 对象不停止，在其中存储的数据就不会消失。但是由于其具有可以将数据存储在服务器端、不限制存储的类型和大小并且可以在整个应用程序中使用等特点，所以提高了网站管理的安全性。Application 对象常常用来设计网站访问量统计操作，

但是因为没有时间管理机制，所以需要开发人员实时管理。

【示例 5.7】 使用 Application 统计网站的在线人数。

首先在网站中创建一个“全局应用程序类”Global.asax，如图 5-14 所示，用来全局配置 Application 中的信息。

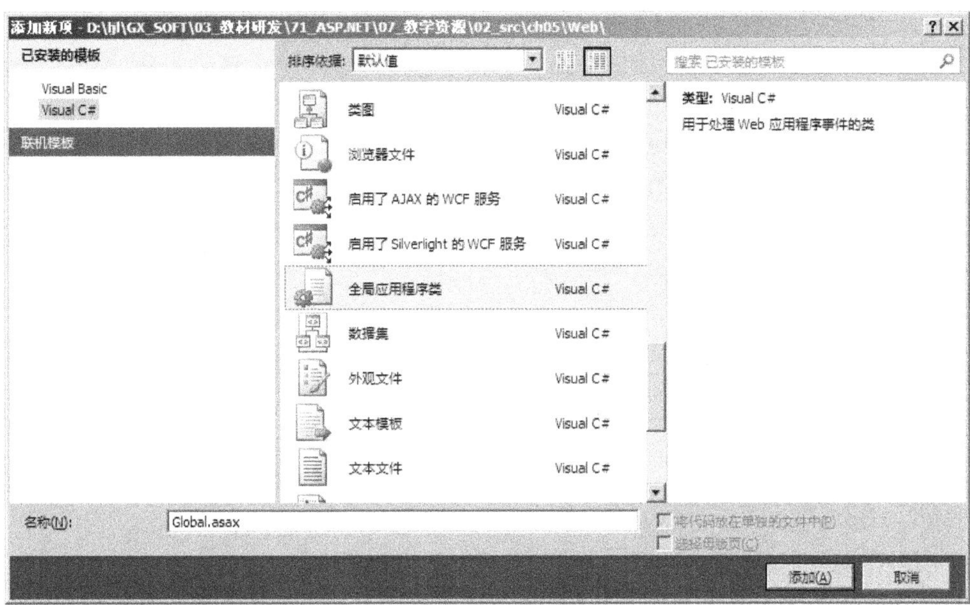

图 5-14　全局应用程序类

Global.asax 的配置信息如下：

```
<%@ Application Language="C#" %>
<script RunAt="server">
    void Application_Start(object sender, EventArgs e)
    {
        //在应用程序启动时运行的代码
        //初始化变量：UserCount
        Application.Lock();           //临界变量，使用加锁功能,其他用户不能访问
        Application["UserCount"] = 0;
        Application.UnLock();         //临界变量被解锁
    }
    void Application_End(object sender, EventArgs e)
    {
        //在应用程序关闭时运行的代码
    }
    void Application_Error(object sender, EventArgs e)
    {
        //在出现未处理的错误时运行的代码
```

```
    }
    void Session_Start(object sender, EventArgs e)
    {
        //在新会话启动时运行的代码
        //用户数量加 1
        Application.Lock();
        Application["UserCount"] =
            Int32.Parse(Application["UserCount"].ToString()) + 1;
        Application.UnLock();
    }
    void Session_End(object sender, EventArgs e)
    {
        //在会话结束时运行的代码。
        // 注意: 只有在 Web.config 文件中的 sessionstate 模式设置为
        // InProc 时，才会引发 Session_End 事件。如果会话模式
        //设置为 StateServer 或 SQLServer，则不会引发该事件
        //用户数量减 1
        Application.Lock();
        Application["UserCount"]=
            Int32.Parse(Application["UserCount"].ToString()) - 1;
        Application.UnLock();
    }
</script>
```

注意：需要在 web.config 配置文件中<system.web>标签内添加如下一条语句：

```
<sessionState   mode ="InProc"/>
```

再创建 ApplicationDemo.aspx 页面，用于显示网站的在线人数，在此页面添加一个标签和按钮，代码如下：

```
<%@ Page Language="C#" AutoEventWireup="true" CodeFile="ApplicationDemo.aspx.cs"
    Inherits="ApplicationDemo" %>
<!DOCTYPE html PUBLIC "-//W3C//DTD XHTML 1.0 Transitional//EN"
"http://www.w3.org/TR/xhtml1/DTD/xhtml1-transitional.dtd">
<html xmlns="http://www.w3.org/1999/xhtml">
<head runat="server">
    <title>无标题页</title>
</head>
<body>
    <form id="form1" runat="server">
    <div>
```

```
            <asp:Label ID="lblUserCount" runat="server" Text="">
            </asp:Label><br />
            <asp:Button ID="btnLogout" runat="server"
                Text="注销" OnClick="btnLogout_Click" />
        </div>
        </form>
</body>
</html>
```

该页面的后台代码如下：

```
public partial class ApplicationDemo : System.Web.UI.Page
{
    protected void Page_Load(object sender, EventArgs e)
    {
        if (!Page.IsPostBack)
        {
            lblUserCount.Text ="网站在线人数："+
                Application["UserCount"]+"人";
        }
    }
    protected void btnLogout_Click(object sender, EventArgs e)
    {
        //销毁 Session
        Session.Abandon();
    }
}
```

打开多个 IE 窗口访问 ApplicationDemo.aspx 页面，会发现人数的变化(增加)，运行结果如图 5-15 所示。选择其中一个 IE 窗口，单击“注销”按钮并关闭该 IE 窗口，再刷新其他 IE 窗口观察人数的变化(减少)。

图 5-15　演示 Application 对象的使用

5.2.5 Cookie 对象

Cookie 对象是 HttpCookieCollection 类的一个实例，用于保存客户端浏览器一些对象信息，或者存放客户端的自定义对象。Cookie 存储的数据量受限制，大多数浏览器支持的最大容量为 4096 字节，因此，一般不要用 Cookie 对象来保存数据集或其他大量数据。并非所有的浏览器都支持 Cookie，并且数据信息是以明文文本的形式保存在客户端计算机中的，因此最好不要保存敏感的、未加密的数据，否则会影响网络的安全性。Cookie 对象常用成员及说明如表 5-8 所示。

表 5-8　Cookie 对象常用成员

成　员	说　　明
Expires	设定 Cookie 变量的有效时间，默认为 1000 分钟，若设为 0，则可以实时删除 Cookie 变量
Name	取得 Cookie 变量的名称
Value	获取或设置 Cookie 变量的内容值
Path	获取或设置 Cookie 适用的 URL
Equals()	指定 Cookie 是否等于当前的 Cookie
ToString()	返回此 Cookie 对象的一个字符串表示形式

【示例 5.8】 演示 Cookie 的使用。

创建一个名为 CookieDemo.aspx 的页面，并在页面上添加两个按钮和一个标签，该页面的后台代码如下：

```
public partial class CookieDemo : System.Web.UI.Page
{
    protected void Page_Load(object sender, EventArgs e)
    {
    }
    protected void btWrite_Click(object sender, EventArgs e)
    {
        //获取客户端 IP 地址
        string UserIP = Request.UserHostAddress.ToString();
        //将客户端 IP 写入 Cookie
        Response.Cookies["IP"].Value = UserIP;
        //Cookie 保留一天
        Response.Cookies["IP"].Expires = DateTime.Now.AddDays(1);
    }
    protected void btReader_Click(object sender, EventArgs e)
    {
        if (Request.Cookies["IP"] != null)
```

```
            {
                this.lbInfo.Text = Request.Cookies["IP"].Value;
            }
        }
}
```

上述代码中，通过使用 Cookie 对象的 Value 属性可以对 Cookie 进行赋值和取值操作；使用 Expires 属性可以设置 Cookie 的时效。运行结果如图 5-16 所示。

图 5-16　演示 Cookie 对象的使用

5.2.6　Server 对象

Server 对象是 HttpServerUtility 的一个实例，它封装了服务器上的方法和属性。Server 对象的常用成员如表 5-9 所示。

表 5-9　Server 对象的常用成员

成　员	描　　述
MachineName	获取远程服务器的名称
ScriptTimeout	获取和设置请求超时
CreatObject()	创建 COM 对象的一个服务器实例
Execute()	执行指定页面
Transfer()	终止当前页面的执行，并为当前请求开始执行新页面
HtmlEncode()	对要在浏览器中显示的字符串进行编码，例如，要在页面上输出“ ”，又不想在浏览器中显示成换行，则需要使用该方法
HtmlDecode()	与 HtmlEncode()方法相反，对已编码内容解码
MapPath()	返回与 Web 服务器上的执行虚拟路径相对应的物理文件路径
UrlEncode()	对 URL 地址进行编码，当 URL 中需要传输含有“#”、“&”等特殊字符的参数时，需要使用该方法，否则后面的内容不会被识别
UrlDecode()	与 UrlEncode()方法相反，对 URL 地址进行解码

注 意

Sever 对象的 Execute()和 Transfer()用于页面控制权转移，但 Execute()执行完指定的页面后，控制权会再返回给原来页面；而 Transfer()执行完后就结束，控制权转移到新的页面，不会返回给原来页面。

【示例 5.9】 演示 Server 的用法。

创建页面 ServerDemo.aspx 并编写代码如下：

```
public partial class ServerDemo : System.Web.UI.Page
{
    protected void Page_Load(object sender, EventArgs e)
    {
        //获取远程服务器的名称
        Response.Write("远程服务器名为：" + Server.MachineName + "<br/>");
        //获取网站根目录下 ServerDemo.aspx 页面所对应的物理路径
        Response.Write(Server.MapPath("~/ServerDemo.aspx") + "<br/>");
        string str;
        //对字符串进行编码
        str = Server.HtmlEncode("<B>HTML 内容</B><br/>");
        Response.Write(str + "<br/>");
        //对字符串进行解码
        str = Server.HtmlDecode(str);
        Response.Write(str + "<br/>");
    }
}
```

上述代码中，使用 Server 对象的 MachineName 属性可以获取服务器计算机的名称；使用 Server 对象的 MapPath()方法可以获取虚拟路径所对应的物理路径。例如下面语句能够输出网站根目录下 ServerDemo.aspx 页面所对应的物理路径：

```
Server.MapPath("~/ServerDemo.aspx")
```

如果要获取网站根目录所在的物理路径，只需将 null 作为参数：

```
Server.MapPath(null)//返回 Web 网站根目录所在的实际物理路径
```

当想在网页上显示 HTML 标签文本时，需要通过 Server 对象的 HtmlEncode()方法进行编码再输出，否则这些标签文本在页面中将执行标签的效果。若要将编码后的结果译码回原本的内容，则使用 HtmlDecode()方法。运行结果如图 5-17 所示。

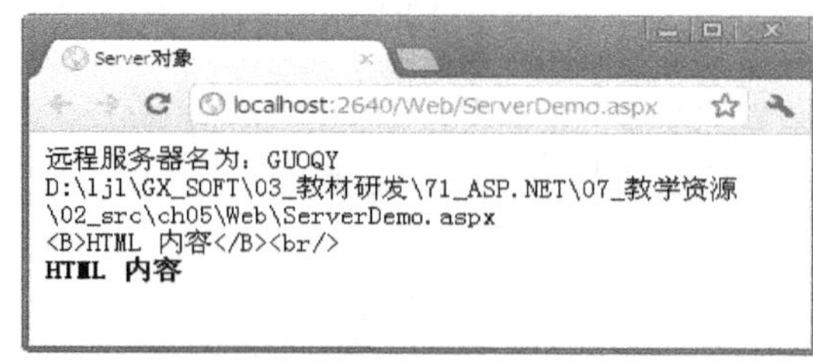

图 5-17 演示 Server 对象的使用

本 章 小 结

通过本章的学习，学生应该能够掌握：

- ✧ ASP.NET 页面有两种开发模式：代码后置和代码内嵌。
- ✧ 代码后置模型是默认推荐的选项，页的标记和服务器端元素位于 .aspx 文件中，而代码则位于单独的 .cs 文件中。
- ✧ ASP.NET 页面运行时，将经历一个生命周期，在生命周期中将执行一系列处理步骤。
- ✧ 页面生命周期的每个阶段将引发相应的事件处理。
- ✧ Request 是请求对象，用于获取客户端的请求信息。
- ✧ Response 是响应对象，用于向客户端输出相应信息。
- ✧ Session 是会话对象，用于存储用户信息，在用户会话结束时被清除。
- ✧ Application 是应用对象，用于存储服务器的全局变量。
- ✧ Server 是服务对象，用于封装服务器上的方法和属性，该对象的 Execute()和 Transfer()用于控制权转移，MapPath()用于获取物理路径。

本 章 练 习

1．在一个 ASPX 页面的 Page_Load 事件中，编写了如下代码，则执行该页面后，将在页面中输出________。

```
private void Page_Load(object sender System.EventArgs e)
{
Response.Write("欢迎光临");
Response.End();
Response.Write("欢迎下次光临");
}
```

A．欢迎光临

B．欢迎下次光临

C．欢迎光临，欢迎下次光临

D．欢迎光临欢迎下次光临

2．以下不是 ASP.NET 页面指令的是________。

A．Assembly

B．Control

C．Page

D．Response

3．以下不是 ASP.NET 页面事件的是________。

A．Page_Load

B．Page_Init

C．Page_Unload

D．Page_Input

4．ASP.NET 页面开发模式有两种：________和________。

5．ASP.NET 页面内置对象包括________、________、________、________等。

6．简述 ASP.NET 页面的生命周期。

第 6 章　ASP.NET 常用控件

本章目标

- ■掌握 ASP.NET 服务器控件的种类
- ■掌握常用 Web 服务器控件的使用
- ■了解 Web 服务器控件和 HTML 控件的区别
- ■掌握常用的验证控件的使用

6.1 服务器控件

ASP.NET 控件是组成页面的重要元素，不同的控件经过组合之后，可以完成页面中各种复杂功能的实现。按照控件是运行在服务器端还是运行在客户端可以将控件分为两大类：

✧ 客户端控件，就是通常所说的 HTML 控件，它运行在客户端。

✧ 服务器控件，是带有“runat="server"”标记的控件，它运行在服务器端。

注 意

客户端控件实现纯客户端的功能，服务器控件可以完成用户与网站的数据交互。

6.1.1 服务器控件简介

服务器控件是微软在 ASP.NET 中提出的。服务器控件在服务器端解析成对应的 HTML 控件，再返回给客户端。ASP.NET 服务器控件具有如下几个特点：

✧ 保存视图状态。当页面在客户端和服务器端之间来回传送时，服务器控件会自动保存视图状态，设置和控制用户的输入。

✧ 基于公共对象模型。在 ASP.NET 中，服务器控件是基于公共对象模型的，因此它们可以相互共享大量属性。

✧ 简单。ASP.NET 服务器控件大大简化了动态页面的创建过程，在数据绑定和访问的过程中，为网页开发者提供了完整的控件，具有简单通用的数据源模型，为使用多种数据源提供了便利；并且能够对服务器端代码中的事件进行响应，以创建简捷、高效的应用程序。

✧ 用户定制。服务器控件为网页开发者提供了多种机制来定制自己的页面。比如，提供了样式属性作为定制页面格式的方法，还为内容和布局的定制提供模板。

✧ 创建浏览器特定的 HTML。当浏览器申请某个页面时，服务器控件确定哪种浏览器请求这个页面，然后发送合适的 HTML。

6.1.2 服务器控件分类

ASP.NET 4.0 内部提供的服务器控件大致可分为三种类型：

✧ HTML 服务器控件。

✧ Web 服务器控件。

✧ 自定义服务器控件。

1. HTML 服务器控件

HTML 服务器控件是由普通 HTML 控件转换而来的，其呈现的输出基本上与普通 HTML 控件一致。将普通的 HTML 控件转化成 HTML 服务器控件只需要做两步操作：

第一步，在普通 HTML 控件特性中添加“runat="server"”属性；

第二步，设置其 ID 属性，当普通的 HTML 控件转化为 HTML 服务器控件后，即可通过编程来控制它们。

在创建 HTML 服务器控件时，直接从“工具箱”的“HTML”选项卡中，拖动选中的 HTML 控件放置在页面中，然后在属性中加入“runat="server"”即可，如图 6-1 所示。

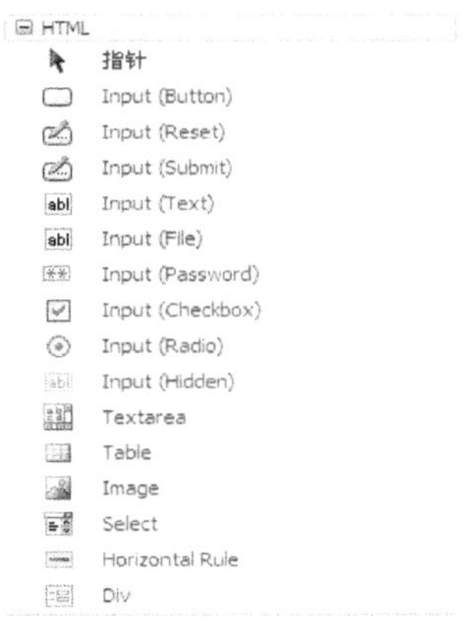

图 6-1　工具箱中的 HTML 控件

示例：

```
<input id="Button1" type="button" value="button" runat="server" />
```

上述代码是一个 HTML 服务器按钮控件，该控件的代码与普通的 HTML 控件相比，只是增加了 id 属性和“runat="server"”属性。

2．Web 服务器控件

Web 服务器控件与 HTML 控件相比，具有更多的内置功能，其操作数据和呈现数据的功能也变得非常强大。Web 服务器控件按照功能区分，可以分为标准控件、数据控件、验证控件、导航控件、登录控件、WebParts 控件，另外还提供了一些 AJAX 控件以及其他辅助安装的自定义控件等。这些控件放在工具箱的不同选项卡中，如图 6-2 所示。

⊞ 标准
⊞ 数据
⊞ 验证
⊞ 导航
⊞ 登录
⊞ WebParts
⊞ AJAX Extensions
⊞ 动态数据
⊞ 报表

图 6-2　工具箱中的 Web 服务器控件

- ✧ 标准控件是 ASP.NET 控件的基础，它包括了 ASP.NET 日常开发中经常使用的基本控件。
- ✧ 数据控件主要包括数据源控件和数据绑定控件。数据源控件主要实现数据源连接、SQL 语句/存储过程执行和返回数据集合等功能；数据绑定控件主要实现数据显示，并提供编辑、删除等操作的相关用户界面。
- ✧ 验证控件用来实现对标准控件数据内容的校验，并根据验证的结果来判断页面可以提交，还是提示用户相关的检验失败信息。
- ✧ 导航控件用于实现网站或各应用的导航功能。该组控件通过地图、树或菜单的形式展现出导航的效果。与传统的站点导航相比，导航控件简化了工作量，并且操作更加简单易行。
- ✧ 登录控件用于完成网站用户注册、登录、修改信息、获取密码等用于网站认证功能的辅助控件，通过该组控件可以轻松地构建出复杂的登录认证模块。
- ✧ WebParts 控件控件用于动态定义和布局网页的内容、外观和行为，用户可以按照自己喜好的风格来定义自己的网页，使 Web 应用程序具备高度个性化特征。

3．自定义服务器控件

自定义服务器控件是已编译的服务器端控件，开发人员可自定义 UI、功能、属性、方法、事件等特征，然后封装到可复用的包中。自定义控件和标准的 ASP.NET 控件相比，除了需绑定一个不同的标记前缀，并且在使用之前必须进行显式的注册和部署以外没有任何的区别。常见的自定义服务器控件分为 4 种：复合控件、验证控件、模板控件和数据绑定控件。

注 意

自定义服务器控件参见本章实践篇的知识拓展。

6.2 Web 服务器控件

Web 服务器控件在 System.Web.UI.WebControls.WebControl 命名空间中定义，每个控件实际上都是一个控件类，都具有属性、方法和事件，通过设置、编写或调用控件的属性、方法和事件，实现对控件的各种操作。由于 Web 服务器控件是一系列控件集合，因此它们具有一些共同的特点。Web 服务器控件的公共属性如表 6-1 所示，大部分 Web 服务器控件都具有这些公共的属性。

表 6-1 Web 服务器控件公共属性

属 性	描 述
AccessKey	表示用于快速定位到 Web 服务器控件的访问键，默认为空，表示不设置该属性
BackColor	表示 Web 服务器控件的背景色，默认为空，表示不设置该属性
BorderColor	表示 Web 控件的边框颜色，默认为空，表示不设置该属性
BorderStyle	表示 Web 服务器控件的边框样式，默认为空，表示不设置该属性
BorderWidth	表示 Web 服务器控件的边框宽度，默认为空，表示不设置该属性
Enabled	表示是否启用 Web 服务器控件
Font	表示 Web 服务器控件关联的字体属性
ForeColor	表示 Web 服务器控件的前景色(通常是文本颜色)
Height	表示 Web 服务器控件的高度
Style	包含要在 Web 服务器控件的外部标记上呈现的 HTML 样式属性
TabIndex	Web 服务器控件的选项卡索引，默认为 0，表示不设置此属性
ToolTip	表示当鼠标指针悬停在 Web 服务器控件上时显示的文本
Width	表示 Web 服务器控件的宽度
ID	所有 Web 服务器控件都可以通过该属性来唯一标识和引用
Text	所有接收用户输入，显示数据和提示数据的 Web 服务器控件都可以通过 Text 属性来表示用于在控件上显示的文本，例如 TextBox、Label、Button、CheckBox 等控件
AutoPostBack	所有发送窗体或单击按钮时将其数据回传到服务器的 Web 控件都具有 AutoPostBack 属性，该属性是布尔类型，表示当用户修改控件中的文本并使焦点离开该控件时，是否向服务器自动回送。True 表示每当用户更改文本框中的文本并使焦点离开该控件时，都会向服务器自动回送；否则为 False(默认值)
EnableViewState	用于定义控件的视图状态或其包含的当前值在窗体发回到服务器之后是否保留在控件中。默认情况，该属性设为 True，即将窗体发回到服务器后，所有控件输入和选择的数据将保留在控件中，如果不需要保留输入的值则应将此属性设为 False。例如，首次打开页面时，TextBox 值为空，当输入数据并发回到服务器后，若该值为 False，则将清空 TextBox 的值，否则保留 TextBox 的输入值

常用的 Web 服务器控件包括文本控件、控制权转移控件、选择控件、容器控件等标准控

件，这些控件是构成 Web 应用程序的基础，几乎所有的 ASP.NET Web 应用程序都会用到。

6.2.1　文本控件

文本控件主要用来接收用户输入和显示内容的，主要包括 TextBox 和 Label 两种控件，其中 Label 控件用于提醒用户，而 TextBox 用来接收用户输入。

1．TextBox 控件

TextBox 控件允许用户在页面上输入基于文本的数据，为用户提供一种向 Web 窗体输入信息(如数字、文本和日期等)的方法。TextBox 控件的常用属性如表 6-2 所示。

表 6-2　TextBox 控件的常用属性

属　性	描　　述
Columns	指定显示的列数(以字符为单位)，默认值为 0，表示未设置该属性
MaxLength	指定用户输入到 TextBox 的数据长度的最大值(当 TextMode 设为 Multiline 时无效)
ReadOnly	防止用户更改 TextBox 中的文本
Rows	指定显示的行数，默认为 0，表示显示单行文本框
TabIndex	指定 TextBox 控件的 Tab 顺序
Wrap	设置当 TextMode 属性值为 Multiline 时文本是否自动换行
TextMode	指定 TextBox 控件将显示为单行、多行还是密码文本框，其值应为下列值之一： ● TextBoxMode.MultiLine：多行输入模式，简称文本域 ● TextBoxMode.Password：密码输入模式，简称密码框 ● TextBoxMode.SingleLine：　单行输入模式(默认值)，简称文本框

TextBox 控件有一个 TextChanged 事件，当 TextBox 控件内的文字传至 Server 端后，Server 发现文字的内容和上次的值不同时，该事件被触发，例如：

```
<asp:TextBox ID="txtContent" runat="server" Text="请在此输入内容..."
    AutoPostBack="True" OnTextChanged="txtContent_TextChanged">
</asp:TextBox>
```

在上述代码的 TextBox 控件中添加了 TextChanged 事件，通过使用“OnTextChanged”指明该事件的事件处理方法是 txtContent_TextChanged()，当 Text 属性值发生变化后，服务器会调用此事件处理方法进行处理。要想 TextChanged 事件起作用，必须设置“AutoPostBack”属性值为“True”，否则不会激发该事件。另外，不管 Text 属性值是否改变，一律先触发 Page_Load 事件。

2．Label 控件

Label 控件用来显示页面中具有标记意义的数据，或者呈现程序处理后返回的结果。在呈现控件时，任何赋给 Label 控件的 Text 属性的字符串将通过 Label 控件显示出来。例如：

```
<asp:Label ID="lblName" runat="server" Text="用户名"></asp:Label>
```

作为把文本赋值给 Text 属性的替代方法，可以把文本放在 Label 控件的起始标签和结束标签之间。任何放置在起始标签和结束标签之间的文本都会赋值给 Text 属性，例如：

```
<asp:Label ID="lblName" runat="server">用户名</asp:Label>
```

Label 控件还有一些其他常用属性，如表 6-3 所示。

表 6-3 Label 控件的常用属性

属　性	描　　述
CssClass	设置 Label 关联的 CSS 类
ToolTip	设置 Label 的 ToolTip 属性(在微软 IE 中，ToolTip 属性显示成浮动的提示)

6.2.2 控制权转移控件

所谓的控制权转移控件，是指通过指定的操作，将页面提交给服务器，比如用户登录的时候，在填写完用户名和密码之后，单击登录按钮即可登录系统，而这里的登录按钮即是一个控制权转移控件。控制权转移控件主要包括以下 4 类：

- ✧ Button：标准按钮控件。
- ✧ LinkButton：显示超链接样式的按钮控件。
- ✧ ImageButton：图像按钮控件。
- ✧ HyperLink：超链接控件。

1. Button 控件

Button 控件是用来向服务器端提交表单的按钮，允许用户指示它们完成窗体上的工作或执行特定的命令，当用户单击按钮时将触发控件的 Click 事件。程序员可以通过编写 Click 事件代码来对用户输入的数据进行控制和处理，执行事务逻辑。在 Button 控件中也提供了大量的属性，如表 6-4 所示。

表 6-4 Button 控件的属性

属　性	描　　述
AccessKey	指定一个导向 Button 控件的键
CommandArgument	指定传给 Command 事件的命令参数
CommandName	指定传给 Command 事件的命令名
Enable	指定该 Button 控件是否可用
OnClientClick	指定单击按钮时执行的客户端脚本
PostBackUrl	设置将表单传给某个页面
TabIndex	设置 Button 控件的 Tab 顺序
UseSubmitBehavior	使用 JavaScript 回传表单

Button 控件常用的事件通常是 Click 单击和 Command 命令事件。

- ✧ Click 单击事件，通常用于编写用户单击按钮时所需要执行的事件。
- ✧ Command 事件可以用于传递参数，负责传递参数的是按钮控件的 Command-Argument 和 CommandName 属性。

例如，下面的代码在按钮中添加了 Click 事件：

```
<asp:Button ID="btnOk" runat="server" Text="确定" OnClick="btnOk_Click" />
```

2．LinkButton 控件

LinkButton 控件的外观跟超链接一样，但功能却跟 Button 相同，其常用的属性和事件与 Button 类似。例如：

```
<asp:LinkButton ID="LinkButton1" runat="server" OnClick="LinkButton1_Click">单击我</asp:LinkButton>
```

3．ImageButton 控件

ImageButton 控件与 Button 和 LinkButton 控件功能类似，只是在 ImageButton 控件上能够显示图片，这对于提供丰富的按钮外观非常有用。其中图片的地址由“ImageUrl”属性来指定。例如：

```
<asp:ImageButton ID="ImageButton1" runat="server" ImageUrl="~/img.jpg"
    OnClick="ImageButton1_Click" />
```

4．HyperLink 控件

HyperLink 控件创建一个 Web 页的超链接。该控件可以将文本或图像显示为超链接。HyperLink 控件相当于 HTML 代码中的“<a href=""></a>”标签，但是 HyperLink 控件又增加了许多属性。HyperLink 控件的常用属性如表 6-5 所示。

表 6-5　HyperLink 控件的属性

属　性	描　　述
Text	超链接上显示的文本
ImageUrl	指定超链接上显示的图片
NavigateUrl	单击链接时用户将链接到的页面的 URL
Target	链接的目标窗口/框架，值为_top、_self、_parent、_search 或_blank

例如：

```
<asp:HyperLink ID="HyperLink1" runat="server"
    NavigateUrl="~/HyperLinkDemo.aspx">超链接控件</asp:HyperLink>
```

6.2.3　选择控件

ASP.NET 中的选择控件可以使用户从选项列表中选择一个或多个选项。ASP.NET 中提供了 4 类选择控件：

- ✧ DropDownList 控件：允许用户从预定义列表中选择一项。
- ✧ CheckBoxList 控件：允许用户从预定义列表中选择多项。
- ✧ RadioButtonList 控件：用于从多个选项列表中选择一个。
- ✧ ListBox 控件：允许用户从预定义列表中选择一项或多项。

1．DropDownList 控件

DropDownList 控件使用户能够从一个单选下拉列表中选择一个数据项。通过设置该控件的高度和宽度(以像素为单位)，可以规定控件的大小，但是不能控制该下拉列表显示的项目数。该控件最常用的属性如表 6-6 所示。

表 6-6　DropDownList 控件的属性

属　性	描　　述
AppendDataBoundItems	是否附加数据绑定项
AutoPostBack	当用户改变选项时，是否自动地发回到服务器
DataMember	DataSource 中要绑定的表的名称
DataSource	填充该列表选项的数据源
DataSourceID	提供数据的数据源控件的 ID
DataTextField	提供列表文本的数据源字段的名称
DataTextFormatString	控制列表项显示方式的格式化字符串
DataValueField	提供一个列表项的值的数据源字段的名称
Items	获得列表控件中的选项集合
SelectedIndex	获得或设置列表中被选项的索引
SelectedItem	获得列表中的被选项
SelectedValue	获得列表中被选项的值

DropDownList 控件所支持的事件是 SelectIndexChanged 事件，当改变 DropDownList 控件的选项时，便会触发此事件。要想 SelectIndexChanged 事件起作用，必须设置“AutoPostBack”属性值为“True”，否则不会激发该事件。

【示例 6.1】 演示 DropDownList 控件的使用。

创建页面 DropDownListDemo.aspx，编辑 DropDownList 控件中的选项，只需展开其右侧的▷图标，在“DropDowList 任务”窗口中选择“编辑项”，就会弹出“ListItem 集合编辑器”窗口，如图 6-3 所示，添加或移除选项值。

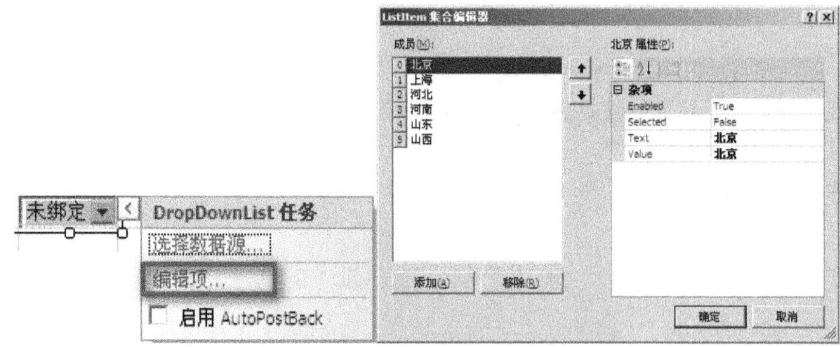

图 6-3　编辑 DropDownList 控件的选项

对应的页面源代码如下：

```
<%@ Page Language="C#" AutoEventWireup="true"
        CodeFile="DropDownListDemo.aspx.cs" Inherits="DropDownListDemo" %>
<!DOCTYPE html PUBLIC "-//W3C//DTD XHTML 1.0 Transitional//EN"
        "http://www.w3.org/TR/xhtml1/DTD/xhtml1-transitional.dtd">
<html xmlns="http://www.w3.org/1999/xhtml">
<head runat="server">
```

```
        <title>DropDownList 示例</title>
</head>
<body>
        <form id="form1" runat="server">
        <div>
                <asp:DropDownList ID="ddlProvince" runat="server"
                        AutoPostBack="True" Width="49px"
                        OnSelectedIndexChanged="ddlProvince_SelectedIndexChanged">
                        <asp:ListItem>北京</asp:ListItem>
                        <asp:ListItem>上海</asp:ListItem>
                        <asp:ListItem>河北</asp:ListItem>
                        <asp:ListItem>河南</asp:ListItem>
                        <asp:ListItem>山东</asp:ListItem>
                        <asp:ListItem>山西</asp:ListItem>
                </asp:DropDownList>
                <br />
                <asp:Label ID="lblMsg" runat="server" Text=""></asp:Label>
        </div>
        </form>
</body>
</html>
```

DropDownListDemo.aspx 页面的后台代码如下：

```
public partial class DropDownListDemo : System.Web.UI.Page
{       protected void Page_Load(object sender, EventArgs e)
        {
        }
        protected void ddlProvince_SelectedIndexChanged(object sender, EventArgs e)
        {
                lblMsg.Text = "您选择的是：" + ddlProvince.SelectedItem.Value;
        }
}
```

DropDownListDemo.aspx 页面运行结果如图 6-4 所示。

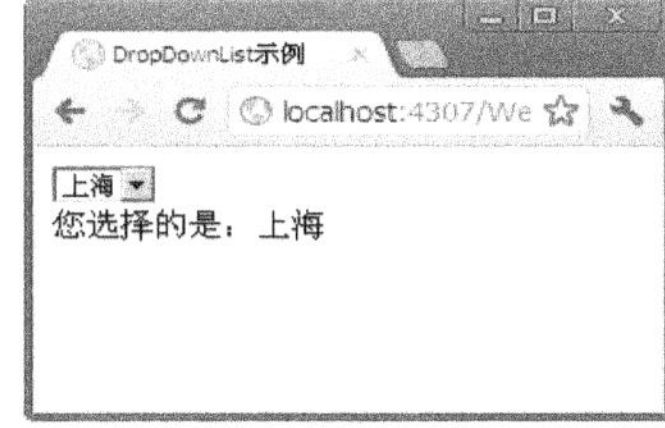

图 6-4　DropDownList 控件演示

2. CheckBoxList 控件

CheckBoxList 控件是一个可复选的列表项集合，其中每个列表项由一个独立的 CheckBox 控件生成。CheckBoxList 控件的具体属性如表 6-7 所示。

表 6-7　CheckBoxList 控件的具体属性

属　性	描　　述
AppendDataBoundItems	设置添加数据绑定的项目时，应当保留静态定义的项目还是应当清除它们
AutoPostBack	设置当用户改变选项时，该控件是否应当自动地发回到服务器
CellPadding	设置单元的边框和内容之间的像素数
CellSpacing	设置单元间的像素数
DataMember	DataSource 中要绑定的表名
DataSource	填充该列表的列表项的数据源
DataSourceID	提供数据的数据源组件的 ID
DataTextField	提供列表项文本的数据源字段的名称
DataTextFormatString	控制列表项显示方式的格式化字符串
DataValueField	提供一个列表项的值的数据源字段的名称
Items	获得列表控件中的选项集合
RepeatColumns	获得或设置控件中要显示的列数
RepeatDirection	获得或设置一个指示该控件垂直显示还是水平显示的值
RepeatLayout	获得或设置复选框(表或流)的布局
SelectedIndex	获得或设置列表中第一个被选项的索引，即索引最小的项
SelectedItem	获得第一个被选项
SelectedValue	获得第一个被选项的值
TextAlign	获得或设置复选框的文本对齐方式

【示例 6.2】 演示 CheckBoxList 控件的使用。

创建页面 CheckBoxListDemo.aspx 并编写代码如下：

```
<%@ Page Language="C#" AutoEventWireup="true"
        CodeFile="CheckBoxListDemo.aspx.cs" Inherits="CheckBoxListDemo" %>
<!DOCTYPE html PUBLIC "-//W3C//DTD XHTML 1.0 Transitional//EN"
        "http://www.w3.org/TR/xhtml1/DTD/xhtml1-transitional.dtd">
<html xmlns="http://www.w3.org/1999/xhtml">
<head runat="server">
        <title>CheckBoxList 示例</title>
</head>
<body>
        <form id="form1" runat="server">
        <div>
```

```
            请选择您的兴趣：
            <br />
            <asp:CheckBoxList ID="cblLike" runat="server">
                <asp:ListItem>打球</asp:ListItem>
                <asp:ListItem>爬山</asp:ListItem>
                <asp:ListItem>摄影</asp:ListItem>
                <asp:ListItem>游泳</asp:ListItem>
                <asp:ListItem>慢跑</asp:ListItem>
            </asp:CheckBoxList>
            <br />
            <asp:Button ID="btnOk" runat="server" Text="确定"
                OnClick="btnOk_Click" /><br />
            <asp:Label ID="lblMsg" runat="server" Text=""></asp:Label>
        </div>
        </form>
</body>
</html>
```

页面的后台代码如下：

```
public partial class CheckBoxListDemo : System.Web.UI.Page
{
    protected void Page_Load(object sender, EventArgs e)
    {
    }
    protected void btnOk_Click(object sender, EventArgs e)
    {
        string str = "";
        //遍历 CheckBoxList1 内部选项
        foreach (ListItem item in cblLike.Items)
        {
            if (item.Selected) //判断该选项是否被选中
            {
                str += item.Value + " ";
            }
        }
        lblMsg.Text = "选择的项目为：" + str;
    }
}
```

CheckBoxListDemo.aspx 页面运行结果如图 6-5 所示。

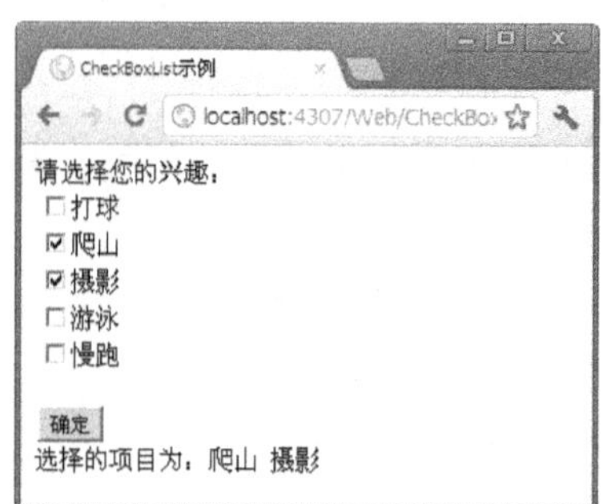

图 6-5　CheckBoxList 控件演示

3．RadioButtonList 控件

RadioButtonList 控件是一个只能单选的列表项集合，其中每个列表项由一个独立的 RadioButton 控件生成，其常用属性如表 6-8 所示。

表 6-8　RadioButtonList 控件的属性

属　性	描　　述
RepeatColumns	当显示单选按钮组时要使用的列数
RepeatDirection	规定单选按钮重复方向，其值可以有两种： ● Horizontal：水平方向 ● Vertical：垂直方向(默认)

例如，下面的代码使用 RadioButtonList 控件进行性别选择：

```
性别：
<asp:RadioButtonList ID="RadioButtonList1" runat="server"
        RepeatDirection="Horizontal">
        <asp:ListItem>男</asp:ListItem>
        <asp:ListItem>女</asp:ListItem>
</asp:RadioButtonList>
```

4．ListBox 控件

ListBox 允许用户从预定义列表中选择一项或多项，这同 DropDownList 相似，但 ListBox 显示所有选项，如图 6-6 所示。ListBox 控件的常用属性如表 6-9 所示。

图 6-6　ListBox 组件

表 6-9　ListBox 控件的属性

属　性	描　　述
Rows	获取或设置 ListBox 控件中所显示的行数
SelectionMode	获取或设置 ListBox 控件的选择模式，其值可以有两种： ● ListSelectionMode.Multiple：多选(默认) ● ListSelectionMode.Single：单选
Items	获取列表中的选项集合

例如下面的代码使用 ListBox 控件进行爱好选择：

```
<asp:ListBox ID="ListBox1" runat="server" AutoPostBack="True"
```

```
        OnSelectedIndexChanged="ListBox1_SelectedIndexChanged"
        SelectionMode="Multiple" Rows="4">
        <asp:ListItem>游泳</asp:ListItem>
        <asp:ListItem>旅游</asp:ListItem>
        <asp:ListItem>阅读</asp:ListItem>
        <asp:ListItem>电影</asp:ListItem>
</asp:ListBox>
```

6.2.4　容器控件

容器控件是指内部可以包含控件或其他内容的控件。Web 服务器控件中的容器控件主要包括 Panel 控件和 PlaceHolder 控件。

1. Panel 控件

Panel 作为容器，可以统一控制其内部的一组控件，如隐藏/显示等。另外，Panel 控件支持外观属性(如 BackColor 和 BorderWidth)，设置这些属性可以为页面中本控件包含区域创建一个独特的外观。

Panel 控件常用的属性如表 6-10 所示。

表 6-10　Panel 控件常用成员

成　员	描　　述
BackImageUrl	获取或设置 Panel 控件背景图片的 URL
DefaultButton	获取或设置 Panel 控件中包含的默认按钮的标识符
Direction	获取或设置在 Panel 控件中显示包含文本的控件的方向
ScrollBars	获取或设置 Panel 控件中滚动条的可见性和位置
HorizontalAlign	获取或设置面板中的控件的水平对齐方式
Visible	获取或设置一个值，该值指示面板及其内部的所有控件是否呈现在页面上

2. PlaceHolder 控件

在进行网站页面开发时，许多页面有很多相同的元素，例如导航栏、GIF 图片等。使用 ASP 进行应用程序开发通常使用 include 语句在各个页面包含其他页面的代码，这种方法虽然解决了相同元素的很多问题，但是代码不够美观，而且时常会出现问题。ASP.NET 中可以使用 PlaceHolder 来解决这个问题。PlaceHolder 控件起到占位作用，它也是控件的容器，但是在 HTML 页面呈现中本身并不产生 HTML 标签。

通过 PlaceHolder 控件的 Controls 属性可以动态添加或删除容器中的控件，例如：

```
<asp:PlaceHolder ID="PlaceHolder1" runat="server"></asp:PlaceHolder>
```

在页面的 Page_Load 事件中动态地向 PlaceHolder 中添加一个文本框，代码如下：

```
protected void Page_Load(object sender, EventArgs e)
{       TextBox text = new TextBox();//创建一个 TextBox 对象
        text.Text = "NEW";
```

```
        this.PlaceHolder1.Controls.Add(text);//为占位控件动态增加一个控件
}
```

【示例 6.3】 使用 Web 服务控件创建用户注册页面。

创建页面 Register.aspx 并编写代码如下：

```
<%@ Page Language="C#" AutoEventWireup="true" CodeFile="Regist.aspx.cs"
        Inherits="Regist" %>
<!DOCTYPE html PUBLIC "-//W3C//DTD XHTML 1.0 Transitional//EN"
        "http://www.w3.org/TR/xhtml1/DTD/xhtml1-transitional.dtd">
<html xmlns="http://www.w3.org/1999/xhtml">
<head runat="server">
        <title>用户注册</title>
        <style type="text/css">
                .style1
                {
                        width: 124px;
                }
                .style2
                {
                        width: 260px;
                }
        </style>
</head>
<body>
        <form id="form1" runat="server">
        <div>
                <table style="width: 400px; border: 0px;">
                        <tr>
                                <th align="center" colspan="2">
                                        用户注册
                                </th>
                        </tr>
                        <tr>
                                <td class="style1" align="right">
                                        用户名：
                                </td>
                                <td class="style2">
                                        <asp:TextBox ID="txtName" runat="server">
                                        </asp:TextBox>
                                </td>
```

```
        </tr>
        <tr>
            <td class="style1" align="right">
                密码：
            </td>
            <td class="style2">
                <asp:TextBox ID="txtPwd" runat="server"
                    TextMode="Password"></asp:TextBox>
            </td>
        </tr>
        <tr>
            <td class="style1" align="right">
                确认密码：
            </td>
            <td class="style2">
                <asp:TextBox ID="txtRePwd" runat="server"
                    TextMode="Password"></asp:TextBox>
            </td>
        </tr>
        <tr>
            <td class="style1" align="right">
                性别：
            </td>
            <td class="style2">
                <asp:RadioButtonList ID="rblSex" runat="server"
                    RepeatDirection="Horizontal">
                    <asp:ListItem Selected="True">男
                </asp:ListItem>
                    <asp:ListItem>女</asp:ListItem>
                </asp:RadioButtonList>
            </td>
        </tr>
        <tr>
            <td class="style1" align="right">
                爱好：
            </td>
            <td class="style2">
                <asp:CheckBoxList ID="cblLike" runat="server"
                    RepeatColumns="4">
                    <asp:ListItem>跑步</asp:ListItem>
```

```
                        <asp:ListItem>爬山</asp:ListItem>
                        <asp:ListItem>游泳</asp:ListItem>
                        <asp:ListItem>看书</asp:ListItem>
                        <asp:ListItem>电影</asp:ListItem>
                        <asp:ListItem>音乐</asp:ListItem>
                        <asp:ListItem>足球</asp:ListItem>
                        <asp:ListItem>跳舞</asp:ListItem>
                    </asp:CheckBoxList>
                </td>
            </tr>
            <tr>
                <td class="style1" align="right">
                    省份：
                </td>
                <td>
                    <asp:DropDownList ID="ddlProvince"
                        runat="server" Width="49px">
                        <asp:ListItem>北京</asp:ListItem>
                        <asp:ListItem>上海</asp:ListItem>
                        <asp:ListItem>河北</asp:ListItem>
                        <asp:ListItem>河南</asp:ListItem>
                        <asp:ListItem>山东</asp:ListItem>
                        <asp:ListItem>山西</asp:ListItem>
                        <asp:ListItem>其他</asp:ListItem>
                    </asp:DropDownList>
                </td>
            </tr>
            <tr>
                <td align="center" colspan="4">
                    <asp:Button ID="btnRegist" runat="server"
                    Text="注册" OnClick="btnRegist_Click" /> 
                    <asp:Button ID="btnCancle" runat="server"
                    Text="取消" />
                </td>
            </tr>
        </table>
    </div>
    </form>
</body>
</html>
```

“注册”按钮的事件处理方法的代码如下：

```
protected void btnRegist_Click(object sender, EventArgs e)
{
        string strName = txtName.Text;
        string strPwd = txtPwd.Text;
        string strRePwd = txtRePwd.Text;
        if (strRePwd != strPwd)
        {
                Response.Write("<Script>alert('确认密码必须和密码相同')</Script>");
                return;
        }
        string strSex = rblSex.SelectedItem.Value;
        string strLike = "";
        foreach (ListItem item in cblLike.Items)
        {       if (item.Selected)
                {
                        strLike += item.Value + " ";
                }
        }
        string strProvince = ddlProvince.SelectedItem.Value;
        Response.Write("姓名：" + strName + "<br/>");
        Response.Write("密码：" + strPwd + "<br/>");
        Response.Write("性别：" + strSex + "<br/>");
        Response.Write("爱好：" + strLike + "<br/>");
        Response.Write("省份：" + strProvince + "<br/>");
}
```

上述代码将用户注册信息在页面输出，运行结果如图 6-7 所示。

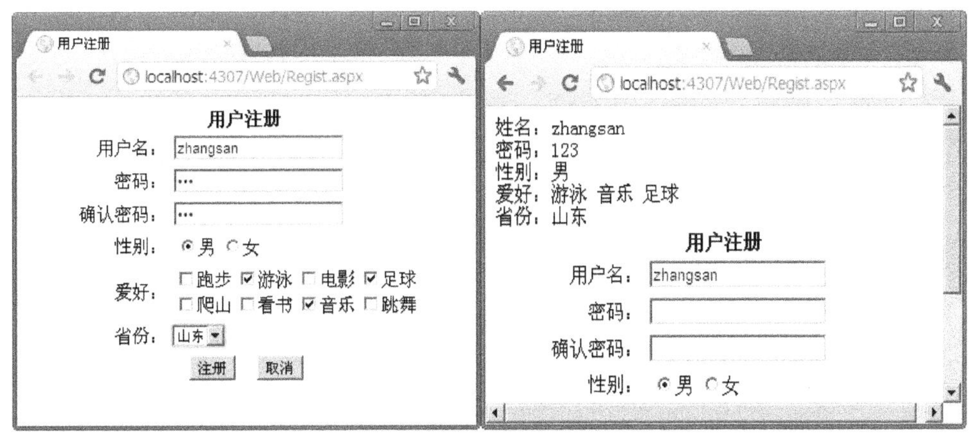

图 6-7　Web 服务器控件演示

6.3 验证控件

ASP.NET 提供了强大的验证控件，它可以验证服务器控件中用户的输入，并在验证失败的情况下显示一条自定义错误消息。验证控件直接在客户端执行，用户提交后执行相应的验证，无需到服务器端进行验证，从而避免了服务器与客户端之间的交互。

ASP.NET 中的验证控件在工具箱的“验证”选项卡中，如图 6-8 所示。

图 6-8　工具箱中的验证控件

6.3.1 RequiredFieldValidator 控件

在实际的应用中，如在用户填写表单时，有一些项目是必填项，例如用户名和密码。使用 RequiredFieldValidator 控件能够指定用户在特定的控件中必须填写相应的信息，如果不填写相应的信息，RequiredFieldValidator 控件就会提示错误信息。

【示例 6.4】 演示 RequiredFieldValidator 验证控件的使用。

创建页面 RequiredFieldValidatorDemo.aspx 并编写代码如下：

```
<%@ Page Language="C#" AutoEventWireup="true"
    CodeFile="RequiredFieldValidatorDemo.aspx.cs"
    Inherits="RequiredFieldValidatorDemo" %>
<!DOCTYPE html PUBLIC "-//W3C//DTD XHTML 1.0 Transitional//EN"
    "http://www.w3.org/TR/xhtml1/DTD/xhtml1-transitional.dtd">
<html xmlns="http://www.w3.org/1999/xhtml">
<head runat="server">
    <title>RequiredFieldValidator 示例</title>
</head>
<body>
    <form id="form1" runat="server">
    <div>
        姓名:<asp:TextBox ID="txtName" runat="server"></asp:TextBox>
        <asp:RequiredFieldValidator ID="rfvName" runat="server"
            ControlToValidate="txtName" ErrorMessage="用户名不能为空">
        </asp:RequiredFieldValidator>
        <br />
```

```
            密码:<asp:TextBox ID="txtPwd" runat="server"></asp:TextBox>
            <asp:RequiredFieldValidator ID="rfvPwd" runat="server"
                ControlToValidate="txtPwd" ErrorMessage="密码不能为空">
            </asp:RequiredFieldValidator>
            <br />
            <asp:Button ID="btnOk" runat="server" Text="提交" />
        </div>
        </form>
</body>
</html>
```

在上述代码中，RequiredFieldValidator 控件使用 ControlToValidate 属性指定要进行验证的控件，使用 ErrorMessage 属性指明验证不通过时显示的提示信息。运行结果如图 6-9 所示。

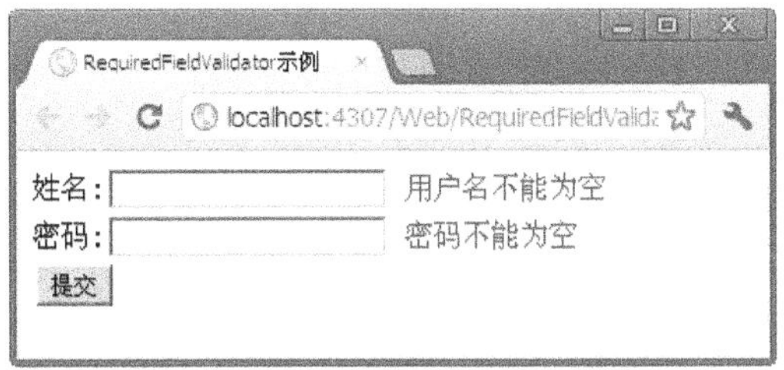

图 6-9　RequiredFieldValidator 控件演示

当姓名和密码未填写时，会提示必填字段不能为空，这个该验证过程是在客户端执行的，只有验证通过，页面才会向服务器提交。

6.3.2　CompareValidator 控件

CompareValidator 控件是比较验证控件，可用于将一个控件中的值与另一个控件中的值或某个常数值进行比较，也可以对照特定的数据类型来验证用户的输入。CompareValidator 控件的特有属性如表 6-11 所示。

表 6-11　CompareValidator 控件的特有属性

属　性	描　　述
ControlToValidate	指定要验证的控件
ControlToCompare	指定进行比较的控件
ValueToCompare	指定要比较的常数值
Operator	指定要进行比较的运算符，其值可以是 Equal(默认)、NotEqual、GreaterThan、GreaterThanEqual、LessThan、LessThanEqual 和 DataTypeCheck。当设置为 DataTypeCheck 时，将忽略 ControlToCompare 和 ValueToCompare 属性，只验证输入的值是否可以转换成 Type 属性指定的数据类型
Type	指定数据类型
ErrorMessage	显示的错误提示信息

【示例 6.5】 演示 CompareValidator 验证控件的使用。

创建页面 CompareValidatorDemo.aspx 并编写代码如下：

```
<%@ Page Language="C#" AutoEventWireup="true"
    CodeFile="CompareValidatorDemo.aspx.cs" Inherits="CompareValidatorDemo" %>
<!DOCTYPE html PUBLIC "-//W3C//DTD XHTML 1.0 Transitional//EN"
    "http://www.w3.org/TR/xhtml1/DTD/xhtml1-transitional.dtd">
<html xmlns="http://www.w3.org/1999/xhtml">
<head runat="server">
    <title>CompareValidatorDemo 示例</title>
</head>
<body>
    <form id="form1" runat="server">
    <div>
        密码：
        <asp:TextBox ID="txtPwd" runat="server"
            TextMode="Password"></asp:TextBox><br />
        确认密码：
        <asp:TextBox ID="txtRePwd" runat="server"
            TextMode="Password"></asp:TextBox>
        <asp:CompareValidator ID="cvPwd" runat="server"
            ControlToCompare="txtPwd" ControlToValidate="txtRePwd"
            ErrorMessage="确认密码和密码必须相同">
        </asp:CompareValidator><br />
        生日:
        <asp:TextBox ID="txtBirthday" runat="server"></asp:TextBox>
        <asp:CompareValidator ID="cvBirthday" runat="server"
            ControlToValidate="txtBirthday"
            ErrorMessage="输入的必须是日期"
            Operator="DataTypeCheck" Type="Date">
        </asp:CompareValidator>
        <br />
        <asp:Button ID="btnOK" runat="server" Text="提交" />
    </div>
    </form>
</body>
</html>
```

运行结果如图 6-10 所示。

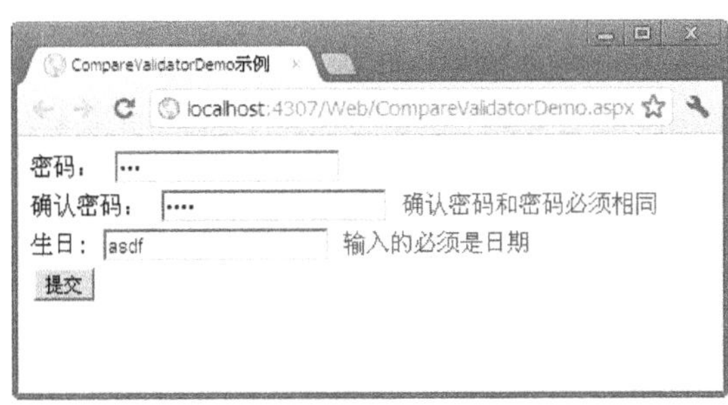

图 6-10　CompareValidator 控件演示

6.3.3　RangeValidator 控件

RangeValidator 控件是范围验证控件，可以检查用户的输入值是否在指定的上限与下限之间，通常情况下用于检查数字、日期、货币等。RangeValidator 控件的常用属性如表 6-12 所示。

表 6-12　RangeValidator 控件常用属性

属　性	描　　述
ControlToValidate	指定要验证的控件
MinimumValue	指定有效范围的最小值
MaximumValue	指定有效范围的最大值
Type	指定要比较的值的数据类型
ErrorMessage	显示的错误提示信息

【代码 6.6】 演示 RangeValidator 验证控件的使用。

创建页面 RangeValidatorDemo.aspx 并编写代码如下：

```
<%@ Page Language="C#" AutoEventWireup="true"
        CodeFile="RangeValidatorDemo.aspx.cs" Inherits="RangeValidatorDemo" %>
<!DOCTYPE html PUBLIC "-//W3C//DTD XHTML 1.0 Transitional//EN"
        "http://www.w3.org/TR/xhtml1/DTD/xhtml1-transitional.dtd">
<html xmlns="http://www.w3.org/1999/xhtml">
<head runat="server">
        <title>RangeValidator 示例</title>
</head>
<body>
        <form id="form1" runat="server">
        <div>
                生日:<asp:TextBox ID="txtBirthday" runat="server"></asp:TextBox>
                <asp:RangeValidator ID="rvBirthday" runat="server"
                        ControlToValidate="txtBirthday" ErrorMessage="生日超出规定范围"
```

```
                    MaximumValue="2011/12/31" MinimumValue="1911/1/1" Type="Date">
                </asp:RangeValidator>
                <br />
                <asp:Button ID="btnOk" runat="server" Text="提交" />
        </div>
        </form>
</body>
</html>
```

上述代码中，使用 RangeValidator 控件控制用户输入的生日范围。当输入用户的生日时，假如今年是 2011 年，那么用户就不应该输入 2012 年；同样，因为基本上没有人的寿命会超过 100，所以对输入的日期的下限也需要进行规定。当用户的日期低于最小值或高于最高值时，则提示错误，如图 6-11 所示。

图 6-11　RangeValidator 控件演示

6.3.4　RegularExpressionValidator 控件

RegularExpressionValidator 控件使用正则表达式验证控件输入的值是否匹配，例如电子邮件、电话号码以及序列号等。其常用的属性如表 6-13 所示。

表 6-13　RegularExpressionValidator 控件常用属性

属　性	描　　述
ControlToValidate	指定要验证的控件
ValidationExpression	指定用于验证控件输入的正则表达式
ErrorMessage	显示的错误提示信息

使用正则表达式能够实现强大的字符串匹配功能，并验证用户输入的格式是否正确，ASP.NET 提供了一些常用的正则表达式，开发人员能够选择相应的选项进行规则筛选。如图 6-12 所示，单击 ValidationExpression 属性 ... 按钮，显示“正则表达式编辑器”。

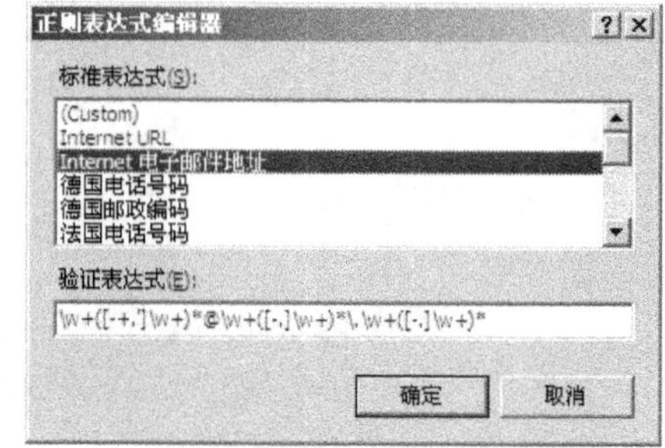

图 6-12　系统提供的正则表达式

RegularExpressionValidator 控件示例代码如下：

```
<asp:RegularExpressionValidator ID="revEmail"
```

```
runat="server"
        ControlToValidate="txtEmail" ErrorMessage="请输入正确的 Email 地址"
        ValidationExpression="\w+([-+.']\w+)*@\w+([-.]\w+)*\.\w+([-.]\w+)*">
</asp:RegularExpressionValidator>
```

6.3.5　CustomValidator 控件

CustomValidator 控件允许用户使用自定义的验证逻辑创建验证控件，一般当其他验证控件无法进行验证时，可以采用 CustomValidator 控件来完成。要使用 CustomValidator 控件需要编写其 ServerValidate 事件处理代码。

【示例 6.7】 使用 CustomValidator 验证控件验证用户输入的内容是否包含“.”。

创建页面 CustomValidatorDemo.aspx 并编写代码如下：

```
<%@ Page Language="C#" AutoEventWireup="true"
        CodeFile="CustomValidatorDemo.aspx.cs" Inherits="CustomValidatorDemo" %>
<!DOCTYPE html PUBLIC "-//W3C//DTD XHTML 1.0 Transitional//EN"
        "http://www.w3.org/TR/xhtml1/DTD/xhtml1-transitional.dtd">
<html xmlns="http://www.w3.org/1999/xhtml">
<head runat="server">
        <title>CustomValidator 示例</title>
</head>
<body>
        <form id="form1" runat="server">
        <div>
                请输入<asp:TextBox ID="txtFloat" runat="server"></asp:TextBox>
                <asp:CustomValidator ID="cvFloat" runat="server"
                        ControlToValidate="txtFloat" ErrorMessage="必须包含."
                        OnServerValidate="cvFloat_ServerValidate">
                </asp:CustomValidator>
                <br />
                <asp:Button ID="btnOk" runat="server" Text="提交" />
        </div>
        </form>
</body>
</html>
```

CustomValidatorDemo.aspx 页面的后台代码如下：

```
public partial class CustomValidatorDemo : System.Web.UI.Page
{
        protected void Page_Load(object sender, EventArgs e)
        {
```

```
        }
        protected void cvFloat_ServerValidate(object source,
                ServerValidateEventArgs args)
        {       //设置是否验证通过
                args.IsValid = args.Value.Contains(".");
        }
}
```

从上述代码可以看出，CustomValidator 验证控件可以在服务器上执行验证检查，此时需要编写 ServerValidate 事件处理方法，该方法传入一个 ServerValidateEventArgs 的对象，通过设置 ServerValidateEventArgs 对象的 IsValid 属性来检查是否通过验证。运行结果如图 6-13 所示。

图 6-13　CustomValidator 控件演示

CustomValidator 控件同样也可以在客户端实现验证，该验证函数可用 Script 脚本来实现，而在 CustomValidator 控件中，需要使用 ClientValidationFunction 属性指定与其相关的客户端验证脚本的函数名称，从而实现值的验证。

6.3.6　ValidationSummary 控件

ValidationSummary 控件用于显示页面中各种验证控件生成的所有错误的汇总，当有多个错误发生时，ValidationSummary 控件能够捕获多个验证错误并呈现给用户。ValidationSummary 控件的常用属性如表 6-14 所示。

表 6-14　ValidationSummary 常用属性

属　性	描　　述
DisplayMode	指定摘要显示错误的模式，其值可为 BulletList(默认)、List 和 SingleParagraph
ShowMessageBox	是否在弹出式消息框中显示摘要
ShowSummary	控制是显示还是隐藏 ValidationSummary 控件

【示例 6.8】 演示 ValidationSummary 验证控件的使用。

创建页面 ValidationSummaryDemo.aspx 并编写代码如下：

```
<%@ Page Language="C#" AutoEventWireup="true"
    CodeFile="ValidationSummaryDemo.aspx.cs"
```

```
    Inherits="ValidationSummaryDemo" %>
<!DOCTYPE html PUBLIC "-//W3C//DTD XHTML 1.0 Transitional//EN"
    "http://www.w3.org/TR/xhtml1/DTD/xhtml1-transitional.dtd">
<html xmlns="http://www.w3.org/1999/xhtml">
<head runat="server">
    <title>ValidationSummary 示例</title>
</head>
<body>
    <form id="form1" runat="server">
    <div>
        用户名:
        <asp:TextBox ID="txtName" runat="server"></asp:TextBox>
        <asp:RequiredFieldValidator ID="rfvName" runat="server"
            ErrorMessage="用户名不能为空" ControlToValidate="txtName">
        </asp:RequiredFieldValidator>
        <br />
        身份证:
        <asp:TextBox ID="txtId" runat="server"></asp:TextBox>
        <asp:RegularExpressionValidator ID="revId" runat="server"
            ControlToValidate="txtId" ErrorMessage="身份证号码错误"
            ValidationExpression="\d{17}[\d|X]|\d{15}">
        </asp:RegularExpressionValidator>
        <br />
        <asp:Button ID="btnOk" runat="server" Text="提交" />
        <asp:ValidationSummary ID="vsErrors" runat="server" />
    </div>
    </form>
</body>
</html>
```

运行结果如图 6-14 所示。

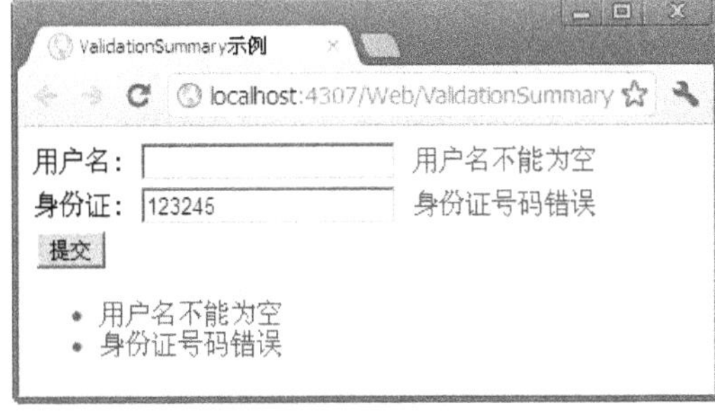

图 6-14　验证控件演示

本 章 小 结

通过本章的学习，学生应该能够掌握：

✧ 控件是组成页面的基础，使用客户端控件可以实现纯客户端的功能，使用服务器端控件可以完成用户与网站数据交互。
✧ Web 服务器控件都派生自 System.Web.UI.WebControls 命名空间。
✧ 使用 Web 服务器控件需要注意 AutoPostBack 的使用。
✧ 验证控件可以更好地配合页面完成验证，保证用户输入数据的合法性。
✧ RequiredFieldValidator 用于检验必填字段中是否输入了值。
✧ CompareValidator 将用户输入的值与另一个控件中的值或固定值进行比较。
✧ RangeValidator 验证用户输入是否在指定范围之内。
✧ RegularExpressionValidator 用于检验输入的值是否与正则表达式匹配。
✧ CustomValidator 用于创建自定义验证控件。
✧ ValidationSummary 用于概括所有错误提示。

本 章 练 习

1．下面不属于 ASP.NET 控件分类的是_______

A．HTML 服务器控件　　B．Web 服务器控件
C．文本控件　　D．自定义服务器控件

2．下面哪个是文本控件________。

A．TextBox　　B．Panel
C．Button　　D．ImageButton

3．下面哪个不属于控制转移控件________。

A．Button　　B．ImageButton
C．Label　　D．HyperLink

4．下面哪个不属于选择控件________。

A．DropDownList　　B．CheckBoxList
C．RadioButton　　D．HyperLink

5．简述服务器控件有哪些类型及特点。

6．简述 Web 服务器控件与 HTML 服务器控件之间的区别。

7．简述 Web 服务器控件的种类及包含的主要控件。

第7章　使用 ADO.NET 操作数据库

本章目标

■理解 ADO.NET 的结构原理

■掌握 ADO.NET 访问数据库的常用对象

■掌握使用 Connection 对象连接 SQL Server 2008 数据库的方法

■掌握使用 Command 对象访问数据库的方法

■掌握使用 DataAdapter 和 DataSet 操作数据库的方法

7.1 ADO.NET 简介

ADO.NET 技术是一种可以快速、高效地利用 Visual Studio 2010 开发出基于 .NET 平台的数据库应用程序的技术。实际上，ADO.NET 就是由 .NET Framework 提供的与数据库操作相关的类库。在 .NET 应用程序开发中，C# 和 VB.NET 都可以使用 ADO.NET。

ADO.NET 可以被看作是一个介于数据源和数据使用者之间的转换器。ADO.NET 接受程序中的命令，如连接数据库、返回数据集等，然后将这些命令转换成在数据源中可以正确执行的语句(如关系数据库的 SQL)。在传统的应用程序开发中，应用程序可以通过使用 ODBC 来访问数据库，虽然微软提供的 ODBC 类库非常丰富，但是开发过程却并不简单，而 ADO.NET 简化了这个过程。用户无需了解数据库产品的 API 或接口，也可以使用 ADO.NET 对数据进行操作。在 ASP.NET 中，还提供了大量简单易用、功能强大的控件，使用这些控件，开发人员可以更加快捷地利用 ADO.NET 开发应用程序。

ADO.NET 具有如下几个特征：

✧ 非连接数据体系。ADO.NET 可以在两种模式下工作，一种是连接模式，另一种是非连接模式。在连接模式下访问数据库，应用程序需要与数据库一直保持连接直至停止运行。实际上除了检索和更新数据外，应用程序不需要同数据库进行交互。为了提高系统资源的利用率和减少损耗，ADO.NET 还提供了非连接模式的数据访问。使用这种非连接数据体系，只有当检索或更新数据时应用程序才连接到数据库，检索或更新结束后会关闭与数据库的连接，当需要时又会重新建立连接。这样，数据库可以同时满足多个应用程序的需要。

✧ 在数据集中缓存数据。数据集是数据库记录的一个缓冲集合，数据集独立于数据源，可以保持同数据源的无连接状态。

✧ 用 XML 进行数据传送。ADO.NET 通过使用 XML 将数据从数据库中传送到数据集中，再从数据集传送到另外一个对象中。使用 XML 可以在不同类型应用之间交换信息。

✧ 通过数据命令和数据库相互作用。数据命令可以是 SQL 声明或一个存储过程，通过执行命令，可以从数据库中检索、插入或修改数据。

7.2 ADO.NET 结构

ADO.NET 提供了一组用于访问数据库的组件类，这些组件类被组织在不同的命名空间。下面对 ADO.NET 的命名空间、结构原理以及核心组件进行详细介绍。

7.2.1 ADO.NET 结构原理和核心组件

ADO.NET 包括两个核心组件：.NET 数据源提供程序和 DataSet，用于实现数据操作

与数据访问的分离。ADO.NET 结构模型及关系如图 7-1 所示。

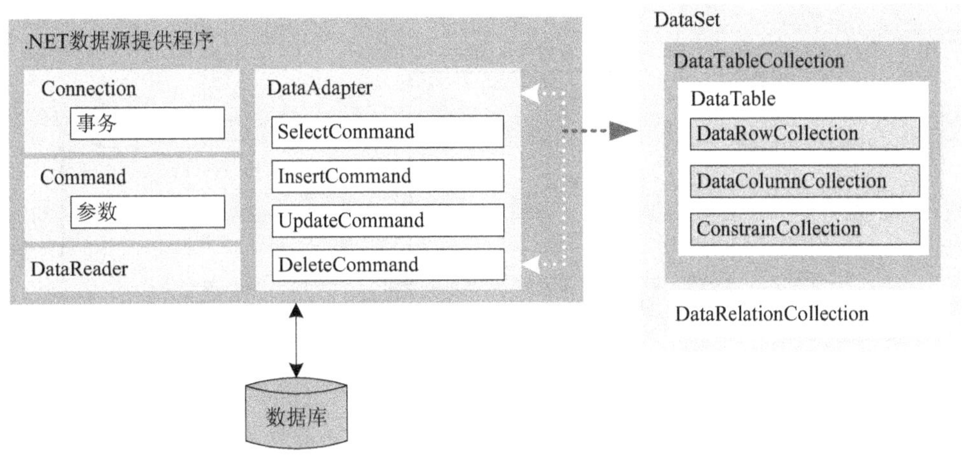

图 7-1　ADO.NET 结构

1. .NET Framework 数据提供程序

.NET Framework 数据提供程序是 ADO.NET 一个核心组件，用于实现数据操作和快速访问。.NET Framework 数据提供程序由 Connection、Command、DataReader 和 DataAdapter 等四个核心对象组成，主要用于连接数据库、执行命令和检索结果，开发人员可以直接处理检索到的结果，或将其放入 DataSet 对象，以便与来自多个数据源的数据或在层之间进行远程处理的数据组合在一起，以特殊方式向用户公开。

关于.NET Framework 数据提供程序的四个核心对象的作用，如表 7-1 所示。

表 7-1　.NET Framework 数据提供程序的核心对象

对象名称	对象功能
Connection	提供与数据源的连接，是数据访问者和数据源之间的对话通道
Command	用于返回数据、修改数据、运行存储过程以及发送或检索参数信息的数据库命令
DataReader	从数据源中获得高性能的数据流，允许应用程序在数据记录间进行只读的、只进的数据访问，从而提高应用程序的性能
DataAdapter	充当 DataSet 对象和数据源之间的桥梁：使用 Command 对象在数据源中执行 SQL 命令，以便将数据加载到 DataSet 中；对 DataSet 对象隐藏了实际数据操作的细节，并使 DataSet 中数据的更改与数据源保持一致，从而保证 DataSet 的数据源无关性

2. DataSet 组件

DataSet 是 ADO.NET 的断开连接式结构的核心组件，其设计目的是为了实现独立于任何数据源的数据访问，因此可以用于多种不同的数据源，如 XML 文件、数组、集合、Excel 等。DataSet 与数据源是断线连接的，可以将其看成是从数据库中检索出的数据在内存中的缓存。DataSet 是 DataTable 对象的集合，由数据行、数据列、主键、外键、约束等信息组成，因此 DataTable 可以看成是对应于数据库中表的概念。

应用程序既可以通过数据集，也可以通过 DataReader 来访问数据库，其数据访问原理如图 7-2 所示。

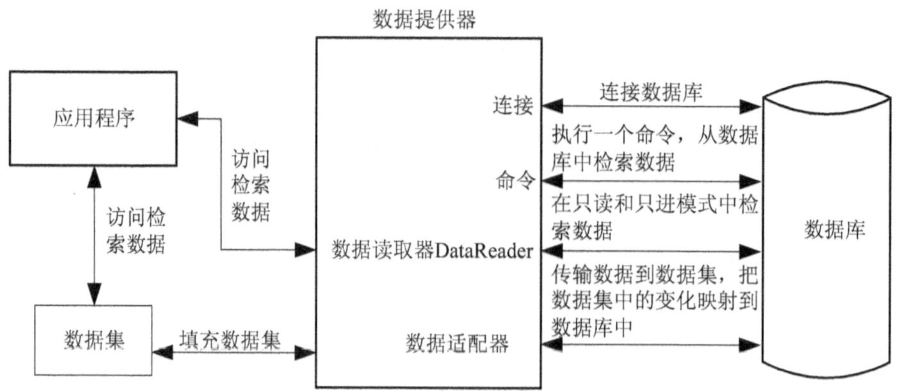

图 7-2　ADO.NET 数据访问原理

7.2.2　ADO.NET 中的命名空间和类

命名空间(NameSpace)记录了对象的名称与所在的路径。使用 ADO.NET 中的对象时，必须首先声明命名空间，这样编译器才知道到哪里去加载这些对象。根据 ADO.NET 数据提供程序和主要数据对象的功能，ADO.NET 的命名空间可分为基本对象类、数据提供程序对象类和辅助对象类等，具体分类如下所述。

✧ System.Data 命名空间：是 ADO.NET 的核心，包含大部分的基础对象，如 DataSet、DataTable、DataRow 等，因此在编写 ADO.NET 程序时，必须引用此命名空间。

✧ System.Data.Common 命名空间：核心内容是各种.NET Framework 数据提供程序共享的类。

✧ System.Data.OleDb 命名空间：包含了使用数据提供程序在应用程序和数据库之间发送和接收数据的组件，当连接 SQL Server 6.5 以下版本或其他数据库时，必须首先引用此命名空间。

✧ System.Data.SqlClient 命名空间：内容是专为 SQL Server 数据库设计的数据提供程序。虽然 System.Data.OleDb 中的类也可以用于 SQL Server 数据库，但相比较而言，SqlClient 中的类具有更好的性能。

✧ System.Data.OracleClient 命名空间：核心内容是专为 Oracle 数据库设计的数据提供程序。

关于 ADO.NET 各命名空间中的类的详细介绍可参考附录 B。

整个 ADO.NET 的命名空间的结构如图 7-3 所示。

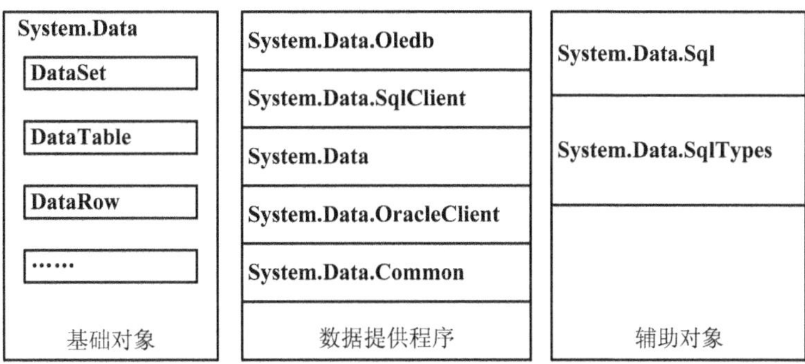

图 7-3　ADO.NET 命名空间的结构

7.3　ADO.NET 核心对象

ADO.NET 提供了一些核心对象，这些核心对象能够自行封装数据库操作类并简化开发过程。ADO.NET 主要包括以下五个核心对象：

✧ Connection：连接对象。
✧ Command：命令对象。
✧ DataReader：数据读取器。
✧ DataAdapter：数据适配器。
✧ DataSet：数据集。

7.3.1　Connection

要使用 ADO.NET 检索和操作数据库，必须首先创建应用程序和数据库之间的连接。ADO.NET 提供了以下几个专门用于连接不同数据库的连接类：

✧ OleDbConnection 类：用于连接 Access、SQL Server 6.5 以下版本的数据库。
✧ OdbcConnection 类：用于连接 ODBC 数据源。
✧ SqlConnection 类：用于连接 SQL Server 数据库。
✧ OracleConnection 类：用于连接 Oracle 数据库。

本书以连接 SQL Server 2008 数据库为例来介绍 ADO.NET 连接数据库的方法。其步骤如下：

(1) 添加对 System.Data.SqlClient 的引用。

后台代码中需要对命名空间 System.Data.SqlClient 进行引用，代码如下：

```
using System.Data.SqlClient;
```

(2) 创建 SqlConnection 对象。

在程序代码中创建 SqlConnection 对象，并赋值连接字符串，代码如下：

```
SqlConnection con = new SqlConnection();  //创建连接对象
//设置连接字串
con.ConnectionString=@"Data Source=.;Initial Catalog=TestDb;
User ID=sa;Paasword=mypassword";
```

上述代码创建了一个 SqlConnection 对象，并且配置了连接字符串。其中，连接字符串中各项参数说明如下：

- ✧ Data Source：表示 SqlServer 服务器的 IP(本机可以使用“.”、“(local)”、“localhost”或“127.0.0.1”)。
- ✧ Initial Catalog：表示数据库名。
- ✧ User ID：表示数据库登录用户名。
- ✧ Password：表示登录密码。

(3) 打开数据库连接。

配置完连接字符串后，就可以调用 SqlConnection 对象的 Open()方法来打开数据库连接，代码如下：

```
con.Open();
```

在应用程序中几乎所有的页面或模块中都需要连接数据库，因此也就都需要使用连接字符串，所以通常会将连接字符串写到配置文件中，使用时通过.NET 提供的配置管理类来读取，当需要修改的时候，只需要修改该配置文件即可，从而简化了开发的繁琐程度。

打开 Web 网站的配置文件 web.config，查找<connectionStrings>标签，并将原来的

```
<connectionStrings/>
```

修改为

```
<connectionStrings>
    <add name="conn" connectionString="Data Source=.;
        Initial Catalog=TestDb;User  ID=sa;Password=mypassword"/>
</connectionStrings>
```

上述代码中<connectionStrings>元素用来标记数据库连接字符串，可以包含多个<add>元素；每个<add>元素代表一个数据库配置，其中 name 属性为名称，connectionString 属性为连接字符串。

在程序中可以通过使用 ConfigurationManager 类获取配置文件中的连接字符串，代码如下：

```
string connectionString =
    ConfigurationManager.ConnectionStrings["conn"].ConnectionString;
```

(4) 关闭数据库连接。

当对数据进行完操作后，在代码结束时需要关闭数据库连接，通过 Close()方法即可完成，代码如下：

```
con.Close();
```

【示例 7.1】 使用 ADO.NET 连接 SQL Server 2008 数据库。

创建页面 SqlConnectionDemo.aspx，包含一个 ID 为“Label1”的 Label 控件，页面的后台代码如下：

```
public partial class SqlConnectionDemo : System.Web.UI.Page
{
    public static readonly string CONN_STR =
        ConfigurationManager.ConnectionStrings["conn"].ConnectionString;
```

```
    protected void Page_Load(object sender, EventArgs e)
    {
        try
        {
            SqlConnection conn = new SqlConnection(CONN_STR);
            conn.Open(); // 打开连接
            Label1.Text = "连接成功";
            conn.Close(); // 关闭连接
        }
        catch
        {
            Label1.Text = "连接失败";
        }
    }
}
```

上述代码中，通过调用配置文件中对数据库连接的定义来访问数据库，使用 SqlConnection 对象的 Open()方法建立应用程序与数据库之间的连接，使用 Close()方法关闭连接。运行结果如图 7-4 所示。

图 7-4　连接 SQL Server 2008 数据库

7.3.2　Command

Command 对象可以使用数据命令直接与数据源进行通信。Command 类是一个执行 SQL 语句和存储过程的类，通过它，可以实现对数据的添加、删除、更新、查询等操作。与 Connection 类类似，不同的数据提供者具有各自的 Command 类。因此使用前首先要根据所连接的数据库来确定 Command 的种类。

创建 Command 对象需要设置其相关属性，这些属性包括了数据库在执行某个语句时的所有必要信息。Command 常用的属性如表 7-2 所示。

表 7-2　Command 常用的属性列表

属　性	功 能 说 明
Connection	用于设置命令对象所使用的连接
CommandText	被执行的命令内容
CommandType	指名 CommandText 属性的类型，可以是 SQL 语句、存储过程或表
Parameters	命令对象的参数集合

其中 CommandType 具有三种不同的类型，如表 7-3 所示。

表 7-3　CommandType 的不同类型列表

类　型	功 能 说 明
CommandType.Text	CommandType 的默认值，它指示执行的是 SQL 语句，需要为为 CommandText 指定 SQL 字符串
CommandType.StoredProcedure	指示执行的是存储过程，需要为 CommandText 指定一个存储过程的名称
CommandType.TableDirect	指示执行的是得到某个数据表中的所有数据，此时需要为 CommandText 指定一个数据表名称

下述代码创建一个 SqlCommand 对象，并采用了属性设置的方式指定其必需的三项信息，代码如下：

```
SqlCommand cmd= new SqlCommand();
cmd.Connection = conn;
cmd.CommandType = CommandType.Text;
cmd.CommandText = "SELECT * FROM UserDetails";
```

上面的代码还可以写成如下更简洁的形式：

```
SqlCommand cmd= new SqlCommand("SELECT * FROM UserDetails", conn);
```

同样的，如果需要执行存储过程，可以使用如下方式：

```
SqlCommand cmd=new SqlCommand("GetBooks", conn);
cmd.CommandType = CommandType.StoredProcedure;
```

Command 对象提供了三种用于执行 SQL 语句的方法：

- ✧ **ExecuteReader()**：用于执行 SELECT 命令，并返回一个 DataReader 对象，使用 DataReader 可以以只读方式访问查询结果。
- ✧ **ExecuteNonQuery()**：用于执行非 SELECT 的命令，如 INSERT、DELETE 或者 UPDATE 命令，返回命令所影响的数据的行数。也可以用 ExecuteNonQuery()方法来执行一些数据定义命令，如新建、更新、删除数据库对象(如表、索引等)。
- ✧ **ExecuteScalar()**：用于执行 SELECT 查询命令，返回数据中第一行第一列的值。这个方法通常用来执行那些用到 COUNT()或者 SUM()函数的命令。

Command 对象必须使用这三种方法之一来完成数据库操作。因此，一定要区分清楚三种方法的区别和使用方式，以便能适当地运用到开发中。

【示例 7.2】 演示 ExecuteNonQuery()的使用方法。

创建页面 ExecuteNonQueryDemo.aspx 并编写代码如下：

```
public partial class ExecuteNonQueryDemo : System.Web.UI.Page
{
    public static readonly string CONN_STR =
            ConfigurationManager.ConnectionStrings["conn"].ConnectionString;
    protected void Page_Load(object sender, EventArgs e)
    {
```

```
            using (SqlConnection conn = new SqlConnection(CONN_STR))
            {
                String sql = "update UserDetails set UserName = '姓名'";
                conn.Open();
                SqlCommand command = new SqlCommand(sql, conn);
                Response.Write("操作影响了" + command.ExecuteNonQuery() +
                    "条记录");
            }
        }
}
```

上述代码执行了一条 UPDATE 语句并将影响的行数输出到前台页面中。运行结果如图 7-5 所示。

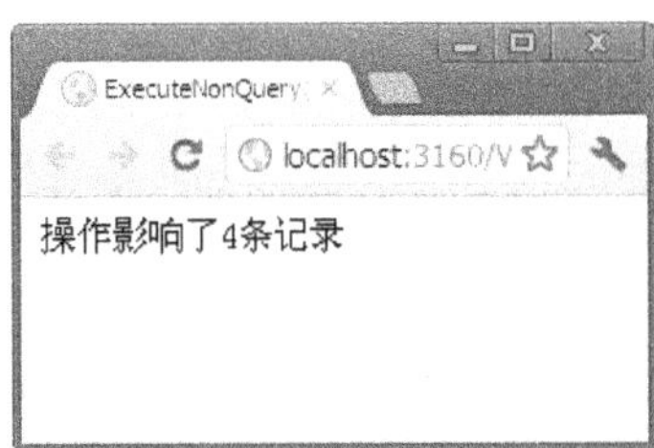

图 7-5　ExecuteNonQuery 方法

【示例 7.3】 演示 ExecuteScalar()的使用方法。

创建页面 ExecuteScalarDemo.aspx 并编写代码如下：

```
public partial class ExecuteScalarDemo : System.Web.UI.Page
{
    public static readonly string CONN_STR =
        ConfigurationManager.ConnectionStrings["conn"].ConnectionString;
    protected void Page_Load(object sender, EventArgs e)
    {
        using (SqlConnection conn = new SqlConnection(CONN_STR))
        {
            String sql = "SELECT COUNT(*) FROM UserDetails";
            conn.Open();
            SqlCommand command = new SqlCommand(sql, conn);
            Label1.Text = "userDetails 表中有" + command.ExecuteScalar() +
                "条记录";
        }
    }
}
```

上述代码中，使用 ExecuteScalar()方法执行了一条带 Count 函数的 SELECT 语句，用于得到 users 表中记录的条数。运行结果如图 7-6 所示。

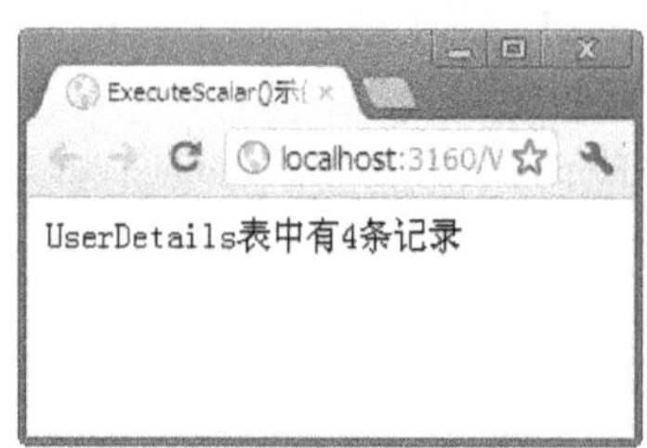

图 7-6　ExecuteScalar 方法

7.3.3　DataReader

DataReader 类被设计为产生只读、只进的数据流。与 DataSet 相比，使用 DataReader 访问数据库的速度要快一些，并且能够使用较少的服务器资源。DataReader 具有如下特点：

- ✧ 快速的数据库访问。DataReader 类是轻量级的，与 DataSet 相比，使用 DataReader 访问数据库的速度要快一些。因为 DataSet 在创建和初始化时，可能是一个或多个表的集合，并且 DataSet 具有向前、向后读写和浏览的能力，所以当创建一个 DataSet 对象时，会造成额外的开销。
- ✧ 只进和只读。DataReader 对数据的访问是只读的、单向的，当对数据库的操作比较简单时，可以使用 DataReader 读取数据，能够较快地完成数据显示。这些数据可以与单个 list-bound 控件绑定，也可以填充 List 接口。
- ✧ 减少服务器资源。因为 DataReader 并不会把所有数据都保存在内存中，所以使用 DataReader 对服务器占用的资源很少。
- ✧ 自定义数据库管理。DataReader 对象可以使用 Read 方法来遍历数据记录，当使用 Read 方法时，可以通过编程的方式自定义数据库中数据的显示方式，当开发自定义控件时，可以将这些数据整合到 HTML 中，并显示数据。
- ✧ 手动连接管理。DataAdapter 对象能够自动地打开和关闭连接，而 DataReader 对象需要用户手动地管理连接。DataReader 对象和 DataAdapter 对象很相似，都可以从 SQL 语句和一个连接中初始化。

表 7-4 列出了 DataReader 中常用的方法。

表 7-4　DataReader 中常用的方法

方　法	返回值	功 能 说 明
Close()	void	关闭数据读取器。已重载
NextResult()	boolean	当读取批量的 SQL 语句的结果时，前进到下一个结果集，如果有更多的结果集，将返回 True。有重载
Read()	boolean	前进到下一条记录。如果有记录，将返回 True

【示例 7.4】 使用 Command 和 DataReader 访问数据库，实现登录功能。

在实现登录功能模块时，首先需要设计数据库，一般在用户登录的时候，最基本的验证信息就是用户名和密码。用来存储用户的账户信息的表是 users 表，表结构如图 7-7 所示。

列名	数据类型	允许 Null 值
id	int	☐
username	nvarchar(50)	☑
password	nvarchar(50)	☑
		☐

图 7-7　账户表 users

在表 users 中事先加入一行数据作为用户登录的账户，这里 username 和 password 字段的值都设为“admin”。创建页面 Login.aspx，用户登录界面代码如下：

```
<%@ Page Language="C#" AutoEventWireup="true" CodeBehind="Login.aspx.cs"
        Inherits="ch07.Login" %>
<!DOCTYPE html PUBLIC "-//W3C//DTD XHTML 1.0 Transitional//EN"
        "http://www.w3.org/TR/xhtml1/DTD/xhtml1-transitional.dtd">
<html xmlns="http://www.w3.org/1999/xhtml" >
<head runat="server">
        <title>登录</title>
</head>
<body>
        <form id="form1" runat="server">
        <div>
        <table border="0" width=100% cellpadding=0 cellspacing=0>
        <tr>
                <td align="center" style=" height:50px;
                        font-size:14pt; font-weight:bold;" colspan=2>
                用户登录
                </td>
        </tr>
        <tr>
                <td style=" width:50%; height:30px;" align="right">
                        用户名：</td>
                <td>
                        <asp:TextBox ID="tbUserName" runat="server" Width="174px">
                        </asp:TextBox>
                </td>
        </tr>
        <tr>
                <td style=" width:50%; height:30px;" align="right">
                        密    码：
```

```
                </td>
                <td>
                    <asp:TextBox ID="tbPassword" runat="server"
                        TextMode="Password"         Width="172px"></asp:TextBox>
                </td>
            </tr>
            <tr>
                <td align="center" style=" height:30px;" colspan=2>
                    <asp:Button ID="btnLogin" runat="server" Text="登录"
                        onclick="btnLogin_Click" />
                </td>
            </tr>
        </table>
        </div>
        </form>
</body>
</html>
```

上述代码中，使用两个 TextBox 控件来输入用户名和密码，其中密码控件的 TextMode 属性设置为 Password，以便隐藏用户输入的密码。运行结果如图 7-8 所示。

图 7-8　用户登录界面

在后台代码中使用 ADO.NET 连接 SQL Server 数据库，并使用 DataReader 对象验证用户输入的用户名和密码是否与数据库中的数据一致，一致则提示登录成功，否则提示登录失败。代码如下。

```
public partial class Login : System.Web.UI.Page
{
    public static readonly string ConStrUrl =
        ConfigurationManager.ConnectionStrings["conn"].ConnectionString;
    protected void Page_Load(object sender, EventArgs e)
    {
    }
    protected void btnLogin_Click(object sender, EventArgs e)
    {
```

```
        SqlConnection conn = new SqlConnection(ConStrUrl); //创建连接对象
        try
        {
            conn.Open(); //尝试打开连接
            string username = tbUserName.Text.Trim();
            string password = tbPassword.Text.Trim();
            string sql = "select * from [users] where username='" +
                username + "'";
            //创建 Command 对象
            SqlCommand cmd = new SqlCommand(sql, conn);
            SqlDataReader dr = cmd.ExecuteReader();//创建 DataReader 对象
            if (dr.HasRows)
            {
                while (dr.Read())
                {
                    if (dr["password"].ToString() == password)
                    {
                        Response.Write("用户：" +
                            dr["username"].ToString() +
                            "登录成功！<hr/>");
                    }
                    else
                    {
                        Response.Write("登录失败：密码错误！<hr/>");
                    }
                }
                conn.Close(); //关闭连接
            }
            else
            {
                Response.Write("登录失败：用户不存在！<hr/>");
            }
        }
        catch
        {
            Response.Write("登录失败：数据库连接失败！<hr/>");
        }
    }
}
```

当用户输入信息单击“登录”按钮后，根据用户输入的不同信息会有如图 7-9 所示的几种提示结果。

图 7-9　用户登录运行结果

7.3.4　DataAdapter

DataAdapter 是 DataSet 和数据源之间的一个适配器。在创建数据库连接后，可以使用 DataAdapter 对象对数据集 DataSet 进行填充。DataSet 对象中缓存了检索结果，从而降低了应用程序和数据库之间的通信次数。DataAdapter 常用的属性和方法如表 7-5 所示。

表 7-5　DataAdapter 中常用的属性和方法

属性或方法	功 能 说 明
SelectCommand 属性	查询数据的命令
InsertCommand 属性	插入数据的命令
UpdateCommand 属性	更新数据的命令
DeleteCommand 属性	删除数据的命令
Fill()方法	用于填充或刷新 DataSet
Update()方法	将 DataSet 中的数据更新到数据库里

创建 DataAdapter 对象时，一般要提供两个参数：SELECT 语句和连接对象。例如：

```
//创建适配器对象
SqlDataAdapterda = new SqlDataAdapter("SELECT * FROM UserDetails", conn);
```

7.3.5　DataSet

DataSet 是 ADO.NET 中的核心成员之一，可以将 DataSet 看成是一个数据容器，将数据库中的数据拷贝一份放到了用户本地的内存中，供用户在不连接数据库的情况下读取数据，这不仅充分利用了客户端资源，也大大降低了数据库服务器的压力。DataSet 可以存放一个或多个数据源数据的本地副本，是不依赖于数据库的独立数据集合。通过使用 DataSet，开发人员可以屏蔽数据库与数据库之间的差异，从而获得一致的编程模型。

DataSet 能够支持多表、表间关系、数据库约束等，与关系数据库的模型基本一致，从而能模拟出一个简单的数据库模型，如图 7-10 所示。

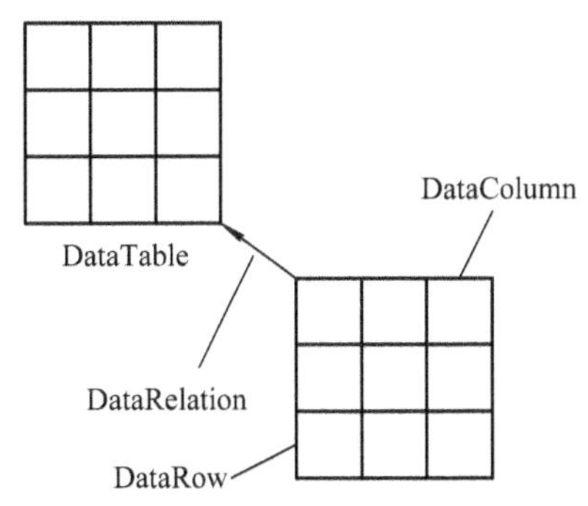

图 7-10　DataSet 对象模型

图 7-10 简要介绍了 DataSet 中常用对象之间的结构关系。其中，DataTable 是数据集中的一张表；每张表都由 DataRow(行)和 DataColumn(列)组成；一个数据集中可以有多张表，表与表之间的关系可以通过 DataRelation 进行关联。DataTable、DataRow、DataColumn 以及 DataRelation 都在 System.Data 命名空间中。

在 C# 中，创建一个空的(没有表数据)DataSet 对象如下所示：

```
DataSet ds= new DataSet();
```

使用适配器的 Fill()方法可以将数据填充到 DataSet 中，例如：

```
adapter.Fill(ds);//adapter 为 DataAdapter 对象
```

填充后，数据将以表的形式存放在数据集中，可以通过索引来引用这些表，例如：

```
ds.Tables[0]//数据集中的第一张表
```

表的索引下标是从 0 开始的，按照适配器向数据集中填充的顺序进行排列。当数据集中有多张表时，使用索引就不太方便了，需要记住相应表的索引号。其实，使用适配器填充数据集时，还可以给表进行命名，以便使用时通过表的名字进行调用，例如：

```
adapter.Fill(ds, "User"); //将数据填充到数据集中，并给表起一个标识名"User"
ds.Tables["User"]; //数据集中的标识名为"User"的表
```

1. DataTable

DataTable 是 DataSet 中常用的对象，是数据库中表概念的映射。DataTable 常用的属性如表 7-6 所示。

表 7-6　DataTable 的属性

属　性	功 能 说 明
CaseSensitive	此属性设置表中的字符串是否区分大小写，若无特殊情况，一般设置为 false。该属性对于查找、排序、过滤等操作有很大的影响
Columns	获取属于该表的列的集合
MinimumCapacity	设置创建数据表的最小记录空间
Rows	获取属于该表的行的集合
TableName	指定数据表的名称

可以通过编程的方式创建一个 DataTable 表，代码如下：

```
DataTable table = new DataTable("mytable");//创建一个 DataTable 对象
```

```
table.CaseSensitive = false; //设置不区分大小写
table.MinimumCapacity = 100; //设置 DataTable 初始大小
table.TableName = "newtable";//设置 DataTable 的名称
```

DataTable 必须包含列，因此创建一个 DataTable 后，必须向其增加列。开发人员可以使用 Columns 集合的 Add()方法向 DataTable 中增加列，代码如下：

```
DataColumn colum = new DataColumn(); //创建一个 DataColumn
colum.ColumnName="id"; //设置列名
colum.DataType=typeof(int);//设置列的数据类型
table.Columns.Add(colum);//增加一列
colum = new DataColumn(); //再创建一个 DataColumn
colum.ColumnName="title";
colum.DataType=typeof(string);
table.Columns.Add(colum);
```

上述代码在表中添加了两列，这两列的列名分别是“id”和“title”。

注 意

DataTable 中列的数据类型使用的只能是.NET 中的数据类型，因为其并不是真实的数据库，所以不能直接使用数据库类型，必须使用 typeof 方法把.NET 中的数据类型转换成数据库数据类型。

2. DataRow

DataRow 表示表中的数据行。可以使用 DataRow 对象向表中添加新的数据行，这一操作同数据库中的 INSERT 语句的概念类似。插入一个新行，首先要声明一个 DataRow 类型的变量，例如：

```
//使用 DataTable 的 NewRow 方法创建一个新 DataRow 对象
DataRow row = table.NewRow();
```

上面的语句先声明了一个 DataRow 类型的变量，再使用 DataTable 的 NewRow()方法返回一个新的 DataRow 对象，DataTable 会根据表的结构来创建 DataRow 对象。当使用该对象添加了新行之后，可以通过使用索引或者列名来操作行中的字段：

```
row[0] = 1;      //使用索引赋值列
row[1] = "datarow";    //使用索引赋值列
```

上述代码通过索引来为一行中各个列赋值，索引都是从第 0 个位置开始的。将 DataTable 想象成一个表，从左到右从 0 开始索引，直到数值等于列数减 1 为止。为了提高代码的可读性，也可以通过直接使用列名来添加新行，例如：

```
row["id"] = 1; //使用列名赋值列
row["title"] = "datarow"; //使用列名赋值列
```

最后使用 Add()方法将该行添加到表的行集合中，代码如下：

```
Table.Rows.Add(row); //增加列
```

【示例 7.5】 演示使用 DataAdapter 和 DateSet 访问数据。

创建页面 DataSetDemo.aspx 并编写其后台代码如下：

```
public partial class DataSetDemo : System.Web.UI.Page
{
```

```
public static readonly string ConStrUrl =
    ConfigurationManager.ConnectionStrings["conn"].ConnectionString;
protected void Page_Load(object sender, EventArgs e)
{
    using (SqlConnection con = new SqlConnection(ConStrUrl))
    {   con.Open();    //打开连接
        SqlDataAdapter daDept = new SqlDataAdapter(
            "select * from users", con);
        DataSet dsDept = new DataSet();
        daDept.Fill(dsDept, "users");
        DataTable table = dsDept.Tables["users"];
        Response.Write("<table border='1' width='100%'>");
        Response.Write("<tr>");
        // 输出表的列名
        for (int i = 0; i<table.Columns.Count; i++)
        {
            Response.Write("<th>");
            Response.Write(table.Columns[i].ColumnName);
            Response.Write("</th>");
        }
        Response.Write("</tr>");
        //输出表中的数据
        for (int i = 0; i<table.Rows.Count; i++)
        {
            DataRow row = table.Rows[i];//获取表中的行
            //输出行记录
            Response.Write("<tr>");
            for (int j = 0; j <table.Columns.Count; j++)
            {
                Response.Write("<td>");
                Response.Write(row[j]);//输出行中的字段值
                Response.Write("</td>");
            }
            Response.Write("</tr>");
        }
        Response.Write("</table>");
    }
  }
}
```

上述代码中使用了 DataAdapter 和 DateSet 访问数据，查询结果会填充在名为“users”的 DataTable 中，然后通过遍历这个 DataTable 显示数据。运行结果如图 7-11 所示。

图 7-11　使用 DataAdapter 和 DateSet 检索数据

本 章 小 结

通过本章的学习，学生应该能够掌握：

✧ ADO.NET 提供了基于.NET 平台的数据访问方式。

✧ ADO.NET 的核心对象有 Connection、Command、DataReader、DataAdapter 和 DataSet。

✧ Connection 对象表示与数据库的连接。

✧ Command 用于对数据库执行命令并返回数据。

✧ DataReader 提供读取数据的接口。

✧ DataAdapter 提供连接 DataSet 和数据源的适配器。

✧ DataSet 在内存中保存数据库返回的数据，并提供相应的内存数据管理操作。

本 章 练 习

1. 以下不是 ADO.NET 核心组件的是_______等。

   A. Connection　　B. Command

   C. DataReader　　D. GridView

2. 以下不是 ADO.NET 命名空间的是_______等。

   A. System.Data　　B. System.Data.OracleClient

   C. System.Data.Common　　D. System.Xml.Linq

3. ADO.NET 核心组件包括____等。

4. 简述 ADO.NET 中的命名空间和类。

5. 简述 ADO.NET 结构原理。

第8章 数据绑定

本章目标

■了解数据源控件和数据绑定控件的种类

■熟悉 SqlDataSource 数据源控件的配置

■掌握使用 GridView 控件进行数据显示、编辑、删除的方法

8.1 数据控件概述

ASP.NET 中提供了一系列的数据源控件和数据绑定控件。数据源控件用来配置数据源，当数据控件绑定数据源控件时，就能够通过数据源控件获取数据源中的数据并显示，而无需手动编写代码。数据源控件和数据绑定控件让开发人员以可视化的方式操作并显示数据库中的数据，简化了开发难度，提高了工作效率。

8.1.1 数据源控件

ASP.NET 4.0 提供了 6 种数据源控件：

- ✧ SqlDataSource：用来连接数据库类型的数据源，使用 T-SQL 命令来检索和修改数据。可用于数据库的类型包括 SQL Server、OLE DB、ODBC 和 Oracle 等数据库。
- ✧ AccessDataSource：继承自 SqlDataSource，专门用于 Access 数据库。
- ✧ LinqDataSource：通过 LINQ 技术访问数据库的映射类，实现数据的增、删、改操作。
- ✧ ObjectDataSource：其数据源是中间层的业务对象，可实现一种或多种方法与业务数据对象进行交互，同时检索或修改数据。
- ✧ XmlDataSource：读取和写入 XML 数据。
- ✧ SiteMapDataSource：从站点地图获取数据，将数据显示到站点导航控件中。

这些数据源控件都在工具箱的“数据”选项卡中，如图 8-1 所示。

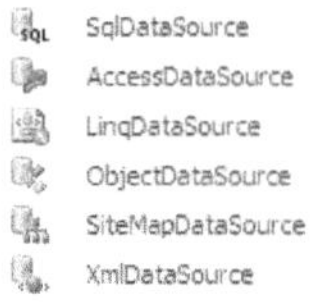

SqlDataSource
AccessDataSource
LinqDataSource
ObjectDataSource
SiteMapDataSource
XmlDataSource

图 8-1　工具箱中的数据源控件

注意　本章理论篇主要介绍 SqlDataSource 数据源控件的使用，而实践篇则使用 ObjectDataSource 数据源控件与业务对象交互。SiteMapDataSource 控件在第 9 章会使用到。

8.1.2 数据绑定控件

ASP.NET 4.0 中常用的数据绑定控件有 6 种：

- ✧ GridView 控件：以表格的形式显示数据。
- ✧ DetailsView 控件：基于表格的形式显示一条记录的详细信息。
- ✧ FormView 控件：基于模板布局的形式显示一条记录的详细信息。
- ✧ Repeater 控件：是一种列表控件，使用模板将数据记录呈现为只读列表。
- ✧ DataList 控件：表格数据绑定控件，可以使用不同的布局来显示数据。

✧ ListView 控件：使用模板和样式定义的格式显示数据。

这些数据绑定控件都在工具箱的“数据”选项卡中，如图 8-2 所示。

GridView
Repeater
DataList
DetailsView
FormView
ListView

图 8-2　数据绑定控件

所有的数据库绑定控件都是从 BaseDataBoundControl 抽象类派生的，该抽象类主要定义了以下属性和方法：

✧ DataSource 属性：指定数据绑定控件的数据源，数据绑定控件从指定数据源中获取数据并显示。

✧ DataSourceID 属性：指定数据绑定控件的数据源控件的 ID，数据绑定控件根据 ID 找到相应的数据源控件，并利用数据源控件中指定的方法获取数据并显示。

✧ DataBind() 方法：当指定了数据绑定控件的 DataSource 属性或者 DataSourceID 属性之后，再调用 DataBind()方法才会显示绑定的数据。

注 意

本章理论篇主要介绍 GridView 控件的使用，其他数据绑定控件可以参见本章实践篇的知识拓展或参考其他学习资料。所有的数据绑定控件在使用数据源时，会首先尝试使用 DataSourceID 属性标识的数据源，如果没有才会用到 DataSource 属性标识的数据源，即 DataSource 和 DataSourceID 两个属性不能同时使用。

8.2　SqlDataSource 控件

SqlDataSource 数据源控件用于提取 SQL 关系数据库中的数据，并以此作为数据介质，绑定数据到数据绑定控件中。SqlDataSource 控件提供数据的检索、插入、更新、删除、排序等功能，开发人员不需要手动编写任何代码。SqlDataSource 控件在所属页面加载时，会自动打开数据库，进行数据操作，当页面关闭时会自动关闭数据库。SqlDataSource 控件极大地简化了开发人员的代码编写量。但是 SqlDataSource 控件也有一些缺点，主要体现在 SqlDataSource 控件返回的对象是 DataSet，DataSet 有诸如弱类型、非面向对象等缺点。

【示例 8.1】 演示使用 SqlDataSource 数据源控件连接 SQL 2008 数据库的步骤。

(1) 添加 SqlDataSource 数据源控件。

从工具箱的“数据”选项卡中，将 SqlDataSource 控件添加到页面中，并修改其 ID 属性为“sqlUser”，如图 8-3 所示。

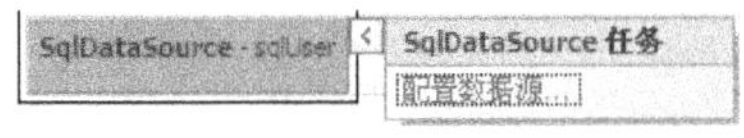

图 8-3　SqlDataSource 控件

(2) 建立新的连接。

在“SqlDataSource 任务”窗口中选择“配置数据源”选项，弹出“数据连接”窗口，如图 8-4 所示。

单击“新建连接”按钮，弹出“添加连接”窗口，如图 8-5 所示。在此窗口中指定服务器名、验证方式以及数据库名，单击“测试连接”按钮，连接成功则弹出对话框进行提示。

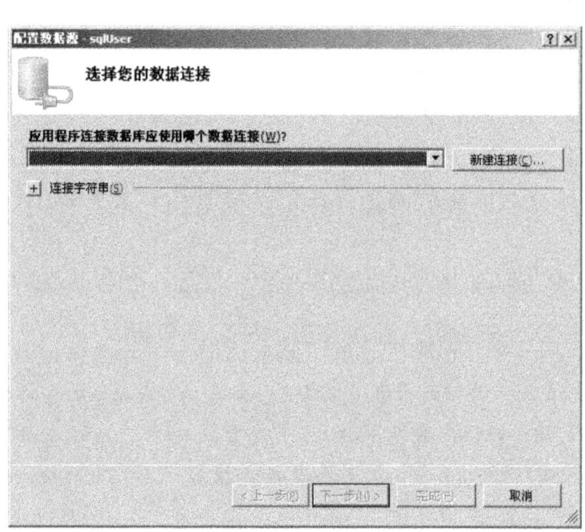

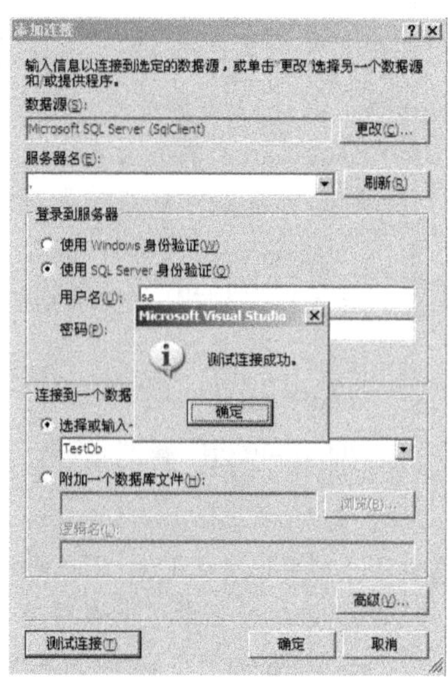

图 8-4　“数据连接”窗口　　　　图 8-5　“添加连接”窗口

测试连接成功后，单击“确定”按钮则返回到原先的“数据连接”窗口，如图 8-6 所示，此时窗口中显示了使用的连接以及连接字符串的内容。

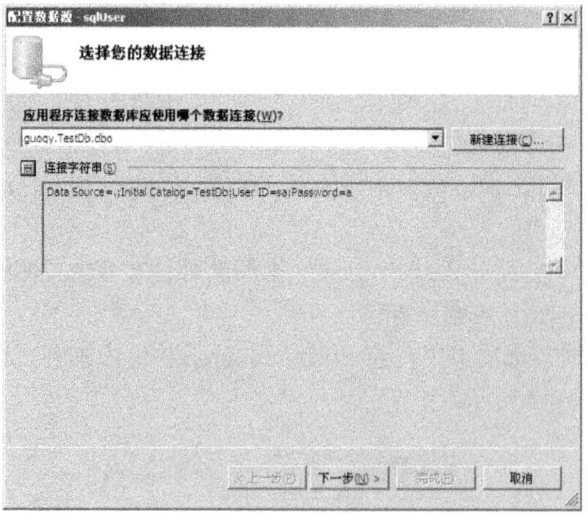

图 8-6　连接字符串

单击“下一步”按钮，会弹出是否将链接保存到应用配置文件中的对话框，此时选中“是”并单击“完成”按钮，则在 Web.config 配置文件中可以看到连接字符串的配置信息，代码如下：

```
<connectionStrings>
    <add name="TestDbConnectionString" connectionString="
        Data Source=.;Initial Catalog=TestDb;User ID=sa;Password=a"
        providerName="System.Data.SqlClient" />
</connectionStrings>
```

(3) 配置 Select 语句。

在“配置 Select 语句”窗口中指定表及列，如图 8-7 所示，单击“下一步”按钮。

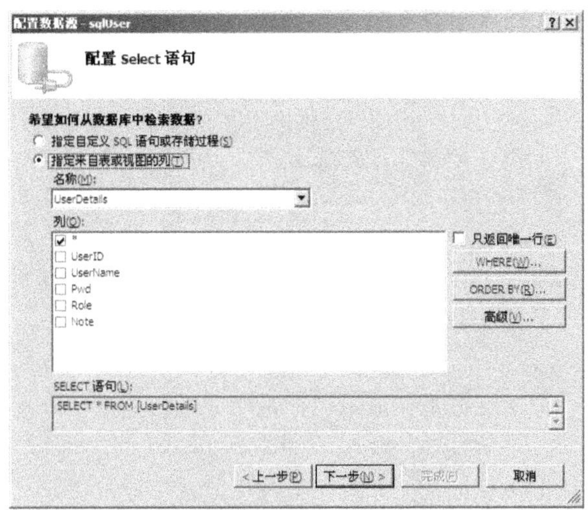

图 8-7　“配置 Select 语句”窗口

如图 8-8 所示，显示“测试查询”窗口，用来验证提取出来的数据是否和需求一致。

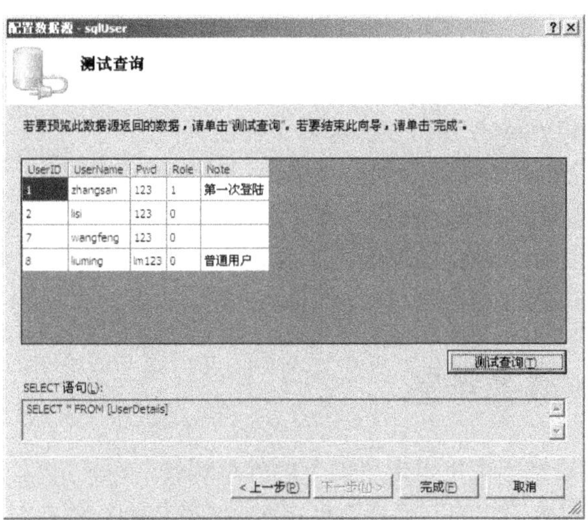

图 8-8　“测试查询”窗口

单击“完成”按钮完成数据源控件的配置过程。

(4) 查看生成的数据源控件代码。

数据源控件配置结束后，查看页面的源代码，其中关于数据源控件的代码如下：

```
<asp:SqlDataSource ID="sqlUser" runat="server"
    ConnectionString="<%$ ConnectionStrings:TestDbConnectionString %>"
    SelectCommand="SELECT * FROM [UserDetails]">
</asp:SqlDataSource>
```

SqlDataSource 控件还包括一些可视化属性，这些属性包括删除查询(DeleteQuery)、插入查询(InsertQuery)、检索查询(SelectQuery)以及更新查询(UpdateQuery)，如图 8-9 所示。如要对这些查询属性进行设置，只需单击相应属性后的...按钮即可。

图 8-9 SqlDataSource 属性

8.3 GridView 控件

GridView 是 ASP.NET 中数据绑定控件之一，GridView 以表格的形式显示数据库中的数据，可以通过数据源控件自动绑定和显示数据，也可以通过编程的方式动态绑定和显示数据库内容。使用 GridView 控件可以完成以下功能：

- ✧ 通过数据源控件将数据绑定到 GridView 控件。
- ✧ 实现数据的选择、编辑、删除、排序、分页功能。
- ✧ 通过指定 GridView 控件的模板列以及显示风格，创建自定义的用户界面。
- ✧ 通过 GridView 控件提供的事件模型，完成用户复杂的事件操作。

8.3.1 GridView 数据绑定

GridView 控件的数据绑定可以采用如下两种形式：

第一种，通过数据源控件的方式将数据绑定到 GridView 控件。

第二种，通过编码的方式将数据绑定到 GridView 控件。

1．绑定数据源控件

【示例 8.2】 使用数据源控件的方式将数据绑定到 GridView 控件。

(1) 创建页面 GridViewDemo1.aspx，从工具箱的“数据”选项卡中，将 GridView 控

件添加到页面中，并修改其 ID 属性为“gvUser”，如图 8-10 所示。

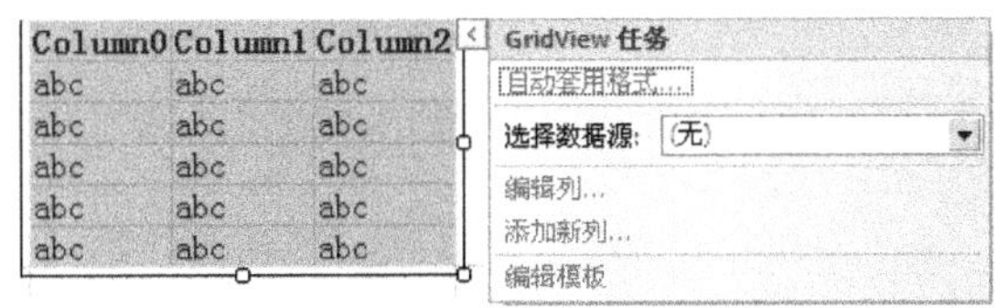

图 8-10 GridView 控件

(2) 在 GridView 控件的任务窗口中选择数据源，选择示例 8.1 配置的数据源控件 sqlUser 后，GridView 控件中的列名与 UserDetails 表对应，如图 8-11 所示。

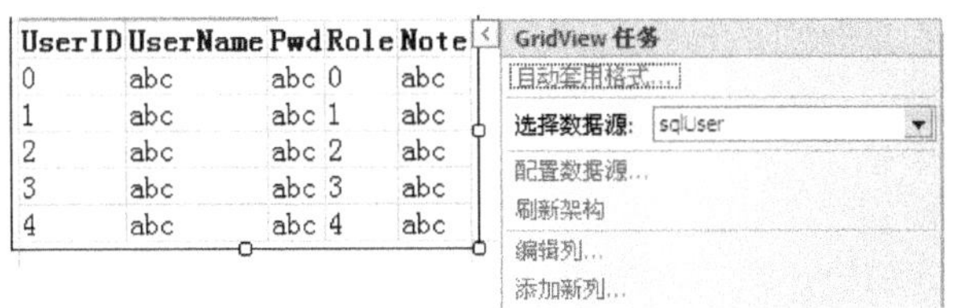

图 8-11 选择数据源

注 意

给 GridView 控件选择数据源时，可以先配置数据源控件，然后通过“选择数据源”选项来调用该数据源控件；也可以直接选择“选择数据源”中“新建数据源”选项，通过向导来配置数据源控件。

(3) 在 GridView 控件的任务窗口中选择“编辑列”选项，弹出“字段”窗口，如图 8-12 所示，编辑字段的 HeaderText 属性。

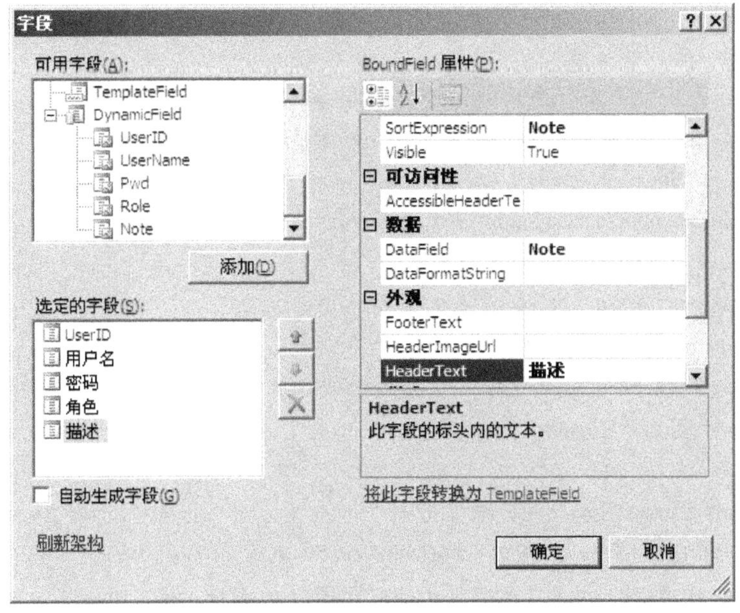

图 8-12 编辑列

(4) 在 GridView 控件的任务窗口中选择“自动套用格式”选项，将弹出“自动套用格式”窗口，选择“专业型”格式，如图 8-13 所示。

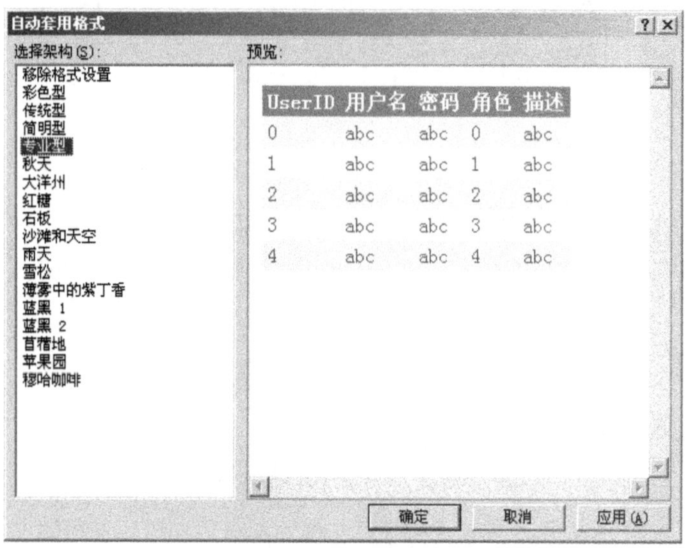

图 8-13　自动套用格式

此时 GridView 控件的样式发生变化，生成 GridView 控件的如下源代码：

```
<asp:GridView ID="GridView1" runat="server" AutoGenerateColumns="False"
    CellPadding="4" DataKeyNames="UserID" DataSourceID="sqlUser"
    ForeColor="#333333" GridLines="None">
    <AlternatingRowStyle BackColor="White" ForeColor="#284775" />
    <Columns>
        <asp:BoundField DataField="UserID" HeaderText="UserID"
            InsertVisible="False" ReadOnly="True" SortExpression="UserID" />
        <asp:BoundField DataField="UserName" HeaderText="用户名"
            SortExpression="UserName" />
        <asp:BoundField DataField="Pwd" HeaderText="密码"
            SortExpression="Pwd" />
        <asp:BoundField DataField="Role" HeaderText="角色"
            SortExpression="Role" />
        <asp:BoundField DataField="Note" HeaderText="描述"
            SortExpression="Note" />
    </Columns>
    <EditRowStyle BackColor="#999999" />
    <FooterStyle BackColor="#5D7B9D" Font-Bold="True" ForeColor="White" />
    <HeaderStyle BackColor="#5D7B9D" Font-Bold="True" ForeColor="White" />
    <PagerStyle BackColor="#284775" ForeColor="White"
        HorizontalAlign="Center"/>
```

```
    <RowStyle BackColor="#F7F6F3" ForeColor="#333333" />
    <SelectedRowStyle BackColor="#E2DED6" Font-Bold="True"
        ForeColor="#333333" />
    <SortedAscendingCellStyle BackColor="#E9E7E2" />
    <SortedAscendingHeaderStyle BackColor="#506C8C" />
    <SortedDescendingCellStyle BackColor="#FFFDF8" />
    <SortedDescendingHeaderStyle BackColor="#6F8DAE" />
</asp:GridView>
```

上述代码在原来简单的 GridView 控件中添加了很多样式，这些样式是自动套用格式之后添加进去的。有关 GridView 控件的各个样式属性的定义如表 8-1 所示。

表 8-1　GridView 控件的样式属性列表

样 式 名 称	描　述
AlternatingRowStyle	交替数据行的样式。设置此属性后，数据行交替使用 RowStyle 设置和 AlternatingRowStyle 设置进行显示
EditRowStyle	编辑行的样式
EmptyDataRowStyle	空数据行样式，当数据源中没有任何数据记录时显示
FooterStyle	脚注行的样式
HeaderStyle	标题行的样式
PagerStyle	分页导航行的样式
RowStyle	数据行的样式
SelectedRowStyle	选中行的样式

(5) 启动项目，运行结果如图 8-14 所示。

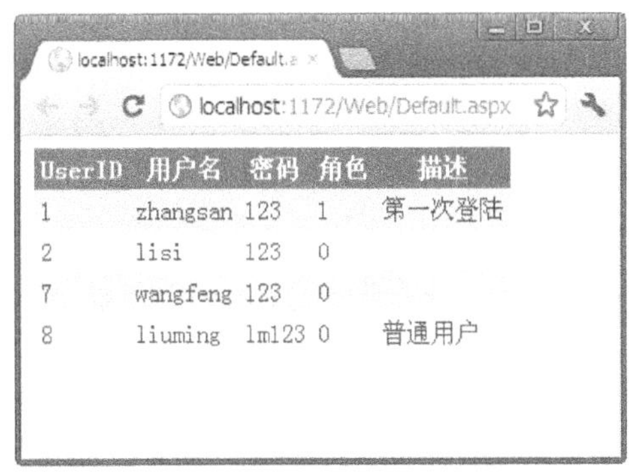

图 8-14　GridViw 控件数据源绑定显示结果

2. 编码方式

【示例 8.3】 使用编码的方式对 GridView 控件进行数据绑定。

(1) 创建 GridViewDemo2.aspx，将 GridView 控件添加到页面中，在 GridView 控件的任务窗口中选择“编辑列”选项，如图 8-15 所示，取消对“自动生成字段”复选框的勾选；在“可用字段”中选择 BoundField(绑定列)，然后单击“添加”按钮，给 GridView 控件添加 5 个绑定列，并编辑每列的 DataField 和 HeaderText 属性。

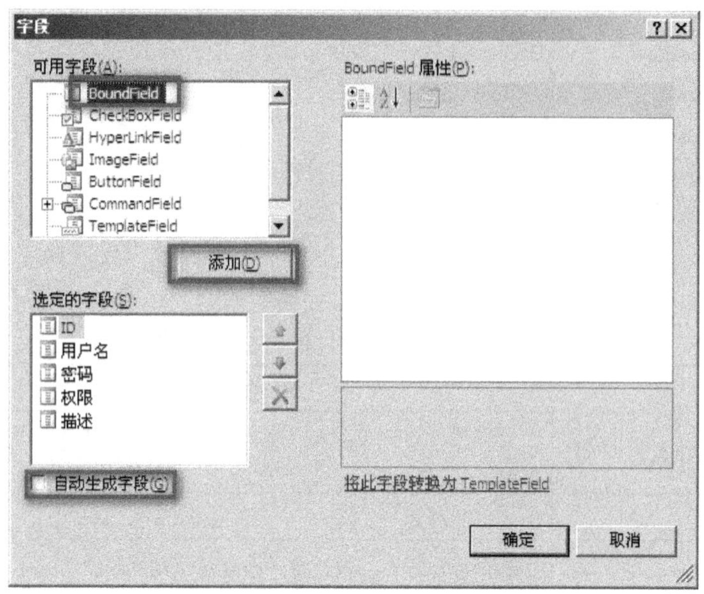

图 8-15　添加编辑 GridView 控件的列

配置完成后页面中的 GridView 控件显示效果如图 8-16 所示。

ID	用户名	密码	权限	描述
数据绑定	数据绑定	数据绑定	数据绑定	数据绑定
数据绑定	数据绑定	数据绑定	数据绑定	数据绑定
数据绑定	数据绑定	数据绑定	数据绑定	数据绑定
数据绑定	数据绑定	数据绑定	数据绑定	数据绑定
数据绑定	数据绑定	数据绑定	数据绑定	数据绑定

图 8-16　GridView 绑定列

(2) 在 GridView 控件的任务窗口中选择“自动套用格式”选项，设置“自动套用格式”为“专业型”，此时生成的 GridView 控件的源代码如下：

```
<asp:GridView ID="gvUser" runat="server" AutoGenerateColumns="False"
    CellPadding="4" ForeColor="#333333" GridLines="None" Height="48px">
    <FooterStyle BackColor="#5D7B9D" Font-Bold="True" ForeColor="White" />
    <RowStyle BackColor="#F7F6F3" ForeColor="#333333" />
    <Columns>
        <asp:BoundField DataField="userId" HeaderText="ID" />
        <asp:BoundField DataField="userName" HeaderText="用户名" />
        <asp:BoundField DataField="pwd" HeaderText="密码" />
        <asp:BoundField DataField="role" HeaderText="权限" />
        <asp:BoundField DataField="note" HeaderText="描述" />
```

```
        </Columns>
        <PagerStyle BackColor="#284775" ForeColor="White"
                HorizontalAlign="Center" />
        <SelectedRowStyle BackColor="#E2DED6" Font-Bold="True"
                ForeColor="#333333" />
        <HeaderStyle BackColor="#5D7B9D" Font-Bold="True" ForeColor="White" />
        <EditRowStyle BackColor="#999999" />
        <AlternatingRowStyle BackColor="White" ForeColor="#284775" />
</asp:GridView>
```

上述代码中，GridView 控件没有指明 DataSourceID 属性，需要编码设置其数据源。

(3) 编写页面的后台代码，在页面 Page_Load 事件中实现 GridView 控件的数据绑定，代码如下：

```
public partial class GridViewDemo2 : System.Web.UI.Page
{
        protected void Page_Load(object sender, EventArgs e)
        {
                if (!IsPostBack)
                {
                        string constr = "Data Source=.; Initial Catalog=TestDb;User ID=sa;Password=a";
                        SqlConnection con = new SqlConnection(constr);
                        string sql = "SELECT * FROM UserDetails";
                        SqlDataAdapter da = new SqlDataAdapter(sql, con);
                        DataSet ds = new DataSet();
                        da.Fill(ds, "User");
                        //设置 GridView 控件的数据源为数据集中的 User 表
                        gvUser.DataSource = ds.Tables["User"];
                        //实现 GridView 控件的数据绑定
                        gvUser.DataBind();
                }
        }
}
```

在上述代码中，通过使用 GridView 控件的 DataSource 属性指定其数据源，再使用 DataBind()方法进行数据绑定。

(4) 运行结果与绑定数据源控件的方式一样，参见图 8-14。

8.3.2 GridView 列类型

上文中已经使用了 GridView 控件的 BoundField 显示数据源中某个字段的值，除了绑定列还有其他类型的列，GridView 控件的列共分为 7 种不同的类型，每个类型的列适用的场景各不相同，如表 8-2 所示。

表 8-2　GridView 控件的列类型

列类型	描　述
BoundField	显示数据源中某个字段的值，绑定列是 GridView 控件的默认列类型
ButtonField	为 GridView 控件中的每个项显示一个命令按钮，例如“添加”或“删除”按钮
CheckBoxField	为 GridView 控件中的每一项显示一个复选框，通常用于显示具有布尔值的字段
CommandField	显示用来执行选择、编辑或删除操作的预定义命令按钮
HyperLinkField	将数据源中每个字段显示为超链接，允许将字段绑定到超链接的 URL 中
ImageField	为 GridView 控件中的每一项显示一个图片
TemplateField	根据指定的模板为 GridView 控件中的每一项显示用户定义的内容

8.3.3　GridView 事件

GridView 控件支持多种事件，几乎所有的操作如选择、排序、分页、编辑、更新、删除等都有明确的事件。GridView 控件的常用事件如表 8-3 所示。

表 8-3　GridView 控件常用事件

事　件	描　述
DataBound	在 GridView 控件完成到数据源的绑定后发生
PageIndexChanging	在单击页导航按钮时发生，在 GridView 控件执行分页操作之前发生
PageIndexChanged	在单击页导航按钮时发生，在 GridView 控件执行分页操作之后发生
RowDataBound	在 GridView 控件中的某个行被绑定到一个数据记录时发生
RowCreated	创建新行时发生
RowDeleting	在 GridView 控件删除数据行之前(单击数据行的 Delete 按钮时)发生
RowDeleted	在 GridView 控件删除数据行之后发生
RowEditing	在 GridView 控件进入编辑模式之前(单击数据行的 Edit 按钮时)发生
RowUpdating	在 GridView 控件更新数据行之前(单击 Update 按钮时)发生
RowUpdated	在 GridView 控件更新数据行之后发生
SelectedIndexChanging	在 GridView 控件进行选取操作之前(单击 Select 按钮时)发生
SelectedIndexChanged	在 GridView 控件完成选取操作之后发生
Sorting	在 GridView 控件执行排序操作之前发生
Sorted	在 GridView 控件执行排序操作之后发生

8.3.4　GridView 数据操作

GridView 控件的 CommandField 列类型可以完成数据的编辑、删除和插入的功能。GridView 控件对数据的修改功能，实际上是通过数据源控件的 UpdateCommand 的 SQL 语

言来实现的，也可以通过调用对应的 RowUpdated 事件在后台完成对数据的修改。

注 意

GridView 控件默认在查看状态下，将数据显示到一个 Label 控件，该控件被放置到 ItemTemplate 中；单击“编辑”按钮后，在 EditTemplate 中会动态创建一个 TextBox 控件，用来对选中行的某一列数据进行编辑。上述过程对于 BoundField 列类型来说是不需要开发任何代码的。

【示例 8.4】 演示 GridView 控件中数据的修改和删除的操作步骤。

(1) 创建页面 GridViewDemo3.aspx，将 GridView 控件添加到页面中，在其任务窗口的“选择数据源”下拉组合框中选择“新建数据源”选项，弹出“数据源配置向导”窗口，如图 8-17 所示，选择数据源类型为“数据库”类型，并指定数据源的 ID 为“sqlUser”，单击“确定”按钮。

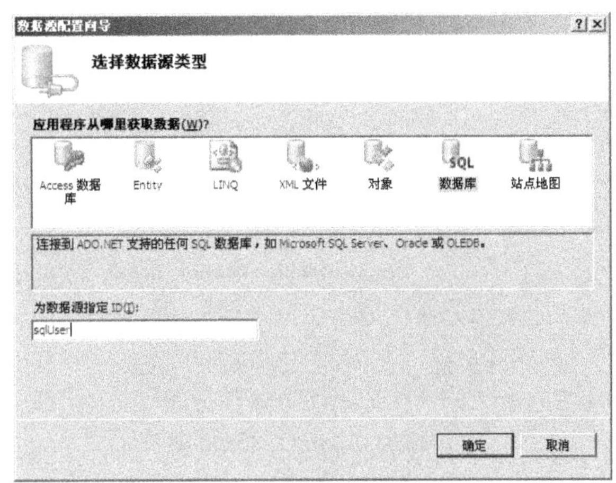

图 8-17　数据源配置向导

与示例 8.1 配置数据源控件一样，选择数据连接并配置 Select 语句。在配置 Select 语句时，应单击“高级”按钮，在弹出的“高级 SQL 生成选项”对话框中选中“生成 INSERT、UPDATE 和 DELETE 语句”，如图 8-18 所示。

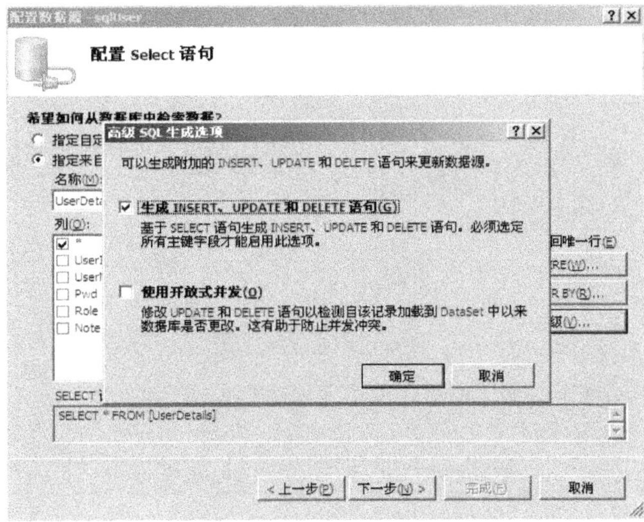

图 8-18　配置 Select 语句高级选项

(2) 启用 GridView 控件的编辑和删除功能，如图 8-19 所示，在 GridView 任务窗口中选中“启用编辑”和“启用删除”复选框。

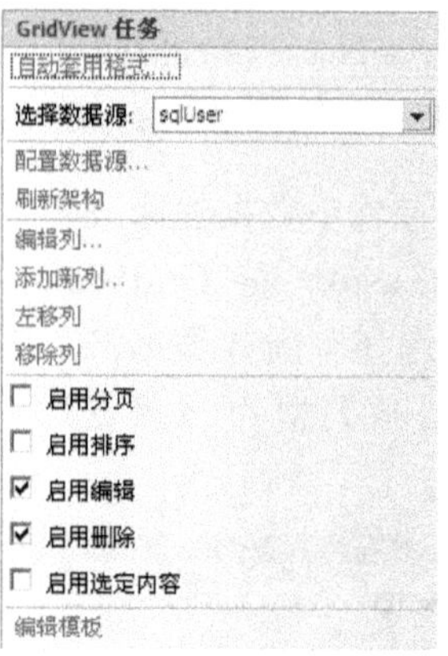

图 8-19　启用编辑、删除

启用编辑和删除功能后，GridView 控件会在第一列插入一个 CommandField 列，该列会显示编辑和删除超链接按钮，如图 8-20 所示。

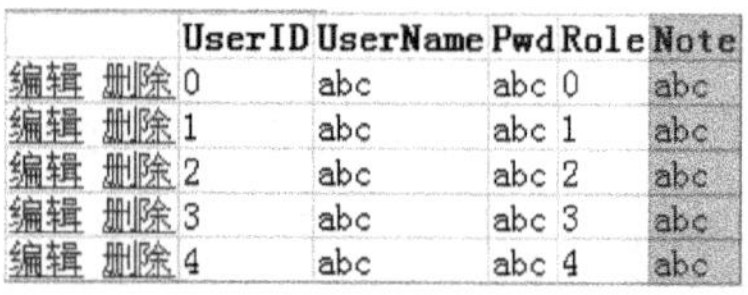

	UserID	UserName	Pwd	Role	Note
编辑 删除	0	abc	abc	0	abc
编辑 删除	1	abc	abc	1	abc
编辑 删除	2	abc	abc	2	abc
编辑 删除	3	abc	abc	3	abc
编辑 删除	4	abc	abc	4	abc

图 8-20　CommandField 列

(3) 设置 GridView 控件“自动套用格式”为“专业型”，并编辑列。如图 8-21 所示，修改每列的 HeaderText 属性为对应的文字；然后将 CommandField 列从第一列移到末尾，并设置其 ButtonType 属性值为 Button。

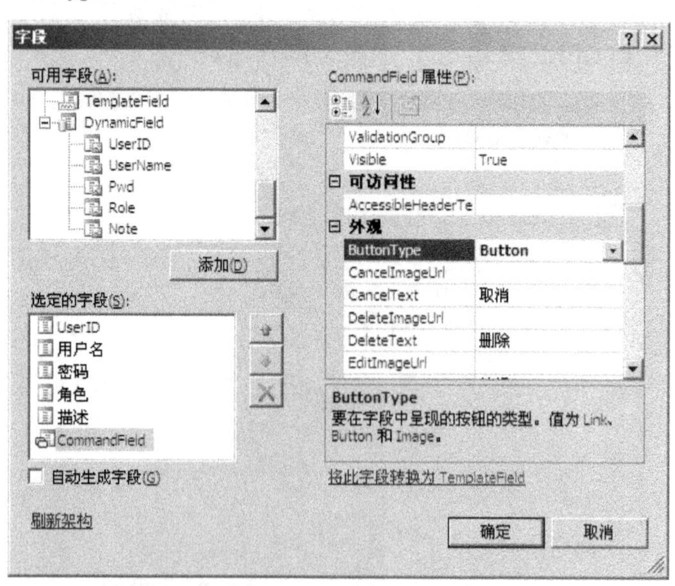

图 8-21　编辑 CommandField 字段的按钮类型

设置后的 GridView 控件的外观如图 8-22 所示。

UserID	用户名	密码	角色	描述		
0	abc	abc	0	abc	编辑	删除
1	abc	abc	1	abc	编辑	删除
2	abc	abc	2	abc	编辑	删除
3	abc	abc	3	abc	编辑	删除
4	abc	abc	4	abc	编辑	删除

图 8-22　GridView 控件外观

(4) 生成的页面源代码中核心代码如下：

```
<asp:SqlDataSource ID="sqlUser" runat="server"
ConnectionString="<%$ ConnectionStrings:TestDbConnectionString %>"
SelectCommand="SELECT * FROM [UserDetails]"
DeleteCommand="DELETE FROM [UserDetails] WHERE [UserID] = @UserID"
InsertCommand="INSERT INTO [UserDetails] ([UserName], [Pwd], [Role], [Note]) VALUES (@UserName,
@Pwd, @Role, @Note)"
        UpdateCommand="UPDATE [UserDetails] SET [UserName] = @UserName,
         [Pwd] = @Pwd, [Role] = @Role, [Note] = @Note WHERE [UserID] = @UserID">
        <DeleteParameters>
                <asp:Parameter Name="UserID" Type="Int32" />
        </DeleteParameters>
        <UpdateParameters>
                <asp:Parameter Name="UserName" Type="String" />
                <asp:Parameter Name="Pwd" Type="String" />
                <asp:Parameter Name="Role" Type="Int32" />
                <asp:Parameter Name="Note" Type="String" />
                <asp:Parameter Name="UserID" Type="Int32" />
        </UpdateParameters>
        <InsertParameters>
                <asp:Parameter Name="UserName" Type="String" />
                <asp:Parameter Name="Pwd" Type="String" />
                <asp:Parameter Name="Role" Type="Int32" />
                <asp:Parameter Name="Note" Type="String" />
        </InsertParameters>
</asp:SqlDataSource>
<asp:GridView ID="gvUser" runat="server" AutoGenerateColumns="False"
        CellPadding="4" DataKeyNames="UserID" DataSourceID="sqlUser"
        ForeColor="#333333" GridLines="None">
        <AlternatingRowStyle BackColor="White" ForeColor="#284775" />
        <Columns>
```

```
            <asp:BoundField DataField="UserID" HeaderText="UserID"
            InsertVisible="False" ReadOnly="True" SortExpression="UserID" />
            <asp:BoundField DataField="UserName" HeaderText="用户名"
                SortExpression="UserName" />
            <asp:BoundField DataField="Pwd" HeaderText="密码"
                SortExpression="Pwd" />
            <asp:BoundField DataField="Role" HeaderText="角色"
                SortExpression="Role" />
            <asp:BoundField DataField="Note" HeaderText="描述"
                SortExpression="Note" />
            <asp:CommandField ButtonType="Button" ShowDeleteButton="True"
                ShowEditButton="True" />
        </Columns>
        <EditRowStyle BackColor="#999999" />
            <FooterStyle BackColor="#5D7B9D" Font-Bold="True" ForeColor="White" />
            <HeaderStyle BackColor="#5D7B9D" Font-Bold="True" ForeColor="White" />
            <PagerStyle BackColor="#284775" ForeColor="White"
                HorizontalAlign="Center" />
            <RowStyle BackColor="#F7F6F3" ForeColor="#333333" />
            <SelectedRowStyle BackColor="#E2DED6" Font-Bold="True"
                ForeColor="#333333" />
            <SortedAscendingCellStyle BackColor="#E9E7E2" />
            <SortedAscendingHeaderStyle BackColor="#506C8C" />
            <SortedDescendingCellStyle BackColor="#FFFDF8" />
            <SortedDescendingHeaderStyle BackColor="#6F8DAE" />
</asp:GridView>
```

(5) 运行结果如图 8-23 所示。

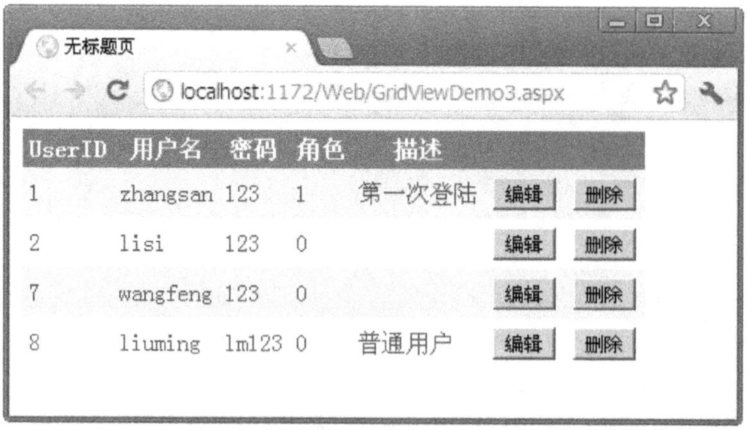

图 8-23　GridView 控件查看状态

单击记录中的“编辑”按钮，进入编辑状态，如图 8-24 所示，修改此条记录的密码。

UserID	用户名	密码	角色	描述		
1	zhangsan	123	1	第一次登陆	编辑	删除
2	lisi	123456	0		更新	取消
7	wangfeng	123	0		编辑	删除
8	liuming	lm123	0	普通用户	编辑	删除

图 8-24　GridView 控件编辑状态

修改后单击“更新”按钮，查看数据库中表数据更新成功，如图 8-25 所示。

UserID	UserName	Pwd	Role	Note
1	zhangsan	123	1	第一次登陆
2	lisi	123456	0	NULL
7	wangfeng	123	0	
8	liuming	lm123	0	普通用户

图 8-25　数据更新成功

单击一条记录的“删除”按钮，可以直接将此条记录从数据库中删除。

本 章 小 结

通过本章的学习，学生应该能够掌握：

✧ ASP.NET 4.0 中提供了 6 种数据源控件：SqlDataSource、AccessDataSource、LinqDataSource、ObjectDataSource、XmlDataSource 和 SiteMapDataSource。

✧ ASP.NET 4.0 中提供了 6 种数据绑定控件：GridView、DetailsView、FormView、Repeater、DataList 和 ListView。

✧ GridView 控件以表格的形式显示数据，并对数据进行排序、选择、编辑和删除等功能。

本 章 练 习

1．从工具箱的________选项卡中可以找到数据源控件。

　A．标准

　B．数据

　C．数据源

　D．报表

2．下述代码中，用于设置 GridView 控件的数据源并绑定正确的是__________。

　A．gvUser.DataSourceID = ds.Tables["User"];

gvUser.DataBinding();

B. gvUser.DataSource= ds.Tables["User"];
gvUser.DataBinding();

C. gvUser.DataSource = ds.Tables["User"];
gvUser.DataBind();

D. gvUser.Data= ds.Tables["User"];
gvUser.DataBind();

3. 单击 DetailsView 控件中的按钮时会引发______事件。

A. Click

B. ItemCommand

C. RowCommand

D. DataBound

4. 列举两个数据绑定控件：________和_________。

创建一个 UserList.aspx 页面，在页面中使用 GridView 控件显示用户信息(用户 ID 和用户名)，并实现编辑和删除功能。

第9章　页面设计

本章目标

■掌握母版页的创建和使用

■熟悉 SiteMapPath 控件的使用

■掌握 TreeView 控件的使用

■熟悉 Menu 控件的使用

9.1 母版页和内容页

在 Web 应用开发过程中，经常会发现 Web 应用程序中的很多页面的布局都相同，这时就可以使用母版页和内容页。

9.1.1 母版页

ASP.NET 中的母版页可以为 Web 应用程序创建统一的页面布局和外观，也可以为应用程序中的所有页面或某一模块的所有页面定义其共同的外观和操作。开发人员只需创建各自所需的内容页面，当程序运行时，这些内容页面会和母版页合并，并结合母版页中设置的布局在客户端一起输出。

1. 母版页概述

母版页是扩展名为.master 的 ASP.NET 文件，使用“@Master”指令来标识，其使用语法如下：

```
<%@ Master Language="C#" AutoEventWireup="true"
    CodeFile="MasterPageName.master.cs" Inherits="MasterPageName" %>
```

母版页提供了一个重用模板的系统，是一个页面模板，和普通的 ASP.NET Web 页面一样，除了包含 HTML 控件、Web 控件外，还包含 ContentPlaceHolder 控件(内容占位符控件，被定义用来加载内容页面的区域)。虽然母版页在包含的内容和使用方法上与普通的 ASP.NET 窗体相似，但它们之间有如下两个区别：

✧ 所有的 Web 窗体由 Page 指令开始，而母版页由 Master 指令开始，Master 指令中的属性与 Page 指令相同。
✧ ContentPlaceHolder 控件只能在母版页中使用，不能出现在普通 Web 窗体中。

在 ASP.NET 中使用母版页具有如下几个优点：

✧ 集中处理页面的共通功能，便于维护和更新。
✧ 可以方便地创建一组控件和代码，并将其作用于一组页面，如在母版页中创建树形菜单。
✧ 通过允许控制占位符的呈现方式，母版页可以让开发人员在细节上控制最终页面的布局。

2. 创建母版页

在 Visual Studio 里创建母版页，可参考如下步骤：

(1) 在解决方案“ch09”中的网站上单击鼠标右键，选择“添加新项”，再选择“母版页”，指定一个名称(例如 SiteTemplate.master)，然后单击“添加”按钮，如图 9-1 所示。

(2) 单击“添加”按钮后，会得到一个默认包含两个 ContentPlaceHolder 控件的空白页。其中一个用于定义<head>区域，允许内容页面能够增加页面元数据，比如当前页面编码、样式表链接或 JavaScript 链接等；另一个 ContentPlaceHolder 用于定义<body>区域，

代表页面显示的内容。最后开发者可以根据具体情况在上述两个定义的区域中编写特定的内容。

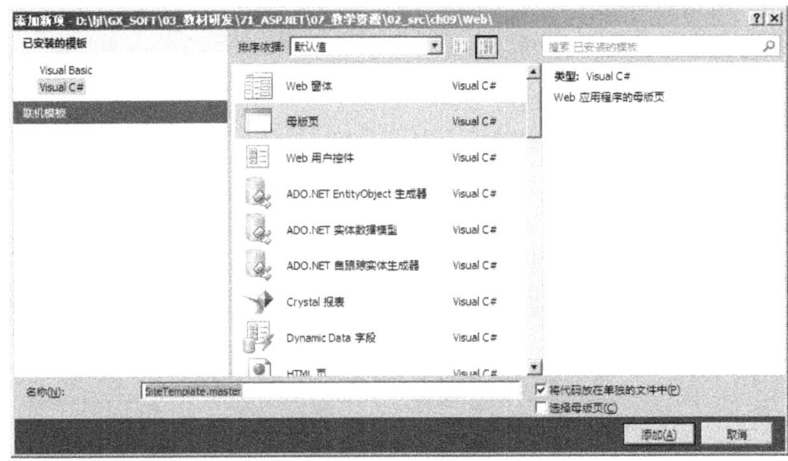

图 9-1　创建母版页

【示例 9.1】 设计母版页，并将母版页中 ContentPlaceHolder 控件的 ID 设置为“cphContent”。

创建母版页 SiteTemplate.master 并编写代码如下：

```
<%@ Master Language="C#" AutoEventWireup="true"
    CodeFile="SiteTemplate.master.cs" Inherits="SiteTemplate" %>
<!DOCTYPE html PUBLIC "-//W3C//DTD XHTML 1.0 Transitional//EN"
    "http://www.w3.org/TR/xhtml1/DTD/xhtml1-transitional.dtd">
<html xmlns="http://www.w3.org/1999/xhtml">
<head id="Head1" runat="server">
    <title>货品管理系统</title>
</head>
<body>
    <form id="form1" runat="server">
    <!--网站头部-->
    <div style="width: 970px; height: 93px;">
        <table style="width: 970px; height: 93px;">
            <tr>
                <td width="600">
                          
                    <img src="images/logo.gif" style="height: 87px;
                        width: 127px"/>
                </td>
            </tr>
        </table>
```

```
</div>
<div class="middle-bg">
    <!--网站中间部分-->
    <div style="padding-left: 30px; font-size: 13px;
        line-height: 30px; font-weight: bold;">
        您现在的位置:此处用于显示当前页面在网站中的位置
    </div>
    <div style="padding: 15px 0px 15px 0px;">
        <table width="900" border="0" cellspacing="0"
            cellpadding="0" align="center">
            <tr>
                <!--左边菜单栏-->
                <td class="middle-left" valign="top">
                    <div>
                        <img src="images/goodscategory.gif"
                            style="height: 79px">
                    </div>
                    <div class="middle-left1">
                        此处显示货品的分类树形图
                    </div>
                </td>
                <!--右边主要内容-->
                <td valign="top">
                    <table width="100%" border="0"
                    cellspacing="0" cellpadding="0">
                        <tr>
                            <td>
                                <asp:ContentPlaceHolder
                                    ID="cphContent"
                                    runat="server">
                                    内容页部分
                                </asp:ContentPlaceHolder>
                            </td>
                        </tr>
                    </table>
                </td>
            </tr>
        </table>
    </div>
```

```
            <!--网站底部-->
            <div align="center">
                <a href="#" class="bottom">单位简介</a>   
                <a href="#" class="bottom">诚征英才</a>  
                <a href="#" class="bottom">网站联盟</a>  
                <a href="#" class="bottom">店中店招商</a>  
                <a href="#" class="bottom">交易条款</a>
            </div>
        </div>
        </form>
</body>
</html>
```

上述代码中定义了一个名为 SiteTemplate.master 的母版页，设计母版页时，使用 DIV 布局将母版页分为头部、中部和底部三部分，其中中部部分又分为了左、右两部分，其中左边为超市货品的分类树形图，右边部分为内容页部分(用于显示货品的详细信息)。SiteTemplate.master 的母版页的设计视图如图 9-2 所示。

图 9-2　母版页设计视图

9.1.2　内容页

1. 内容页概述

每个内容页引用一个母版页并获得其布局和内容。此外，内容页可以在任意的占位符里加入页面特定的内容，即通过创建各个内容页来填充母版页中占位符控件的内容。内容页通过在“@Page”指令中设置“MasterPageFile”属性来指定其使用的母版页，例如：

```
<%@ Page Language="C#" MasterPageFile="~/MasterPageName.master " ......%>
```

内容页的核心控件是“<asp:Content>”，设置该控件的“ContentPlaceHolderID”属性，可以将内容页映射到母版页的“ContentPlaceHolder”控件中，其语法格式如下：

```
<asp:Content ID="Content1" ContentPlaceHolderID="cphContent" Runat="Server">
```

```
</asp:Content>
```

如果创建了无对应 ContentPlaceHolder 的 Content 控件，在运行时会抛出在母版页找不到对应的 ContentPlaceHolder 的错误。另外，创建“<asp:Content>”控件后，只能在其内部添加文本或控件，在“<asp:Content>”控件外的内容(除服务器代码的脚本外)都将导致错误。在普通的.aspx 文件中所能实现和执行的功能都可以在内容页中实现。

2. 创建内容页

在 Visual Studio 中创建内容页，可参考如下步骤：

(1) 在解决方案“ch09”中的网站上单击鼠标右键，选择“添加新项”，选择“Web 内容窗体”，指定一个名称(例如 ContentForm.aspx)，并选择“选择母版页”，然后单击“添加”按钮，如图 9-3 所示。

图 9-3 创建内容页

(2) 创建完成后，弹出如图 9-4 所示窗口，选择特定的母版页，单击“确定”按钮，Visual Studio 自动为母版页里的每个 ContentPlaceHolder 创建一个 Content 控件。

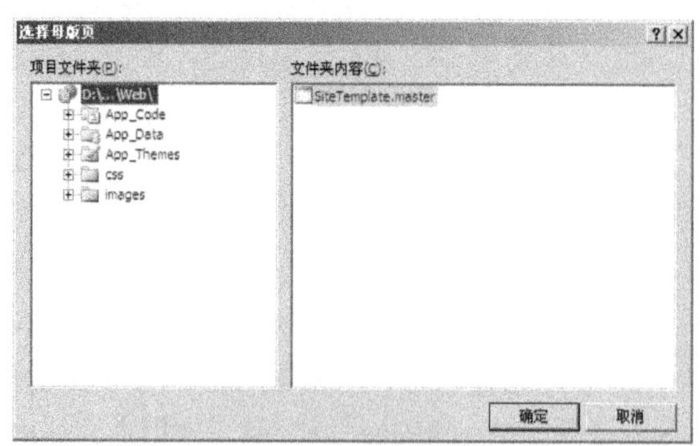

图 9-4 选择母版页

【示例 9.2】 创建内容页 ContentForm.aspx 并编写代码如下：

```
<%@ Page Language="C#" MasterPageFile="~/SiteTemplate.master"
```

```
        AutoEventWireup="true" CodeFile="ContentForm.aspx.cs"
        Inherits="ContentForm" Title="超市后台" %>
<asp:Content ID="Content1" ContentPlaceHolderID="cphContent" runat="Server">
            内容页：货品详细信息
</asp:Content>
```

上述代码，在 Page 指令中设置 MasterPageFile 属性值为“~/SiteTemplate.master”，指定当前内容页面所使用的母版页；还设置<asp:Content>中的“ContentPlaceHolderID”属性值为“cphContent”，与模板页中的 ContentPlaceHolder 的 ID 对应，这样内容页中的内容会显示在母版页指定的位置，而其他内容默认使用母版页中的内容，例如头部和底部区域。

内容页中的 MasterPageFile 属性的路径以“~/”开头，指定的是网站的根文件夹。如果开发人员只是指定了一个文件名，ASP.NET 会在一个预定义的文件夹(叫做 MasterPages)里查找母版页。如果该文件夹中还没有创建这个文件夹或者母版页不在其中，则 ASP.NET 就会继续检查 Web 的根文件夹。

此外，只设置 MasterPageFile 属性还不能把普通的页面转变成内容页。内容页定义要插入一个或多个 ContentPlaceHolder 控件的内容(<asp:Content>)，并进行编辑。另外在内容页中没有<html>、<head>和<body>之类的标签，因为母版页已经提供了这些标签，因此，如果试图在内容页中加入这些标签，会产生错误。

运行“ContentForm.aspx”内容页，显示结果如图 9-5 所示。

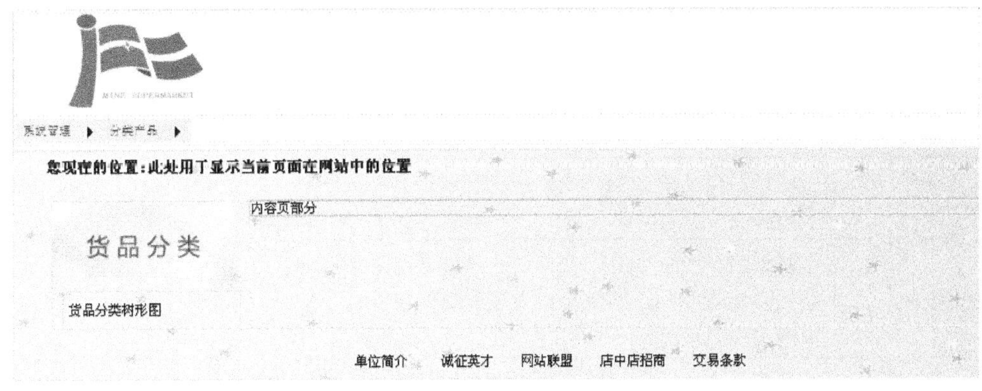

图 9-5　内容页的运行结果

内容页的运行及编译原理如下：

(1) 用户首先在浏览器中输入网页的 URL 地址，发出对该页面的请求。

(2) 获取该页面后，Web 服务器引擎读取页面的@Page 指令。如果该指令包含了对某个母版页的引用，则在读取请求页的同时，也读取该母版页。如果该页面是第一次被访问，则系统对于这两个页都进行编译。

(3) 后台引擎将母版页的内容合并到内容页的相应占位符控件中。

(4) 各个 Content 控件的内容合并到母版页中相应的 ContentPlaceHolder 控件中。

(5) 浏览器将最终合并完整的页面展现给用户。

9.2 站点导航

9.2.1 站点导航简介

对于一个大型的企业级网站，可能拥有成百上千的网页，导航就变得十分重要。好的导航系统能够支持用户在多个页面间方便地来回浏览，从而增加了网站的可操作性。ASP.NET 提供了内置的站点导航技术，使得开发人员创建站点导航时更加方便和快捷。

站点导航由三个部分组成：导航控件、站点地图和站点地图提供程序。

✧ 使用站点导航控件可以轻松地建立导航信息。站点导航控件包括三种控件，分别是 Menu、TreeView、SiteMapPath。

✧ 站点地图是描述站点逻辑结构的文件，该文件实际上是一个 XML 结构的文件，在网站中添加和删除页面的时候，开发人员只需要更改站点地图文件就可以管理页的导航，而不需要修改各个页面本身的导航链接。

✧ 站点地图提供程序用于读取站点地图 XML 文件，默认情况下，站点地图提供程序读取的是 Web.sitemap 文件，并直接通过这个文件创建 SiteMap 对象，再将导航信息显示到页面上。

导航控件 Menu 和 TreeView 控件都用于维护显示“名称/URL”映射的集合。这些集合可以手动进行编辑。此外，这两个控件能够基于站点地图数据源信息构建用于显示“名称/URL”映射的层级集合，而 SiteMapPath 控件单独地通过站点地图数据源构建用于显示“名称/URL”映射的集合。ASP.NET 中包括的三种导航控件如表 9-1 所示。

表 9-1 ASP.NET 导航控件

导航控件	描　　述
Menu	解析站点地图 XML 文件中的导航信息并以菜单格式显示出来。上层的 XML 节点会成为上层的菜单项，子 XML 节点会成为子菜单项
TreeView	解析站点地图 XML 文件中的导航信息并以树形格式显示出来。在文件中的上层站点地图 XML 节点会成为该树中更高层的节点，文件中的子节点会以子树节点的形式显示出来
SiteMapPath	解析站点地图 XML 文件中的导航信息并以“breadcrumb”格式显示出来。这种情形下，仅仅只有当前 XML 节点的路径显示出来(从根节点到当前子节点)

9.2.2 TreeView 控件

TreeView 控件用于在树形结构中显示分层数据，例如目录或文件目录。TreeView 控件由节点组成，树中的每个项都称为一个节点，由一个 TreeNode 对象表示。TreeView 中的各节点可以包含其他子节点，用户可以按展开或折叠的方式显示父节点及其包含的子节点。

TreeView 控件支持下列功能：

✧ 数据绑定，它允许控件的节点绑定到 XML、表格或关系数据。
✧ 站点导航，通过与 SiteMapDataSource 控件集成实现。
✧ 节点文本既可以显示为纯文本也可以显示为超链接。
✧ 可以动态地创建树、填充节点、设置属性等。
✧ 通过主题、用户定义的图像和样式可实现自定义外观。

创建 TreeView 控件之后，可以通过设置属性与调用方法对各 TreeNode 对象进行操作。TreeView 控件常用属性及事件如表 9-2 和表 9-3 所示。

表 9-2　TreeView 控件的常用属性

属　性	描　　述
Nodes	返回对 TreeView 控件的 Node 对象的集合的引用
DataSourceID	数据源控件的 ID 值，TreeView 控件自动绑定到指定的数据源控件
PopulateOnDemand	是否支持动态填充节点
HoverNodeStyle	节点在鼠标指针置于其上时的样式设置
LeafNodeStyle	叶节点的样式设置
NodeStyle	节点的默认样式设置
ParentNodeStyle	父节点的样式设置
RootNodeStyle	根节点的样式设置
SelectedNodeStyle	所选节点的样式设置
LevelStyles	控制树中特定深度的节点样式
CollapseImageUrl	可折叠节点的指示符所显示图像的 URL，此图像通常为一个减号(-)
ExpandImageUrl	可展开节点的指示符所显示图像的 URL，此图像通常为一个加号(+)
LineImagesFolder	包含用于连接父节点和子节点的线条图像的文件夹的 URL。ShowLines 属性必须设置为 true，该属性才能有效
NoExpandImageUrl	不可展开节点的指示符所显示图像的 URL
ShowCheckBoxes	设置是否在节点旁显示一个复选框
ShowLines	设置是否显示连接树节点的线

表 9-3　TreeView 控件的常用事件

事　件	描　　述
TreeNodeCheckChanged	当 TreeView 控件的复选框的状态有所更改时发生
SelectedNodeChanged	当选择 TreeView 控件中的节点时发生
TreeNodeExpanded	当展开 TreeView 控件中的节点时发生
TreeNodeCollapsed	当折叠 TreeView 控件中的节点时发生
TreeNodePopulate	当其 PopulateOnDemand 属性设置为 true 的节点在展开时发生
TreeNodeDataBound	当数据项绑定到 TreeView 控件中的节点时发生

【示例 9.3】 使用 TreeView 控件来实现网页的货品分类的树形结构图。

将下述代码追加到 SiteTemplate.master 文件中的“左边菜单栏”区域的 DIV 标签中。

```
<asp:TreeView ID="TreeView1" runat="server"></asp:TreeView>
```

上述代码在母版页中创建一个 TreeView 控件，然后通过后台动态地为 TreeView 控件增加导航节点，后台代码如下：

```
public partial class SiteTemplate : System.Web.UI.MasterPage
{
        protected void Page_Load(object sender, EventArgs e)
        {
                if (!IsPostBack) {
                        this.TreeView1.ShowLines = true;//在控件中显示网格线
                        TreeNode rootNode = new TreeNode();//定义根节点
                        rootNode.Text = "分类产品";
                        TreeNode tr1 = new TreeNode();//定义子节点
                        tr1.Text = "电器类";
                        tr1.NavigateUrl = "~/electric.aspx";
                        rootNode.ChildNodes.Add(tr1);//把子节点添加到根节点
                        TreeNode tr11 = new TreeNode();
                        tr11.Text = "电视";
                        tr11.NavigateUrl = "~/television.aspx";
                        tr1.ChildNodes.Add(tr11);
                        TreeNode tr2 = new TreeNode();//定义子节点
                        tr2.Text = "水果类";
                        tr2.NavigateUrl = "~/fruit.aspx";
                        rootNode.ChildNodes.Add(tr2);//把子节点添加到根节点
                        TreeNode tr21 = new TreeNode();
                        tr21.Text = "苹果";
                        tr21.NavigateUrl = "~/apple.aspx";
                        tr2.ChildNodes.Add(tr21);
                        TreeNode tr3 = new TreeNode();//定义子节点
                        tr3.Text = "日用品类";
                        tr3.NavigateUrl = "~/commodity.aspx";
                        rootNode.ChildNodes.Add(tr3);//把子节点添加到根节点
                        TreeView1.Nodes.Add(rootNode);
                }
        }
}
```

上述代码动态为 TreeView 控件添加节点并定义节点的 Text 和 NavigateUrl 属性，根据各个节点属性 NavigateUrl 中设置的值创建内容页，然后启动程序，运行结果如图 9-6 所示。

图 9-6　TreeView 控件的使用

9.2.3　SiteMapPath 控件

SiteMapPath 控件显示的是导航路径，即将当前页面在网站中的位置以单行导航的形式显示给用户，还可以为每一个非末级页面提供链接，以便用户能快速定位到当前页面的任意上级页面。

SiteMapPath 的使用方法非常简单，只需将其配置在网页上的指定区域中即可，但必须配合网站导航项目文件。当在网站中配置了站点地图 XML 文件后，SiteMapPath 便会自动获取其中的信息，并在浏览的网页上动态显示网页的层级路径与超链接。SiteMapPath 的基本属性如表 9-4 所示。

表 9-4　SiteMapPath 的基本属性

属　性	描　　述
PathSeparator	每个节点之间的分隔符，默认使用大于号(>)分隔链接元素
PathDirection	呈现的路径方向，可以设为“RootToCurrent”和“CurrentToRoot”
ParentLevelsDisplayed	设置显示的父节点层次数
ShowToolTips	设置是否显示工具提示
CurrentNodeStyle	当前节点的样式
NodeStyle	所有导航节点的样式
PathSeparatorStyle	路径分隔符的样式
RootNodeStyle	根节点的样式

【示例 9.4】 母版页中使用 SiteMapPath 来完成网页的站点导航。

创建站点地图 web.sitemap 并编写代码如下：

```
<?xml version="1.0" encoding="utf-8" ?>
<siteMap xmlns="http://schemas.microsoft.com/AspNet/SiteMap-File-1.0" >
    <siteMapNode url="~\ContentForm.aspx" title="分类产品" description="">
```

```
            <siteMapNode title="电器类" url="~\electric.aspx" description="">
                    <siteMapNode title="电视"
                            url="~\television.aspx" description=""></siteMapNode>
        </siteMapNode>
            <siteMapNode title="水果类" url="~\fruit.aspx" description="">
            <siteMapNode title="苹果"
                    url="~\apple.aspx" description=""></siteMapNode>
            </siteMapNode>
            <siteMapNode title="日用品类" url="~\commodity.aspx" description="">
            </siteMapNode>
        </siteMapNode>
</siteMap>
```

【示例 9.5】 创建页面 SiteMapPathDemo.aspx 并向该导航文件中指定的页面中添加导航控件 SiteMapPath，该控件会自动绑定站点导航文件，显示导航菜单。

在 SiteTemplate.master 页面中的“网站中间部分”增加一个 SiteMapPath 控件，代码如下：

```
<asp:SiteMapPath ID="SiteMapPath1" runat="server" Font-
Names="Verdana"
        Font-Size="0.9em" PathSeparator=" : ">
        <PathSeparatorStyle Font-Bold="True"
ForeColor="#1C5E55" />
        <CurrentNodeStyle ForeColor="#333333" />
        <NodeStyle Font-Bold="True" ForeColor="#666666" />
        <RootNodeStyle Font-Bold="True"
ForeColor="#1C5E55" />
</asp:SiteMapPath>
```

启动项目，运行结果如图 9-7 所示。

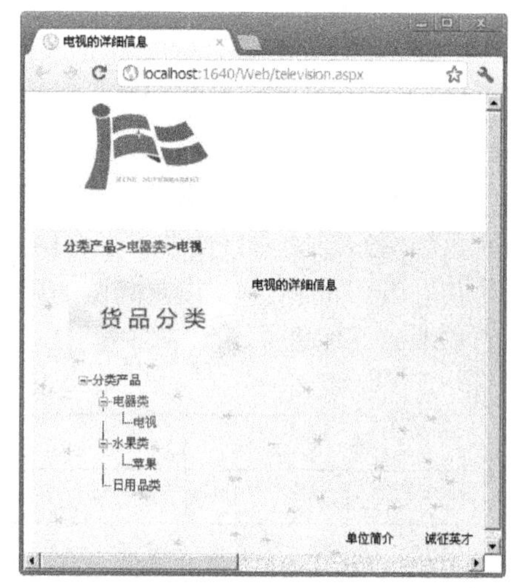

图 9-7 SiteMapPath 控件的使用

9.2.4 Menu 控件

Menu 控件用于在页面中创建菜单，常与用于导航网站的 SiteMapDataSource 控件结合使用。Menu 控件支持以下功能：

- ✧ 数据绑定，经 Menu 控件的菜单项绑定到分层数据源。
- ✧ 站点导航，与 SiteMapDataSource 控件结合使用。
- ✧ 在代码中可以动态创建菜单，填充菜单项并设置其属性。
- ✧ 可自定义外观，通过主题、样式或模板实现。

Menu 控件是由 MenuItem(菜单项)组成的，顶级的菜单项称为“根菜单项”，所有的根菜单项都存储在 Menu 控件的 Items 集合中，“子菜单项”存储在父菜单的 ChildItems 集合中。与 TreeNode 类相比，MenuItem 的功能弱一些，比如不能实现复选框的效果，也不

能够通过编程设置其“折叠/展开”状态，但二者具有一些类似的属性。MenuItem 的常用属性如表 9-5 所示。

表 9-5　MenuItem 的常用属性

属　性	描　　述
Text	菜单项的显示文本
ToolTip	菜单项的提示文字
Value	菜单项的值
NavigateUrl	菜单项被选中时定位到的 URL
ImageUrl	菜单项的图像的 URL

【示例 9.6】 母版页中使用 Menu 控件来完成页面的菜单栏。

在 SiteTemplate.master 的“网站头部”部分的 Table 标签中插入如下代码：

```
<tr>
    <td>
    <asp:Menu ID="Menu1" runat="server" BackColor="#E3EAEB"
                DynamicHorizontalOffset="2" Font-Names="Verdana"
                Font-Size="0.9em" ForeColor="blue"
                StaticSubMenuIndent="10px" Orientation="Horizontal">
        <StaticSelectedStyle BackColor="#1C5E55" />
        <StaticMenuItemStyle HorizontalPadding="5px"
                VerticalPadding="2px" />
        <DynamicHoverStyle BackColor="#666666" ForeColor="White" />
        <DynamicMenuStyle BackColor="#E3EAEB" />
        <DynamicSelectedStyle BackColor="#1C5E55" />
        <DynamicMenuItemStyle HorizontalPadding="5px"
                VerticalPadding="2px" />
        <StaticHoverStyle BackColor="#666666" ForeColor="White" />
    <Items>
        <asp:MenuItem Text="系统管理" Value="系统管理">
        <asp:MenuItem Text="用户管理" Value ="用户管理"></asp:MenuItem>
        <asp:MenuItem Text="密码修改" Value ="密码修改"></asp:MenuItem>
        </asp:MenuItem>
        <asp:MenuItem Text="分类产品" Value="分类产品">
        <asp:MenuItem Text="电器类" Value ="电器类">
        <asp:MenuItem Text="电视" Value ="电视"></asp:MenuItem>
        </asp:MenuItem>
        <asp:MenuItem Text="水果类" Value ="水果类">
        <asp:MenuItem Text="苹果" Value ="苹果"></asp:MenuItem>
        </asp:MenuItem>
```

```
            <asp:MenuItem Text="日用品类" Value ="日用品类"></asp:MenuItem>
            </asp:MenuItem>
        </Items>
        </asp:Menu>
        </td>
</tr>
```

上述代码中使用 Menu 控件创建了超市后台系统的菜单栏，运行结果如图 9-8 所示。

图 9-8　演示 Menu 控件导航

注 意　上述示例中的“超市后台系统”没有实际的应用价值，仅仅是为演示本章所用到控件的使用方法。

本 章 小 结

通过本章的学习，学生应该能够掌握：

✧　母版页由两部分组成：母版页和一个或多个内容页。
✧　运行时，母版页和内容页组成一个页面。
✧　站点地图文件是一个 XML 格式的文件，后缀为“.sitemap”。
✧　SiteMapPath 控件显示的是导航路径，它以单行导航的形式显示。
✧　TreeView 控件以树形结构显示站点的结构。
✧　Menu 控件以菜单的形式显示站点导航信息。

本 章 练 习

1．以下不是导航控件的是______。
　A．SiteMapPath 控件　　B．TreeView 控件
　C．Menu 控件　　D．GridView 控件
2．简述什么是母版页。
3．简述什么是站点导航。

第 10 章　LINQ 数据访问技术

本章目标

■掌握 LINQ 查询的特点及组成

■编写 Lambda 表达式

■掌握 LINQ 查询方法

■使用 LINQ to SQL 查询 SQL 数据库

10.1 LINQ 简介

LINQ(Language Integrated Query，语言集成查询)是 Visual Studio 2010 和 .NET Framework 4.0 中一项突破性的创新。Microsoft 宣称 LINQ 在对象领域和数据领域之间架起了一座桥梁。使用 LINQ 可以从 SQL Server 数据库、XML、内存中数组和集合、ADO.NET 数据集或任何其他支持 LINQ 的远程及本地数据源中查询数据。LINQ 以一种统一的方式操作各种数据源，减少了数据访问的复杂性。

10.1.1 LINQ 组成

LINQ 是一个编程模型，无论是访问文件、XML、数据库、注册表、事件日志、活动目录，还是第三方的数据，都可以使用统一的方法进行访问。LINQ 可以与所有不同形态、不同大小的数据一起工作，允许在所有这些数据上执行查询、设置和转换。而且 LINQ 是集成在.NET 编程语言中的一种特性，已经成为编程语言的一个组成部分。这样，在编写程序时就可以得到很好的编译期语法检查、丰富的元数据、智能感知、静态类型等强类型语言的好处，并且还可以方便地对内存中的信息而不仅仅只对外部数据源进行查询。

事实上，.NET 4.0 在语言方面的新特性，包括扩展方法、匿名类型、Lambda 表达式、查询表达式等，大部分都是为了支持 LINQ 而建立的。虽然它们在其他某些情况下也可能很有用，但迄今为止，这些新特性还是更多地被用于 LINQ。

LINQ 由 4 部分组成：LINQ to Objects、LINQ to SQL、LINQ to DataSet 和 LINQ to XML，如图 10-1 所示。

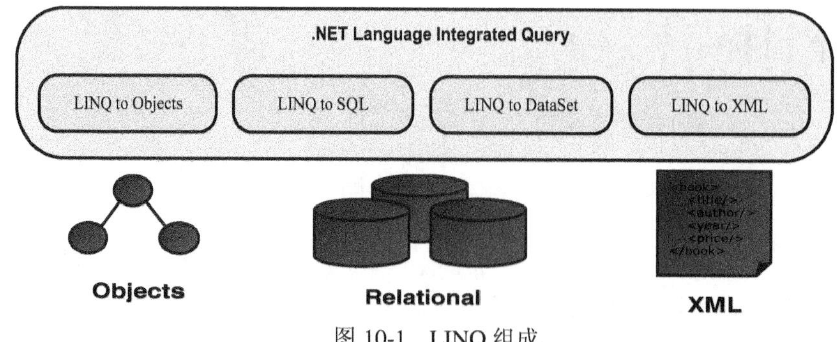

图 10-1　LINQ 组成

1. LINQ to Objects

LINQ to Objects 可以查询内存中的集合和数组，可以从任何实现了 IEnumerable 接口的对象中查询数据。

2. LINQ to SQL

LINQ to SQL 可以查询和修改 SQL Server 数据库中的数据，这样就可以轻松地将应用程序的对象模型映射到数据库的关系模型。C# 通过包含对象关系设计器(O/R 设计器)使

LINQ to SQL 更加易于使用，此设计器用于在应用程序中创建映射到数据库的对象模型。O/R 设计器还提供了将存储过程和函数映射到 DataContext 对象的功能。DataContext 对象负责管理与数据库的通信，并存储开放式并发检查的状态。

3. LINQ toDataSet

LINQ to DataSet 可以查询和更新 ADO.NET 数据集中的数据，可以将 LINQ 功能添加到使用数据集的应用程序中，以便简化和扩展对数据集中的数据进行查询、聚合和更新的功能。

4. LINQ to XML

LINQ to XML 可以查询和修改 XML，既可以修改内存中的 XML，也可以从文件加载 XML 以及将 XML 保存到文件。

10.1.2 LINQ 示例

【示例 10.1】 以传统查询方式查询整型数组中的奇数。

创建类 NormalQuery.cs 并编写代码如下：

```
class NormalQuery
{
    static void Main(string[] args)
    {
        //创建一整型数组并赋初值
        int[] numbers = new int[] { 3, 20, 47, 6, 9, 8, 81 };
        //创建一泛型 List 集合，用于存放符合要求的查询结果
        List<int>numQuery = new List<int>();
        //遍历数组，查询奇数并保存到集合中
        foreach (int num in numbers)
        {
            if (num % 2 != 0)
            {
                numQuery.Add(num);
            }
        }
        foreach (int num in numQuery)
        {
            Console.Write(num + " ");
        }
    }
}
```

在没有 LINQ 以前，查询数据时会比较麻烦。而有了 LINQ 后，能够将复杂的查询应

用简化成一条简单的查询语句。

所有 LINQ 查询操作都有如下三个步骤：

(1) 获取数据源：指定数据源是数据库、XML 还是普通的集合。

(2) 创建查询：根据用户要求和 LINQ 的查询语法，设置查询语句。

(3) 执行查询：从指定的数据源中找到符合条件的数据。

【示例 10.2】 以 LINQ 方式查询整型数组中的奇数。

创建类 LinqQuery.cs 并编写代码如下：

```
class LinqQuery
{
    static void Main(string[] args)
    {       //1. 获取数据源
            int[] numbers = new int[] { 3, 20, 47, 6, 9, 8, 81 };
            //2. 创建查询
            var numQuery = numbers.Where(p => p % 2 != 0)
                    .Select(p => p);
            //3. 执行查询
            foreach (int num in numQuery)
            {
                    Console.Write(num + " ");
            }
    }
}
```

从上述代码可以看到整个查询分为三步：获取数据源、创建查询和执行查询。其中，数据源是一个整型的数组；在创建查询时，使用推断类型 var 定义一个名为 numQuery 的查询变量，并使用 Where()和 Select()两个 LINQ 的查询方法进行数据查询，而查询方法的参数则使用 Lambda 表达式进行数据筛选，例如：p=>p%2!=0。需要注意的是，查询变量本身只是存储查询命令，如果不遍历访问查询结果，是不会真正执行查询的。即程序在执行“foreach (int num in numQuery)”语句时，numQuery 才会根据创建的查询从数据源中获取数据。

注 意

定义查询后，查询直到需要枚举结果时才被真正执行，这种方式称为“延迟执行(deferred execution)”。

传统方式和 LINQ 查询方式最后运行的结果是相同的，如图 10-2 所示。

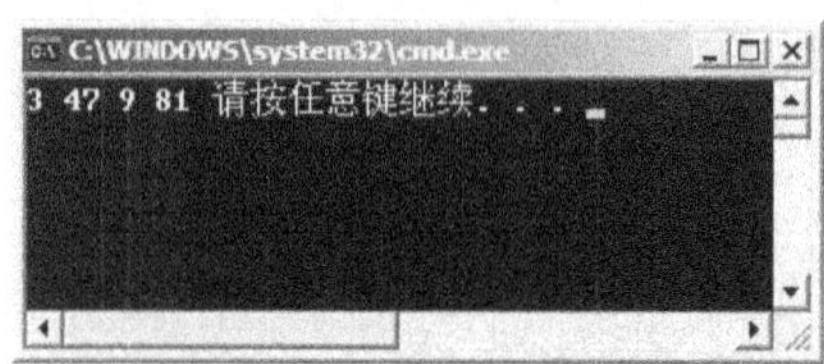

图 10-2 LINQ 查询结果

10.2　Lambda 表达式

在示例 10.2 中使用了 Lambda 表达式对数据进行筛选，Lambda 表达式是一个匿名方法，它可以包含表达式和语句，其基本语法格式如下：

```
(参数列表) =>{方法体}
```

其中：

- ✧ 参数列表中的参数都是匿名方法的输入参数，这些参数可以是明确类型或者是推断类型，如果是推断类型，则参数的数据类型将由编译器根据上下文自动推断出来。
- ✧ =>是 Lambda 运算符，该运算符读为“goes to”，与赋值运算符(=)具有相同的优先级，并且是右结合运算符。
- ✧ 方法体可以是单一的表达式，也可以是由多条语句组成的语句块。

下面是一个多参数、方法体为多语句的 Lambda 表达式示例：

```
(x, y) => {
        Console.WriteLine( x );
        Console.WriteLine( y );
}
```

如果参数列表只包含一个推断类型参数，则 Lambda 表达式可以简化成下面的格式：

```
参数名=>{方法体}
```

例如：

```
p => {return p+1;}
```

如果方法体只包含一条语句，则 Lambda 表达式又可以简化成下面的格式：

```
参数名=>表达式
```

例如：

```
p => p+1
```

Lambda 用在基于方法的 LINQ 查询中，作为诸如 Where()和 Select()等标准查询方法的参数，这些查询方法的参数是委托类型 System.Func<T, TResult>，而使用 Lambda 表达式创建委托是最为方便的。

【示例 10.3】 使用 Lambda 表达式筛选出数组中大于 10 小于 100 的偶数。

创建类 LambdaDemo.cs 并编写代码如下：

```
class LambdaDemo
{
        static void Main(string[] args)
        {
                //1.获取数据源
```

```
            int[] numbers = new int[] { 8, 20, 47, 102, 14, 86, 128 };
            //2.创建查询，使用 Lambda 表达式对数据进行筛选
            var numQuery = numbers.Where(p => p > 10 && p < 100)
                    .Where(p => p % 2 == 0)
                    .Select(p => p);
            //3.执行查询
            foreach (int num in numQuery)
            {
                    Console.Write(num + " ");
            }
        }
}
```

上述代码中先使用“p => p > 10 && p < 100”这个 Lambda 表达式筛选出数组中大于 10 小于 100 的数，再使用“p => p % 2 == 0”这个 Lambda 表达式筛选出偶数。运行结果如图 10-3 所示。

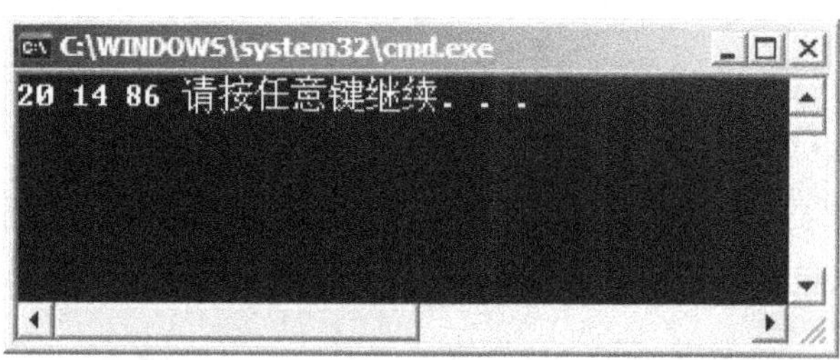

图 10-3　运行结果

10.3　LINQ 查询方法

LINQ 查询存在两种方式：

- ✧ 查询方法：主要利用 System.Linq.Enumerable 类中定义的扩展方法和 Lambda 表达式进行查询，语法简洁并能完成一些复杂的查询操作，但可读性差。
- ✧ 查询语句：一种更接近 SQL 语法的查询方式，具有更好的可读性。

LINQ 查询方法中提供了一些标准查询方法，如 Select()、Where()、OrderBy()等；还提供一些高级的查询方法，如 Count()、Skip()、Range()等。

10.3.1　Select()

Select()查询方法用于选取数据，其语法格式如下：

```
public static IEnumerable<TResult> Select<TSource, TResult> (
    this IEnumerable<TSource> source,
    Func<TSource, TResult>selector )
```

其中：

✧ Select 方法本身是一个泛型扩展方法，作用于 IEnumerable<TSource>类型。

✧ Select()方法的参数是 Func<TSource, TResult>类型，Func<TSource, TResult>是一个泛型委托，位于 System 命名空间下 System.Core.dll 中。

✧ selector 是一个提取器。

【示例 10.4】 演示 Select()查询方法的使用。

创建类 SelectDemo.cs 并编写代码如下：

```
class SelectDemo
{
    static void Main(string[] args)
    {
        //1.获取数据源
        string[] names = new string[] { "Tom","Rose","Mark","Lili" };
        //2.创建查询，使用 Select()方法，将字符串变成大写
        var q = names.Select(p=>p.ToUpper());
        //3.执行查询
        foreach (string e in q)
        {
            Console.WriteLine(e);
        }
    }
}
```

运行结果如图 10-4 所示。

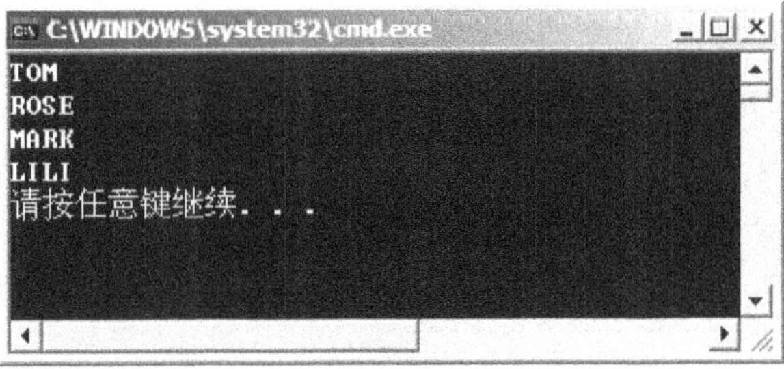

图 10-4　Select 运行结果

10.3.2　Where()

Where ()查询方法可以使用条件对数据进行查询，其语法格式如下：

```
public static IEnumerable<TSource> Where<TSource>(
    this IEnumerable<TSource> source,
    Func<TSource, bool>predicate )
```

其中：

✧ Where()方法也是一个泛型扩展方法，同样作用于 IEnumerable<TSource>类型。

✧ Where()方法的参数是 Func<TSource, bool>泛型委托。

✧ predicate 是一个判断条件。

【示例 10.5】 演示 Where()查询方法的使用。

创建类 WhereDemo.cs 并编写代码如下：

```
class WhereDemo
{
        static void Main(string[] args)
        {
                //1.获取数据源
                string[] names = new string[]{ "Tom","Rose","Tang","Mark", "Lili"};
                //2.创建查询，使用 Where()查询以"T"开头的字符串
                var q = names.Where (p=>p.StartsWith("T"))
                        .Select(p =>p.ToUpper());
                //3.执行查询
                foreach (string e in q)
                {
                        Console.WriteLine(e);
                }
        }
}
```

运行结果如图 10-5 所示。

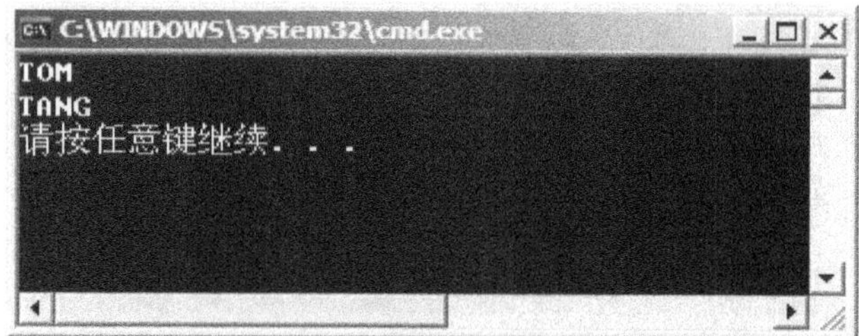

图 10-5　Where 查询结果

10.3.3　OrderBy()

OrderyBy()查询方法可以根据字段，对数据按照升序进行排序，其语法格式如下：

```
public static IOrderedEnumerable<TSource>OrderBy<TSource, TKey>(
    this IEnumerable<TSource> source,
    Func<TSource, TKey>keySelector )
```

其中：

✧ OrderBy()方法也是一个泛型扩展方法，作用于 IEnumerable<TSource>类型。

✧ OrderBy()方法参数是 Func<TSource, TKey>泛型委托。

✧ keySelector 指定要排序的字段。

注 意

OrderyBy()按照升序进行排序，如果想对数据进行降序排列，则应使用 OrderByDescending()方法。

【示例 10.6】 演示 OrderyBy()查询方法的使用。

创建类 OrderByDemo.cs 并编写代码如下：

```
class OrderByDemo
{
    static void Main(string[] args)
    {
        //1.获取数据源
        int[] numbers = new int[] { 8, 20, 47, 102, 14, 86, 128 };
        //2.创建查询，从数组中提取偶数并排序
        var numQuery = numbers.Where(p => p > 10 && p < 100)
                .Where(p => p % 2 == 0)
                .Select(p => p)
                .OrderBy(p => p);
        //3.执行查询
        foreach (int num in numQuery)
        {
                Console.Write(num + " ");
        }
    }
}
```

运行结果如图 10-6 所示。

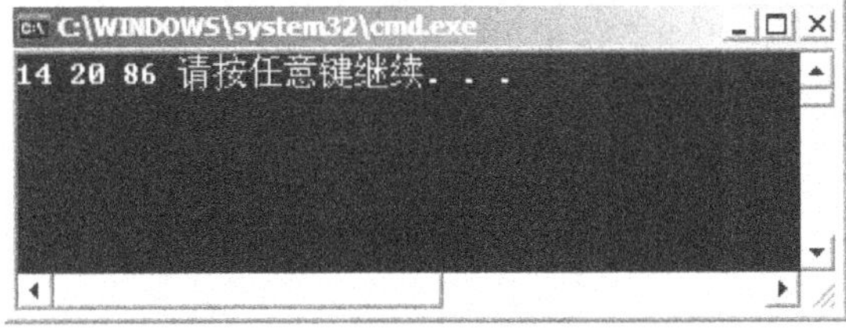

图 10-6　OrderyBy 运行结果

10.3.4　GroupBy()

GroupBy()查询方法用于选取数据，其语法格式如下：

```
public static IEnumerable<IGrouping<TKey, TSource>>GroupBy<TSource, TKey>(
        this IEnumerable<TSource> source,
        Func<TSource, TKey>keySelector )
```

其中：

✧ GroupBy()方法也是一个泛型扩展方法，作用于 IEnumerable<TSource>类型。

✧ GroupBy()方法的参数是 Func<TSource, TKey>泛型委托。

✧ keySelector 指定要分组的字段。

【示例 10.7】 演示 GroupBy()查询方法的使用。

创建 GroupByDemo.cs 并编写代码如下：

```
class GroupByDemo
{
        static void Main(string[] args)
        {
                List<string>foxRiver = new List<string>{
                        "Michael",
                        "Lincoln",
                        "Sucre",
                        "Abruzzi",
                        "T-Bag",
                        "C-Note",
                        "Tweener",
                        "Charles"
                };
                //根据第一个字母对数据进行分组
                var q = foxRiver.GroupBy(p =>p.Substring(0, 1));
                foreach (var group in q)
                {
                        //输出分组关键字
                        Console.WriteLine(group.Key + ":");
                        //输出组内元素
                        foreach (var item in group)
                        {
                                Console.WriteLine(item);
                        }
                        Console.WriteLine("--------------------");
                }
        }
}
```

运行结果如图 10-7 所示。

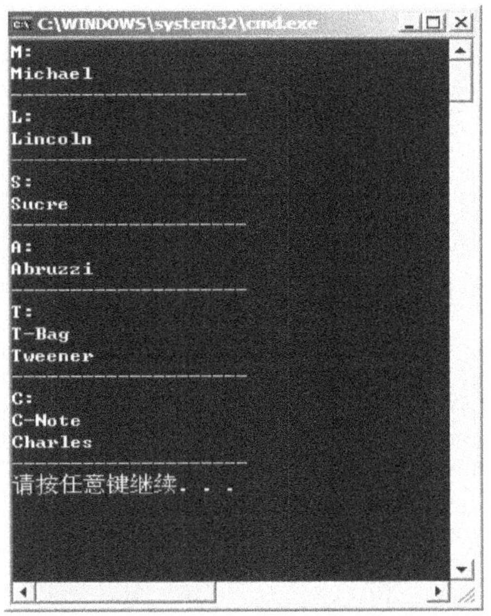

图 10-7　GroupBy 运行结果

10.3.5　高级查询方法

常用的 LINQ 高级查询方法如表 10-1 所示。

表 10-1　用的 LINQ 高级查询方法

种　类	方法名	描　　述
聚合	Count	返回序列中元素的数量
	Max	返回序列中的最大值
	Min	返回序列中的最小值
	Average	返回序列中元素的平均值
	Sum	返回序列中元素的总和
排序	ThenBy	使用 OrderBy()对序列排序后，再通过 ThenBy()进行复合排序
分区	Take	提取序列中指定数量的连续元素
	TakeWhile	根据指定条件提取序列中的元素，然后跳过剩余的元素
	Skip	跳过序列中指定数量的元素，然后返回剩余的元素
	SkipWhile	根据指定条件跳过序列中的元素，然后返回剩余的元素
集合	Distinct	去掉序列中的重复元素，返回非重复元素
生成	Range	生成一个指定范围内的整数序列
	Repeat	生成一个重复值的序列

【示例 10.8】 演示高级查询方法的使用。

创建 HightFunctionDemo.cs 并编写代码如下：

```
class HightFunctionDemo
{
    static void Main(string[] args)
    {
        int[] numbers = new int[] { 8, 20, 47, 102, 14, 86, 128 };
        //求数组中偶数的个数
        var count = numbers.Where(p => p % 2 == 0)
            .Count();
        Console.WriteLine("偶数个数：" + count);
        //数组中最大值
        var max = numbers.Max();
        Console.WriteLine("最大值：" + max);
        //数组中最小值
        var min = numbers.Min();
        Console.WriteLine("最小值：" + min);
        //数组中元素的平均值
        var avg = numbers.Average();
        Console.WriteLine("平均值：" + avg);
        //数组中元素的和
        var sum = numbers.Sum();
        Console.WriteLine("总和：" + sum);
        List<string>foxRiver = new List<string>{
            "Michael",
            "Lincoln",
            "Sucre",
            "Abruzzi",
            "T-Bag",
            "C-Note",
            "Tweener",
            "Charles"
        };
        //按照第一个字母排序后，再按照第二个字母排序
        var q = foxRiver.OrderBy(p =>p.Substring(0, 1))
            .ThenBy(p =>p.Substring(1, 1));
        Console.WriteLine("字符串排序：");
        foreach (var e in q)
        {
            Console.Write(e + " ");
        }
```

```
        Console.WriteLine();
        //生成一个 1 到 10 的整数序列
        var nums = Enumerable.Range(1, 10);
        Console.Write("生成 10 个数：");
        foreach (var e in nums)
        {
            Console.Write(e + " ");
        }
        Console.WriteLine();
        //跳过序列的前 2 项，再提取连续 3 项
        var take = nums.Skip(2).Take(3);
        foreach (var e in take)
        {
            Console.Write(e + " ");
        }
        Console.WriteLine();
        //生成重复序列
        var rep = Enumerable.Repeat("QingDao", 4);
        Console.WriteLine("生成 4 个重复字符串：");
        foreach (var e in rep)
        {
            Console.WriteLine(e);
        }
    }
}
```

运行结果如图 10-8 所示。

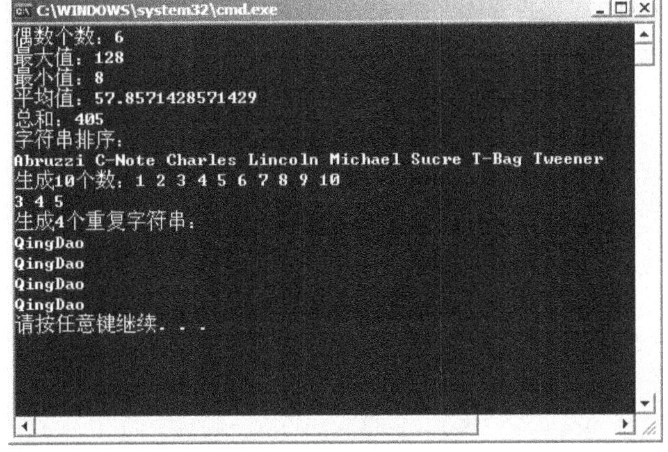

图 10-8　高级查询方法运行结果

10.4 LINQ to SQL 查询

通过使用 LINQ to SQL 可以使用 LINQ 技术访问 SQL 数据库，就像访问内存中的集合一样简单，且操作起来非常容易。

10.4.1 创建对象模型

LINQ to SQL 的主要操作原理就是将数据库中的表和表关系映射为对象，这样操作对象其实就是操作数据库。在项目中“添加新项”时，选择“LINQ to SQL 类”模板，如图 10-9 所示，该文件是以“.dbml”为后缀的。

图 10-9　LINQ to SQL 类模板

单击“添加”按钮后，将生成一个设计界面，如图 10-10 所示，此时并没有与数据库进行映射。

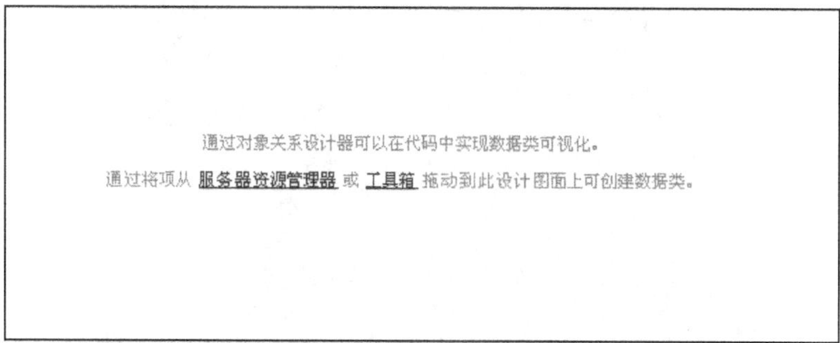

图 10-10　dbml 设计界面

打开“服务器资源管理器”，右击“数据连接”，选择“添加连接”命令，如图 10-11 所示，连接指定数据库，并单击“确定”按钮。此时，在“服务器资源管理器”窗口中显示连接的数据库及表。

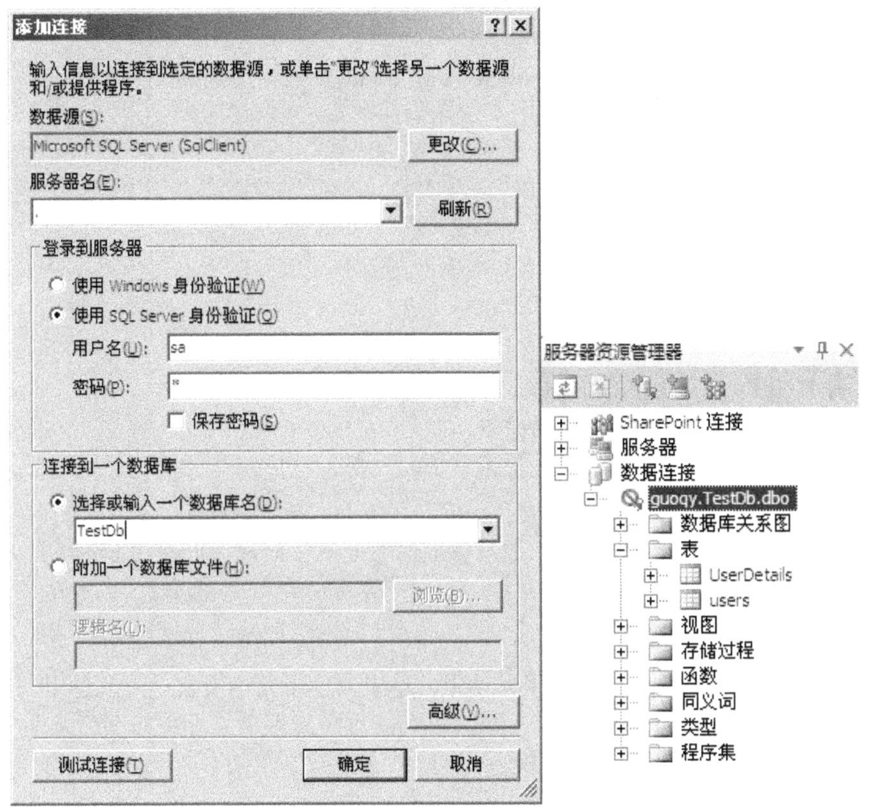

图 10-11　服务器资源管理器

将 UserDetails 表拖放到设计视图中，如图 10-12 所示。

图 10-12　UserDetails 表

此时打开 DataClasses1.dbml 下的 DataClasses1.designer.cs 文件，保存对象关系映射的文件，其代码都是自动生成的，代码如下：

```
public partial class DataClasses1DataContext : System.Data.Linq.DataContext
{
    ...
}
[[global::System.Data.Linq.Mapping.TableAttribute(Name="dbo.UserDetails")]
public partial class UserDetails : INotifyPropertyChanging, INotifyPropertyChanged
{
    ...
}
```

10.4.2 查询数据库

【示例 10.9】 使用 LINQ to SQL 查询数据库。

创建类 SQLDemo.cs 并编写代码如下：

```
using System;
using System.Collections.Generic;
using System.Linq;
using System.Data.Linq;
using System.Text;
namespace ch11
{
    class SQLDemo
    {
        static void Main(string[] args)
        {
            DataClasses1DataContext db = new DataClasses1DataContext();
            //获取 UserDetails 表数据
            List<UserDetails> list = db.UserDetails.Where(
                u =>u.Role == 0).ToList();
            //执行
            foreach (UserDetails user in list)
            {
                Console.WriteLine(user.UserName);
            }


        }
    }
}
```

运行结果如图 10-13 所示。

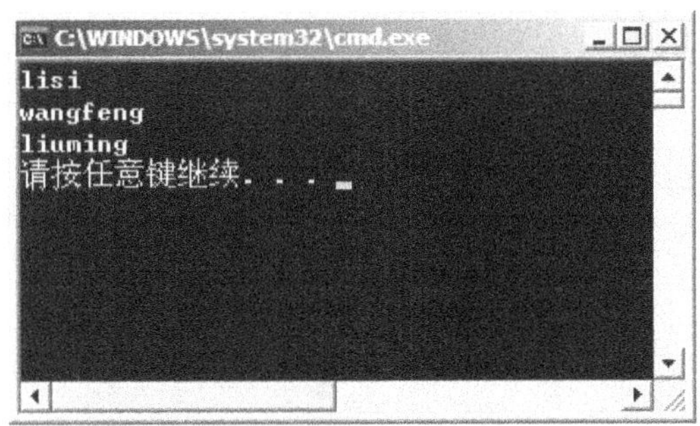

图 10-13　LINQ to SQL 运行结果

本 章 小 结

通过本章的学习，学生应该能够掌握：

- ✧ LINQ 是一种数据查询语言，可以查询数据库、XML、对象集合(支持 IEnumerabel)。
- ✧ LINQ 主要分为三部分：LINQ to Object、LINQ to XML 和 LINQ to ADO.NET。
- ✧ Lambda 表达式由三部分组成：左边是参数列表，右边是方法体或表达式，中间用“=>”连接。
- ✧ 查询分为三步：获取数据源、定义查询、执行查询。
- ✧ 定义查询后，查询直到需要枚举结果时才被真正执行，此种方式称为“延迟执行(deferred execution)”。
- ✧ 当查询方法返回单一值时，查询立即执行。
- ✧ CLR 本身并不理解查询语句，它只理解查询方法，在编译时编译器将查询语句翻译为查询方法。
- ✧ 大部分查询方法都有对应的查询语句形式，如 Select()对应 select、OrderBy()对应 orderby。

本 章 练 习

1．下面＿＿＿＿＿不属于 LINQ 的组成部分。

A．LINQ to Objects

B．LINQ to SQL

C．LINQ to Data

D．LINQ to XML

2．下述代码中，使用 LINQ 查询方法实现的功能是＿＿＿＿＿。

```
int[] numbers = new int[] { 8, 20, 47, 102, 14, 86, 128 };
var numQuery = numbers.Where(p => p > 10 && p < 100)
```

```
.Where(p => p % 2 == 0)
.Select(p => p)
.OrderBy(p => p);
```

A．从数组中提取大于 10 小于 100 的数

B．从数组中提取偶数

C．从数组中提取偶数并排序

D．从数组中提取大于 10 小于 100 的偶数并排序

3．使用 LINQ to SQL 查询 UserDetails 表中管理员用户信息。

第11章　学习ASP.NET MVC

本章目标

- 了解 ASP.NET MVC 组成
- 了解 ASP.NET MVC 访问流程
- 了解 ASP.NET 路由规则
- 掌握控制器操作
- 掌握视图操作

11.1 MVC 介绍

ASP.NET MVC 是微软官方提供的以 MVC 模式为基础的 ASP.NET Web 应用程序(Web Application)框架，最新版本是 ASP.NET MVC 5，本章采用 ASP.NET MVC 4 框架。

✧ Model(模型)是应用程序中用于处理应用程序数据逻辑的部分，通常模型对象负责在数据库存取数据。

✧ View(视图)是应用程序中处理数据显示的部分，通常视图是依据数据模型创建的。

✧ Controller(控制器)是应用程序中处理用户交互的部分，通常控制器负责从视图读取数据，控制用户输入，并向模型发送数据。

11.2 MVC 优势

MVC(Model、View、Controller)将一个 Web 应用分解为 Model、View 和 Controller。ASP.NET MVC 框架提供了一个可以代替传统 ASP.NET WebForm 的基于 MVC 设计模式的应用。

MVC 优点：

✧ 把项目分成 Model、View 和 Controller，使得复杂项目更加容易维护，减少项目之间的耦合。

✧ 避免使用 ViewState 和服务器表单控件，可以更方便地控制应用程序行为。

✧ 应用程序通过 Controller 来控制程序请求，并提供了原生的 URLRouting 功能来重写 URL。

✧ 使 Web 程序对单元测试的支持更加出色。

✧ 在团队开发模式下表现更出众。

11.3 ASP.NET MVC 实践

11.3.1 开发准备

本教材使用 Visual Studio 2010 开发基于 ASP.NET MVC 4 的应用程序，在开发之前必须安装 VS2010SP1 补丁和 ASP.NET MVC 4。如果使用 Visual Studio 2012，则可以直接创建 ASP.NET MVC 4 应用程序，不需要额外安装。

✧ ASP.NET MVC 4 的下载地址：

http://www.microsoft.com/zh-CN/download/details.aspx?id=30683

✧ Visual Studio 2010 SP1 的下载地址：

http://www.microsoft.com/zh-CN/download/details.aspx?id=23691

11.3.2　ASP.NET MVC 4 实例

【示例 11.1】 基于 APS.NET MVC 框架，实现 Web 应用程序对电影信息进行管理。

1. 创建 ASP.NET MVC 4 应用程序

打开 Visual Studio 2010，打开“文件”→“新建”→“项目”菜单，添加新项目，找到 ASP.NET MVC 4 Web 应用，如图 11-1 所示。

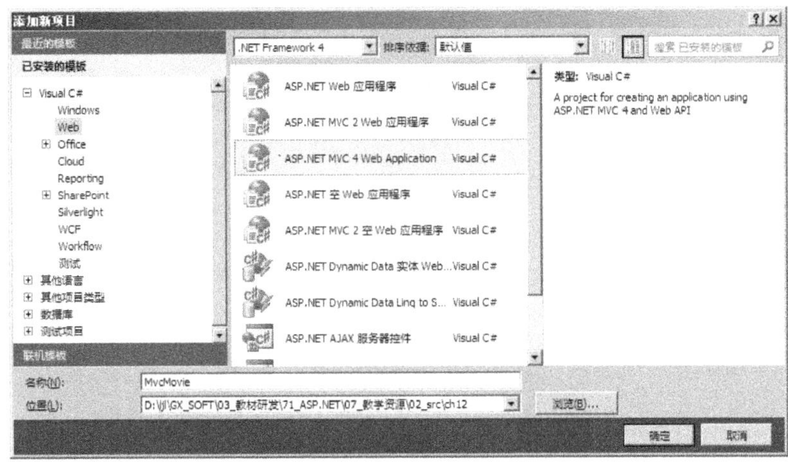

图 11-1　新建 ASP.NET MVC 4 应用程序

修改名称为“MvcMovie”，修改存放位置，单击“确定”按钮，自动打开新的 ASP.NET MVC 4 项目窗口，如图 11-2 所示。

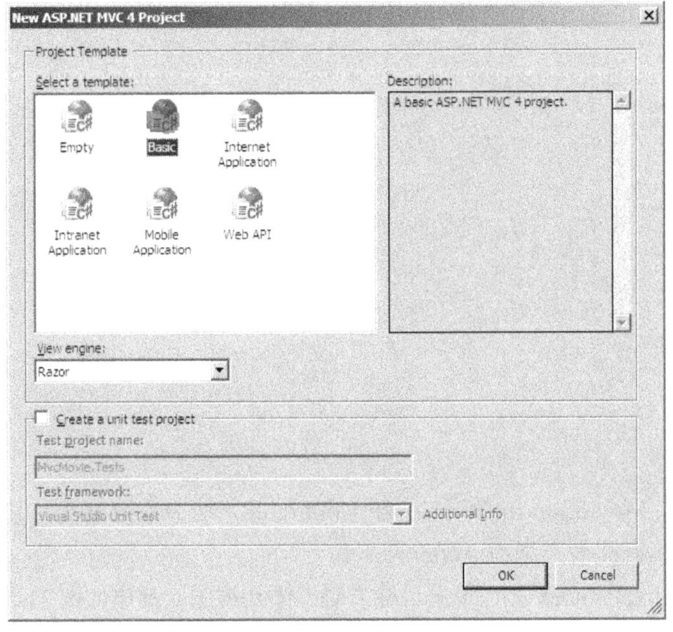

图 11-2　选择项目模板

选择基本的应用程序，使用 Razor 作为默认视图引擎，单击“OK”按钮，创建一个基本的 ASP.NET MVC 4 应用程序，如图 11-3 所示。

在“Controllers”文件夹上单击鼠标右键，选择添加→控制器，弹出添加控制器对话框，如图 11-4 所示。

图 11-3　项目文件

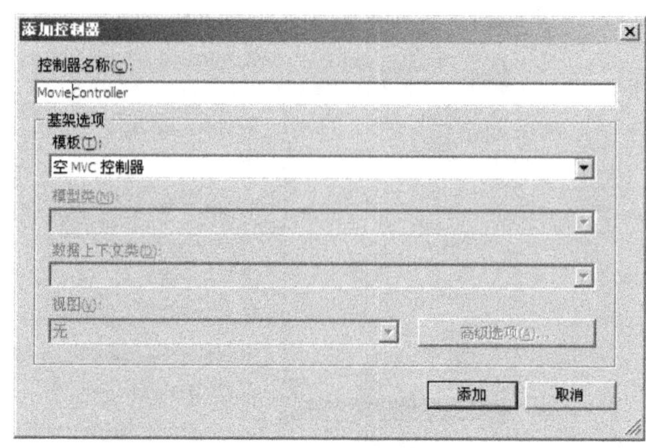

图 11-4　添加控制器

修改控制器名称框中 Default1 为 Movie，后缀 Controller 不允许修改，模板默认为空 MVC 控制器，单击“添加”按钮，创建控制器成功。

双击新创建的 MovieController.cs 类，代码如下：

```
namespace MvcMovie.Controllers
{
public class MovieController : Controller
    {
        //
        // GET: /Movie/
        public ActionResult Index()
        {
            return View();
        }
    }
}
```

上述代码中，MovieController 继承自 Controller，是一个控制器。其中 Index()方法也被称为 Action，其返回值类型为 ActionResult。

鼠标移动到方法名 Index 上，单击鼠标右键，添加视图，弹出如图 11-5 所示的对话框。

单击“添加”按钮，完成视图添加，如图 11-6 所示。

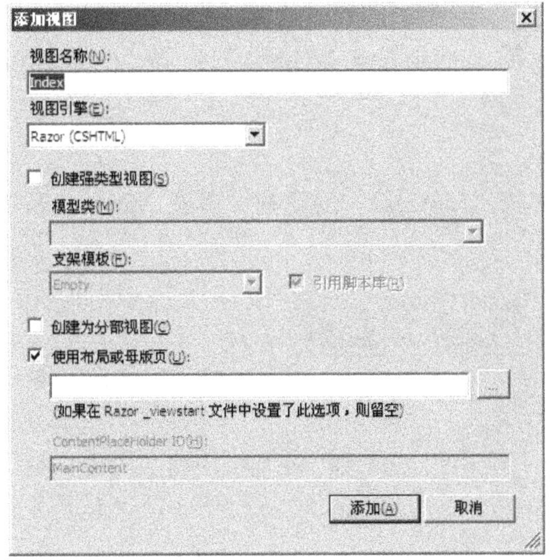

图 11-5　添加视图

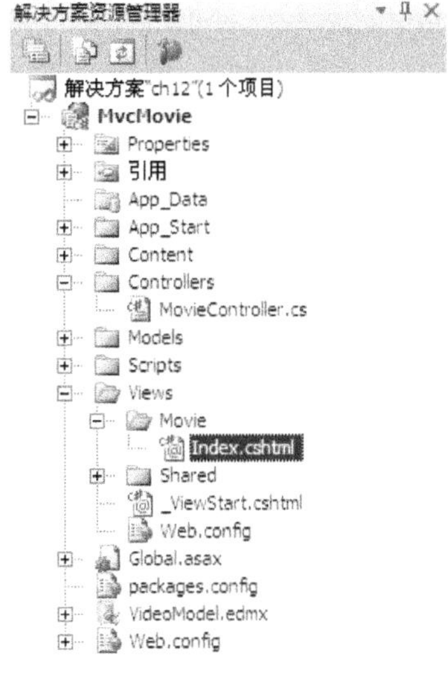

图 11-6　项目文件

打开 App_Start 文件夹，双击 RouteConfig.cs 类，代码如下：

```
namespace MvcMovie
{
    public class RouteConfig
    {
        public static void RegisterRoutes(RouteCollection routes)
        {
            routes.IgnoreRoute("{resource}.axd/{*pathInfo}");
            routes.MapRoute(
                name: "Default",
                url: "{controller}/{action}/{id}",
                defaults: new { controller = "Home", action = "Index",
                    id = UrlParameter.Optional }
            );
        }
    }
}
```

RouteConfig.cs 类是 ASP.NET MVC 应用程序的路由规则类，包含 ASP.NET 应用程序执行的规则。下面来分析一下路由规则：

(1) 路由规则中，defaults 项中，controller=“Home”说明应用程序会先找到 HomeController 这个控制器；

(2) 执行控制器中方法名为 Index 的 Action；

(3) 找到名称为 Index 的视图，进行页面呈现。

也就是说，ASP.NET 应用程序的执行过程是首先找到路由规则类，然后根据路由规则类中的路由规则进行相应的加载。

对于本实例，修改一下路由规则，把 controller=“Home”修改为 controller=“Movie”。

2．创建数据访问过程

数据库使用 SQLServer 2008，数据库名为“Movies”，创建数据库表 Movie，表设计如图 11-7 所示。

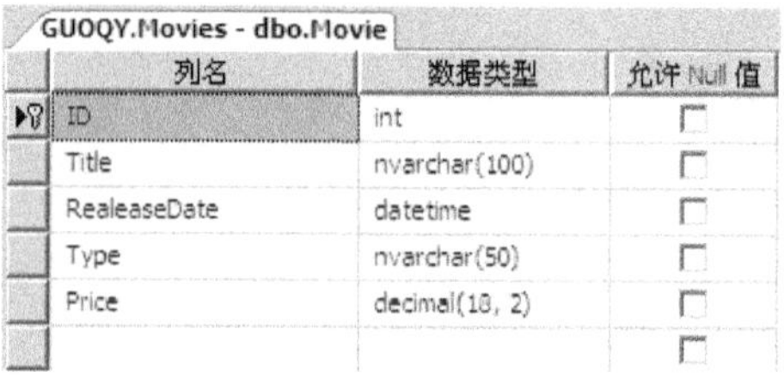

GUOQY.Movies - dbo.Movie

列名	数据类型	允许 Null 值
ID	int	☐
Title	nvarchar(100)	☐
RealeaseDate	datetime	☐
Type	nvarchar(50)	☐
Price	decimal(18, 2)	☐
		☐

图 11-7　创建表 Movie

在数据库中添加数据，如图 11-8 所示。

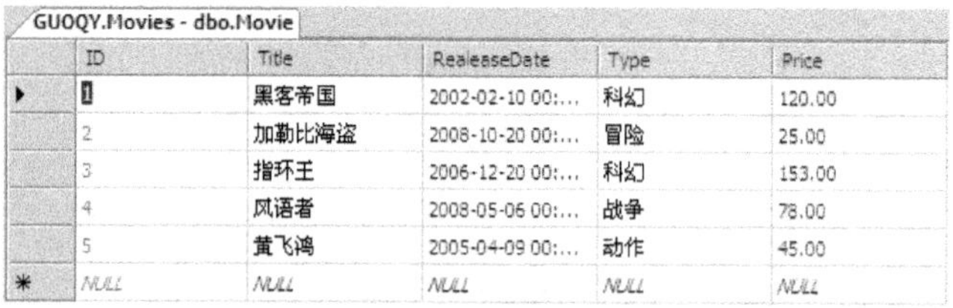

GUOQY.Movies - dbo.Movie

ID	Title	RealeaseDate	Type	Price
1	黑客帝国	2002-02-10 00:...	科幻	120.00
2	加勒比海盗	2008-10-20 00:...	冒险	25.00
3	指环王	2006-12-20 00:...	科幻	153.00
4	风语者	2008-05-06 00:...	战争	78.00
5	黄飞鸿	2005-04-09 00:...	动作	45.00
NULL	NULL	NULL	NULL	NULL

图 11-8　查询表数据

数据访问使用 Entity Framework，在项目上单击鼠标右键，选择添加→新建项，找到 ADO.NET 实体数据模型，如图 11-9 所示。

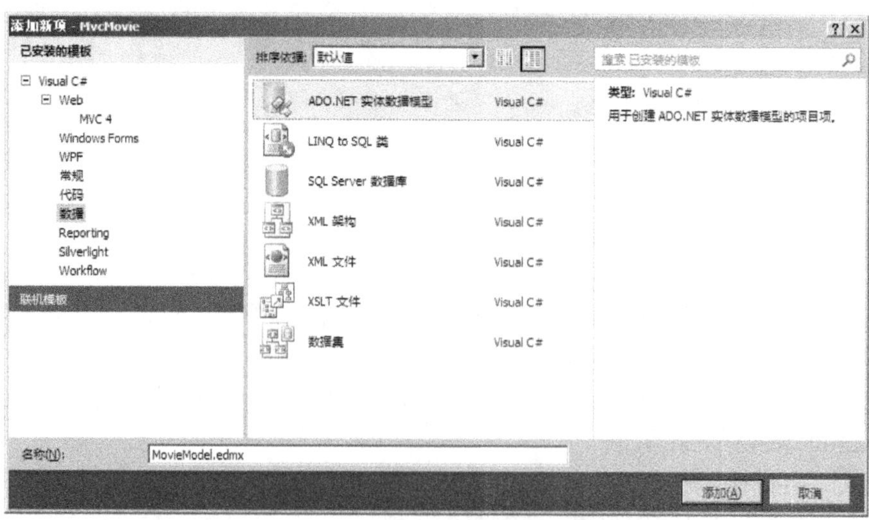

图 11-9　添加 ADO.NET 实体数据模型

修改名称为“MovieModel.edmx”，单击“添加”按钮，弹出如图 11-10 所示对话框。

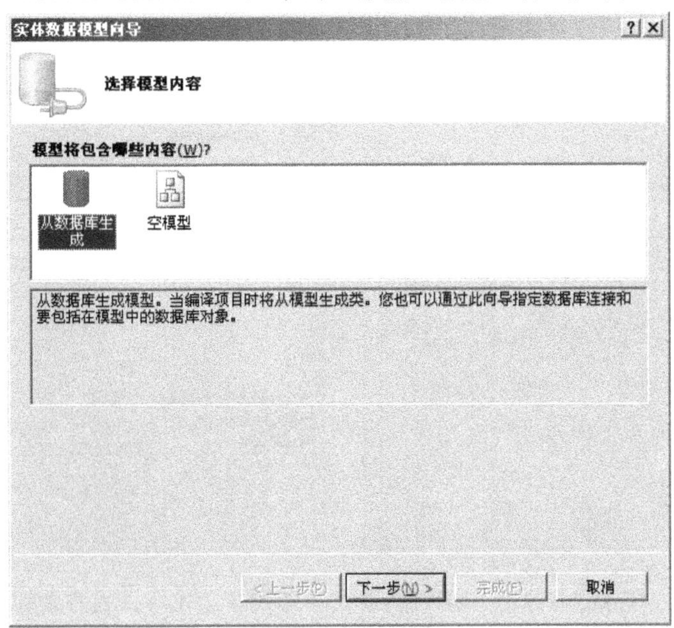

图 11-10　选择模型

单击“下一步”按钮，在弹出的对话框中单击“新建连接”，如图 11-11 所示。

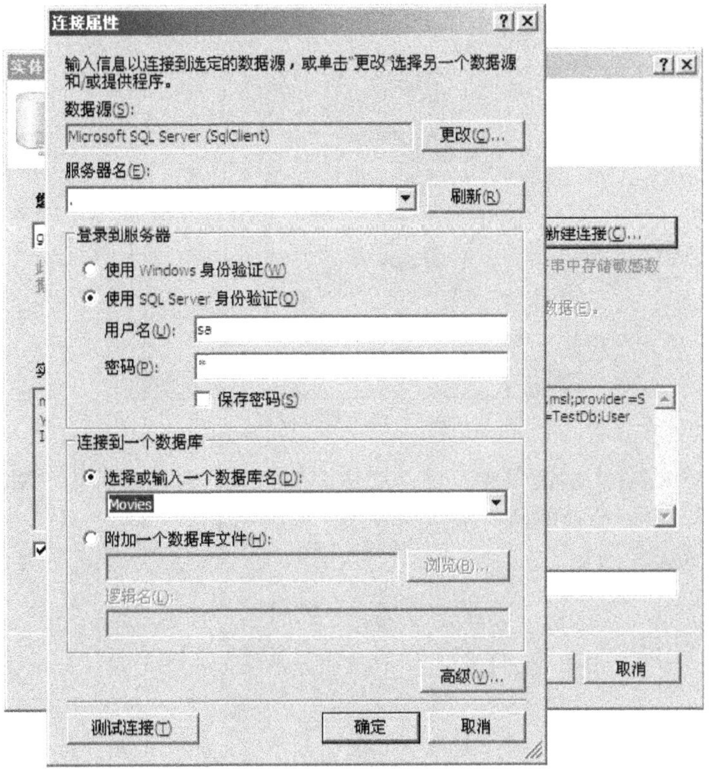

图 11-11　创建数据库连接

选择创建的数据库，单击“确定”按钮，弹出如图 11-12 所示对话框。

单击“下一步”按钮，弹出如图 11-13 所示对话框。

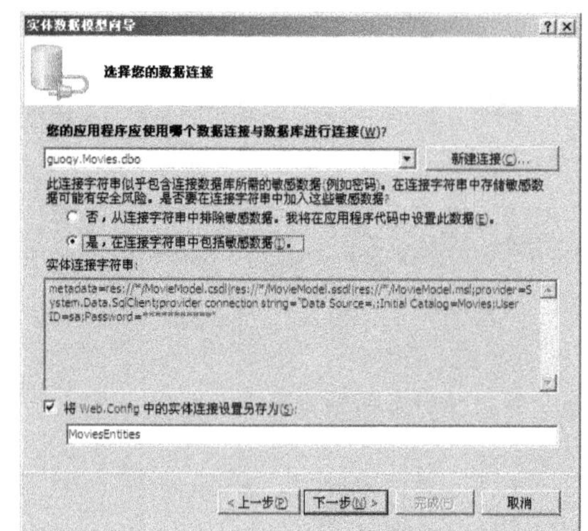

图 11-12　选择数据连接

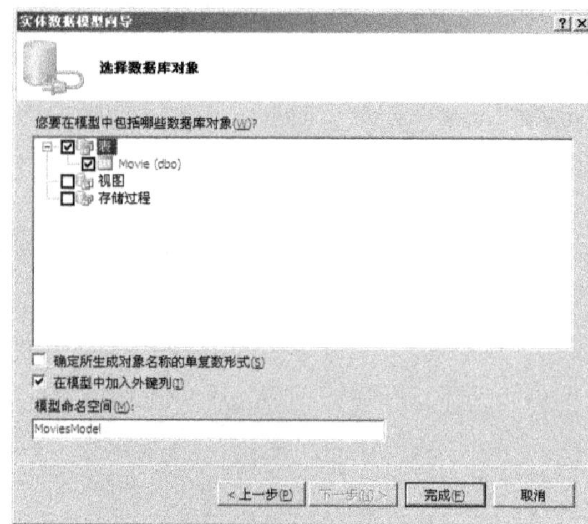

图 11-13　选择数据库对象

选中表，单击“完成”按钮，结果如图 11-14 所示。

图 11-14　数据模型

在“Models”文件上单击鼠标右键，选择添加→类，修改名称为“MovieHelper”，单击“确定”按钮，写一个获取所有电影的方法，代码如下：

```
namespace MvcMovie.Models
{
    public class MovieHelper
    {
        /// <summary>
        /// 获取所有电影
        /// </summary>
```

```
        /// <returns></returns>
        public static List<Movie>GetAllMovies()
        {
            using (MoviesEntities1 mvty = new MoviesEntities1())
            {
                return mvty.Movie.ToList<Movie>();
            }
        }

    }
}
```

3. 电影列表

修改 MovieController.cs 中的 Index 方法如下：

```
public ActionResult Index()
{
    List<Movie> list = MovieHelper.GetAllMovies();
    return View(list);
}
```

上述代码中，View(list)表示在视图中加载了 list 集合，这是 ASP.NET MVC 的一种向页面传递数据的方法。

找到 Views 文件夹下 Movie 文件夹下的 Index.cshtml，修改页面代码如下：

```
@{
    ViewBag.Title = "Index";
}
@model List<MvcMovie.Movie>
<h2>电影列表</h2>
<table style="width:500px;border:1px solid gray; text-align:center;">
    <thead>
        <tr>
            <th>序号</th>
            <th>电影名称</th>
            <th>上映日期</th>
            <th>类型</th>
            <th>价格</th>
            <th>操作</th>
        </tr>
    </thead>
    <tbody>
```

```
    @foreach (var item in Model)
    {
            <tr>
            <td>1</td>
            <td>@item.Title</td>
            <td>@item.ReleaseDate</td>
            <td>@item.Type</td>
            <td>@item.Price</td>
            <td><a href="Movie/Edit/1">编辑</a>
                <a href="Movie/Delete/1">删除</a>
            </td>
        </tr>
    }
    </tbody>
</table>
```

上述代码中，定义了一个表格，并利用 foreach 循环遍历所有电影进行输出。

```
@model List<MvcMovie.Movie>
```

上述代码表示页面加载的数据对象是一个 List 集合。

```
@foreach (var item in Model)
{
    <tr>
        <td>1</td>
        <td>@item.Title</td>
        <td>@item.ReleaseDate</td>
        <td>@item.Type</td>
        <td>@item.Price</td>
        <td><a href="Movie/Edit/@item.ID">编辑</a>
            <a href="Movie/Delete/@item.ID">删除</a>
        </td>
    </tr>
}
```

上述代码中，使用 foreach 进行循环遍历，其中遍历的对象 Model 就是页面传递的数据，在 View(list)方法里传递了 list 集合。前台页面要使用 C# 代码，需在前面加上“@”符号。

按 F5 进行调试或按 Ctrl + F5 运行程序，结果如图 11-15 所示。

图 11-15 中地址栏中 URL 为“localhost:1976”，可以改为“localhost:1976/Movie”，也可以改为“localhost:1976/Movie/Index”，运行结果都一样，这说明请求的 URL 会按照路由规则进行解析执行。

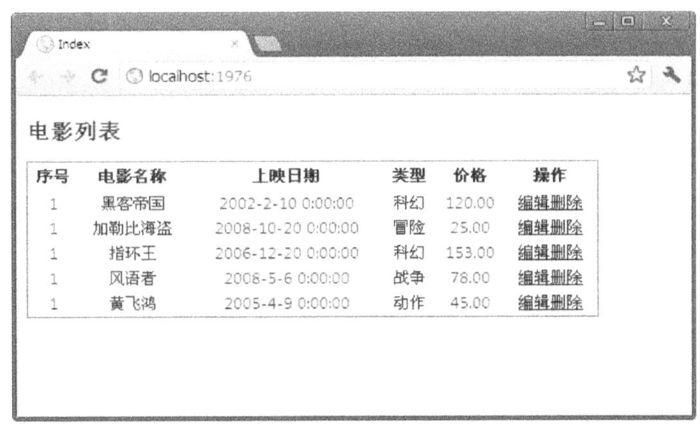

图 11-15 运行结果

4. 电影编辑

下面的代码显示为两个链接，执行编辑和删除动作：

```
<td><a href="Movie/Edit/@item.ID">编辑</a>
<a href="Movie/Delete/@item.ID">删除</a></td>
```

单击“编辑”操作，请求的 URL 为“Movie/Edit/@item.ID”，说明需要在 MovieController 中添加一个 Action，也就是一个方法名为“Edit”的方法，并且方法接收一个参数，参数名称根据路由规则为“id”。

在 MovieController.cs 控制器中添加一个 Edit 方法，代码如下：

```
public ActionResult Edit(int id)
{
    Movie movie = MovieHelper.GetMovieByID(id);
    return View(movie);
}
```

上述代码中，调用了 MovieHelper.cs 类中的方法，代码如下：

```
/// <summary>
/// 根据 ID 获取电影信息
/// </summary>
/// <param name="id"></param>
/// <returns></returns>
public static Movie GetMovieByID(int id)
{
    using (MoviesEntities1 mvty = new MoviesEntities1())
    {
        return mvty.Movie.FirstOrDefault(m => m.ID == id);
    }
}
```

在 Edit 方法名上单击鼠标右键，添加视图，编写代码如下：

```
@{
    ViewBag.Title = "Edit";
}
@model MvcMovie.Movie
<h2>电影编辑</h2>
@using(Html.BeginForm()){
    @Html.HiddenFor(m=>m.ID)
<table>
    <tr>
        <th>电影名称：</th>
        <td>@Html.EditorFor(m=>m.Title)</td>
    </tr>
    <tr>
        <th>上映日期：</th>
        <td>@Html.EditorFor(m=>m.ReleaseDate)</td>
    </tr>
    <tr>
        <th>类型：</th>
        <td>@Html.EditorFor(m=>m.Type)</td>
    </tr>
    <tr>
        <th>价格：</th>
        <td>@Html.EditorFor(m=>m.Price)</td>
    </tr>
    <tr>
        <th></th>
        <td><input type="submit" value="提交" /></td>
    </tr>
</table>
}
@Html.ActionLink("返回列表","Index")
```

上述代码中定义了一个表格进行布局。

```
@using(Html.BeginForm()){
}
```

上述代码是一个 form 表单的写法，当单击“提交”按钮时，默认会提交到 MovieControler 中方法名是 Edit 的 Action 中。

```
@model MvcMovie.Movie
```

上述代码表示页面加载的对象是 Movie 对象

```
<td>@Html.EditorFor(m=>m.Title)</td>
```

上述代码是 ASP.NET MVC 页面控件的写法，括号里的委托表示该文本框绑定了 Movie 对象的 Title 属性。

```
@Html.ActionLink("返回列表","Index")
```

上述代码是超链接的写法，第一个参数表示超链接的文本，第二个参数表示要执行的 Action 名称。

运行结果如图 11-16 所示。

图 11-16　运行结果

上述代码中，从电影列表跳转到电影编辑页面，执行的 Action 是 Edit，编辑页面提交后执行的 Action 也是 Edit，这是两个不同的操作，显然当前的写法是不够合理的，因此 ASP.NET MVC 中用[HttpGet]和[HttpPost]进行区分。

修改后的 MovieController.cs 代码如下：

```
namespace MvcMovie.Controllers
{
    public class MovieController : Controller
    {
        //
        // GET: /Movie/
        public ActionResult Index()
        {
            List<Movie> list = MovieHelper.GetAllMovies();
            return View(list);
        }
        [HttpGet]
        public ActionResult Edit(int id)
```

```
        {
            Movie movie = MovieHelper.GetMovieByID(id);
            return View(movie);
        }
        [HttpPost]
        public ActionResult Edit(Movie movie)
        {
            if (MovieHelper.EditMovie(movie))
            {
                return RedirectToAction("Index");
            }
            return View(movie);
        }
    }
}
```

其中第二个 Edit 方法调用了 MovieHelper.cs 中的 EditMovie 方法，代码如下：

```
/// <summary>
/// 修改电影信息
/// </summary>
/// <param name="movie"></param>
/// <returns></returns>
public static bool EditMovie(Movie movie)
{
    using (MoviesEntities1 mvty = new MoviesEntities1())
    {
        Movie mv = mvty.Movie.FirstOrDefault(m => m.ID == movie.ID);
        mv.Title = movie.Title;
        mv.ReleaseDate = movie.ReleaseDate;
        mv.Type = movie.Type;
        mv.Price = movie.Price;
        int num = mvty.SaveChanges();
        if(num> 0)
         {
            return true;
         }
        return false;
    }
}
```

上述代码中，用[HttpGet]和[HttpPost]来区分两个 Edit。

```
return RedirectToAction("Index");
```

RedirectToAction("Index")方法表示跳转到名称为 Index 的 Action。

修改图 11-16 中类型为“科幻+动作”，单击“提交”按钮，结果如图 11-17 所示。

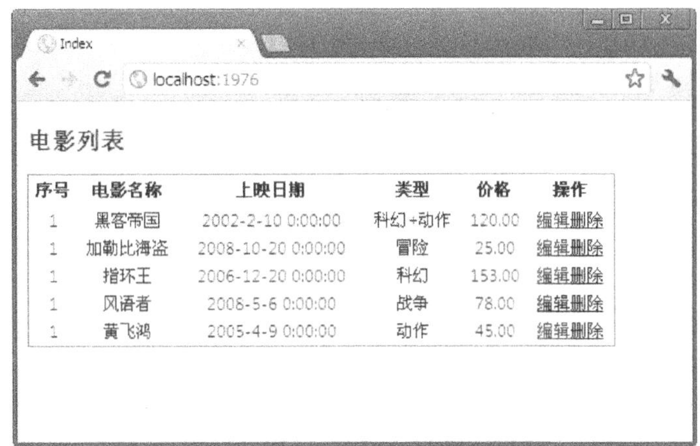

图 11-17　运行结果

5. 电影删除

删除操作，代码如下：

```
<a href="Movie/Delete/@item.ID">删除</a>
```

根据路由规则，需要添加一个 Delete 方法，代码如下：

```
public ActionResult Delete(int id)
{
    if (MovieHelper.DeleteMovie(id))
    {
        return RedirectToAction("Index");
    }
    return JavaScript("删除失败！");
}
```

上述代码中，调用了 MovieHelper.cs 中的 DeleteMovie 方法，代码如下：

```
/// <summary>
/// 删除电影
/// </summary>
/// <param name="id"></param>
/// <returns></returns>
public static bool DeleteMovie(int id)
{
    using (MoviesEntities1 mvty = new MoviesEntities1())
```

```
    {
        Movie mv = mvty.Movie.FirstOrDefault(m => m.ID == id);
        mvty.DeleteObject(mv);
        int num = mvty.SaveChanges();
        if (num> 0)
        {
            return true;
        }
        return false;
    }
}
```

在图 11-17 基础上，删除“黄飞鸿”，运行结果如图 11-18 所示。

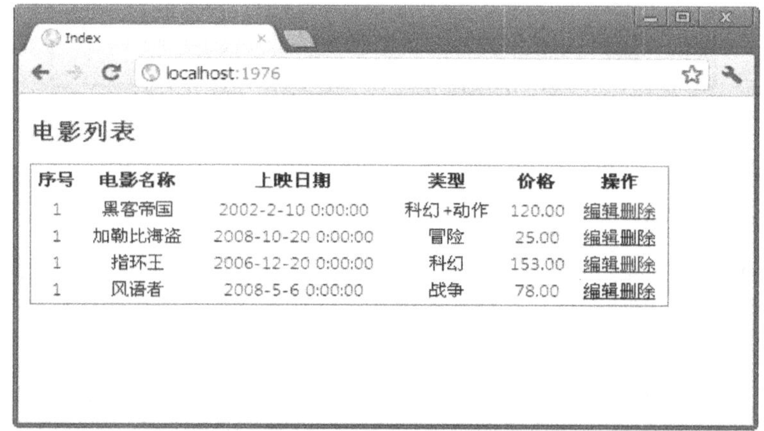

图 11-18 运行结果

本 章 小 结

✧ MVC 分为三个部分：Model、View、Controller。
✧ ASP.NET MVC 是 ASP.NET 开发的一种模式。
✧ ASP.NET MVC 是路由规则。

本 章 练 习

在电影管理应用中编写一个新增电影的操作。

第 12 章　使用 Web Service

本章目标

■ 了解 Web Service 的应用背景

■ 了解 Web Service 的特点及功能

■ 掌握 Web Service 的技术组成

■ 了解 Web Service 的优势和局限

■ 掌握 Web Service 的工作原理

■ 掌握实现 Web Service 的开发步骤

12.1 Web Service 简介

Web Service(Web 服务)用于建立可互操作的分布式应用程序的新平台。Web Service 平台是一套标准，它定义了应用程序如何在 Web 上实现互操作性。开发人员可以用任何喜欢的语言，在任何喜欢的平台上写 Web Service 并进行发布。

12.1.1 引言

Web Service 是一种分布式的计算技术，是符合业界标准的分布式应用组件，能够基于开放的标准和技术在 Internet 上实现应用程序之间的互操作。Web Service 在网络中通过标准的 XML 协议和消息格式来发布和访问商业应用服务。通过 Web Service，可以在 Web 站点放置可编程的元素，发布能满足特定功能的在线应用服务，并可以使用各种计算平台、手持设备、家用电器对其进行动态查找、订阅和访问，极大地拓展了应用程序的功能，实现了软件的动态扩展。

Web Service 建立在 XML 标准上，可以使用任何编程语言、协议或平台开发出松散耦合的应用，以方便任何人能够在任何时间通过任何平台访问该业务程序。图 12-1 显示了一个 Web Service 应用的简单示例，其中网上商城服务提供商将其业务应用程序发布为支持顾客和应用程序客户端的 Web 服务，而这些业务应用程序可能是由处于不同平台、不同网络或地理位置的应用供应商提供的。

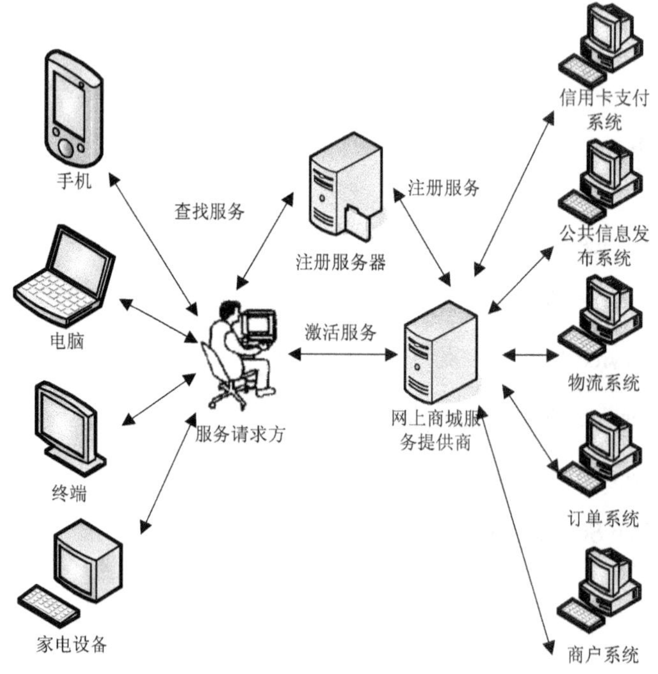

图 12-1 Web Service 应用示例

图 12-1 是一个典型的 Web 服务实现方案，该示例通过图示的形式说明了如何将一个较为复杂的业务功能发布为 Web 服务，以及客户如何调用这些服务。

✧ 网上商城服务提供商通过提供来自不同购物业务(商户系统、订单系统、物流系统、信用卡支付系统、公共信息发布系统)的业务应用程序部署其 Web 服务。

✧ 服务提供商使用公共(或私有)的注册表(服务器)注册其业务服务(服务描述)。注册表中包含服务提供商提供的服务信息。

✧ 客户可使用各种平台或设备(手机、电脑、各种终端、家电设备等)，通过 Internet 或其他网络途径查找服务注册表来找到相应的 Web 服务，然后调用该服务的功能。

12.1.2　Web Service 的特点

Web Service 就是一个向外界公开的能够通过 Internet 进行调用的应用程序，用户可以通过编程方式在 Internet 上调用这些 Web Service 应用程序。例如创建一个简单的 WebService，其作用是返回某个城市当前的天气情况：它接收城市名作为查询字符串，然后返回该城市的天气信息。用户访问该 WebService，可以创建一个页面，在此页面中输入一个城市名称，单击提交按钮(提交给 WebService)，城市的天气信息将返回到页面中并显示。

关于 Web Service 更为精确的解释是：Web Service 是一种部署在 Web 上的对象，它们具有对象技术所承诺的所有优点，同时，Web Service 建立在以 XML 为主的、开放的 Web 规范技术基础上，因此具有比任何现有的对象技术更好的开放性。对于外部的 Web Service 使用者而言，Web Service 实际上是一种部署在 Web 上的对象或者组件，其业务逻辑对使用者来说是透明的。Web Service 应用程序具备如下特征：

✧ 封装性。Web Service 是一种部署在 Web 上的技术，具备对象的良好封装性，而对于使用者而言，仅能看到该对象提供的功能列表。

✧ 松散耦合。只要 Web Service 的调用接口不变，Web Service 的内部变更对调用者来说都是透明的。

✧ 使用标准协议规范。Web 服务基于 XML 消息交换，其所有公共的协议完全需要使用开放的标准协议进行描述、传输和交换。相比一般对象而言，其界面调用更加规范化，更易于机器理解。

✧ 易构建。要构建 Web 服务，开发人员可以使用任何常用编程语言(如 Java、C#、C/C++ 或 Perl 等)及其现有的应用程序组件。

从本质上看，Web Service 并不是一种全新的体系，它只是一次对原有技术的革新。早期的 Web 应用程序是最常见的分布式系统，可以实现终端用户和 Web 站点之间的交互，而 Web Service 则面向服务，可以通过 Internet 进行应用程序到应用程序的通信，并提供不同环境下的应用程序和设备的可访问性。传统的 Web 应用程序与 Web Service 之间有显著区别：

✧ Web Service 通过基于 XML 的 RPC(Remote Procedure Call)机制调用，可以穿

越防火墙。

✧ Web Service 可以提供基于 XML 消息交换的、跨平台、跨语言的解决方案。
✧ Web Service 基于轻量级构建，可简化应用程序集成。
✧ Web Service 可方便地实现异构应用程序间的互操作。

12.1.3 Web Service 的组成

Web Service 平台提供了一套标准的类型系统，用于沟通不同平台、编程语言和组件模型中的数据类型。在传统的分布式系统平台中，提供了一些方法来描述界面、方法和参数(如 COM 和 CORBA 中的 IDL 语言)；同样，在 Web Service 平台中也提供了一种标准来描述这些 Web Service，使得客户可以得到足够的信息来调用这些 Web Service；此外，还提供了一种方法来对这些 Web Service 进行远程调用，这种方法实际上是一种远程过程调用协议(RPC)。为了达到互操作性，这种 RPC 协议必须与平台和编程语言无关。

从总体上说来，用于构建和使用 Web 服务主要有四种标准和技术：XML、SOAP、WSDL 和 UDDI。

1. XML

XML 是 Web Service 平台中表示数据的基本格式。XML 使用 Unicode 编码，采用自描述的数据结构，能够以简单的文本文档格式存储、传输、读取数据。现在 XML 已经作为应用程序、系统和设备之间通过 Internet 交换信息的通用语言而被广泛接受。

另外，W3C 制定了一套标准——XMLSchema，它定义了一套标准的数据类型，并给出了一种语言来扩展这套数据类型，Web Service 平台就是用 XMLSchema 作为其数据类型系统的。XML 是 Web Service 标准的基础，也是 Web Service 模型的核心。

2. SOAP

SOAP(Simple Object Access Protocol，简单对象访问协议)是一种基于 XML 的轻量级消息交换协议。利用 SOAP 可以在两个或多个对等实体之间进行信息交换，并可以使这些实体在分散的分布式应用程序环境中相互通信。与 XML 一样，SOAP 也独立于语言、运行平台或设备。

在 Web Service 模型中，SOAP 可以运行在任何其他传输协议(HTTP、SMTP、FTP 等)之上。SOAP 定义了一套编码规则，该规则定义如何将数据表示为消息，以及怎样通过 HTTP 等传输协议来使用 SOAP。SOAP 是基于 XML 语言和 XSD 标准的，其中 XML 是 SOAP 的数据表示方式。另外，SOAP 提供了标准的 RPC 方法来调用 Web Service，以请求/响应模型运行。

3. WSDL

WSDL(Web Service Description Language，Web Service 描述语言)标准是一种 XML 格式，用于描述网络服务及其访问信息。它用于定义 Web Service 以及如何调用它们(描述 Web 服务的属性，例如它做什么，位于哪里和怎样调用它等)。

在 Web Service 模型中，WSDL 是用于定义 Web 服务的元数据语言，描述了服务提供方和请求方之间是如何进行通信的。WSDL 文档可用于动态发布 Web Service 功能、查找

已发布的 Web Service 以及绑定 Web Service。在 WSDL 中包含了使用 SOAP 的服务描述的绑定，也包含了使用简单 HTTP GET 和 POST 请求的服务描述的绑定。

4. UDDI

UDDI(Universal Description，Discovery and Integration)是通用描述、发现和集成的英文缩写，它是由 Ariba、IBM、微软等公司倡导的，它提供了在 Web 上描述并发现商业服务的框架。UDDI 定义了一种在通用注册表中注册 Web 服务并划分其类别的机制。查询 UDDI 注册表以寻找某项服务时，将返回描述该服务接口的 WSDL 描述。通过 WSDL 描述，开发人员可以开发出与服务提供方通信的 SOAP 客户端接口。

UDDI 的核心组件是 UDDI 商业注册，它使用一个 XML 文档来描述企业及其提供的 Web 服务。从概念上来说，UDDI 商业注册所提供的信息包含三个部分："白页(White Page)"包括了地址、联系方法和已知的企业标识；"黄页(Yellow page)"包括了基于标准分类法的行业类别；"绿页(Green Page)"则包括了关于该企业所提供的 Web 服务的技术信息。UDDI 与电话目录非常相似，其形式可能是一些指向文件或是 URL 的指针，而这些文件或 URL 是为服务发现机制服务的。所有的 UDDI 商业注册信息存储在 UDDI 商业注册中心中，一旦 Web Service 注册到 UDDI，客户就可以很方便地查找和定位到所需要的 Web Service。

UDDI 可以实现为公共注册表，以支持全球范围的团体；UDDI 也可实现为私有注册表，以支持企业或私人团体。

12.1.4 Web Service 的优势与局限

Web Service 的目标是创建可互操作的分布式应用程序的新平台，在下面几种场合使用 Web Service 将会体现其极大的优势。

1. 跨防火墙通信

传统的 Web 应用程序拥有成千上万的用户，而且分布在世界各地，此时客户端和服务器之间的通信将是一个非常棘手的问题，因为客户端和服务器之间通常会有防火墙或者代理服务器。在这种情况下，选用 DCOM 就不是那么简单了，而且通常也不便于把客户端程序发布到数量如此庞大的每一个用户手中。传统的做法是，采用 B/S 结构，选择浏览器作为客户端，写下一堆 JSP 页面，把应用程序的中间层暴露给最终用户。这样开发难度较大，甚至会得到一个很难维护或根本无法维护的应用程序。

如果把中间层组件换成 Web Service 的话，就可以从用户界面直接调用中间层组件，从而省掉建立 JSP 页面的步骤。而要调用 Web Service，可以直接使用 Axis 或 CXF 这样的 SOAP 客户端，也可以使用自己开发的 SOAP 客户端，然后把它和应用程序连接起来，这样不仅缩短了开发周期，减少了代码复杂度，还能够增强应用程序的可维护性。

从实际经验来看，在一个用户界面和中间层有较多交互的应用程序中，使用 Web Service 结构，可以在用户界面编程上节省 20%左右的开发时间。另外，这样一个由 Web Service 组成的中间层，完全可以在应用程序集成等场合下重用，通过 Web Service 把应用程序的逻辑和数据"暴露"出来，还可以让其他客户重用这些应用程序。

2. 应用程序集成

随着企业信息化规模的扩大，经常需要把用不同语言写成的、在不同平台上运行的各种应用程序集成起来，而这种集成通常需要花费很大的开发力量。应用程序经常需要从运行在 IBM 主机上的程序中获取数据，或者把数据发送到 UNIX 主机的应用程序中去。即使在同一个平台上，不同软件厂商生产的各种软件也常常需要集成。通过 Web Service，应用程序可以用标准的方法把功能和数据“暴露”出来，供其他应用程序使用。

例如，有一个订单系统，该系统由两大子系统构成：订单录入系统(用 .NET 实现)，用于接收从客户处发来的新订单，包括客户信息、发货地址、数量、价格和付款方式等内容；还有一个订单执行系统(用 Java 实现)，用于实际货物发送的管理。这两个系统运行于不同的平台。一份新订单到来之后，订单录入系统需要通知订单执行程序发送货物。此时可以通过在订单执行系统上面增加一层 Web Service，把执行订单函数“暴露”出来。这样每当有新订单到来时，订单录入系统就可以通过 Web Service 调用这个函数来发送货物了，如图 12-2 所示。

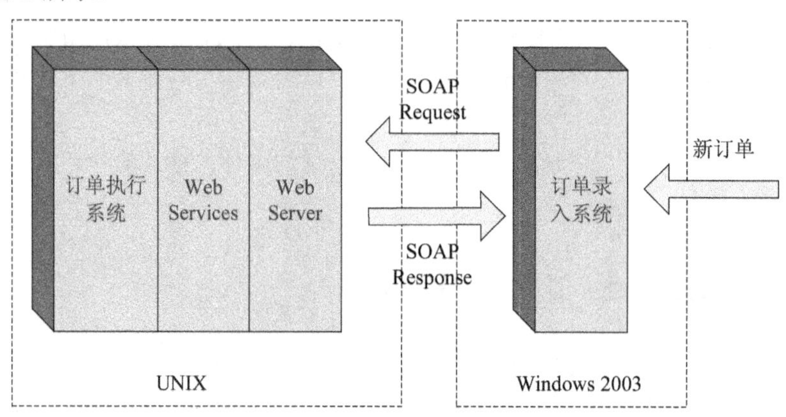

图 12-2　订单系统

3. B2B 集成

Web Service 是 B2B 集成的捷径，通过 Web Service，可以把关键的业务应用“暴露”给指定的供应商和客户。例如，电子订单系统和电子售票系统是常见的 EDI(电子文档交换)应用程序，客户可以在线发送订单，供应商则可以在线发送票务信息。如果通过 Web Service 进行实现，要比 EDI 简单得多，而且 Web Service 运行在 Internet 上，在世界任何地方都可以轻易访问，其运行成本相对来说较低。不过，Web Service 并不像 EDI 那样是文档交换或 B2B 集成的完整解决方案，它只是 B2B 集成的一个高效实现技术，还需要许多其他的部分才能实现集成。

使用 Web Service 来实现 B2B 集成的最大优势是可以轻易实现互操作性，只要把业务逻辑按照 Web Service 规范“暴露”出来，就可以让客户调用这些业务逻辑，而无需考虑它们的系统所运行的平台和开发语言，这样就大大减少了花在 B2B 集成上的时间和成本，让许多原本无法承受 EDI 高昂成本的中小企业也能轻易实现 B2B 集成。

4. 数据重用

软件重用是软件工程的核心概念之一。软件重用的形式很多，重用的程度有大有小，

最基本的形式是源代码模块或者类一级的重用，另一种形式是二进制组件重用。像表格、控件或用户自定义控件这样的可重用软件组件，在市场上都占有很大的份额，但是这类软件的重用有一个很大的限制，就是仅限于重用代码，不能重用数据。

Web Service 在重用代码的同时，还可以重用代码背后的数据。使用 Web Service 只需要直接调用远端的 Web Service 就可以了。例如，要在应用程序中确认用户输入的身份证号是否有效，只需把这个地址发送给相应的 Web Service，该 Web Service 就会根据已存的数据信息验证该身份证号的有效性，确认该号码所在的省、市、区等信息。Web Service 的提供商可以按时间或使用次数来对这项服务进行收费。而这样的服务要通过组件重用来实现是很困难的，在这种情况下必须下载完整的包含与身份证号相关信息的数据包，并且需保证对数据包进行实时更新。

另一种软件重用的情况是，把几个应用程序的功能集成起来。例如，需要建立一个局域网上的门户站点应用，让用户既可以查询天气预报，查看股市行情，又可以管理自己的工作日志，还可以在线购买车票。现在 Web 上很多应用程序供应商都在其应用中实现了这些功能，只要他们把这些功能都通过 Web Service“暴露”出来，就可以非常容易地把这些功能都集成到门户站点中，为用户提供一个统一的、友好的界面。

5．Web Service 的局限

Web Service 适用于通过 Web 进行互操作或远程调用的情况，对于下述情况，Web Service 的优势将无法体现：

- ✧ 单机应用程序。对于桌面应用程序，在很大程度上只需要与本机上的其他程序进行通信，在这种情况下，就没有必要使用 Web Service，只要用本地的 API 即可，如常用的 COM 等。
- ✧ 局域网应用程序。运行于局域网中的程序，一般是由 VC、WinForm 或 Java 开发而成的，其通信往往发生在两个服务器应用程序之间，在这种情况下，使用 DCOM 等技术会比 Web Service 的 SOAP / HTTP 有效得多。

12.2　实现 Web Service

Web Service 应用程序的设计和开发过程与分布式应用程序的实现过程没有不同之处。只是在 Web 服务中，所有组件都只有在运行时才使用标准协议时进行动态绑定。

实现 Web Service 的基本步骤如下：

(1) 服务提供方将 Web 服务创建为基于 SOAP 协议的服务接口，然后将这些服务部署到服务容器中，以便其他用户调用。服务提供方同时将这些 Web 服务创建为基于 WSDL 的服务描述，这种描述使用统一的方法来标识服务位置、操作及其通信模式，以定义客户端和服务容器。

(2) 服务提供方使用服务代理注册基于 WSDL 的服务描述，服务代理方通常是 UDDI 注册表。

(3) UDDI 注册表将服务描述存储为绑定模板和到服务提供方环境中 WSDL 的 URL。

(4) 服务请求方通过查询 UDDI 注册表找到所需服务并获取绑定信息和 URL，以确定服务提供方。

(5) 服务请求方使用绑定信息激活服务提供器，并检索已注册服务的 WSDL 服务描述，通过创建客户代理应用程序，建立与服务器间的通信。

(6) 服务请求方与服务提供方通信，并通过调用服务容器中的服务进行信息交换。

在 ASP.NET 中创建、发布、调用 Web 服务都非常简单，下面通过具体实例演示操作过程。

(1) 创建 Web Service。

打开“VS2010”，新建“项目”，找到“其他项目类型”下的“Visual Studio 解决方案”，如图 12-3 所示，输入名称，选择保存位置，单击“确定”按钮。

图 12-3　创建解决方案

在解决方案上右击，选择“添加”→“新建网站”，出现如图 12-4 所示对话框，选择保存位置，单击“确定”按钮。

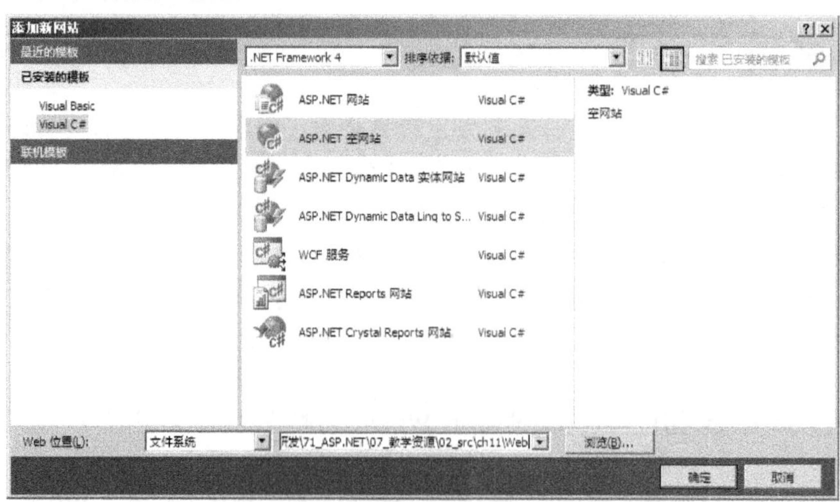

图 12-4　创建 ASP.NET 空网站

在网站上右击，选择“添加新项”，弹出如图 12-5 所示对话框，选择“Web 服务”，修改名称，单击“确定”按钮。

图 12-5　添加 Web 服务

添加成功后，代码如下：

```
[WebService(Namespace = "http://tempuri.org/")]
[WebServiceBinding(ConformsTo = WsiProfiles.BasicProfile1_1)]
//若要允许使用 ASP.NET AJAX 从脚本中调用此 Web 服务，请取消对下行的注释
// [System.Web.Script.Services.ScriptService]
public class WebService : System.Web.Services.WebService {

    public WebService () {
        //如果使用设计的组件，请取消注释以下行
        //InitializeComponent();
    }
    [WebMethod]
    public string HelloWorld() {
        return "Hello World";
    }
}
```

上述代码是一个服务类，可以有普通方法和服务方法。要标记一个方法是服务方法，需要在方法的上面添加“[WebMethod]”属性。

添加一个登录服务来进行测试，代码如下：

```
/// <summary>
///WebService 的摘要说明
/// </summary>
[WebService(Namespace = "http://tempuri.org/")]
```

```
[WebServiceBinding(ConformsTo = WsiProfiles.BasicProfile1_1)]
//若要允许使用 ASP.NET AJAX 从脚本中调用此 Web 服务，请取消对下行的注释
// [System.Web.Script.Services.ScriptService]
public class WebService : System.Web.Services.WebService {
    public WebService () {
        //如果使用设计的组件，请取消注释以下行
        //InitializeComponent();
    }
    [WebMethod]
    public string HelloWorld() {
        return "Hello World";
    }
    /// <summary>
    /// 登录服务
    /// </summary>
    /// <param name="userName"></param>
    /// <param name="pwd"></param>
    /// <returns></returns>
    [WebMethod]
    public bool Login(string userName,stringpwd)
    {
    if(userName == "zhangsan" &&pwd == "133")
        {
            return true;
        }
        return false;
    }

}
```

上述代码中，如果用户名和密码都正确，则返回 true，否则返回 false。写完之后，测试一下服务是否可用。右击“WebService.asmx”，选择“在浏览器中查看”，如图 12-6 所示。

运行结果如图 12-7 所示。

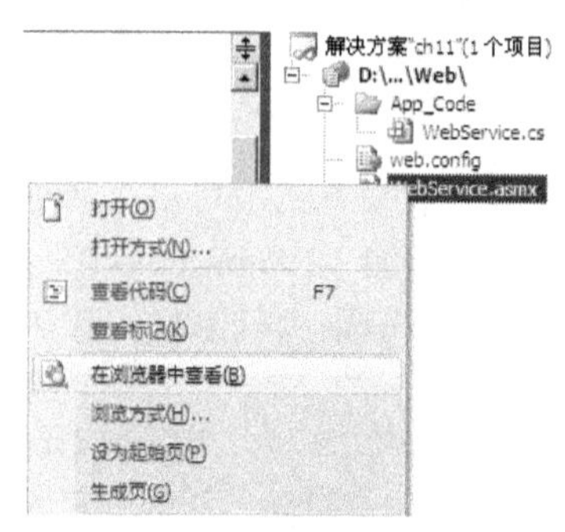

图 12-6　浏览器查看服务

图 12-7　运行结果

单击“Login”，转到如图 12-8 所示页面。

图 12-8　服务页面

在参数 userName 后的值里填入“zhangsan”，在 pwd 后的值里填入“123”，单击“调用”按钮，结果如图 12-9 所示。

图 12-9　运行结果

返回结果是“true”说明服务可用。

(2) 添加测试程序。

在该解决方案中右击，选择“添加”→“新建网站”，出现如图 12-10 所示对话框，单击“确定”按钮。

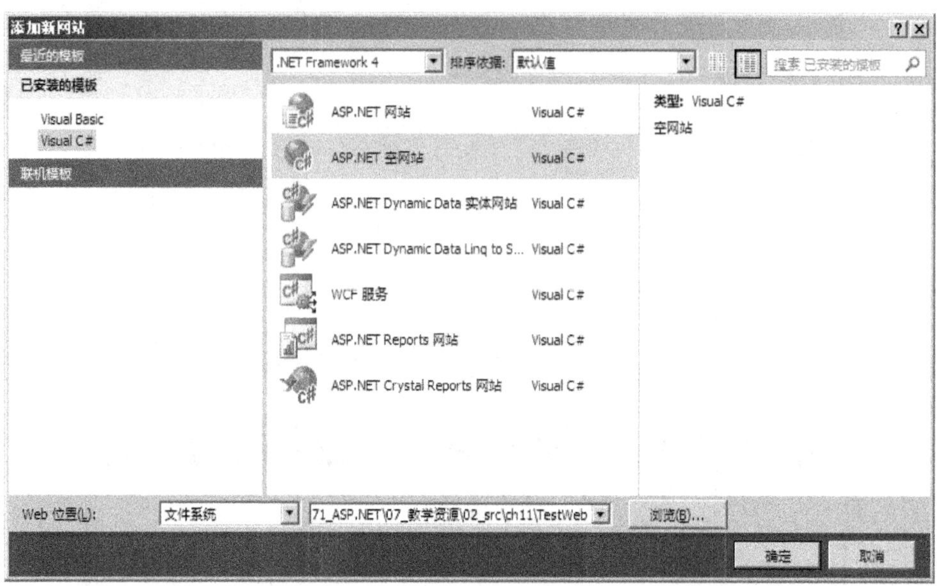

图 12-10　新建网站

在新添加的网站上右击，选择“添加新项”，添加一个 Web 窗体，如图 12-11 所示。

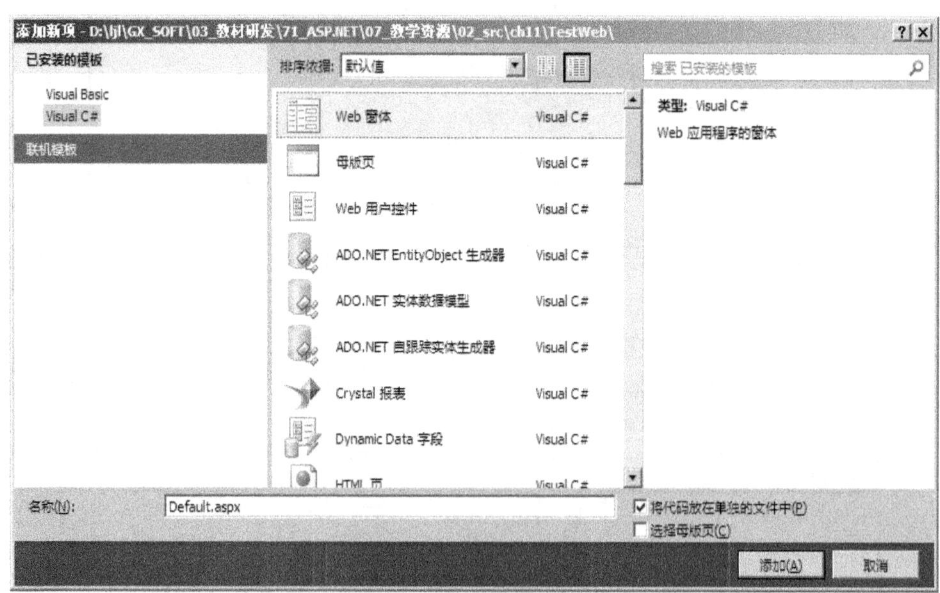

图 12-11　添加 Web 窗体

在添加的 Default.aspx 页面里添加登录操作，如图 12-12 所示。

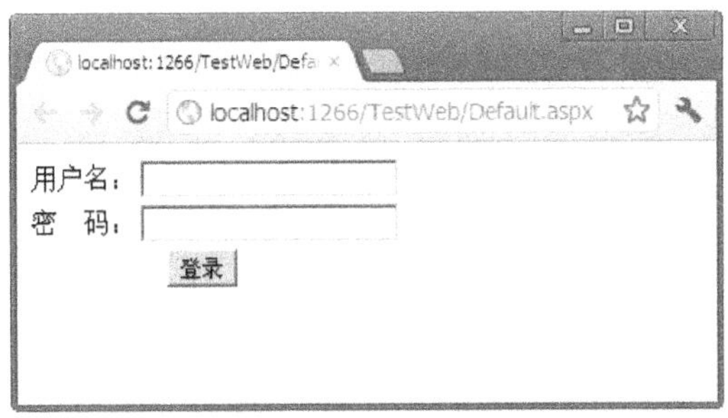

图 12-12　运行结果

(3) 调用 Web 服务。

在新添加的测试网站上右击，选择“添加 Web 引用”，如图 12-13 所示。

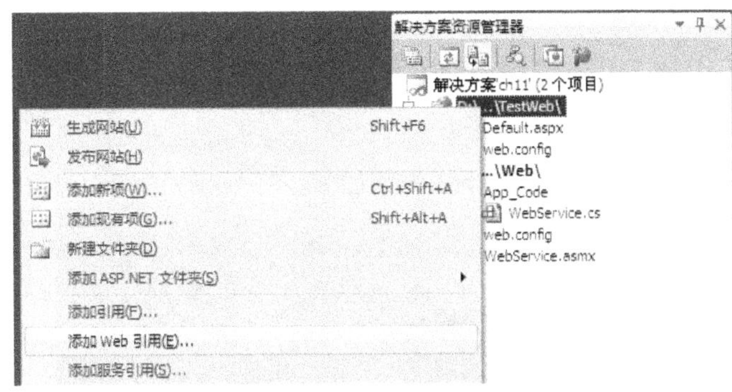

图 12-13　添加 Web 引用

弹出如图 12-14 所示对话框，复制图 12-7 所示浏览器中的地址到文本框，并单击按钮，修改 Web 引用名为“MyService”，单击“添加引用”按钮。

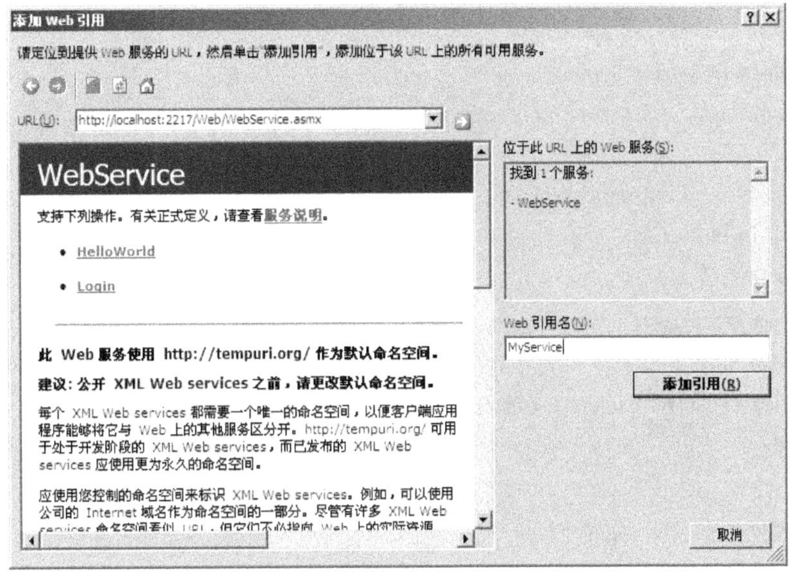

图 12-14　添加 Web 引用

结果如图 12-15 所示。

图 12-15　项目文件

编写 Default.aspx 中登录按钮事件，代码如下：

```
public partial class _Default : System.Web.UI.Page
{
    protected void Page_Load(object sender, EventArgs e)
    {
    }
    /// <summary>
    /// 登录操作
    /// </summary>
    /// <param name="sender"></param>
    /// <param name="e"></param>
    protected void btnAdd_Click(object sender, EventArgs e)
    {
        string userName = txtUserName.Text;
        string pwd = txtPwd.Text;
        //引用 web 服务
        MyService.WebService myService = new MyService.WebService();
        //调用服务方法
        bool result = myService.Login(userName, pwd);
        if (result)
        {
            Response.Write("登录成功。");
        }
        else
        {
```

```
            Response.Write("登录失败！");
        }
    }
}
```

上述代码中，首先创建服务对象：

```
//引用 web 服务
MyService.WebService myService = new MyService.WebService();
```

然后调用服务方法：

```
//调用服务方法
bool result = myService.Login(userName, pwd);
```

运行结果如图 12-16 所示。

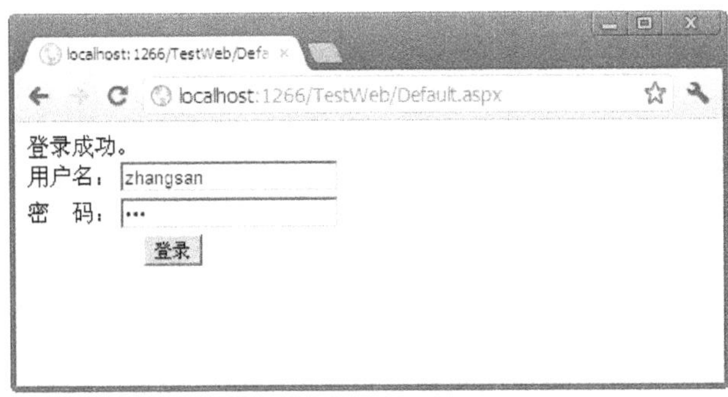

图 12-16　运行结果

本 章 小 结

通过本章的学习，学生应该能够掌握：

✧ Web Service 建立在 XML 标准上，可以使用任何编程语言、协议或平台进行开发。
✧ 用于构建和使用 Web 服务主要有四种标准和技术：XML、SOAP、WSDL 和 UDDI。
✧ SOAP 是一种基于 XML 的轻量级消息交换协议。
✧ WSDL 是一种 XML 格式，用于描述网络服务及其访问信息。
✧ UDDI 提供了在 Web 上描述并发现商业服务的框架。
✧ Web Service 应用在跨防火墙通信、应用程序集成、B2B 集成和数据重用等场合中会体现其极大的优势。
✧ 在单机应用程序和局域网应用程序中，Web Service 无法体现其优势。

本 章 练 习

1．Web Service 应用程序具备如下哪些特征______。(多选)

A．封装性

B．松散耦合

C．使用标准协议规范

D．高度可集成性

2．Web Service 应用的优势体现在如下哪种场景中______。(多选)

A．跨防火墙通信

B．应用程序集成

C．B2B 集成

D．数据重用

3．编写一个获取学生列表的 Web 服务，并进行调用显示。

第 13 章　网站部署

本章目标

■ 了解 ASP.NET 配置文件的特点和类型

■ 掌握配置文件的结构和功能

■ 掌握配置文件的常用设置

■ 掌握 ASP.NET 应用程序的安装和部署

13.1 配置文件

ASP.NET 提供了一个操作简易并且功能强大的配置系统，利用这些配置可以快速建立 Web 应用环境，并在整个应用程序、站点或计算机中定义和使用可扩展的配置数据，定制自己的 ASP.NET 应用程序。

13.1.1 配置文件简介

ASP.NET 中有两种配置文件：machine.config 和 web.config，它们都是基于 XML 格式的配置文件。machine.config 设置可应用于整个服务器的属性，即服务器上驻留的所有应用程序都将应用这些设置。web.config 文件向其所在的目录和所有子目录提供配置信息。

1．machine.config

machine.config 称为服务器配置文件，提供整个机器的默认设置，修改后将影响所有本机的应用程序。

该文件可以在 C:\WINDOWS\Microsoft.NET\Framework\v4.0.30319\CONFIG 路径下找到。

不同的操作系统以及不同版本的 FrameWork，machine.config 位置稍有不同。

2．web.config

web.config 称为 Web 配置文件，也是最常用的配置文件，它一般在 ASP.NET 应用程序的根目录下。其实 web.config 配置文件可出现在 Web 应用程序的任何目录中，为其所在的目录和所有子目录设置配置。

子目录下的配置信息覆盖其父目录的配置，如果该目录下的配置文件中没有相关信息的配置，则以上一级目录的配置为准。

配置文件具有以下优点：

✧ XML 格式的配置文件具有良好的可读性，且可以方便地将 ASP.NET 应用程序从一台服务器复制到另一台服务器，只需进行少量的修改。

✧ 配置文件修改后，ASP.NET 会自动检测到这些改变，并将这些改变应用于正在运行的 ASP.NET 应用程序上，无需停止、再启动服务器。

✧ 配置文件具有可扩展性，可以定义自己的配置，且这些配置很容易存储并检索出来。

配置文件中所有的配置信息都在<configuration>和</configuration>标记之间，其配置信息主要分为两个区域：

✧ 配置节处理程序声明区：在<configSections>和</configSections>标记之间，声明配置节名称和类型等信息。

✧ 配置节设置区：位于<configSections>元素之后，包含实际的配置设置。

13.1.2　常用的配置元素

web.config 配置文件中定义了用于网站相关设置的各种配置元素，常用的配置元素如表 13-1 所示。

表 13-1　常用的配置元素

元 素 名 称	描　　述
appSettings	存储自定义应用程序的配置信息，使用 key/value 对形式，在应用程序中可以通过 key 访问对应的 value 值
connectionStrings	配置数据库连接字符串信息
compilation	包含 ASP.NET 使用的所有编译设置
authentication	配置 ASP.NET 安全身份验证模式
pages	配置 ASP.NET 页面的行为

1．appSettings 元素

appSettings 元素存储自定义应用程序的配置信息，如文件路径、名称等任何信息，这些配置信息采用 key/value 对形式，在应用程序中通过 ConfigurationSettings 类可以访问指定 key 所对应的值。

【示例 13.1】 演示如何使用 appSettings 配置自定义应用程序信息。

```
<appSettings>
    <add key="ApplicationName" value="我的网站"/>
</appSettings>
```

上述代码在<appSettings>标签内定义了一个<add>子元素，该元素具有 key 和 value 两个属性，用于向应用程序设置集合添加自定义信息。如果想在程序中访问该配置信息，则代码如下：

```
string name = ConfigurationSettings.AppSettings["ApplicationName"];
```

2．connectionStrings 元素

connectionStrings 元素指定数据库连接字符串(key/value 形式)的集合，在应用程序中通过 ConfigurationManager 类可以访问这些连接字符串。

【示例 13.2】 演示如何使用 connectionStrings 配置数据库连接字符串。

```
<connectionStrings>
    <add name="HRConStr" connectionString="Data Source=.;Initial Catalog=HR;
        User ID=sa;pwd=zkl123" providerName="System.Data.SqlClient"/>
</connectionStrings>
```

上述代码在<connectionStrings>标签内定义了一个<add>子元素，该元素具有 key、value 和 providerName(可以省略)属性。如果想在程序中访问连接字符串信息，则代码如下：

```
string connectionString =
    ConfigurationManager.ConnectionStrings["HRConStr"].ConnectionString;
```

3．compilation 元素

compilation 元素用于设置编译相关信息，其语法格式如下：

```
<compilation
    debug="[true|false]"
    batch="[true|false]"
    batchTimeout="number of seconds"
    defaultLanguage="language"
    explicit="[true|false]"
    maxBatchSize="maximim number of pages"
    maxBatchGeneratedFileSize="maximum combined size"
    numRecompilesBeforeAppRestart="number"
    strict="[true|false]"
    tempDirectory="temporary files directory"
    urlLinePragmas="[true|false]"
    assemblyPostProcessorType="assembly post processor, assembly">
    <assemblies>...</assemblies>
    <buildproviders>...</buildproviders>
    <codeSubDirectories>...</codeSubDirectories>
    <compilers>...</compilers>
    <expressionBuilders>...</expressionBuilders>
</compilation>
```

compilation 元素中各属性如表 13-2 所示。

表 13-2　compilation 元素的属性

属 性 名 称	描　　述
assemblyPostProcessorType	通过引用程序集的处理器后功能为程序集指定后续处理编译步骤
batch	指示是否支持批处理
batchTimeout	指定批编译的超时期限(以秒为单位)
debug	指定是否应编译调试二进制文件(而非发布的二进制文件)
defaultLanguage	指定要在动态编译文件中使用的默认编程语言，如 C#
explicit	指定是否设置 Microsoft Visual Basic explicit 编译选项
maxBatchGeneratedFileSize	指定每个批编译过程中生成的源文件的最大组合大小(以 KB 为单位)
maxBatchSize	指定每个成批处理的编译的最多页数
numRecompilesBeforeAppRestart	指定应用程序重新启动前可能对资源进行动态重新编译的次数
strict	指定编译期间用于临时文件存储的目录
urlLinePragmas	指定编译器是否应使用 URL(而非物理路径)

compilation 元素中各子元素如表 13-3 所示。

表 13-3　compilation 元素的子元素

子名称	描　述
assemblies	定义一个程序集名称的集合，这些程序集在 ASP.NET 资源编译期间使用
buildproviders	定义用于编译自定义资源文件的生成提供程序的集合
codeSubDirectories	定义一个有序子目录集合，这些子目录包含在运行时编译的文件中
compilers	定义一个编译器选项的集合
expressionBuilders	定义一个要在编译期间使用的资源字符串的集合。资源字符串将前缀与表达式生成器关联起来

【示例 13.3】 演示如何使用 compilation 元素进行编译设置。

```
<compilation defaultLanguage="C#" debug="true"
    numRecompilesBeforeAppRestart="15">
    <compilers>
        <compiler language="C#;Csharp" extension=".cs"
            type="Microsoft.CSharp.CSharpCodeProvider,system,
            Version=3.5.0.0, Culture=neutral,
            PublicKeyToken=b77a5c561934e089"/>
        <compiler language="VB;VBScript" extension=".vb"
            type="Microsoft .VisualBasic.VBCodeProvider,system,
            Version=3.5.0.0,Culture=neutral,
            PublicKeyToken=b77a5c561934c089"/>
    </compilers>
    <assemblies>
        <add assembly="System.Core, Version=3.5.0.0, Culture=neutral,
            PublicKeyToken=B77A5C561934E089"/>
        <add assembly="System.Web.Extensions, Version=3.5.0.0,
            Culture=neutral, PublicKeyToken=31BF3856AD364E35"/>
        <add assembly="System.Data.DataSetExtensions, Version=3.5.0.0,
            Culture=neutral, PublicKeyToken=B77A5C561934E089"/>
        <add assembly="System.Xml.Linq, Version=3.5.0.0, Culture=neutral,
            PublicKeyToken=B77A5C561934E089"/>
        <add assembly="*"/>
    </assemblies>
</compilation>
```

4. authentication 元素

authentication 元素用于配置 ASP.NET 安全身份验证模式，识别访问 ASP.NET 应用程序的用户，其语法格式如下：

```
<authentication mode="[Windows|Forms|Passport|None]">
    <forms>...</forms>
```

```
    <passport/>
</authentication>
```

authentication 元素包括了一个 mode 属性和两个子元素：forms 和 passport。其中 mode 属性是必选的，用于指定应用程序的默认身份验证模式。mode 属性的取值如表 13-4 所示。

表 13-4　mode 属性值列表

值	描　述
Windows	Windows 验证是默认的身份验证模式
Forms	将 ASP.NET 基于窗体的身份验证指定为默认身份验证模式
Passport	将 Microsoft Passport Network 身份验证指定为默认身份验证模式
None	不指定任何身份验证，仅期待匿名用户或手动编码控制用户访问

authentication 元素的两个子元素的功能如表 13-5 所示。

表 13-5　authentication 元素的子元素

子元素名称	描　述
forms	为基于窗体的自定义身份验证配置 ASP.NET 应用程序
passport	指定要重定向到的页(如果该页要求身份验证，而用户尚未通过 Microsoft Passport Network 身份验证注册)

【示例 13.4】 演示如何使用 authentication 元素进行身份验证。

```
<authentication mode="Forms">
    <forms name="401kApp" loginUrl="/login.aspx"/>
</authentication>
<authorization>
    <deny users="?"/>
</authorization>
```

上述代码基于窗体的身份验证配置站点、指定传输来自客户端的登录信息的 Cookie 的名称(forms 子元素的 name 属性)以及指定当初始身份验证失败时使用的登录页的名称进行身份验证。进行 Forms 身份验证时，必须使用 authorization 元素配置应用程序的授权，以控制客户端对 URL 资源的访问。只有将 authorization 元素包含在内才能要求对所有用户进行 Forms 身份验证，并拒绝匿名用户访问站点。

5．pages 元素

pages 元素用于配置 ASP.NET 页面的行为，如页面是否缓存、是否启用页面会话状态等。

pages 元素的语法格式如下：

```
<pages
    buffer="[True|False]"
    enableEventValidation="[True|False]"
    enableSessionState="[True|False|ReadOnly]"
```

```
        enableViewState="[True|False]"
        enableViewStateMac="[True|False]"
        smartNavigation="[True|False]"
        autoEventWireup="[True|False]"
        pageBaseType="typename, assembly"
        userControlBaseType="typename"
        validateRequest="[True|False]"
        masterPageFile="file path"
        theme="string"
        styleSheetTheme="string"
        maxPageStateFieldLength="number"
        compilationMode="[Always|Auto|Never]"
        pageParserFilterType="string"
        viewStateEncryptionMode="[Always|Auto|Never]"
        maintainScrollPositionOnPostBack="[True|False]"
        asyncTimeout="number">
        <controls>...</controls>
        <namespaces>...</namespaces>
        <tagMapping>...</tagMapping>
</pages>
```

pages 元素常用的属性功能如表 13-6 所示。

表 13-6　pages 元素的常用属性功能

属　性	说　　明
autoEventWireup	指定是否自动启用页事件，默认值为 True
buffer	指定 URL 资源是否使用响应缓冲，默认值为 True
enableEventValidation	指定页和控件是否验证回发和回调事件，默认值为 True
enableSessionState	为配置文件范围内的资源指定会话状态要求，其取值可以是 True(默认)、False 或 ReadOnly
enableViewState	指定是否启用视图状态 ViewState，默认值为 True

pages 元素的子元素如表 13-7 所示。

表 13-7　pages 元素的子元素

属　性	说　　明
controls	定义标记前缀所在的 register 指令和命名空间的集合
namespaces	定义一个将在程序集预编译期间使用的导入指令的集合
tagMapping	定义一个标记类型的集合，这些标记类型在编译时重新映射为其他标记类型

【示例 13.5】 演示如何使用 pages 元素进行页面设置。

```
<pages buffer="true" enableSessionState="true" autoEventWireup="true">
```

```
    <controls>
        <add tagPrefix="asp" namespace="System.Web.UI"
            assembly="System.Web.Extensions, Version=3.5.0.0,
            Culture=neutral, PublicKeyToken=31BF3856AD364E35"/>
        <add tagPrefix="asp" namespace="System.Web.UI.WebControls"
            assembly="System.Web.Extensions, Version=3.5.0.0,
            Culture=neutral, PublicKeyToken=31BF3856AD364E35"/>
    </controls>
</pages>
```

13.2 安装和部署 ASP.NET 应用程序

ASP.NET 应用程序的源代码测试并编译完成后，开发过程并没有结束。开发人员需要把应用程序提供给用户，即开发人员需要将 ASP.NET 应用程序部署到用户的工作环境中，使用户在其工作环境中能够使用应用程序，这就需要安装和部署 ASP.NET 应用程序。安装和部署是两个不同的概念：安装程序(Setup)是指将应用程序打包成易于部署的形式，打包后的应用程序可以方便地安装到目标系统或服务器上；部署(Deployment)是将应用程序安装到另一台机器上的过程，可以通过执行安装程序来完成。

13.2.1 创建 ASP.NET 安装项目

【示例 13.6】 演示创建 ASP.NET 安装项目的步骤。

(1) 创建 Web 安装项目。

右击 ASP.NET 应用程序解决方案，选择“添加”→“新建项目”命令，弹出“添加新项目”窗口，如图 13-1 所示。在左侧的“项目类型”树中，展开“其他项目类型”，选择“安装和部署”；再选择“Web 安装项目”模板，并输入项目名称。

图 13-1 创建 Web 安装项目

(2) 添加项目输出。

右击 Web 应用程序文件夹，选择“添加”→“项目输出”命令，如图 13-2 所示。

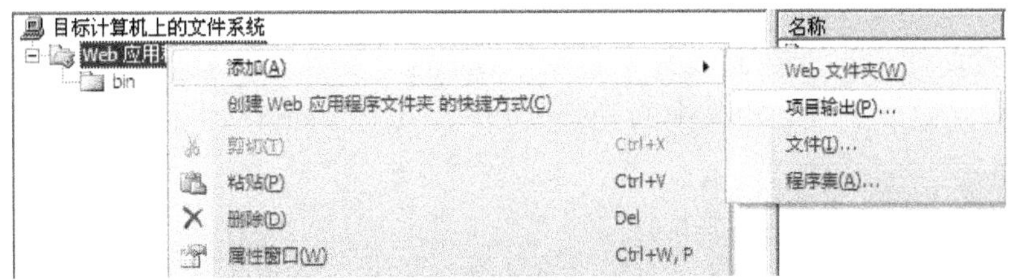

图 13-2　添加项目输出

在弹出的“添加项目输出组”窗口中选择“内容文件”，并单击“确定”按钮，如图 13-3 所示。

在 Web 安装项目中添加内容文件后，“解决方案资源管理器”窗口如图 13-4 所示。

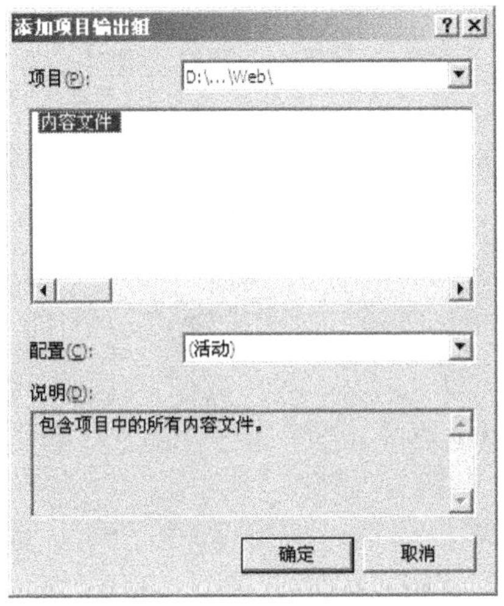

图 13-3　添加内容文件

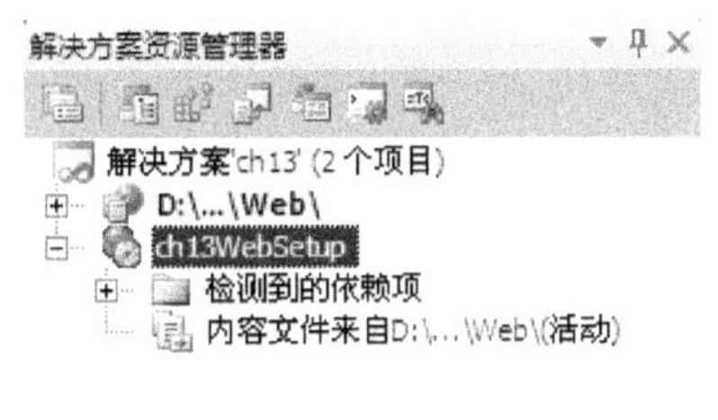

图 13-4　解决方案资源管理器

(3) 设置 Web 安装项目的属性。

在 Web 安装项目的属性窗口中，设置 Author、Description 和 Manufacturer 属性值，如图 13-5 所示，这些属性值的设置有助于用户了解关于应用程序的信息。

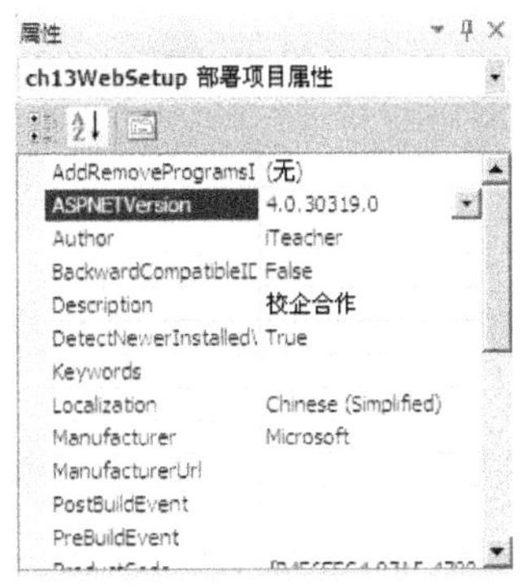

图 13-5　部署项目属性窗口

(4) 生成 Web 安装项目。

如图 13-6 所示，在“解决方案资源管理器”窗口中，右击 Web 安装项目，选择“生成”命令，完成 Web 安装项目程序的制作。

当生成成功后，可以在此安装项目的“Debug”文件夹下看到两个安装文件，如图 13-7 所示。使用这两个安装文件中的任何一个，就可将 Web 项目发布到 IIS 中。

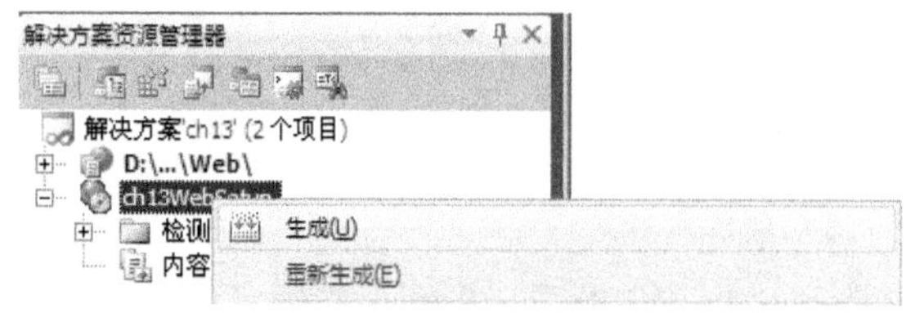

图 13-6　生成 Web 安装项目

图 13-7　安装文件

13.2.2　部署 ASP.NET 应用程序

部署 ASP.NET 应用程序有两种比较常用的方法：

✧ 使用“Web 安装项目”部署：运行 Web 的安装文件，根据安装向导一步步将项目部署到 IIS 中。

✧ 手动“发布网站”并部署到 IIS 服务器中。

【示例 13.7】　分别使用 Web 安装文件和手动方式部署 ASP.NET 应用程序。

1. Web 安装文件的安装部署

双击 Web 安装文件(ch11WebSetup.msi 或 setup.exe)，如图 13-8 所示，显示安装向导提示窗口。

单击“下一步”按钮，弹出“选择安装地址”窗口，如图 13-9 所示，设置虚拟目录。

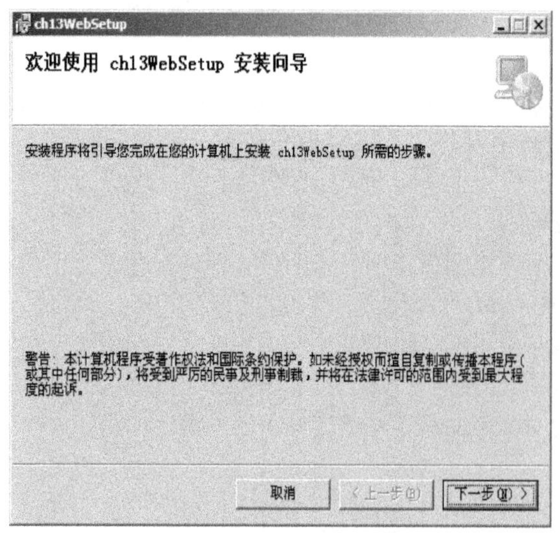

图 13-8　安装向导

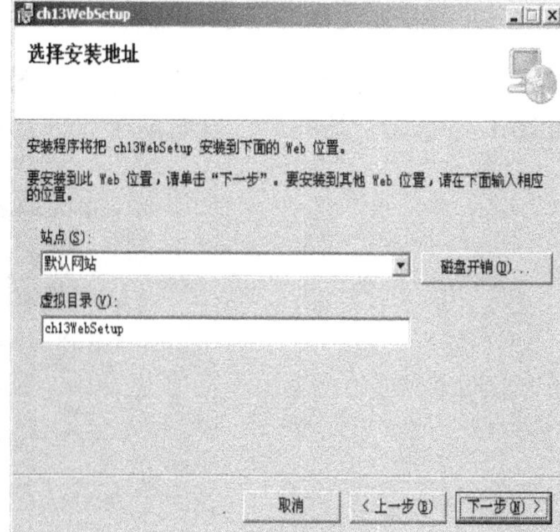

图 13-9　指定虚拟目录

单击“下一步”按钮直到安装完成。此时在“控制面板”的“添加或删除程序”中可以看到已安装的 ASP.NET 应用程序，如图 13-10 所示。

选择“控制面板”→“管理工具”→“Internet 信息服务”，如图 13-11 所示，Web 应用程序已自动部署到 IIS 服务器的默认网站中。

图 13-10　安装或删除窗口

图 13-11　IIS 服务器

2. 手动部署

在“解决方案资源管理器”窗口中，右击网站项目，选择“生成网站”命令，生成成功后，再单击“发布网站”命令，如图 13-12 所示。

图 13-12　“发布网站”命令

如图 13-13 所示，在弹出的“发布网站”窗口中指定目标位置。

选择“控制面板”→“管理工具”→“Internet 信息服务”，将网站部署到 IIS 服务器中(参见实践篇实践 1.4 中 IIS 部署站点的步骤)。注意，设置虚拟目录的别名为“ch13Web”，指定目录路径为发布网站后生成的目标位置，如图 13-14 所示。

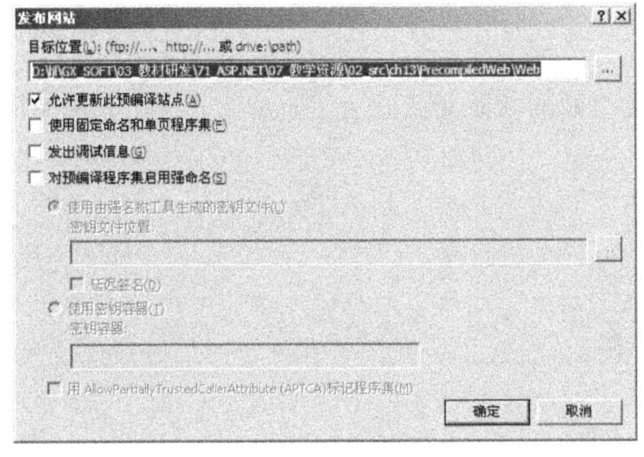

图 13-13　发布网站

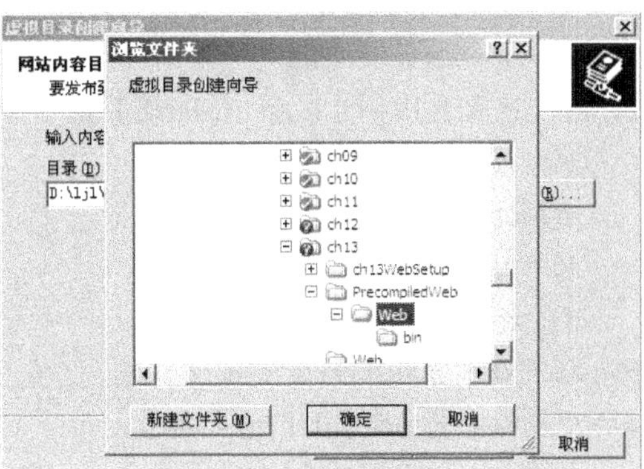

图 13-14　虚拟目录路径

如图 13-15 所示，网站部署成功。

图 13-15　IIS 中部署的网站

注意：生成网站后，网站中的页面只保留.aspx 文件，其后台代码.aspx.cs 已经生成.dll 放在 bin 目录下。图 13-15 所示页面只保留.aspx 文件，而图 13-11 所示页面则将.aspx 和.aspx..cs 两个文件都保留。

本 章 小 结

通过本章的学习，学生应该能够掌握：

✧ ASP.NET 配置文件是一个 XML 文件，它定义了网站相关设置的配置信息。

✧ ASP.NET 配置文件有两类：Machine.config 和 web.config。

✧ appSettings 元素存储自定义应用程序的配置信息。

✧ connectionStrings 元素指定数据库连接字符串。

✧ compilation 元素用于设置编译相关信息。

✧ authentication 元素用于配置 ASP.NET 安全身份验证模式。

✧ pages 元素用于配置 ASP.NET 页面的行为。

本 章 练 习

1．ASP.NET 中用于对服务器进行配置的文件是_______。

A．server.config

B．web.config

C．machine.config

D．webserver.config

2．在配置文件中用于配置 ASP.NET 安全身份验证的元素是_________。

A．compilation

B．autherntication

C．pages

D．appSettings

3．ASP.NET 常用的两个配置文件是________和_________。

4．安装和部署 ASP.NET 应用程序。

实践篇

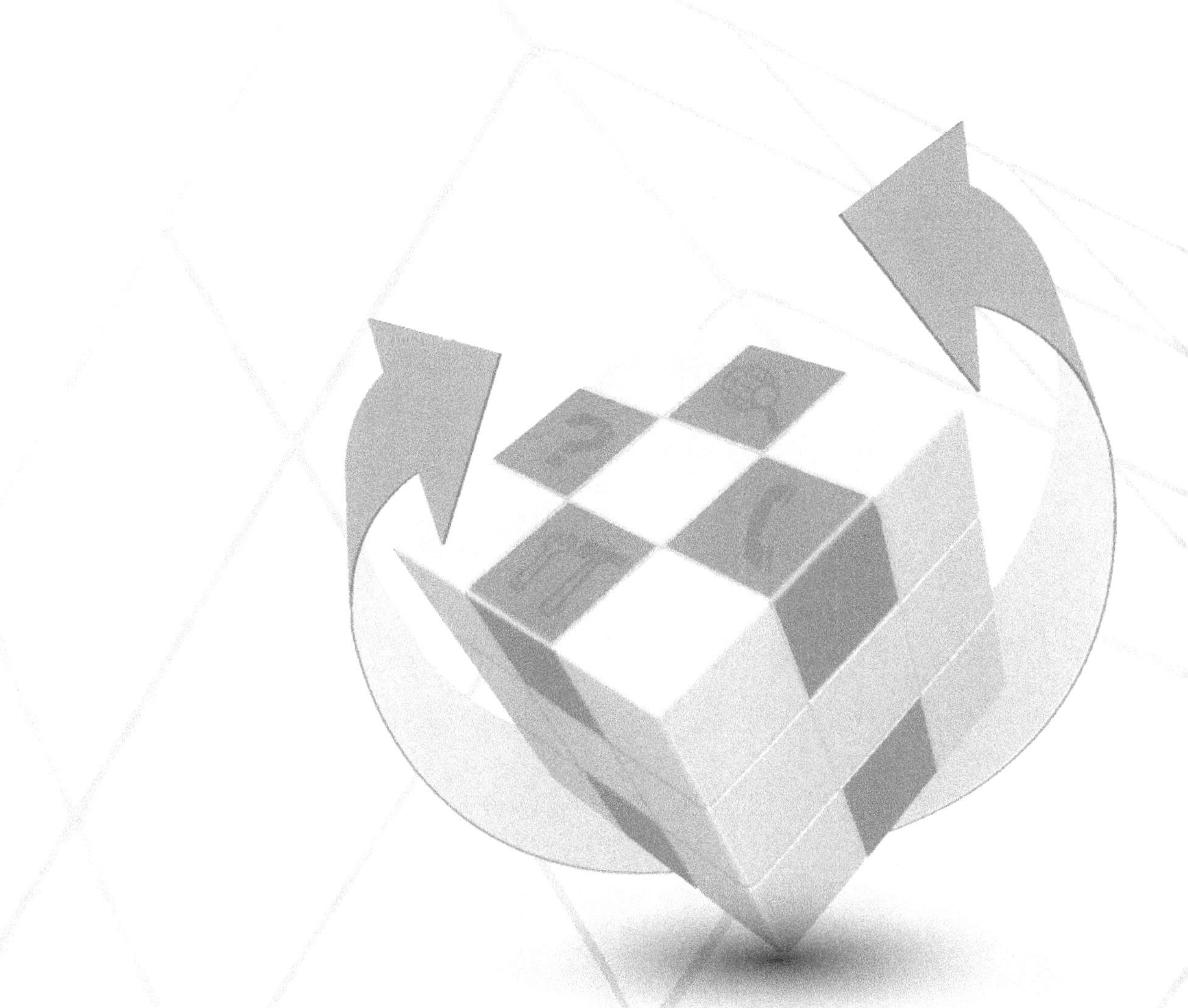

实践 1　ASP.NET 概述

实践指导

实践 1.1

Visual Studio 2010 是微软提供的一个全面集成的 .NET 框架开发环境，在该环境下可以编写、编译、调试 C# 程序代码，还可以将代码编译为程序集进行发布。

【分析】

(1) Visual Studio 2010 是基于 .NET4.0 一起推出的新一代的开发平台。

(2) Visual Studio 是一套完整的开发工具，它支持多种语言，包括 Visual Basic、Visual C++、Visual C# 和 Visual J#。通过.NET Framework，这些语言可以共享工具且有助于创建混合语言解决方案。

(3) Visual Studio 2010 需要安装在 Windows 操作系统中，并且对系统的硬件性能及兼容性有一定的要求。具体的硬件性能及配置要求如表 S1-1 所示。

表 S1-1　Visual Studio 2010 安装的配置要求

硬件名称	配 置 要 求
CPU	1.6 GHz 以上
RAM 内存	1 GB 以上
可用硬盘空间	3 GB 以上可用硬盘空间，5400 rpm 以上硬盘驱动器
操作系统	Windows 2003、Windows XP、Windows 2008、Windows Vista、Windows 7

【参考解决方案】

(1) 下载 Visual Studio 2010 安装文件。

从微软的官方网站 http://www.microsoft.com 下载 Visual Studio 2010 安装文件，获取 cn_visual_studio_2010_professional_x86_dvd_532145.iso 映像文件(试用版)。

(2) 安装 DAEMON 虚拟光驱软件。

后缀为“.iso”的映像文件需要使用虚拟光驱软件映像成光盘，因此需先安装 DAEMON 虚拟光驱软件。运行安装文件如图 S1-1 所示，并单击“下一步”按钮，直至安装完成。

(3) 使用 DAEMON 将安装文件进行映像。

如图 S1-2 所示，右击 DAEMON 工具，选择“虚拟 CD/DVD-ROM”→“设备”→“装载映像”，将弹出选择映像文件的窗口。

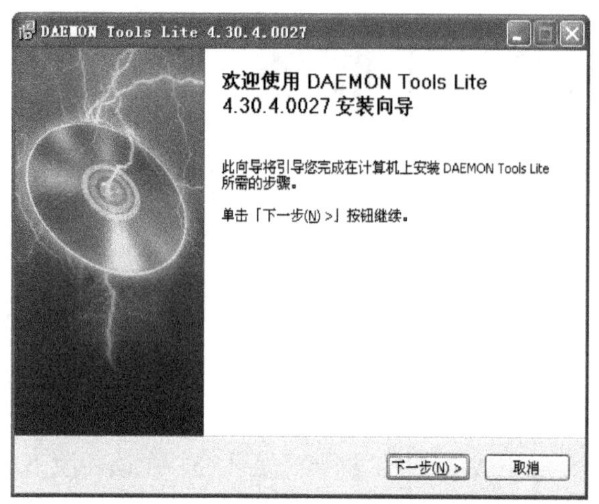

图 S1-1 安装向导

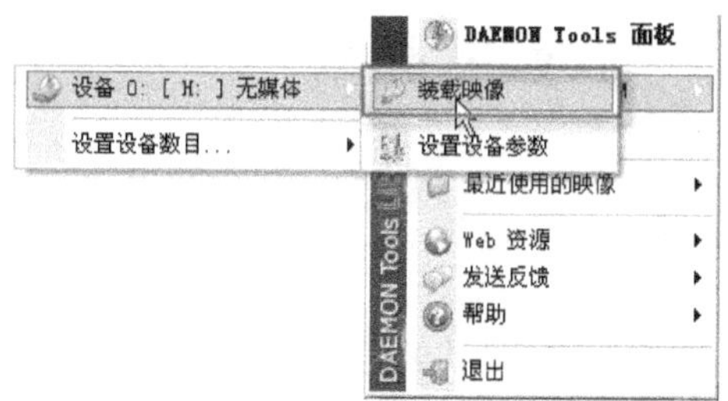

图 S1-2 装载映像

选择 cn_visual_studio_2010_professional_x86_dvd_532145.iso 映像文件，单击“打开”按钮，将安装文件进行映像，如图 S1-3 所示。

将 ISO 文件映像后，打开“我的电脑”，可以看到如图 S1-4 所示的光盘，此光盘就是 Visual Studio 2010 的安装光盘。

图 S1-3 选择映像

图 S1-4 装载完成

(4) 安装 Visual Studio 2010。

在 Visual Studio 2010 的安装光盘中，找到 Setup 可执行文件，双击该文件，弹出如图 S1-5 所示的 Visual Studio 2010 安装程序向导页面。

选中“安装 Microsoft Visual Studio 2010”进行安装，显示如图 S1-6 所示的“选项页”窗口。

图 S1-5　安装向导

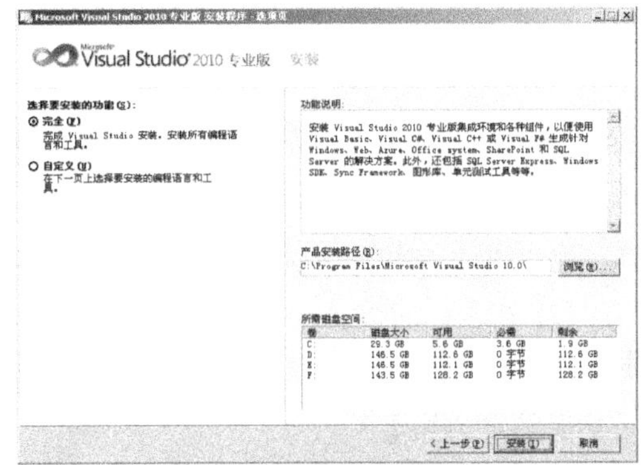

图 S1-6　选择安装内容

在选项页窗口中选择“完全”安装，并指定安装路径。设置完毕后，再单击“安装”按钮，将显示如图 S1-7 所示的“安装页”窗口。此时系统将自动安装 Visual Studio 2010 的所有组件，直到安装结束，整个过程不再需要用户的操作。

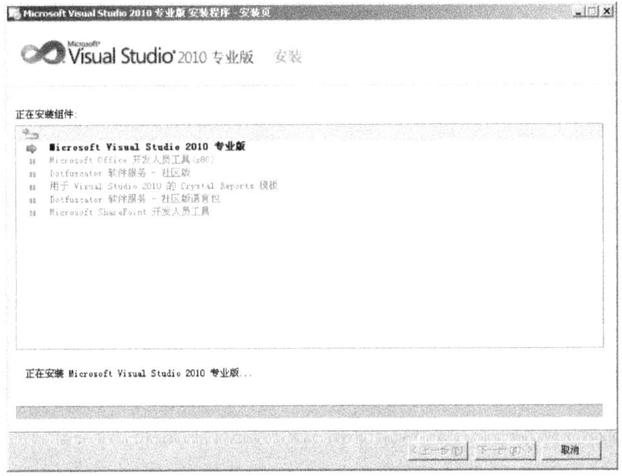

图 S1-7　安装进行中

如图 S1-8 所示，也可通过 Setup 可执行文件，在安装之后进行功能修改，或者安装 MSDN 文档。

图 S1-8　安装完成

实践 1.2

Visual Studio 2010 开发 IDE 工具介绍。

【分析】

(1) Visual Studio 2010 的启动和起始页。

(2) 在 Visual Studio 2010 中，有许多用于开发、调试部署等功能的窗口，特别是与开发相关的常用窗口，熟练使用这些窗口是学习.NET 必不可少的要素。

【参考解决方案】

(1) 启动 Visual Studio 2010。

打开“开始”菜单，选择“所有程序”，如图 S1-9 所示，选择“Microsoft Visual Studio 2010”，启动 Visual Studio 2010。或直接双击桌面上“Microsoft Visual Studio 2010”快捷方式的图标。

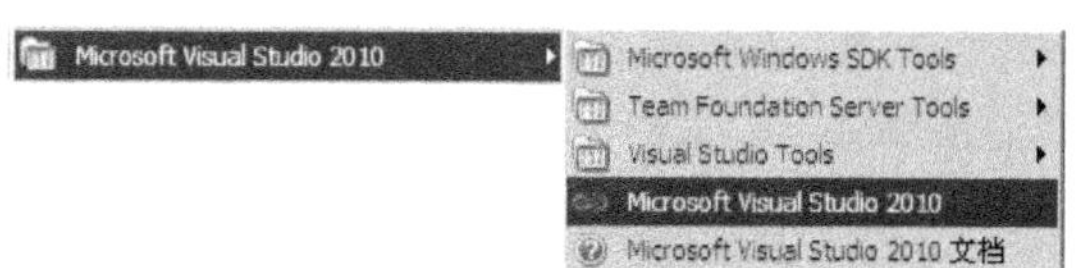

图 S1-9　安装程序

Visual Studio 2010 启动后，会显示如图 S1-10 所示的“起始页”窗口。在“起始页”窗口中显示了最近打开的项目或解决方案列表，可以方便地进行项目定位。

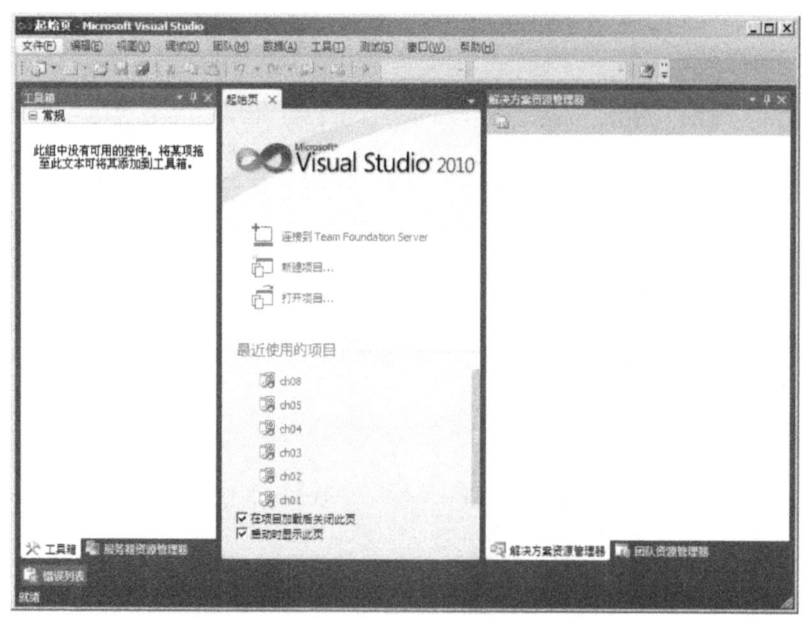

图 S1-10　Visual Studio 2010 界面

注 意　如果是第一次启动 Visual Studio 2010，将首先显示一个选择开发语言的窗口，选择 C# 语言进行设定后，才会显示起始页。

(2) Visual Studio 2010 的常用窗口。

Visual Studio 2010 的常用窗口有解决方案资源管理器、编辑器和设计器、工具箱、错误列表窗口、输出窗口等，如图 S1-11 所示。

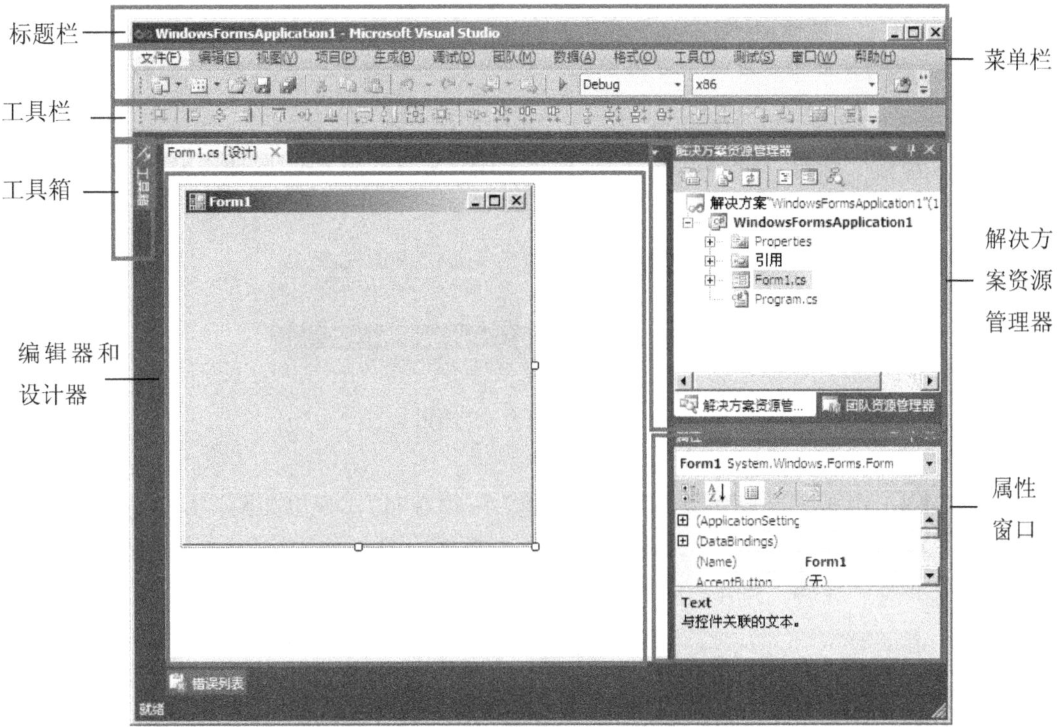

图 S1-11　窗口介绍

其中：

✧ 工具箱：提供了开发 Visual Studio 项目的各种工具组件。

✧ 编辑器和设计器：是用户编辑源代码和设计界面的窗口。编辑器和设计器通常有设计和代码两个视图。如图 S1-11 所示为图形设计视图，在此窗口中单击鼠标右键选择“查看代码”命令，即可切换到代码视图。反之，在代码视图中单击鼠标右键选择“查看设计器”命令，又可切换回设计视图。

✧ 解决方案资源管理器：用于显示解决方案及其中的项目。解决方案是创建一个应用程序所需要的一组项目，包括项目所需的各种文件、文件夹、引用和数据连接等。通过“解决方案资源管理器”可以打开文件进行编辑，向项目中添加新文件，以及查看解决方案、项目和项属性。如果集成环境中没有显示“解决方案资源管理器”窗口，可以通过选择“视图”→“解决方案资源管理器”命令来显示该窗口。

✧ 属性窗口：用于显示和设置窗体、控件等对象的相关属性。

实践 1.3

使用 Visual Studio 2010 开发 IDE 工具，创建和编译 C# 程序。

【分析】

(1) 创建一个控制台应用程序。

(2) 编写 C# 程序代码。

(3) 运行程序，查看结果。

【参考解决方案】

(1) 启动 Visual Studio 2010。

打开“开始”菜单，选择“所有程序”，如图 S1-12 所示，选择“Microsoft Visual Studio 2010”，启动 VS 2010。

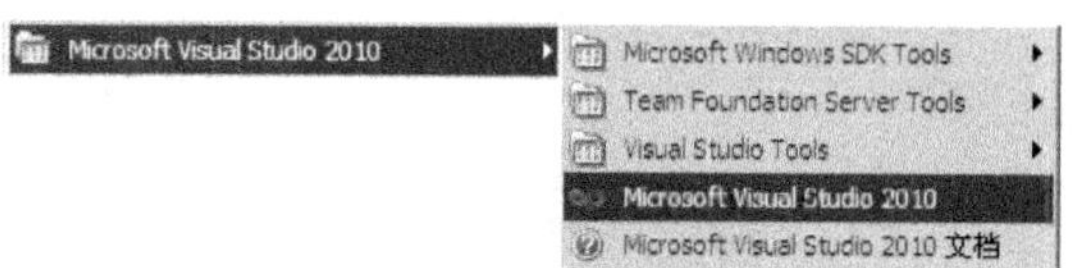

图 S1-12　启动 VS 2010

(2) 创建控制台应用程序。

如图 S1-13 所示，选择“文件”→“新建”→“项目”，弹出如图 S1-14 所示的创建项目窗口，在此窗口中选择“控制台应用程序”模板，输入项目名称(本示例中项目名为 ph01)和保存位置，单击“确定”按钮。

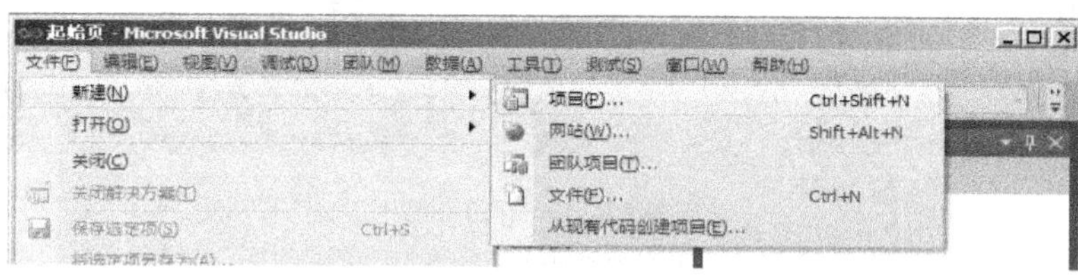

图 S1-13　新建项目

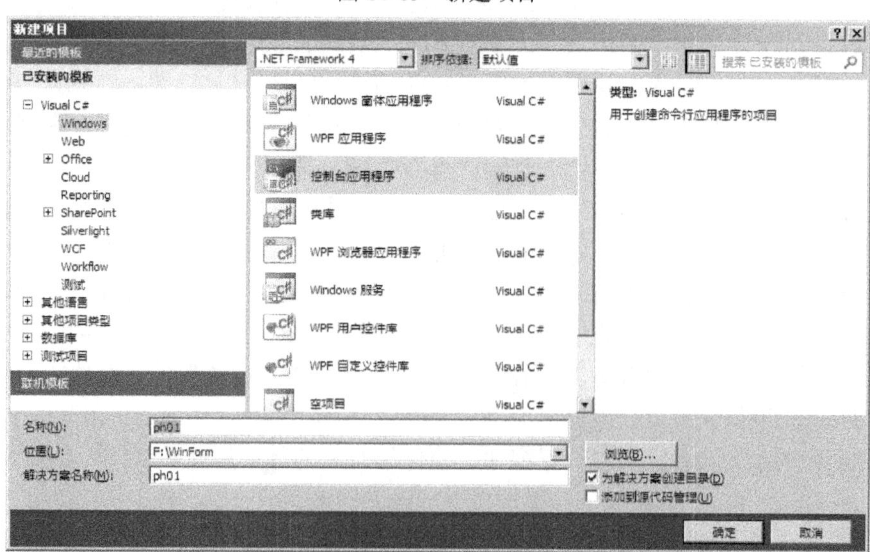

图 S1-14　创建控制台应用程序

显示如图 S1-15 所示的窗口，此时项目中自带一个“Program.cs”类。

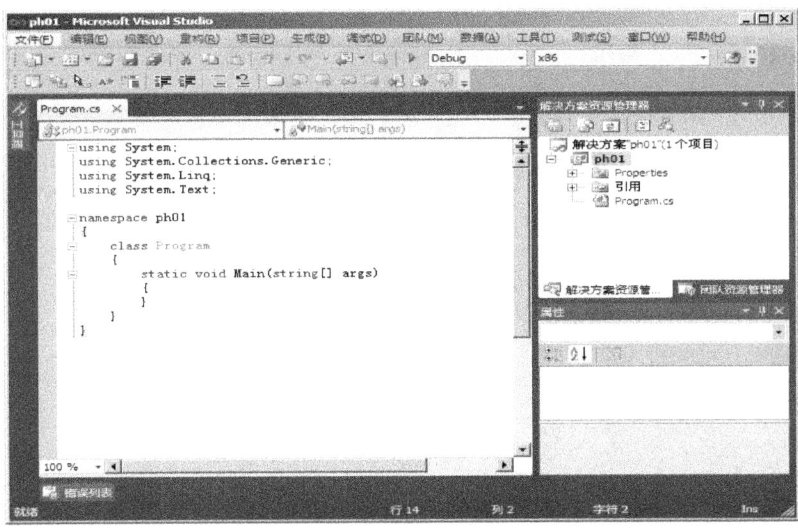

图 S1-15　Program 类代码

(3) 编写 C# 程序代码。

在代码编辑窗口中编辑 Program.cs 的程序代码，内容如下：

```
class Program
    {
        staticvoid Main(string[] args)
        {
            Console.WriteLine("这是第一个 C# 程序");
        }
    }
```

(4) 设置应用程序的启动项。

如图 S1-16 所示，右击 ph01 项目→“属性”，打开如图 S1-17 所示属性窗口，在“启动对象”下拉列表框中选择要运行的程序，本案例是“ph01.Program”。

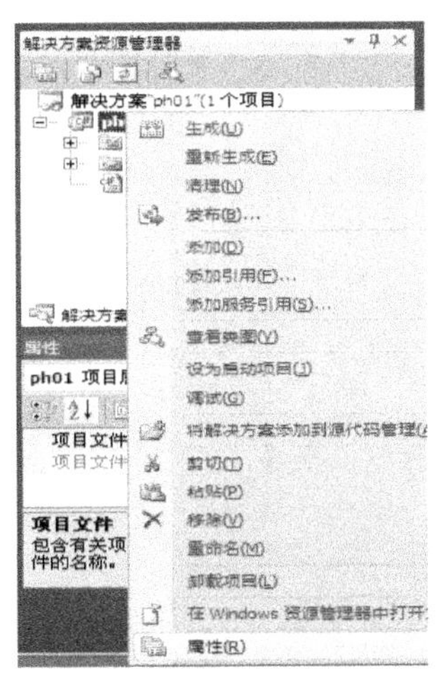

图 S1-16　打开属性

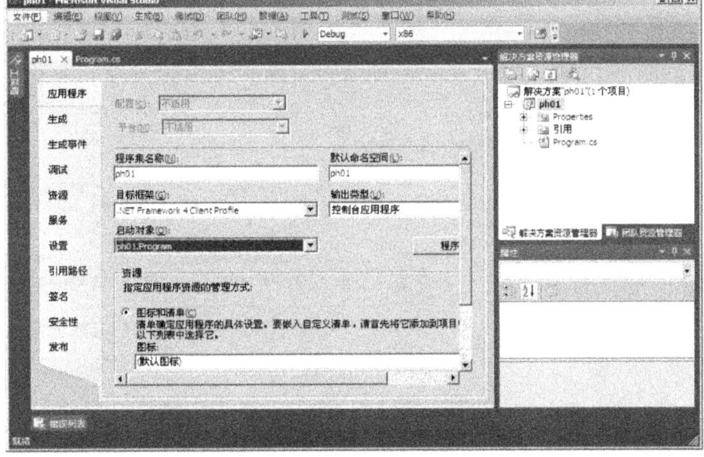

图 S1-17　属性窗口

(5) 运行程序。

按下“Ctrl + F5”组合键，运行 Program.cs 程序代码。运行结果如图 S1-18 所示，显示了程序执行后控制台的输出结果。

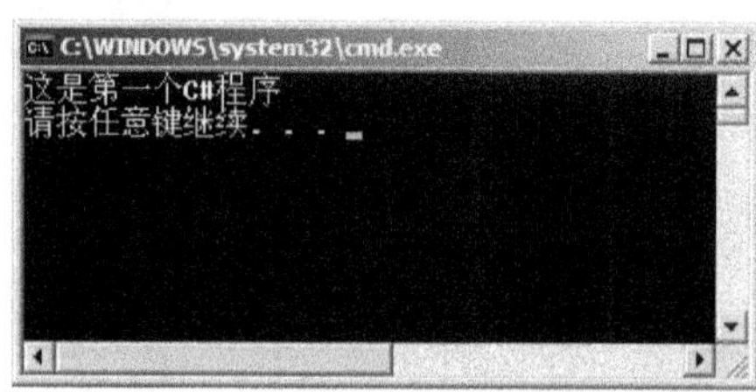

图 S1-18　运行结果

实践 1.4

IIS 的安装及部署站点。

【分析】

(1) IIS(Internet Information Services，互联网信息服务)是由微软公司提供的基于 Microsoft Windows 平台的互联网基本服务。IIS 最初是 Windows NT 版本的可选包，随后内置在 Windows 2000、Windows XP Professional 和 Windows Server 2003 中一起发行，但在普遍使用的 Windows XP Home 版本上并没有 IIS。

(2) IIS 是一种 Web(网页)服务组件，其中包括 Web 服务器、FTP 服务器、NNTP 服务器和 SMTP 服务器，分别用于网页浏览、文件传输、新闻服务和邮件发送等，它使得在网络(包括互联网和局域网)上发布信息更加容易。

(3) 打开“控制面板”→“添加/删除程序”→“添加/删除 Windows 组件”，选择“Internet 信息服务(IIS)”，进行 IIS 服务的安装。

【参考解决方案】

(1) IIS 安装。

如图 S1-19 所示，选择“控制面板”→“添加或删除程序”，打开“添加或删除程序”窗口。

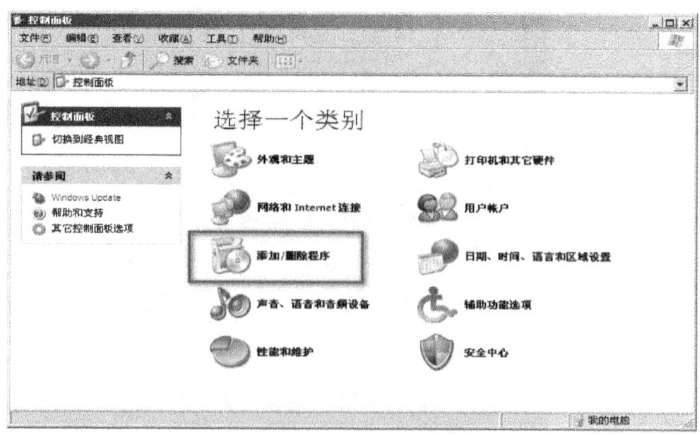

图 S1-19　添加/删除程序

在"添加或删除程序"窗口中单击"添加/删除 Windows 组件"，如图 S1-20 所示。

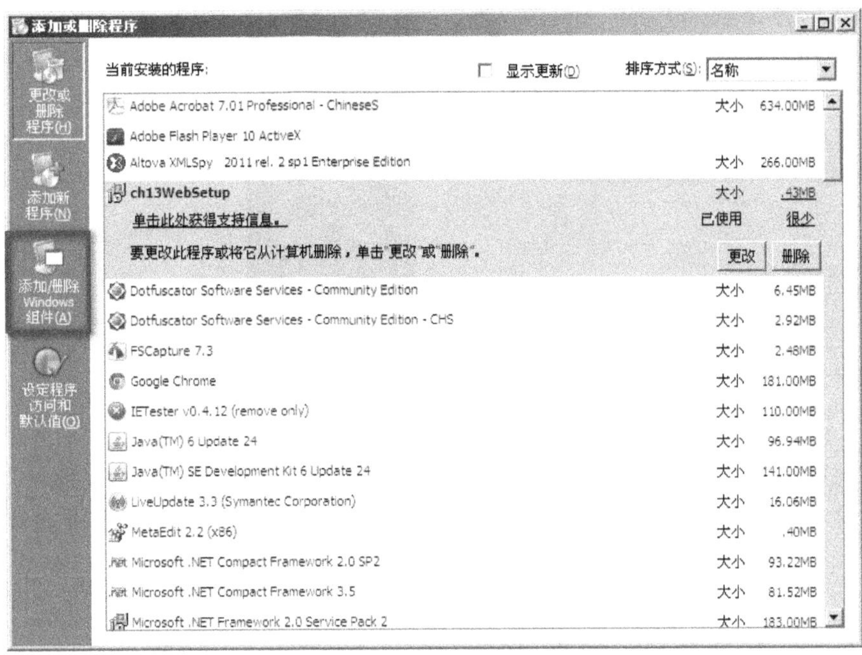

图 S1-20　添加/删除 Windows 组件

如图 S1-21 所示，在弹出的"Windows 组件向导"对话框中选中"Internet 信息服务(IIS)"，单击"下一步"按钮。

安装过程中会提示插入系统安装盘，如图 S1-22 所示，将系统安装盘放入光驱后，单击"确定"按钮。

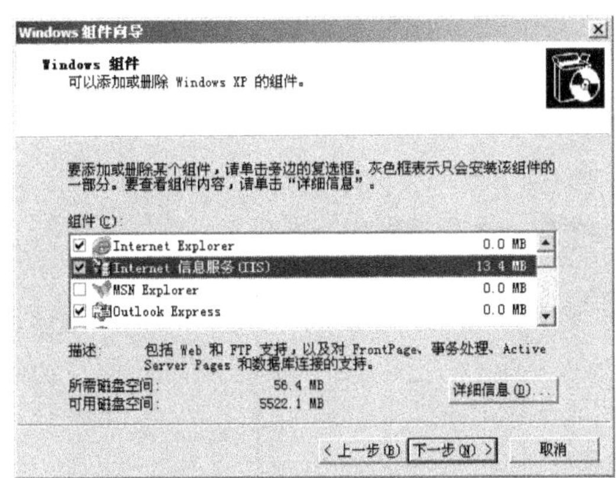

图 S1-21　Windows 组件向导

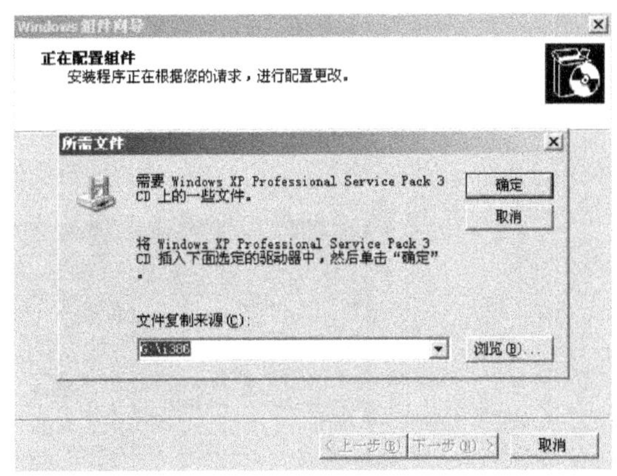

图 S1-22　装载 IIS

如图 S2-23 所示，"Windows 组件向导"会自动安装 IIS 服务。

如 S1-24 所示，安装完毕后单击"完成"按钮。

注　意

如果操作系统是先安装的 Visual Studio 2010 后安装的 IIS，则部署完网站后，网站页面可能无法访问，原因是.NET 没有注册到 IIS，只需在命令窗口中运行"C:\WINDOWS\Mircrosoft.NET\Framework\v1.4322\aspnet_regiis.exe -i"命令即可解决上述问题。

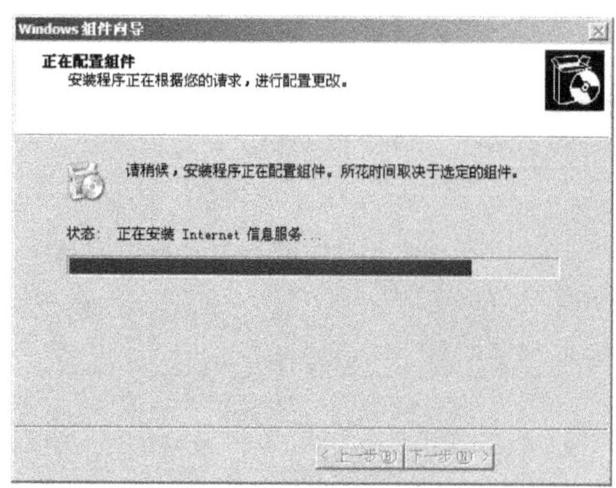

图 S1-23　安装进行中

图 S1-24　安装完成

(2) 在 IIS 中部署站点。

如图 S1-25 所示，选择"控制面板"→"管理工具"→"Internet 信息服务"，弹出如图 S1-26 所示"Internet 信息服务"窗口，此窗口中显示在本地计算机上部署的网站。

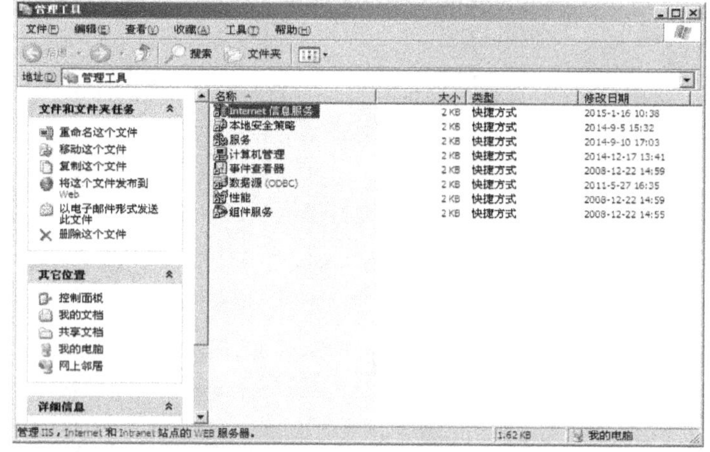

图 S1-25　管理工具

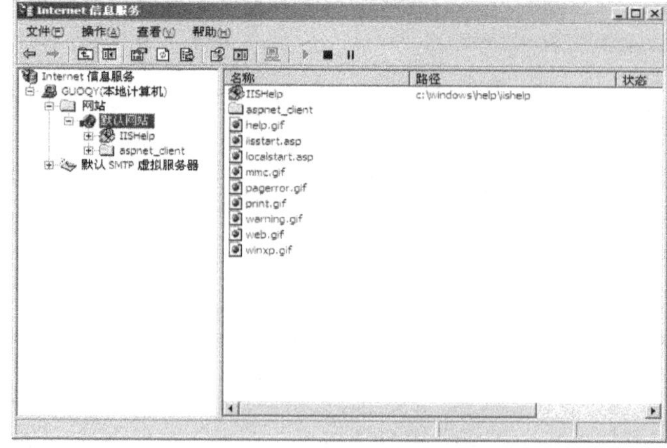

图 S1-26　Internet 信息服务

如图 S1-27 所示，右击“默认网站”，选择“新建”→“虚拟目录”，弹出“虚拟目录创建向导”对话框，如图 S1-28 所示，单击“下一步”按钮。

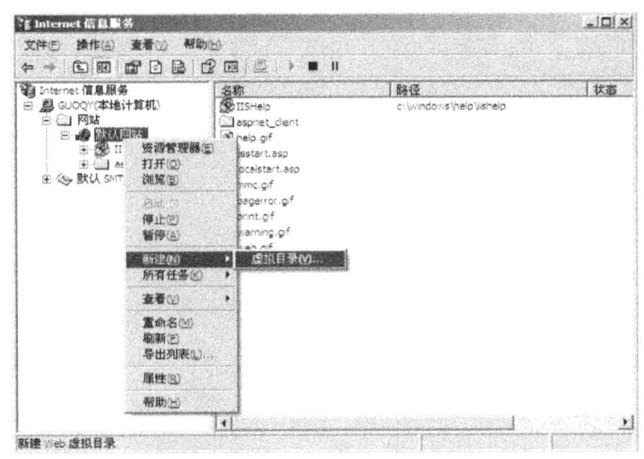

图 S1-27　新建虚拟目录

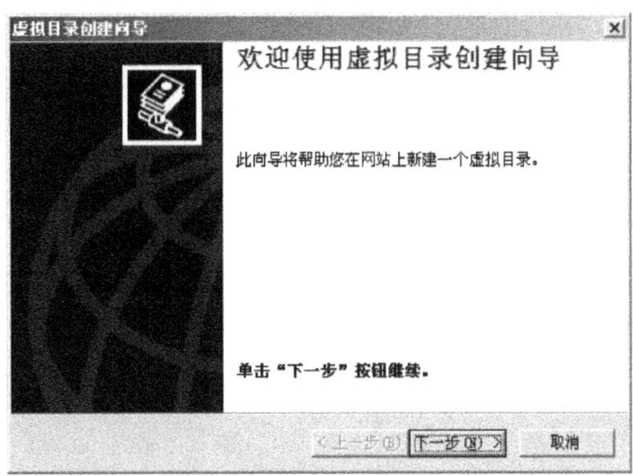

图 S1-28　创建向导

如图 S1-29 所示，输入虚拟目录的“别名”，即在 IE 浏览器地址栏中访问该网站时使用的名字，单击“下一步”按钮。

如图 S1-30 所示，单击“浏览”按钮，选择需要部署到 IIS 服务器上的网站目录。此处以一个静态网站为例，选中静态页面所在的目录，单击“下一步”按钮。

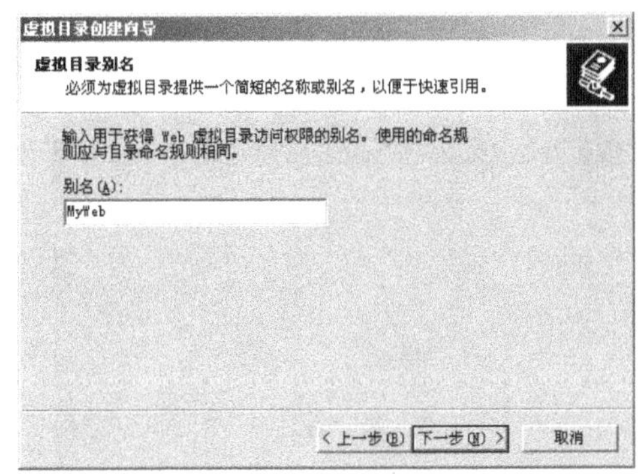

图 S1-29　填写名称

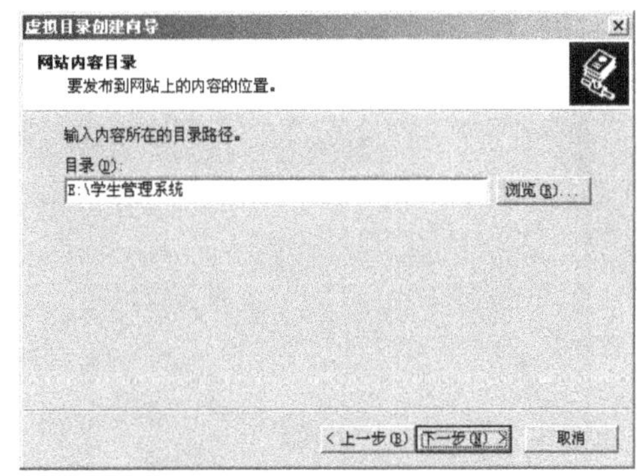

图 S1-30　选择文件目录

如图 S1-31 所示，设置访问权限，单击“下一步”按钮。

如图 S1-32 所示，单击“完成”按钮，完成虚拟目录的创建。

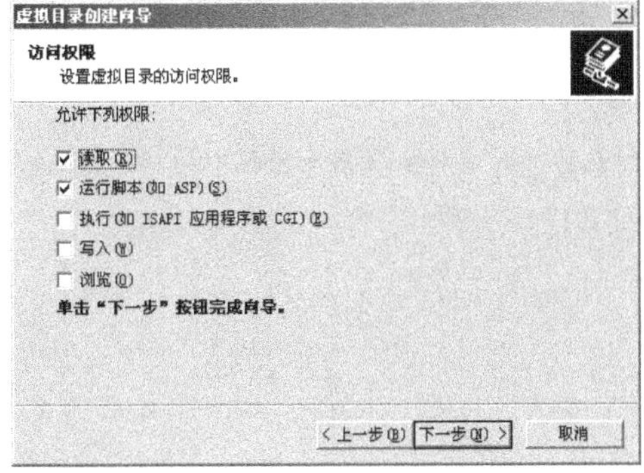

图 S1-31　配置权限

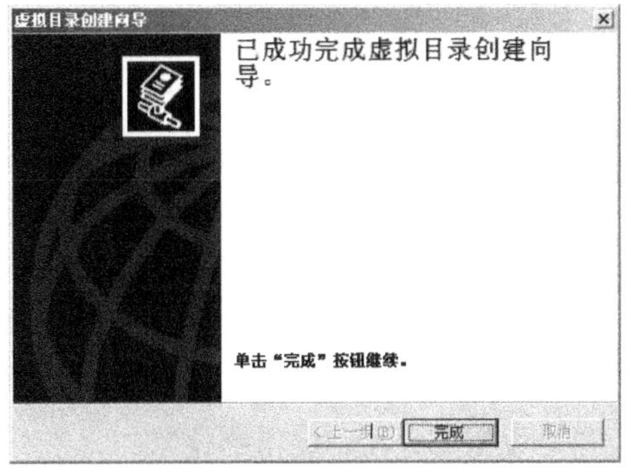

图 S1-32　创建完成

此时，在 IIS 服务器上会显示名为“MyWeb”的网站，这样网络上的其他机器都可以访问此网站中的内容，如图 S1-33 所示。

图 S1-33　部署完成

(3) 访问站点。

打开 IE 浏览器，在地址栏中输入“http://localhost/MyWeb/login.htm”，显示如图 S1-34 所示的登录页面。

图 S1-34　登录主页

注 意

如果是其他机器，而非本机访问此站点，则在访问时应将浏览器地址栏中的“localhost”改为 IIS 服务器所在机器的 IP 地址，例如“192.168.0.1”。

知识拓展

1. 设置 C# 代码编辑器格式

VS 2010 提供了丰富的选项来设置编辑器的各种属性，设置步骤如下：

(1) 打开选项设置。

在 VS 2010 的菜单栏中，选择“工具”→“选项”命令，如图 S1-35 所示。

(2) C# 常规设置。

展开“选项”对话框左侧树形目录，选择“文本编辑器”→“C#”→“常规”，窗口中列出了一些常用的设置项，比如需要在代码前显示行号，则将“行号”选中即可，如图 S1-36 所示。

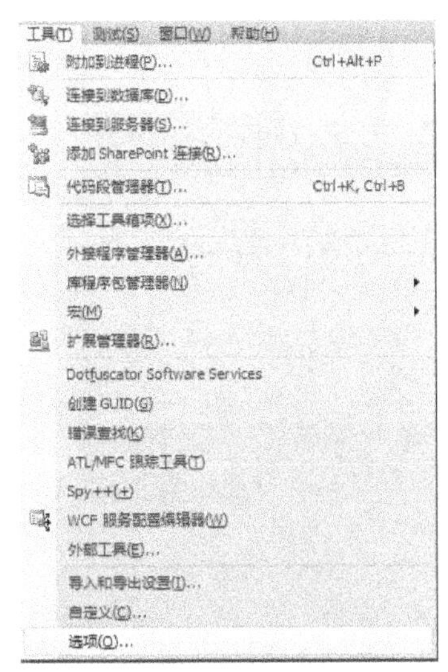

图 S1-35　选项设置

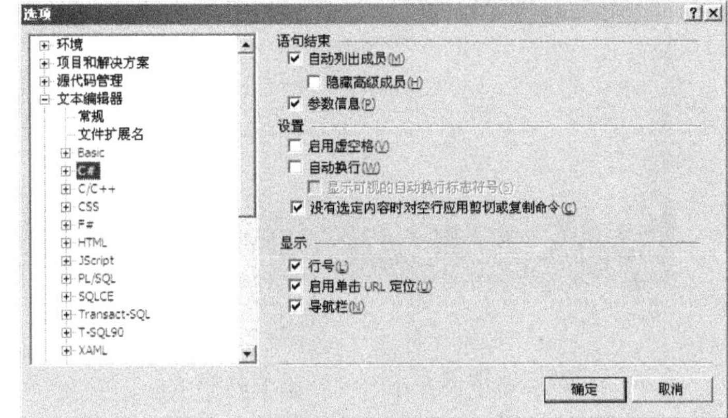

图 S1-36　C# 常规设置

(3) C# 格式设置。

格式设置用于设置代码的风格。将“格式设置”展开，其中可以设置常用的一些代码格式化规则。比如选中新行，在右侧可以选择需要的换行策略，如图 S1-37 所示。

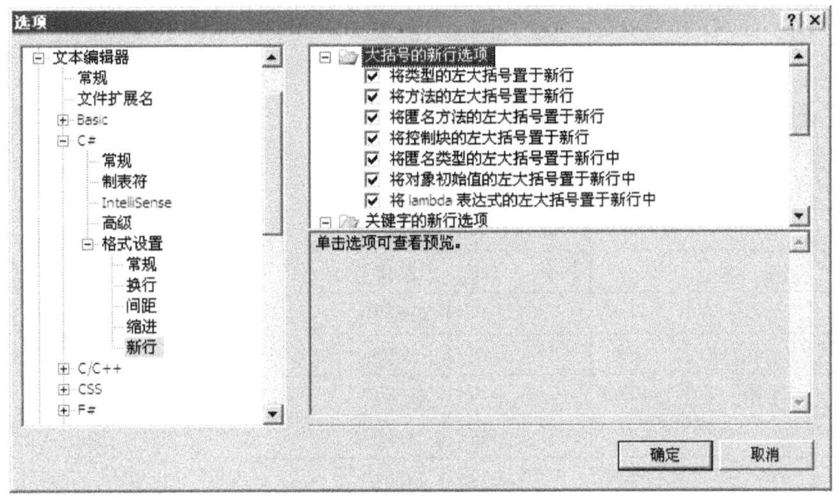

图 S1-37　C# 格式设置

设置好格式后单击“选项”对话框中的“确定”按钮，此时 VS 2010 代码编辑器中的格式将按照设置好的格式显示，如图 S1-38 所示，左侧显示了代码的行号。

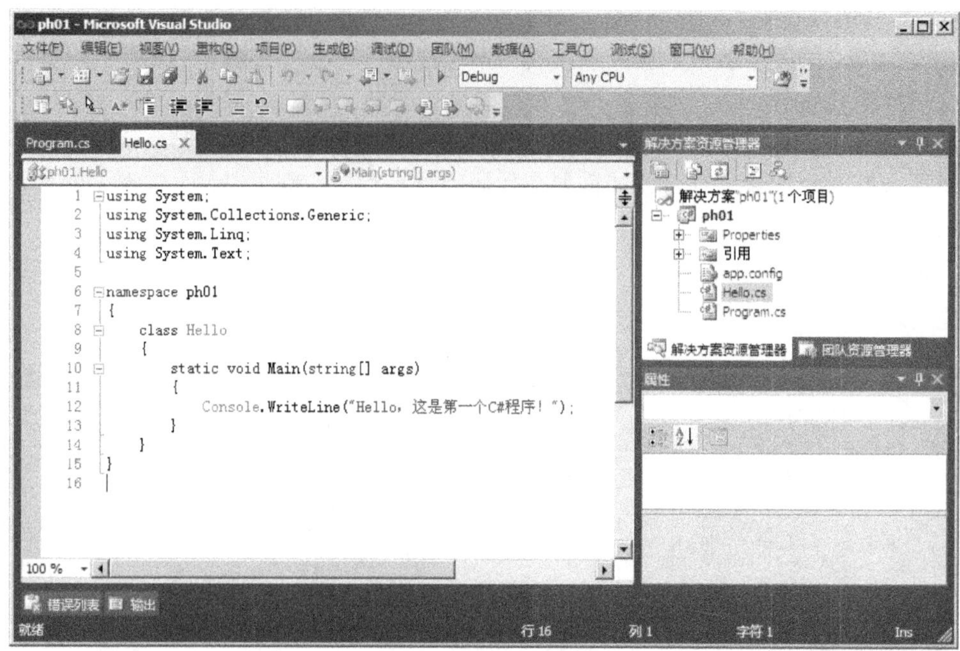

图 S1-38　程序代码

2．VS 2010 快捷键

在项目开发过程中，熟练地使用一些常用的快捷键可以提高编码的效率和质量。VS 2010 中提供了一系列的快捷键，其中常用的几个快捷键如表 S1-2 所示。

表 S1-2　VS 2010 快捷键

快　捷　键	功　　能	作　用　域
Ctrl + E，C	注释选中的行	代码编辑器
Ctrl + E，U	取消选中行的注释	
Ctrl + F	查找和替换	
Ctrl + K，X	插入代码块	
F5	调试运行	全局
Ctrl + F5	运行，不调试	
F6	生成解决方案	
Ctrl + F6	生成当前项目	
F7	查看代码	
Ctrl + Shift + F9	删除所有断点	
F10	逐过程调试	
Ctrl + F10	运行到光标处	
F11	逐语句调试	

实践 2　C# 基础训练

实践指导

实践 2.1

使用一条语句在字符界面中打印多行文本。

【分析】

(1) C# 中使用 Console.WriteLine()方法可在控制台输出一行内容。

(2) 使用转义字符\n 可以实现换行回车。

【参考解决方案】

(1) 创建控制台应用程序 ph02。

(2) 在 ph02 项目中添加一个类 G1Demo，代码如下：

```
class G1Demo
{
    static void Main(string[] args)
    {
        Console.WriteLine("第 1 行\n 第 2 行\n 第 3 行");
    }
}
```

(3) 运行结果如图 S2-1 所示。

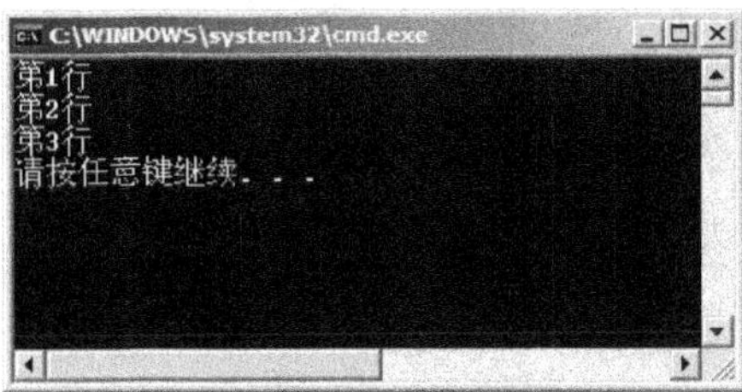

图 S2-1　运行结果

实践 2.2

求$1-\frac{1}{2}+\frac{1}{3}-\frac{1}{4}+\cdots+\frac{1}{99}-\frac{1}{100}$。

【分析】

(1) 上述算式有明显的规律，可以归纳为：

✧ 当 n 为奇数时，加 1/n；

✧ 当 n 为偶数时，减 1/n。

(2) 对于明显的重复性操作可以采用迭代结构实现。

(3) 奇偶数则可通过能否被 2 整除来判断。

(4) 算式中含有除法，为了计算精确，n 用 double 类型表示。

【参考解决方案】

(1) 在 ph02 项目中添加一个类 G2Demo，代码如下：

```
class G2Demo
{
    static void Main(string[] args)
    {
        int n = 100;// 循环上限
        double sum = 0;
        for (double i = 1; i <= n; i++)
        {
            if (i % 2 == 0)
                sum = sum - (1 / i);// 如果 i 为偶数，则减
            else
                sum = sum + (1 / i);// 如果 i 为奇数，则加
        }
        Console.WriteLine("sum = " + sum);
    }
}
```

(2) 运行结果如图 S2-2 所示。

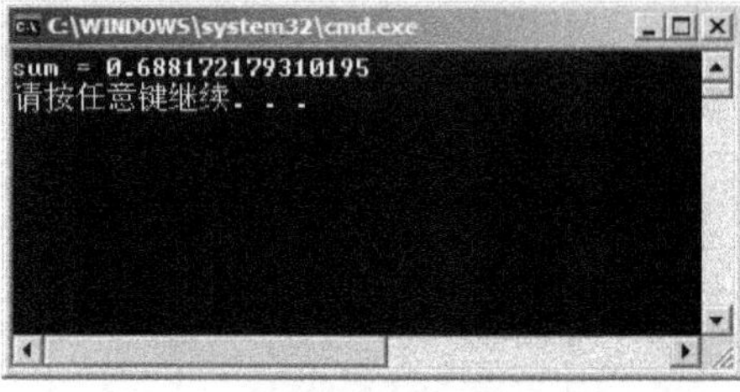

图 S2-2　运行结果

实践 2.3

使用字符界面实现菜单程序。

【分析】

(1) 只要用户不选择“退出”菜单，则循环显示菜单项，因此使用 do…While 循环语

句显示菜单内容。

(2) 首先使用 Console.ReadLine()接收用户输入的数字，再使用 int.Parse()方法将其转换成整型。

(3) 菜单用于功能导航，具有明显的分支性，根据用户输入的数字执行不同的代码，所以可采用多分支结构 switch 语句来实现。

【参考解决方案】

(1) 在 ph02 项目中添加一个类 G3Demo，代码如下：

```
class G3Demo
{
    static void Main(string[] args)
    {
        int num = 0;
        do
        {
            // 显示菜单(每次操作后都要重新显示)。
            Console.WriteLine("**************菜单**************");
            Console.WriteLine("*    1.新建                2.打开      *");
            Console.WriteLine("*    3.打印                4.保存      *");
            Console.WriteLine("*    5.退出*");
            Console.WriteLine("********************************");
            // 等待用户输入
            Console.Write("请输入数字(1-5)选择菜单项：");
            // 获取用户输入
            num = int.Parse(Console.ReadLine());
            // 判断用户输入并回显
            switch (num)
            {
                case 1:
                    Console.WriteLine("您选择了新建");
                    break;
                case 2:
                    Console.WriteLine("您选择了打开");
                    break;
                case 3:
                    Console.WriteLine("您选择了打印");
                    break;
                case 4:
                    Console.WriteLine("您选择了保存");
                    break;
```

```
                case 5:
                    Console.WriteLine("您选择了退出，程序退出！");
                    break;
                default:
                    Console.WriteLine("无效操作，请重新输入!");
                    break;
            }
        } while (num != 5);// 当用户选择退出时，程序结束
    }
}
```

(2) 运行结果如图 S2-3 所示。

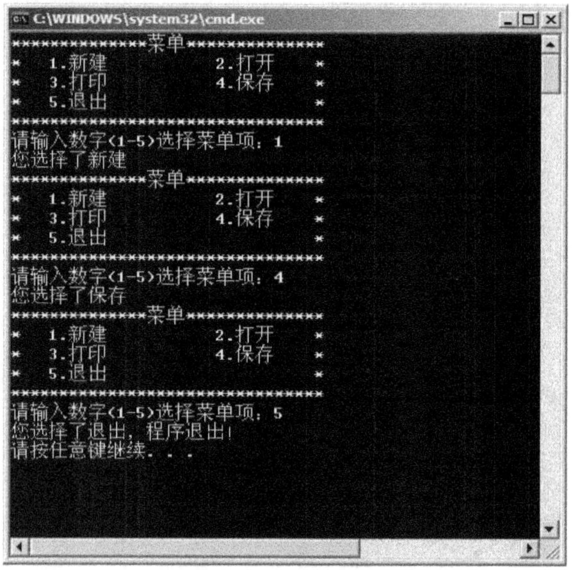

图 S2-3 运行结果

实践 2.4

使用数组结构实现杨辉三角形的存储和打印。

杨辉三角形描述的是二项式系数的一种三角形的排列方式，效果如下：

```
1
1  1
1  2   1
1  3   3   1
1  4   6   4   1
1  5   10  10  5   1
1  6   15  20  15  6   1
1  7   21  35  35  21  7  1
```

【分析】

(1) 杨辉三角形的规律是：它的一条直角边和斜边都是由数字 1 组成的，而其余的数则等于其肩上的两个数之和。

(2) 使用二维数组来实现杨辉三角形。

【参考解决方案】

(1) 在 ph02 项目中添加一个类 G4Demo，代码如下：

```
class G4Demo
{
    static void Main(string[] args)
    {
        int row = 8;// 行数
        int[][] array = new int[row][];// 存储三角形数字
        // 初始化三角形
        for (int i = 0; i < row; i++)
        {
            array[i] = new int[i + 1];
            // 两条斜边为 1
            array[i][0] = 1;
            array[i][i] = 1;
        }
        // 除斜边外的数等于它肩上的两个数之和
        for (int i = 2; i < row; i++)
        {
            for (int j = 1; j < i; j++)
            {
            array[i][j] = array[i - 1][j - 1] + array[i - 1][j];
            }
        }
        // 打印杨辉三角形
        for (int i = 0; i < row; i++)
        {
            for (int j = 0; j <= i; j++)
            {
                Console.Write(array[i][j] + "\t");
            }
            Console.WriteLine();// 换行
        }
    }
}
```

(2) 运行结果如图 S2-4 所示。

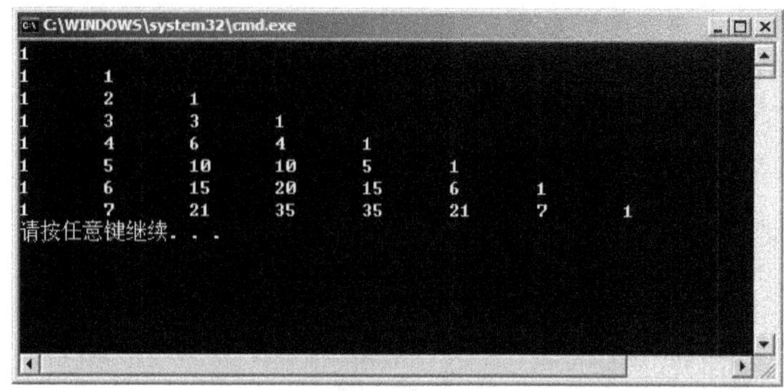

图 S2-4　运行结果

实践 2.5

定义一个职工类(Employee)用来存储职工的员工号、姓名、工资字段，要求对每个字段都提供相应属性。

【分析】

(1) 在职工类 Employee 中定义三个私有字段，其中员工号类型为 String，姓名类型为 String，工资类型为 double。

(2) 每个字段对应一个属性，每个属性都提供 get 和 set 方法。

【参考解决方案】

(1) 添加 Employee 类。

在 ph02 项目中添加一个类 Employee，并在其中定义 3 个私有字段，具体代码如下：

```
class Employee
{
    private String empNo;
    private String name;
    private double salary;
}
```

(2) 封装字段。

将光标定位到要进行封装的字段所在的行上，右击鼠标，选择“重构”→“封装字段”菜单项，如图 S2-5 所示。

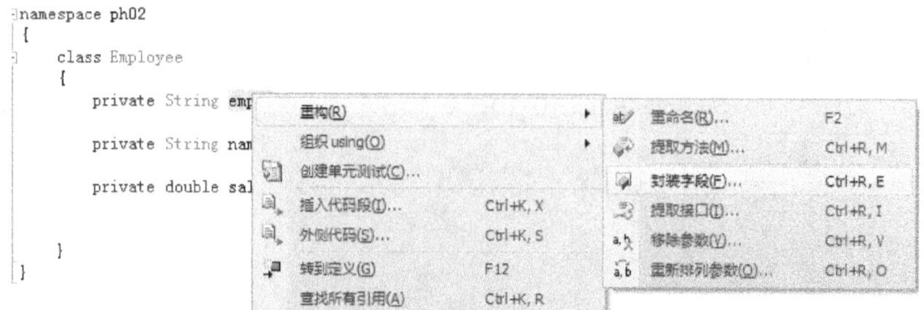

图 S2-5　封装字段

在弹出的“封装字段”对话框中确定属性名，如图 S2-6 所示。勾选“预览引用更改”，弹出如图 S2-7 所示窗口，单击“应用”按钮。

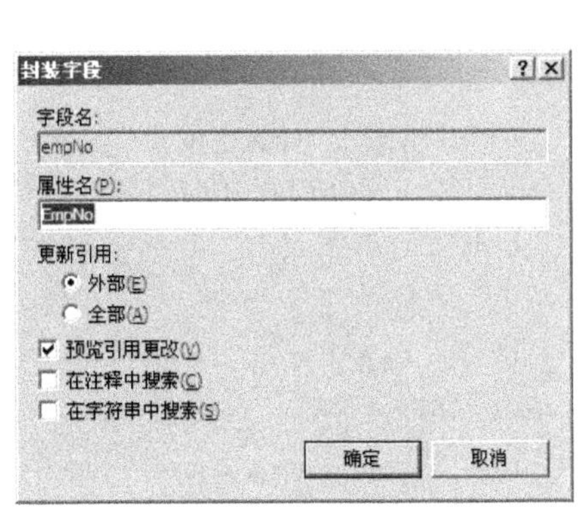

图 S2-6　封装字段

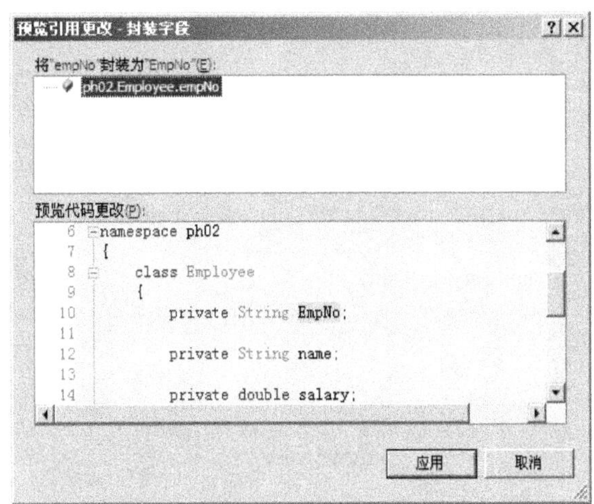

图 S2-7　更改预览

此时对应的属性将自动添加到代码中，如图 S2-8 所示。

```
using System;
using System.Collections.Generic;
using System.Linq;
using System.Text;

namespace ph02
{
    class Employee
    {
        private String empNo;

        public String EmpNo
        {
            get { return empNo; }
            set { empNo = value; }
        }

        private String name;

        private double salary;


    }
}
```

图 S2-8　代码展示

重复上述过程，封装剩余的字段，封装后的代码如下：

```
class Employee
{
    private string empNo;
    public string EmpNo
    {
        get
        {
```

```
                return empNo;
            }
            set
            {
                empNo = value;
            }
        }
        private string name;
        public string Name
        {
            get
            {
                return name;
            }
            set
            {
                name = value;
            }
        }
        private double salary;
        public double Salary
        {
            get
            {
                return salary;
            }
            set
            {
                salary = value;
            }
        }
}
```

实践 2.6

在实践 2.5 职工类的基础上，提供至少三个构造函数完成职工信息的初始化，并提供如下方法：

- ✧ 定义方法 InitInfo()，使用字符界面输入职工的信息；
- ✧ 定义方法 DispInfo()，使用字符界面显示职工的信息。

【分析】

(1) 在 Employee 类中添加三个构造函数。

(2) InitInfo()方法中使用 Console.ReadLine()接收输入的职工信息。

(3) DispInfo()方法中使用 Console.WriteLine()输出职工的信息。

【参考解决方案】

(1) 在 Employee 类中添加三个构造函数，代码如下：

```
public Employee()
{
}
//初始员工号和姓名
public Employee(string empNo, string name)
{
        EmpNo = empNo;
        Name = name;
}
//初始员工号、姓名和薪水
public Employee(string empNo, string name, double salary)
{
        EmpNo = empNo;
        Name = name;
        Salary = salary;
}
```

(2) 在 Employee 类中添加 InitInfo()方法，代码如下：

```
public void InitInfo()
{
        Console.Write("请输入员工号：");
        EmpNo = Console.ReadLine();
        Console.Write("请输入员工姓名：");
        Name = Console.ReadLine();
        Console.Write("请输入员工的工资：");
        Salary = double.Parse(Console.ReadLine());
}
```

(3) 在 Employee 类中添加 DispInfo()方法，代码如下：

```
public void DispInfo()
{
        Console.WriteLine(EmpNo + "\t" + Name + "\t" + Salary);
}
```

(4) 在 Employee 类中添加 Main()方法，代码如下：

```
static void Main(string[] args)
{
    Employee e = new Employee("ZG201501", "张三", 3500);
    e.DispInfo();
}
```

(5) 运行结果如图 S2-9 所示。

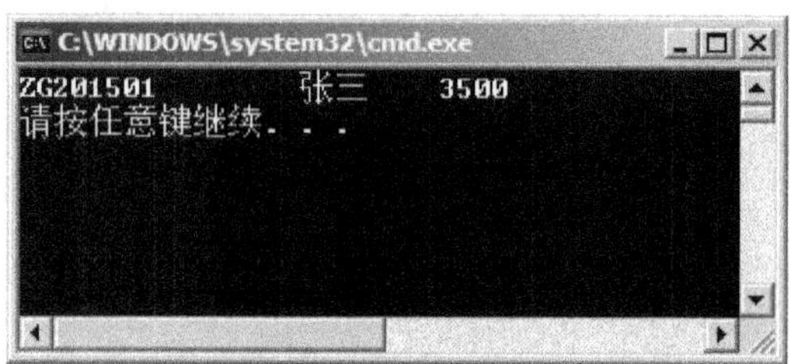

图 S2-9 运行结果

实践 2.7

定义公司(Company)类，公司有多个职工，提供以下公司管理方法：

✧ 可以通过构造函数或方法初始化公司职工信息；
✧ 按照工资降序排序输出职工信息；
✧ 显示公司职工的平均工资、最高工资、最低工资；
✧ 查看工资在某个区域范围的所有职工的信息。

【分析】

(1) Company 类拥有多个员工，可以在 Company 类中定义一个员工数组，用来存储员工对象。

(2) 在构造方法中，根据传入员工数组对象初始化 Company 类中的员工数组属性。

(3) 定义 DescBySalary()方法，利用冒泡排序法，按照员工工资降序排序。

(4) 定义 DispEmpInfo()方法，输出所有员工信息。

(5) 定义 DispMaxSalary()、DispMinSalary()和 DispAvgSalary()方法，分别用于显示职工的最高工资、最低工资和平均工资。

(6) 定义 DispEmpInfo()的重载方法，根据工资区域来显示职工信息。

【参考解决方案】

(1) 定义 Company 类，创建一个员工数组属性，并利用该属性创建构造方法，代码如下：

```
class Company
{
    private Employee[] emps = null;
    private bool flag = false;
```

```
        // 利用 Employee 数组创建构造方法
        public Company(Employee[] emps)
        {
                this.emps = emps;
        }
}
```

(2) 在 Company 类中添加 DescBySalary()方法，代码如下：

```
// 利用冒泡排序法，按照员工工资降序排序
private void DescBySalary()
{
        // 如果 flag 为 false 则没有进行排序，否则已经进行了排序
        if (!flag)
        {
                for (int i = 0; i <emps.Length; i++)
                {
                        for (int j = 0; j <emps.Length - i - 1; j++)
                        {
                                if (emps[j].Salary <emps[j + 1].Salary)
                                {
                                        Employee temp = emps[j];
                                        emps[j] = emps[j + 1];
                                        emps[j + 1] = temp;
                                }
                        }
                }
                flag = true;
        }
}
```

(3) 在 Company 类中添加 DispEmpInfo()方法，代码如下：

```
// 显示员工信息
public void DispEmpInfo()
{
        foreach (Employee e in emps)
        {
                e.DispInfo();
        }
}
```

(4) 在 Company 类中添加 DispMaxSalary()、DispMinSalary()和 DispAvgSalary()方法，分别用于显示最高工资、最低工资和平均工资，代码如下：

```
// 显示最高工资
public void DispMaxSalary()
{
        DescBySalary();
        Console.WriteLine("公司员工的最高工资是：" + emps[0].Salary);
}
// 显示最低工资
public void DispMinSalary()
{
        DescBySalary();
        Console.WriteLine("公司员工的最低工资是：" + emps[emps.Length - 1].Salary);
}
// 显示平均工资
public void DispAvgSalary()
{
        double allSalary = 0.0d;
        foreach (Employee e in emps)
        {
                allSalary += e.Salary;
        }
        Console.WriteLine("公司员工的平均工资是：" + allSalary / (emps.Length));
        }
}
```

(5) 在 Company 类中添加 DispEmpInfo()的重载方法，根据工资区域来显示职工信息，代码如下：

```
// 根据工资区域输出员工信息，begin 和 end 分别代表最小工资和最大工资
public void DispEmpInfo(double begin, double end)
{
        // 按照工资进行降序排序
        DescBySalary();
        foreach (Employee e in emps)
        {
                if (e.Salary>= begin &&e.Salary<= end)
                {
                        Console.WriteLine("员工" + e.Name + "的工资为：" + e.Salary);
                }
        }
}
```

(6) 在 Company 类中添加 Main()方法，测试代码。

```
static void Main(string[] args)
{
    Employee e1 = new Employee("201001", "张三", 2500);
    Employee e2 = new Employee("201002", "李四", 2700);
    Employee e3 = new Employee("201003", "王五", 2400);
    Employee e4 = new Employee("201004", "马六", 2800);
    Employee e5 = new Employee("201005", "赵七", 3000);
    // 利用 5 个员工对象初始化员工数组
    Employee[] emps = { e1, e2, e3, e4, e5 };
    Company company = new Company(emps);
    // 按照工资降序排序输出员工信息
    Console.WriteLine("----按照工资降序排序输出职工信息----");
    company.DescBySalary();
    company.DispEmpInfo();
    // 显示员工的最高工资，最低工资，平均工资
    Console.WriteLine("----显示公司职工的最高工资、最低工资、平均工资----");
    company.DispMaxSalary();
    company.DispMinSalary();
    company.DispAvgSalary();
    Console.WriteLine("----查看在工资某个区域范围的所有职工的信息----");
    company.DispEmpInfo(2700, 3000);
}
```

(7) 运行结果如图 S2-10 所示。

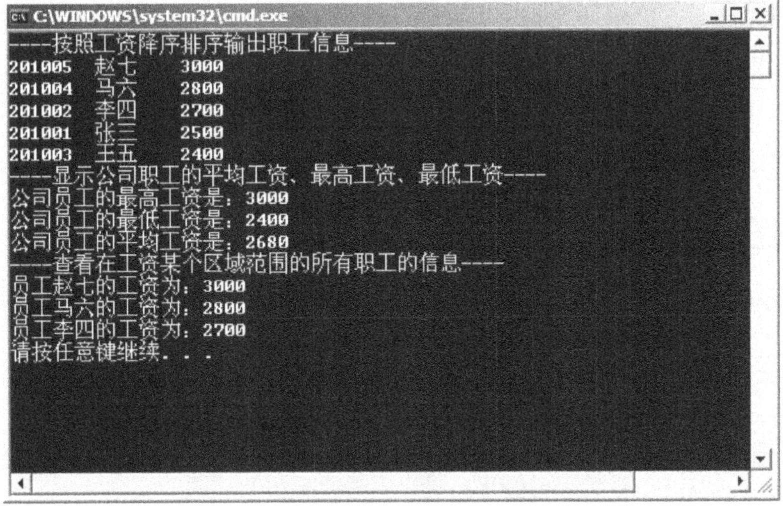

图 S2-10　运行结果

知识拓展

1．抽象类和抽象方法

定义抽象类的语法格式如下：

```
访问区分符 abstract class 类名
{
    //类体
}
```

使用 abstract 关键字创建的抽象类不能实例化，抽象类的作用是提供多个派生类可以共享的基类的公共定义。要使用抽象类必须继承该类。抽象类不能实例化，但是可以定义某个抽象类类型的对象，此对象由这个抽象类的子类实例化。

在抽象类中可以定义抽象方法，派生类必须实现这些抽象方法(抽象类的子类可以不实现这些方法)，创建抽象方法的格式如下：

```
访问区分符 abstract 返回类型 方法名(参数列表);
```

抽象方法没有实现，因此方法定义后面为分号，而不是常规的方法块。抽象类的派生类必须重写所有的抽象方法来将其实现，因为抽象类中定义的方法是不能使用的。另外，abstract 关键字只能用于普通的方法，不能用于 static 方法或构造函数。

下面是一个抽象类的示例。该示例利用派生类继承抽象类，并实现抽象方法，代码如下：

```
//抽象类
abstract class AbstractClass
{
    //抽象方法
    public abstract void ShowMsg();
    public abstract void Welcome();
}
//派生类 A
class DericedClassA : AbstractClass
{
    public override void ShowMsg()
    {
        Console.WriteLine("Class A");
    }
    public override void Welcome()
    {
        Console.WriteLine("Welcome A");
    }
```

```
}
//派生类 B
class DericedClassB : AbstractClass
{
        public override void ShowMsg()
        {
                Console.WriteLine("Class B");
        }
        public override void Welcome()
        {
                Console.WriteLine("Welcome B");
        }
}
class AbstractClassTest
{
        static void Main(string[] args)
        {
                Console.WriteLine("请输入 A 或 B");
                string choice = Console.ReadLine();
                //声明一个抽象类对象
                AbstractClass obj = null;
                if (choice == "A")
                {
                        //如果用户输入 A，则 obj 指向 DericedClassA 对象
                        obj=new DericedClassA();
                }
                else
                {
                        //如果用户输入 B，则 obj 指向 DericedClassB 对象
                        obj = new DericedClassB();
                }
                obj.ShowMsg();
                obj.Welcome();
        }
}
```

上述代码中定义了一个抽象类 AbstractClass，同时又定义了两个派生类 DericedClassA 和 DericedClassB，实现抽象类中的抽象方法。再定义一个 AbstractClassTest 类对抽象类及其派生类进行测试，Main()方法中先声明 AbstractClass 抽象类的对象 obj，然后根据用户选择实例化相应的派生类，最后调用 obj 的方法输出信息。

运行程序，输入“A”，结果如图 S2-11 所示。

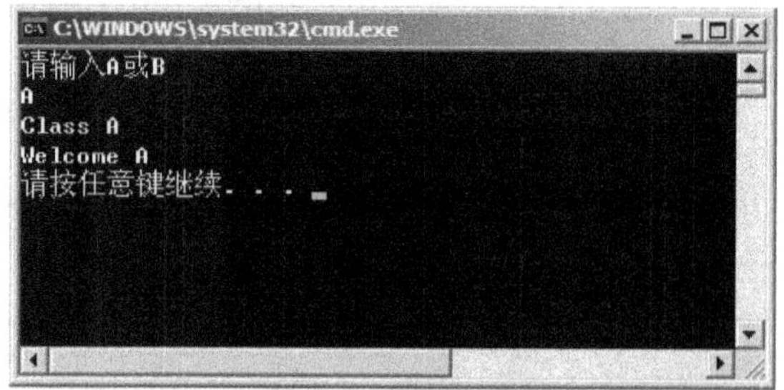

图 S2-11　运行结果

输入“B”，结果如图 S2-12 所示。

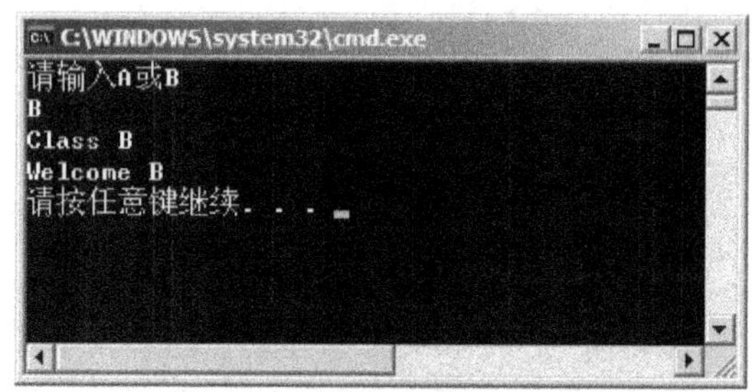

图 S2-12　运行结果

注 意　抽象类中不仅可以定义抽象方法，还可以定义非抽象的普通方法。派生类重写抽象方法时要使用 override 关键字。

2. 结构

结构与类很相似，都可以包含数据成员和函数成员，但结构是一种值类型，而不是引用类型，结构类型的变量直接包含了该结构的数据。

定义结构的语法格式如下：

```
struct 结构名
{
    //结构体
}
```

例如：

```
struct Point
{
    public int x,y;
    public Point(int x, int y)
    {
        this.x=x;
        this.y=y;
    }
}
```

结构体具有以下特点：

- ✧ 结构是值类型，而类是引用类型。
- ✧ 向方法传递结构时，结构是通过值传递的方式，而非引用的方式传递的。
- ✧ 与类不同，结构的实例化可以不使用 new 运算符。
- ✧ 在结构中不能直接初始化实例字段。
- ✧ 结构可以声明构造函数，但必须带参数。
- ✧ 一个结构不能从另一个结构或类继承，而且不能作为其他类的基类；但结构可以实现接口。
- ✧ 结构都直接继承自 System.ValueType，而类继承自 System.Object。

3. 枚举

枚举类型是一种独特的值类型，用于声明一组命名的常量。

定义枚举的语法结构如下：

```
enum 枚举名
{
    //枚举成员
}
```

例如：

```
enum Color
{
    Red,
    Green,
    Blue
}
```

上述代码中声明一个枚举类型 Color，具有三个成员：Red、Green 和 Blue。使用枚举类型时只需直接采用枚举名称加上成员名称即可，例如：

```
Color.Red
```

拓展练习

定义一个图形抽象类 Shape，并提供一个抽象方法 Draw()，定义两个派生类，具体要求如下：

- ✧ 派生类 Circle 继承 Shape，并实现抽象方法 Draw()，用于画圆。
- ✧ 派生类 Rectangle 继承 Shape，并实现抽象方法 Draw()，用于画矩形。
- ✧ 定义一个测试类 ShapeTest 对抽象类及其子类进行测试。

实践 3　ASP.NET 初步

实践指导

实践 3.1

创建网站及文件。

【分析】

(1) 创建网站。

(2) 创建页面文件。

【参考解决方案】

(1) 创建网站。

选择“文件→新建→网站”菜单，如图 S3-1 所示。

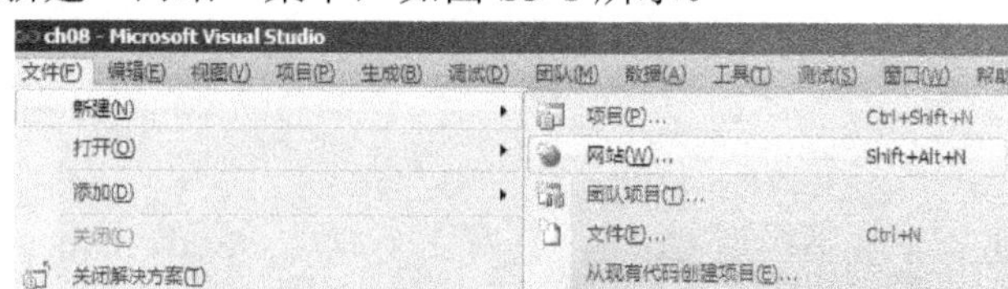

图 S3-1　新建网站

如图 S3-2 所示，在“添加新网站”窗口中，选择“ASP.NET 网站”模板，位置使用“文件系统”，并单击“浏览”按钮设置网站的路径，单击“确定”按钮。

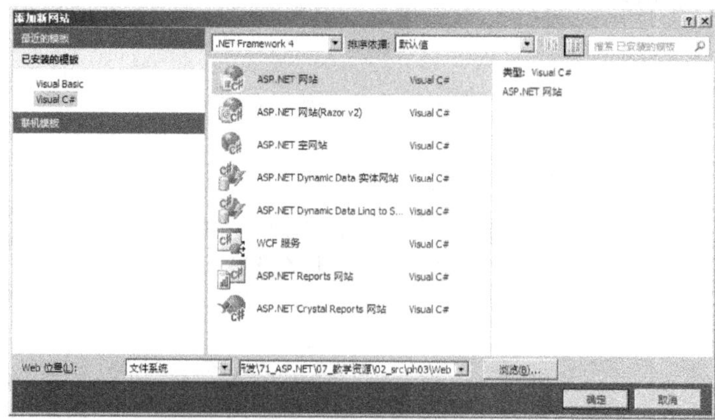

图 S3-2　选择模板

网站位置可以指定为三种类型：文件系统、HTTP 和 FTP。文件系统的方式允许将站点文件存储在本地硬盘的一个指定的文件夹中，开发过程中通常使用这种方式；FTP 站点方式可以在服务器上保存文件，通过 FTP 访问这些文件(IIS 有一个虚拟目录映射到 FTP 文件驻留位置)，该方式在开发过程中不便于对源码进行管理和调试；HTTP 方式类似于 FTP，不同的是，它使用 HTTP 方式连接，用此种方式配置站点相当复杂，一般很少使用。

在 VS 2010 解决方案资源管理器窗口中会显示网站的目录及文件，如图 S3-3 所示。其中，项目名称显示了网站的路径，并默认创建了一个文件夹和三个文件：

- ✧ App_Data 文件夹是存放数据的文件夹。
- ✧ Web.config 文件是站点配置文件。
- ✧ Default.aspx 文件是默认的空白页面。
- ✧ Default.aspx.cs 是 Default.aspx 页面的后台代码文件。

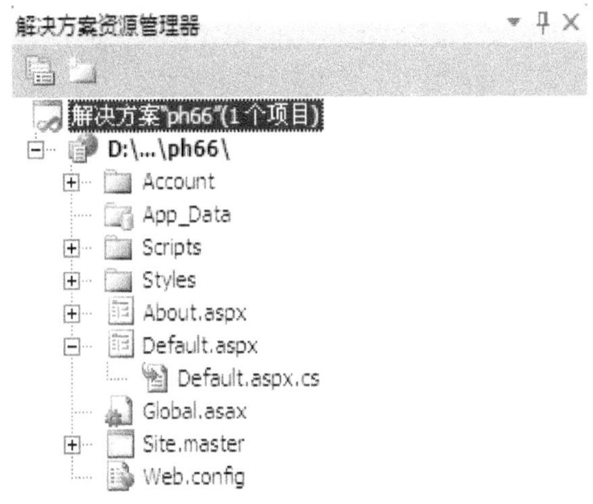

图 S3-3　项目文件

(2) 创建页面文件。

在网站上点右键，单击“添加新项”，如图 S3-4 所示。

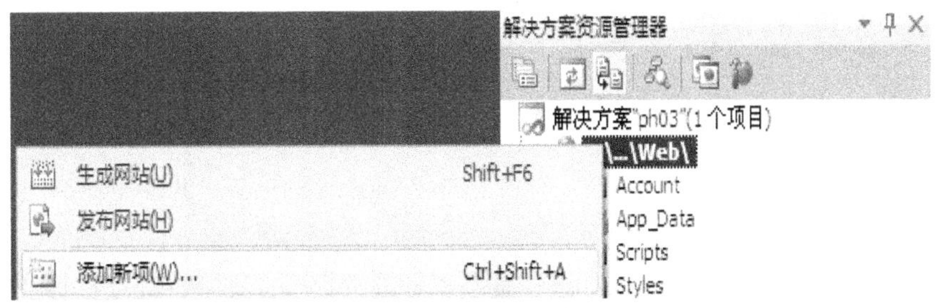

图 S3-4　添加新项

在弹出的“添加新项”窗口中，选择“Web 窗体”模板，并输入页面的名称，再单击“添加”按钮，如图 S3-5 所示。

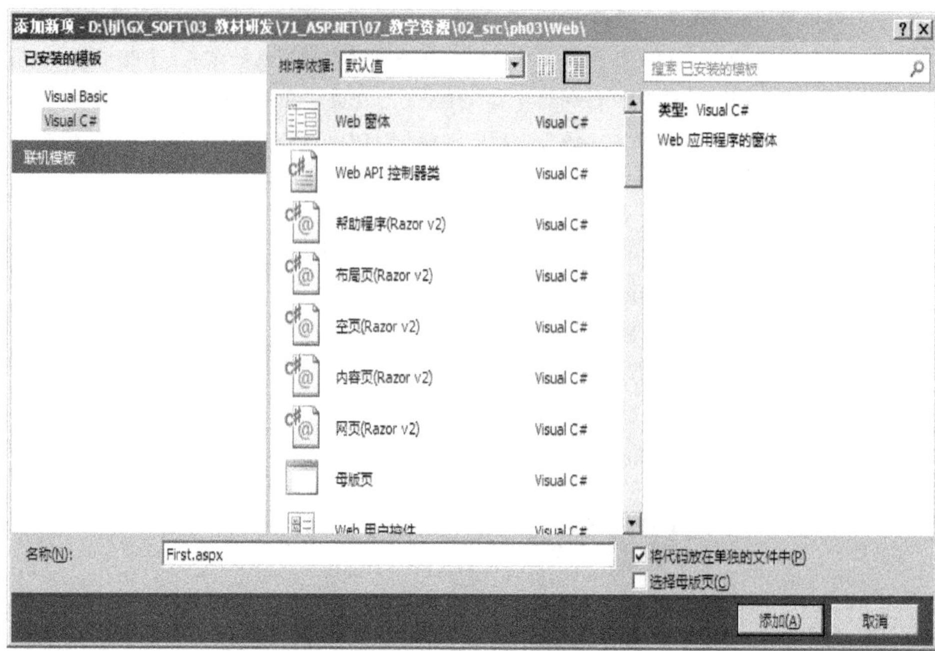

图 S3-5　新建 Web 窗体

页面文件有三种编辑视图：设计、拆分和源。如图 S3-6 所示，切换到 First.aspx 页面设计视图进行编辑。

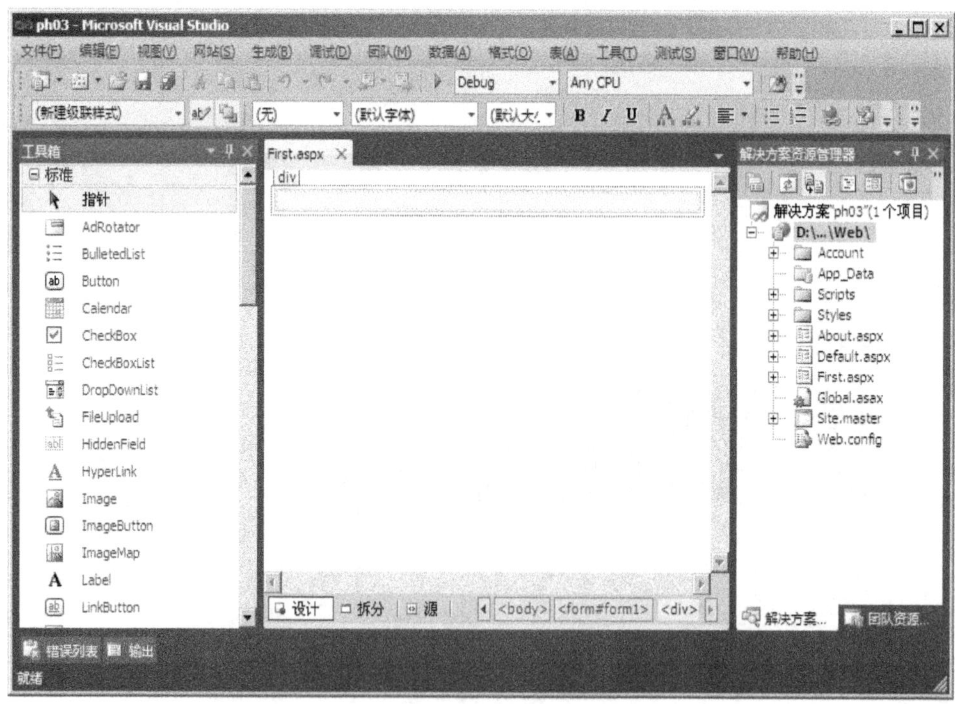

图 S3-6　窗体界面

从工具箱中拖一个 Label 控件放入 First.aspx 设计窗口中，如图 S3-7 所示。

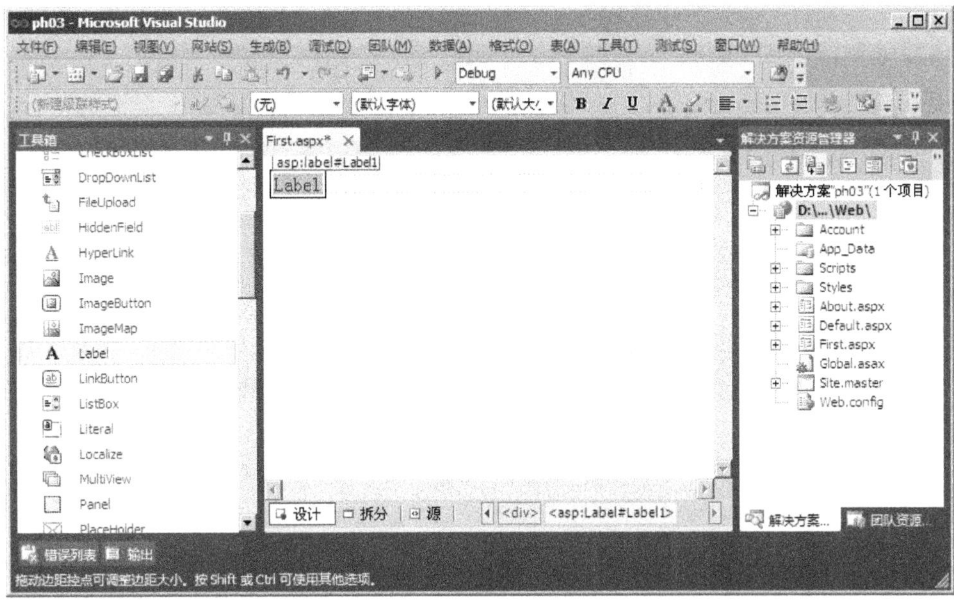

图 S3-7　拖放 Label 控件

First.aspx 页面的源代码编辑窗口中显示的内容如下：

```
<%@ Page Language="C#" AutoEventWireup="true" CodeFile="First.aspx.cs" Inherits="First" %>
<!DOCTYPE html PUBLIC "-//W3C//DTD XHTML 1.0 Transitional//EN"
"http://www.w3.org/TR/xhtml1/DTD/xhtml1-transitional.dtd">
<html xmlns="http://www.w3.org/1999/xhtml">
<head runat="server">
    <title></title>
</head>
<body>
    <form id="form1" runat="server">
    <div>
        <asp:Label ID="Label1" runat="server" Text="Label"></asp:Label>
    </div>
    </form>
</body>
</html>
```

(3) 编辑页面后台代码。

打开 First.aspx.cs 文件，编辑 Page_Load 事件处理代码，内容如下：

```
public partial class First : System.Web.UI.Page
{
protected void Page_Load(object sender, EventArgs e)
    {
        if(!IsPostBack)
```

```
        {
            Label1.Text = DateTime.Now.ToString();
        }
    }
}
```

(4) 运行。

在解决方案资源管理器窗口中，右击 First.aspx 页面，选择“设为起始页”命令，如图 S3-8 所示。

按下“F5”键或单击工具栏中的启动按钮▶，如果是第一次启用调试，VS 2010 会弹出一个“未启用调试”对话框，如图 S3-9 所示，单击“确定”按钮，网站进入调试状态。

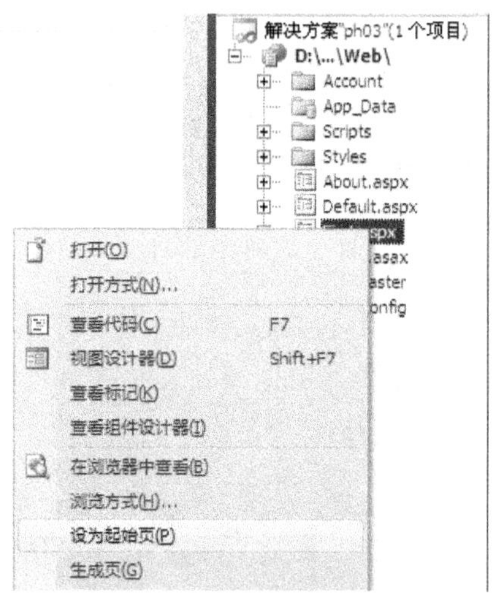

图 S3-8　设为起始页

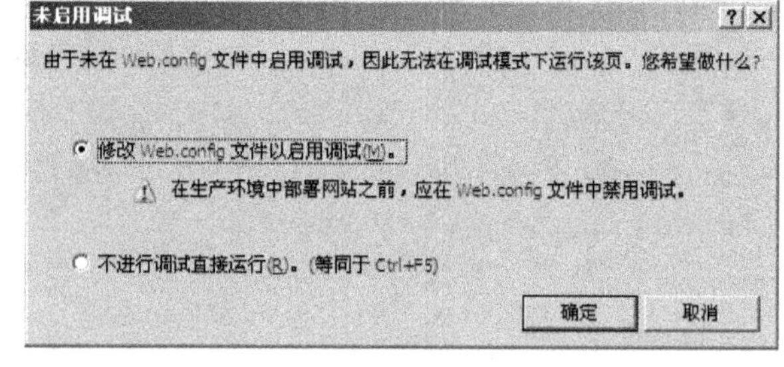

图 S3-9　启用调试

弹出的 IE 浏览器中显示的结果如图 S3-10 所示。

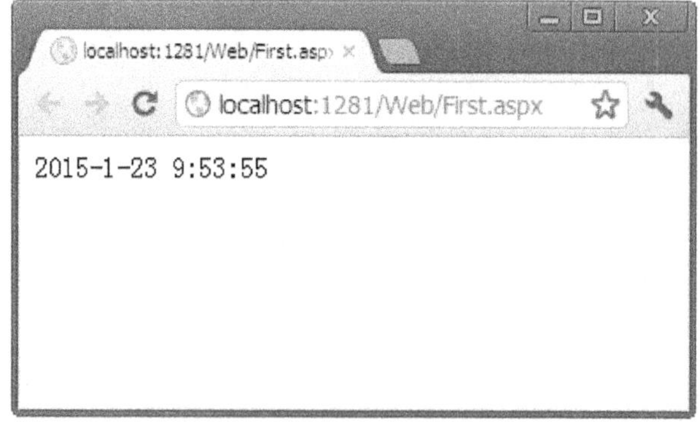

图 S3-10　运行结果

实践 3.2

在实践 3.1 的基础上，生成和调试网站。

【分析】

(1) 网站开发阶段以及最终的网站部署，都需要进行网站的生成和调试。

(2) 在建立好的网站项目中生成网站。

(3) 调试网站。

【参考解决方案】

(1) 生成网站。

单击“生成→生成网站”菜单，如图 S3-11 所示。

如图 S3-12 所示，在输出窗口中显示该网站已经生成成功。

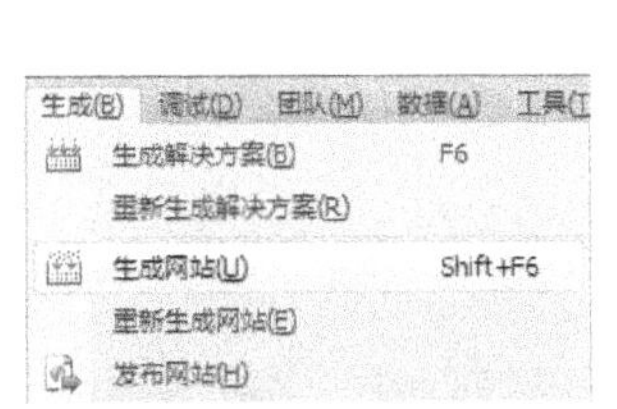

图 S3-11　生成网站

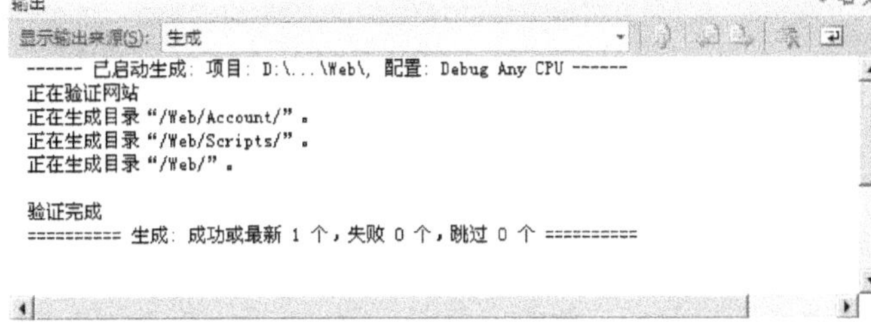

图 S3-12　生成成功

(2) 调试网站。

在网页的后台代码中设置断点。如图 S3-13 所示，单击 First.aspx.cs 文件的第 14 行左侧空白列，则在该行前会出现红色圆点且代码变成了红色文本块。

```
1  using System;
2  using System.Collections.Generic;
3  using System.Linq;
4  using System.Web;
5  using System.Web.UI;
6  using System.Web.UI.WebControls;
7
8  public partial class First : System.Web.UI.Page
9  {
10     protected void Page_Load(object sender, EventArgs e)
11     {
12         if(!IsPostBack)
13         {
14             Label1.Text = DateTime.Now.ToString();
15         }
16     }
17 }
```

图 S3-13　设置断点

注 意　断点也可以通过按“F9”键进行设置。

按“F5”键调试运行，如图 S3-14 所示，设定断点的那行代码变成黄色，此时程序进入断点调试模式。

按“F11”键逐语句调试，注意观察“局部变量”窗口中变量值的变化情况。

注 意　进入调试模式后，如果想退出，则只需再按一下“F5”键，或单击工具栏中的“停止”按钮。

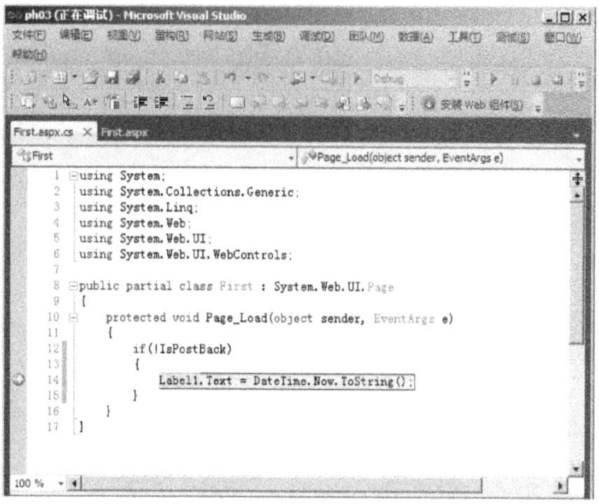

```
using System;
using System.Collections.Generic;
using System.Linq;
using System.Web;
using System.Web.UI;
using System.Web.UI.WebControls;

public partial class First : System.Web.UI.Page
{
    protected void Page_Load(object sender, EventArgs e)
    {
        if(!IsPostBack)
        {
            Label1.Text = DateTime.Now.ToString();
        }
    }
}
```

图 S3-14　调试网站

实践 3.3

从本章实践开始，将在实践篇的各章节中贯穿实现 HR 招聘求职网。HR 系统的所有功能模块如图 S3-15 所示。

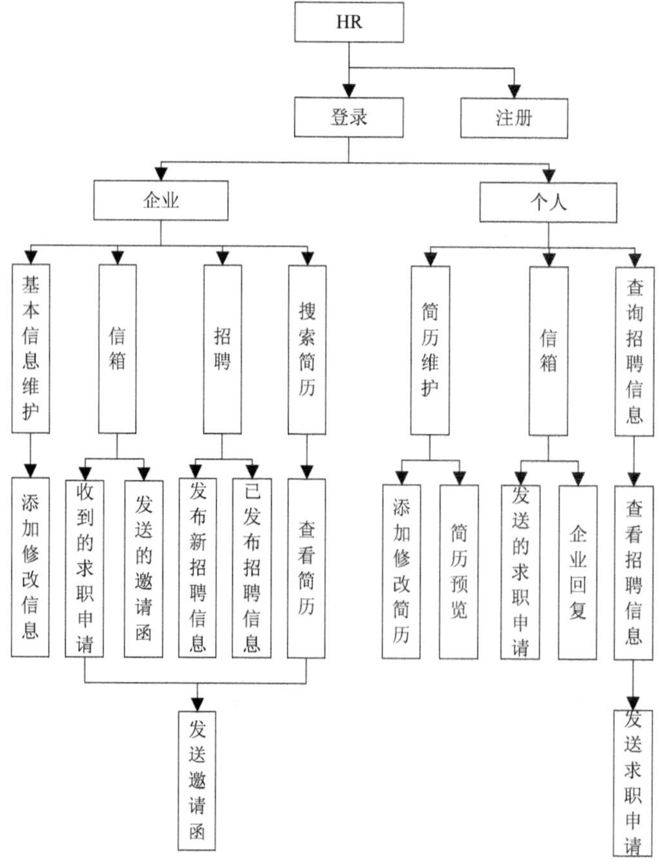

图 S3-15　项目功能模块

该系统中的模块和对应的页面及功能描述如表 S3-1 所示。

表 S3-1　HR 页面一览表

<table>
<tr><th colspan="4">模　块　名</th><th>页　面　名</th></tr>
<tr><td rowspan="2">登录注册</td><td colspan="3">登录</td><td>Login.aspx</td></tr>
<tr><td colspan="3">注册</td><td>Regist.aspx</td></tr>
<tr><td rowspan="11">企业用户</td><td colspan="3">添加/修改企业信息</td><td>CompanyBasicInfo.aspx</td></tr>
<tr><td rowspan="3">搜索简历</td><td colspan="2">搜索简历</td><td>SearchResume.aspx</td></tr>
<tr><td colspan="2">查看简历</td><td>ResumeView.aspx</td></tr>
<tr><td colspan="2">发送邀请函</td><td>Invite.aspx</td></tr>
<tr><td rowspan="5">信箱</td><td rowspan="3">收到的求职申请</td><td>收到的求职申请列表</td><td>AcceptList.aspx</td></tr>
<tr><td>申请详细信息</td><td>ApplicationDetail.aspx</td></tr>
<tr><td>发送邀请函</td><td>Invite.aspx</td></tr>
<tr><td rowspan="2">发送的邀请函</td><td>已发送的邀请函列表</td><td>InviteList.aspx</td></tr>
<tr><td>邀请函信息</td><td>InviteDetail.aspx</td></tr>
<tr><td rowspan="2">招聘</td><td colspan="2">发布新招聘信息</td><td>Job.aspx</td></tr>
<tr><td colspan="2">已发布的招聘信息列表</td><td>JobList.aspx</td></tr>
<tr><td rowspan="9">个人用户</td><td rowspan="2">简历维护</td><td colspan="2">添加/修改简历</td><td>Resume.aspx</td></tr>
<tr><td colspan="2">简历预览</td><td>ResumeView.aspx</td></tr>
<tr><td rowspan="4">信箱</td><td rowspan="2">发送的求职申请</td><td>发送的申请列表</td><td>ApplicationList.aspx</td></tr>
<tr><td>求职申请详细信息</td><td>ApplicationDetail.aspx</td></tr>
<tr><td rowspan="2">企业回复</td><td>收到的邀请函列表</td><td>InviteList.aspx</td></tr>
<tr><td>邀请函信息</td><td>InviteDetail.aspx</td></tr>
<tr><td rowspan="3">搜索招聘信息</td><td colspan="2">搜索招聘</td><td>SearchJob.aspx</td></tr>
<tr><td colspan="2">查看招聘</td><td>JobDetail.aspx</td></tr>
<tr><td colspan="2">发送求职申请</td><td>Application.aspx</td></tr>
</table>

注　意

企业用户和个人用户的页面分别放在 Company 和 Person 两个不同的目录中，因此虽然有些页面名字相同，但不会产生冲突。例如：在 Company 文件夹下的 InviteList.aspx 页面，用于显示企业已发送的邀请函列表；而在 Person 文件夹下的 InviteList.aspx 页面，则用于显示个人收到的邀请函列表。

根据 HR 系统的功能模块，设计所需的数据库。

【分析】

(1) 在 SQL Server 2008 中创建一个 HR 数据库。

(2) 创建用户表 UserDetails、简历表 Resume、求职申请表 Application、企业信息表 Company、招聘职位表 Job 和邀请函 Invite。

【参考解决方案】

(1) 创建 HR 数据库。

选择“开始”→“程序”→“Microsoft SQL Server 2008”→“SQL Server Management Studio”菜单，打开 SQL Server 资源管理器，如图 S3-16 所示，右击“数据

库”，选择“新建数据库”命令。

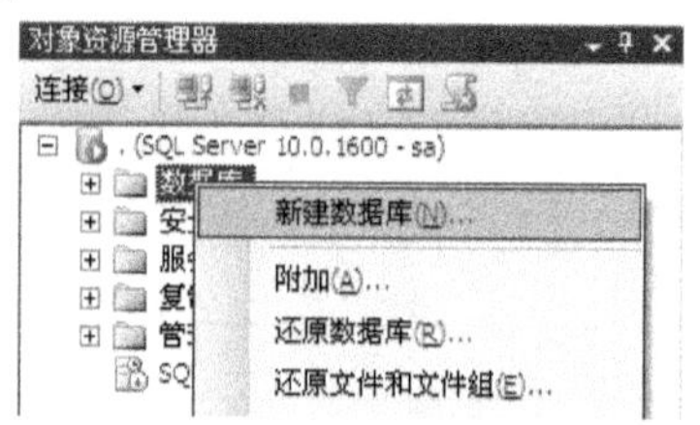

图 S3-16　新建数据库

在弹出的“新建数据库”窗口中，输入数据库名称“HR”，单击“确定”按钮，如图 S3-17 所示。

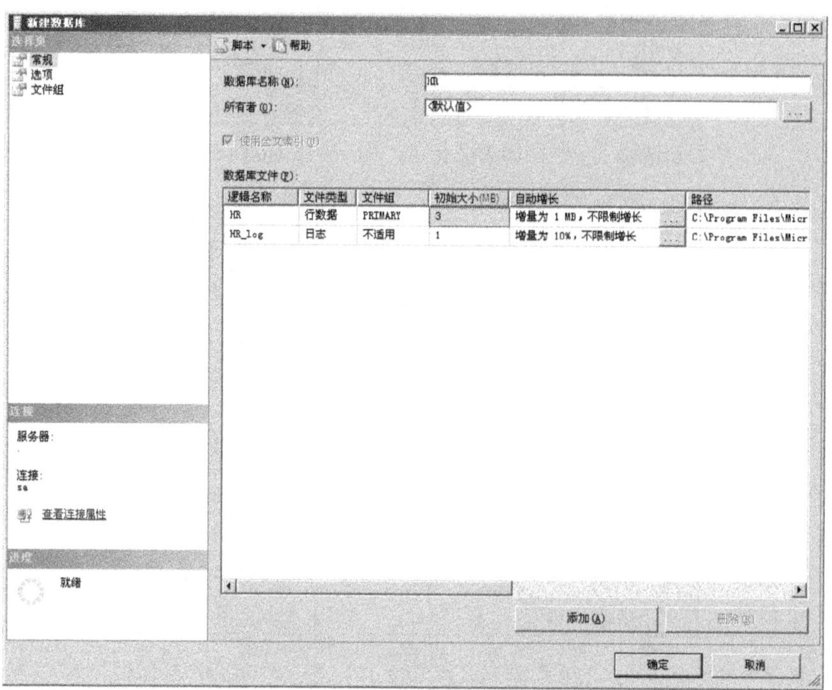

图 S3-17　数据库名称及存放位置

(2) 创建 HR 中的表。

根据表 S3-2 中的内容创建用户表 UserDetails。

表 S3-2　UserDetails 表

列　名	描　述	数据类型	说　明
userId	用户 ID	int	主键，自增长
userName	用户名	varchar(30)	非空
userPass	用户密码	varchar(30)	非空
role	权限	int	非空，0 为个人，1 为企业
regTime	注册时间	datetime	非空
logNum	登录次数	int	非空

根据表 S3-3 中的内容创建简历表 Resume。

表 S3-3　Resume 表

列　名	描　述	数据类型	说　明
resumeId	简历 ID	int	主键，自增长
userId	用户 ID	int	外键(UserDetails.userId)
name	姓名	varchar(20)	非空
sex	性别	varchar(10)	非空
identityNo	身份证号	varchar(30)	非空
birthday	出生日期	datetime	非空
stature	身高	varchar(20)	非空
degree	学历	varchar(20)	非空
school	毕业院校	varchar(40)	非空
marriage	婚姻状况	varchar(20)	非空
occupation	专业类别	varchar(30)	非空
career	工作经历	varchar(MAX)	
specialty	能力特长	varchar(MAX)	
email	邮箱	varchar(50)	
phone	电话	varchar(20)	
address	地址	varchar(50)	

根据表 S3-4 中的内容创建求职申请表 Application。

表 S3-4　Application 表

列　名	描　述	数据类型	说　明
applicationId	申请 ID	int	主键，自增长
resumeId	简历 ID	int	外键
jobId	工作 ID	int	外键
applicationDetails	求职申请内容	varchar(MAX)	非空

根据表 S3-5 中的内容创建企业信息表 Company。

表 S3-5　Company 表

列　名	描　述	数据类型	说　明
companyId	企业 ID	int	主键，自增长
userId	用户 ID	int	外键(UserDetails.userId)
companyName	企业名称	varchar(50)	非空
companyAddress	企业地址	varchar(50)	非空
property	企业性质	varchar(20)	非空
employeeNum	雇员人数	varchar(30)	非空
linkman	联系人	varchar(20)	
email	企业邮箱	varchar(30)	非空
phone	联系电话	varchar(20)	
www	公司主页	varchar(50)	
details	企业简介	varchar(MAX)	

根据表 S3-6 中的内容创建招聘职位表 Job。

表 S3-6　Job 表

列　名	描　述	数据类型	说　明
jobId	工作 ID	int	主键，自增长
companyId	企业 ID	int	外键
jobType	工作类型	varchar(50)	非空
occupation	职业	varchar(50)	非空
position	岗位	varchar(50)	非空
laborage	工资	varchar(50)	非空
demand	招聘要求	varchar(50)	

根据表 S3-7 中的内容创建邀请函 Invite。

表 S3-7　Invite 表

列　名	描　述	数据类型	说　明
inviteId	邀请函 ID	int	主键，自增长
jobId	工作 ID	int	外键
resumeId	简历 ID	int	外键
details	邀请函内容	varchar(MAX)	
insertTime	插入时间	datetime	

知识拓展

1. 泛型

泛型是 2.0 版 C# 语言和公共语言运行库中的一个新功能。泛型将类型参数的概念引入.NET Framework 中，类型参数使得设计如下类和方法成为可能：这些类和方法将一个或多个类型的指定推迟到客户端代码声明并实例化该类或方法。例如：通过使用泛型类型参数 T，可以编写其他客户端代码能使用的单个类，而不致引入运行时强制转换或装箱操作的成本或风险。泛型的示例如下：

```
class FanXing<T>
{
        public void Add(T input)
        {
        }
}
class ExampleClass
{
}
class TestClass
{
```

```
        static void Main(string[] args)
        {
            //声明int型的泛型
            FanXing<int> list1 = new FanXing<int>();
            //声明string型的泛型
            FanXing<string> list2 = new FanXing<string>();
            //声明ExampleClass型的泛型
            FanXing<ExampleClass> list3 = new FanXing<ExampleClass>();
        }
}
```

泛型具有以下特点：

✧ 泛型类型可以最大限度地重用代码、保护类型的安全以及提高性能。

✧ 泛型最常见的用途是创建集合类。

✧ .NET Framework 类库在 System.Collections.Generic 命名空间中包含几个新的泛型集合类，应尽可能地使用这些类来代替普通的类，如 System.Collections 命名空间中的 ArrayList。

✧ 可以创建泛型接口、泛型类、泛型方法、泛型事件和泛型委托。

✧ 可以对泛型类进行约束以访问特定数据类型的方法。

✧ 关于泛型数据类型中使用的类型的信息可在运行时通过反射获取。

2. 匿名方法

当要把方法传给其他方法时，需要使用委托。一般情况下是将数据作为参数传递给方法，而有时某个方法的执行操作并不是针对数据进行的，而是针对另一个方法进行操作，例如事件处理过程需要把处理事件的方法传送为委托的一个参数。在 C# 2.0 之前的版本中，声明委托的唯一方法是使用命名方法。C# 3.0 引入了匿名方法。匿名方法用作委托参数的代码块。

用匿名方法定义委托与普通的委托没什么区别，但在实例化委托时是有区别的。

```
//声明委托代理
delegate void WeiTuo(string s);
class Test
{
        static void Main(string[] args)
        {
            //匿名方法创建代理
            WeiTuo  p=delegate (string j){
            Console.WriteLine (j);
            };
            //调用匿名方法的输入结果
            p("The delegate using the anonymous method is called.");
```

```
            //代理声明的已命名方法实例化
    }
}
```

匿名方法的优点是减少了系统的开销，方法仅在有委托使用时才定义，这有助于降低代码的复杂性，尤其是定义多个方法时，代码会显得比较简单。

在使用匿名方法时，必须遵循以下几个规则：

✧ 匿名方法中不能使用跳转语句跳转到匿名方法的外部；反之亦然，匿名方法外部的跳转语句不能跳转到匿名方法的内部。

✧ 匿名方法内部不能访问不安全的代码。

✧ 匿名方法不能访问 ref 和 out 参数。

3. 推断类型 var

可以赋予局部变量推断类型 var，而不是显示类型。var 关键字指示编译器根据初始化语句右侧的表达式推断变量的类型。推断类型可以是内置类型、匿名类型、用户定义类型、.NET Framework 类库中定义的类型或任何表达式。

下面定义了几个推断数据类型，编辑器根据右侧的值自动推断变量的数据类型。

```
var address="青岛"; //推断address是字符串
var age=28; //推断age是整数
var btn=new Button(); //推断btn是按钮
```

注 意

var 关键字不是变量的“变体”，也不表示该变量是松散类型化变量或后期绑定变量，它只是由编译器确定和分配最适当的类型。

var 关键字主要用在以下几种方式中：

✧ 在方法中声明的局部变量。

✧ 在 for 初始化语句中。

✧ 在 foreach 初始化语句中。

✧ 在 using 语句中。

var 关键字不能用在以下几种情况中：

✧ 不能初始化为 null 的变量；

✧ 类中的字段；

✧ 不能在同一语句中初始化多个隐式类型的变量。

拓展练习

使用泛型定义一个 ArrayList 集合，初始化集合中的数据，并使用 foreach 遍历集合中的元素。

实践 4　ASP.NET 服务器控件

实践指导

实践 4.1

创建 HR 项目的解决方案，该解决方案采用三层结构：

- ✧ Web 层(视图)；
- ✧ BLL 层(业务逻辑)；
- ✧ DAL 层(数据访问)。

【分析】

(1) 在实际开发过程中，项目都是采用分层的结构来实现的，以便于项目的管理、扩展以及维护和升级。

(2) Web 层用于显示数据和接收用户的输入数据，为用户提供一种人机交互的操作界面。

(3) BLL 层主要提供相关业务逻辑处理的功能，该层通常采用类库的形式。

(4) DAL 层主要实现对数据的访问、修改、存取操作，该层也采用类库的形式。

(5) 实体类是业务对象的基础，它使用面向对象的思想消除关系数据与对象之间的差异。

【参考解决方案】

(1) 创建 HR 项目解决方案。

选择“文件”→“新建”→“项目”菜单，弹出新建项目窗口，如图 S4-1 所示，展开左侧的“项目类型”树中的“其他项目类型”，并选中“Visual Studio 解决方案”；在右

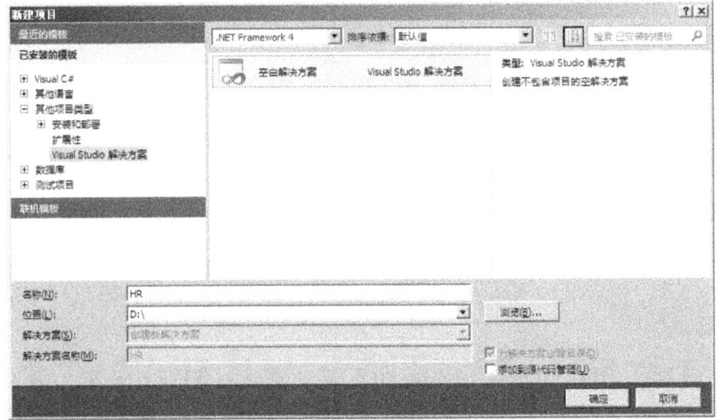

图 S4-1　创建解决方案

侧的模板中选择“空白解决方案”；输入解决方案的名称“HR”，并指定该解决方案的位置为“D:\”，再单击“确定”按钮。

此时创建的 HR 解决方案是一个空的，里面没有项目，如图 S4-2 所示。

图 S4-2　解决方案资源管理器

(2) 创建 Web 层。

在“解决方案资源管理器”窗口中右击“解决方案‘HR’”，选择“添加”→“新建网站”命令，弹出“添加新网站”窗口，如图 S4-3 所示，选择“ASP.NET 空网站”模板，设置网站的位置为“D:\HR\Web”，单击“确定”按钮。

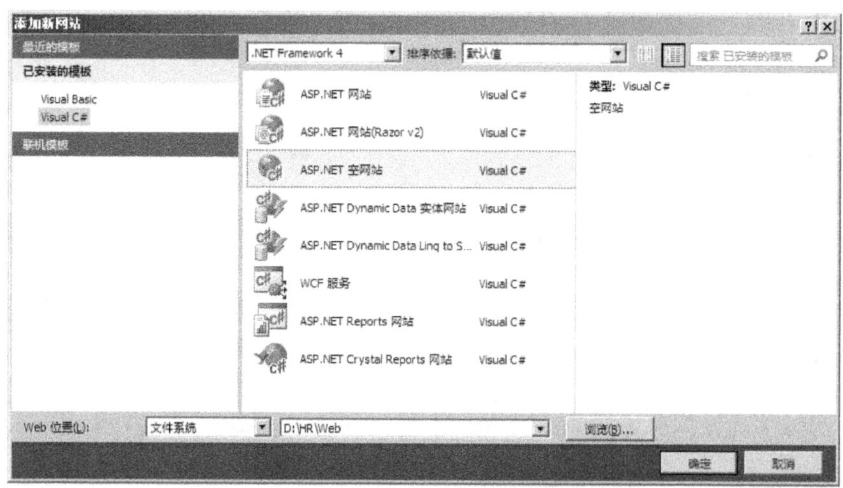

图 S4-3　创建 ASP.NET 空网站

此时 HR 解决方案中有一个 Web 层的项目，如图 S4-4 所示。

图 S4-4　项目文件

(3) 搭建 BLL 层。

右击“解决方案‘HR’”，选择“添加”→“新建项目”命令，弹出“添加新建项目”窗口，如图 S4-5 所示，选择“类库”模板，输入项目的名称“HRBLL”，单击“确定”按钮。

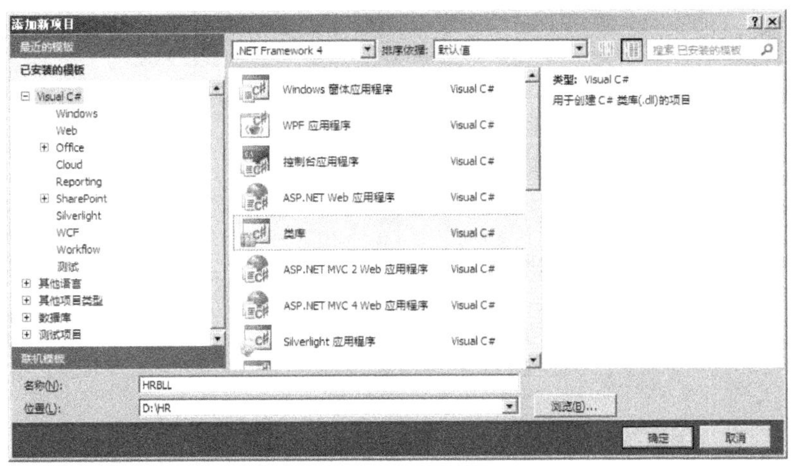

图 S4-5　创建类库

此时 HR 解决方案中有两个项目，如图 S4-6 所示。

图 S4-6　项目文件

(4) 搭建 DAL 层。

搭建 DAL 层的步骤与搭建 BLL 层类似，唯一不同的是将项目名称写为“HRDAL”，如图 S4-7 所示。

此时 HR 解决方案中有三个项目，如图 S4-8 所示。

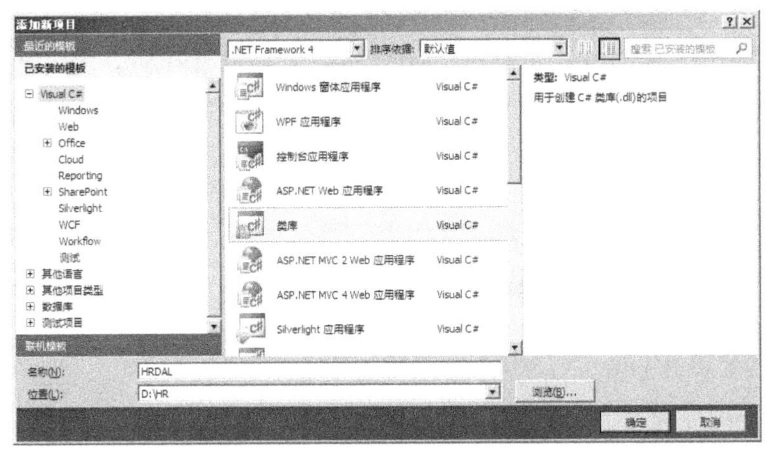

图 S4-7　创建类库

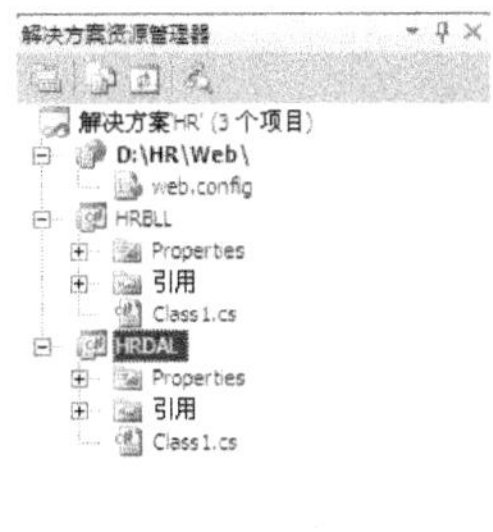

图 S4-8　项目文件

(5) 创建实体类库。

与上述两个步骤一样，在解决方案中添加类库“HRModels”，如图 S4-9 所示。

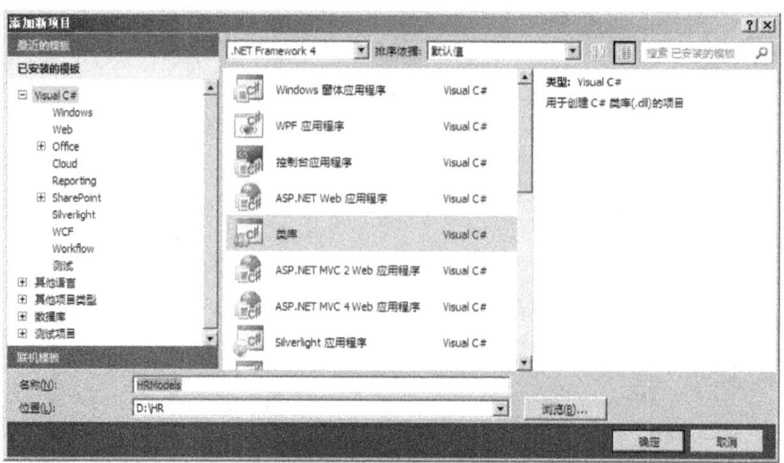

图 S4-9　创建类库

此时 HR 解决方案中有四个项目，如图 S4-10 所示。

图 S4-10　项目文件

实践 4.2

对应实践 3.3 中创建的 HR 数据库中的用户表 UserDetails、简历表 Resume、求职申请表 Application、企业信息表 Company、招聘职位表 Job 和邀请函表 Invite，实现 Model 层中的类。

【分析】

(1) 创建 UserDetails 表对应的实体类 User。

(2) 创建 Resume 表对应的实体类 Resume。

(3) 创建 Company 表对应的实体类 Company。

(4) 创建 Job 表对应的实体类 Job。

(5) 创建 Application 表对应的实体类 Application。

(6) 创建 Invite 表对应的实体类 Invite。

【参考解决方案】

(1) 创建 User 实体类。

在“解决方案资源管理器”窗口中右击“HRModels”项目，选择“添加→类”命

令，弹出“添加新项”窗口，如图 S4-11 所示，输入类的名称“User.cs”，单击“添加”按钮。

图 S4-11　添加 User 类

User.cs 的代码如下：

```
[Serializable()]
//用户类
public class User
{
    private int userId;//用户 ID
    private string userName = String.Empty;//用户名
    private string userPass = String.Empty;//用户密码
    private int role;//用户权限
    private DateTime regTime;//注册时间
    private int logNum;//登录次数
    public User()
    {
    }
    public int UserId
    {
        get
        {
            return this.userId;
        }
        set
        {
            this.userId = value;
```

```
            }
        }
        public string UserName
        {
            get
            {
                return this.userName;
            }
            set
            {
                this.userName = value;
            }
        }
        //省略 UserPass、Role、RegTime 和 LogNum 属性的定义
        ......
}
```

(2) 创建 Resume 实体类。

在“HRModels”项目中添加 Resume 类，其代码如下：

```
[Serializable()]
//简历类
public class Resume
{
        private int resumeId;//简历 ID
        private User user;//用户
        private string name = String.Empty;//姓名
        private string sex = String.Empty;//性别
        private string identityNo = String.Empty;//身份证号
        private DateTime birthday;//出生日期
        private string stature = String.Empty;//身高
        private string degree = String.Empty;//学历
        private string school = String.Empty;//毕业院校
        private string marriage = String.Empty;//婚姻状况
        private string occupation = String.Empty;//专业类别
        private string career = String.Empty;//工作经历
        private string specialty = String.Empty;//能力特长
        private string email = String.Empty;//邮箱
        private string phone = String.Empty;//电话
        private string address = String.Empty;//地址
        public Resume()
```

```
        {
        }
        public int ResumeId
        {
            get
            {
                return this.resumeId;
            }
            set
            {
                this.resumeId = value;
            }
        }
        public User User
        {
            get
            {
                return this.user;
            }
            set
            {
                this.user = value;
            }
        }
        //省略 Name、Sex、IdentityNo、Birthday、Stature、Degree、School、
        //Marriage、Occupation、Career、Specialty、
        //Email、Phone 和 Address 属性定义
        //…
}
```

(3) 创建 Company 实体类。

在“HRModels”项目中添加 Company 类，其代码如下：

```
[Serializable()]
//企业类
public class Company
{
        private int companyId;//企业 ID
        private User user;//用户
        private string companyName = String.Empty;//企业名称
        private string companyAddress = String.Empty;//企业地址
```

```
        private string property = String.Empty;//企业性质
        private string employeeNum = String.Empty;//雇员人数
        private string linkman = String.Empty;//联系人
        private string email = String.Empty;//邮箱
        private string phone = String.Empty;//联系电话
        private string www = String.Empty;//公司主页
        private string details = String.Empty;//企业简介
        public Company()
        {
        }
        public int CompanyId
        {
            get
            {
                return this.companyId;
            }
            set
            {
                this.companyId = value;
            }
        }
        //省略 User、CompanyName、CompanyAddress、Property、EmployeeNum、
        //Linkman、Email、Phone、Www 和 Details 属性的定义…
}
```

(4) 创建 Job 实体类。

在“HRModels”项目中添加 Job 类，其代码如下：

```
[Serializable()]
//招聘信息类
public class Job
{
        private int jobId;//工作 ID
        private Company company;//企业 ID
        private string jobType = String.Empty;//工作类型
        private string occupation = String.Empty;//职业
        private string position = String.Empty;//岗位
        private string laborage = String.Empty;//工资
        private string demand = String.Empty;//招聘要求
        public Job()
        {
```

```
        }
        public int JobId
        {
            get
            {
                return this.jobId;
            }
            set
            {
                this.jobId = value;
            }
        }
        public Company Company
        {
            get
            {
                return this.company;
            }
            set
            {
                this.company = value;
            }
        }
        //省略 JobType、Occupation、Position、Laborage 和 Demand 属性的定义…
}
```

(5) 创建 Application 实体类。

在“HRModels”项目中添加 Application 类，其代码如下：

```
[Serializable()]
//工作申请类
public class Application
{
        private int applicationId;//申请表 ID
        private Resume resume;//简历
        private Job job;//求职的工作
        private string applicationDetails = String.Empty;//申请内容
        public Application()
        {
        }
        public int ApplicationId
```

```
    {
        get
        {
            return this.applicationId;
        }
        set
        {
            this.applicationId = value;
        }
    }
    //省略 Resume、Job 和 ApplicationDetails 属性的定义…
}
```

(6) 创建 Invite 实体类。

在“HRModels”项目中添加 Invite 类，其代码如下：

```
[Serializable()]
//邀请函类
public class Invite
{
    private int inviteId;//邀请函 ID
    private Job job;//工作
    private Resume resume;//简历
    private string details = String.Empty;//邀请函内容
    private DateTime insertTime;//插入时间
    public Invite()
    {
    }
    public int InviteId
    {
        get
        {
            return this.inviteId;
        }
        set
        {
            this.inviteId = value;
        }
    }
    //省略 Job、Resume、Details 和 InsertTime 属性的定义…
}
```

实践 4.3

设计 HR 网站的注册界面。

【分析】

(1) 在 HR 的 Web 层中创建 Regist.aspx 页面，用户注册信息包括用户名、密码、确认密码和用户类型。

(2) 设计 Regist.aspx 页面。

(3) 使用 RequiredFieldValidator 控件验证用户名和密码不能为空，使用 CompareValidator 控件验证确认密码和密码必须相同。

【参考解决方案】

(1) 创建 Regist.aspx。

在 HR 的 Web 网站中，单击“网站”→“添加新项”菜单，弹出“添加新项”窗口，如图 S4-12 所示，选择“Web 窗体”模板，并输入页面名称“Regist.aspx”，单击“添加”按钮。

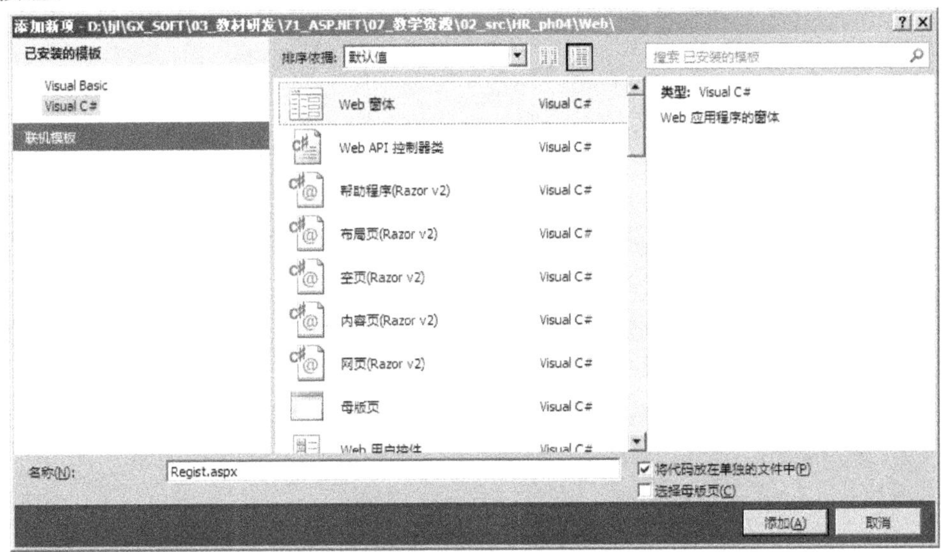

图 S4-12　添加 Web 窗体

(2) 设计 Regist.aspx 页面。

如图 S4-13 所示，设计 Regist.aspx 页面。

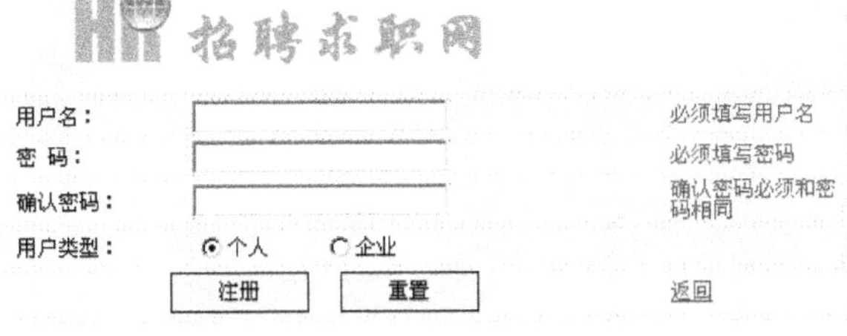

图 S4-13　运行结果

Regist.aspx 页面的源代码如下：

```
<%@ Page Language="C#" AutoEventWireup="true" CodeFile="Regist.aspx.cs"
        Inherits="Regist" %>
<!DOCTYPE html PUBLIC "-//W3C//DTD XHTML 1.0 Transitional//EN"
        "http://www.w3.org/TR/xhtml1/DTD/xhtml1-transitional.dtd">
<html xmlns="http://www.w3.org/1999/xhtml">
<head runat="server">
        <link type="text/css" rel="stylesheet" href="Css/hr.css">
        <title>HR_注册新用户</title>
</head>
<body>
        <form id="form1" runat="server">
        <div style="width: 500px; top: 30px; left: 30px;">
                <table align="center">
                        <tr>
                                <td colspan="3" height="40" valign="middle" align="center">
                                        <img src="images/logo.gif" />
                                </td>
                        </tr>
                        <tr>
                                <td width="80" height="20">
                                           用户名：
                                </td>
                                <td width="120" height="20">
                                        <asp:TextBox ID="txtName" runat="server">
                                        </asp:TextBox>
                                </td>
                                <td>
                                        <asp:RequiredFieldValidator
                                                ID="RequiredFieldValidator1"
                                                runat="server"
                                                ErrorMessage="必须填写用户名"
                                                ControlToValidate="txtName">
                                        </asp:RequiredFieldValidator>
                                </td>
                        </tr>
                        <tr>
                                <td>
                                           密码：
```

```
            </td>
            <td width="120" height="20">
                <asp:TextBox ID="txtPwd"
                    runat="server"
                    TextMode="Password">
                </asp:TextBox>
            </td>
            <td>
                <asp:RequiredFieldValidator
                    ID="RequiredFieldValidator2"
                    runat="server"
                    ErrorMessage="必须填写密码"
                    ControlToValidate="txtPwd">
                </asp:RequiredFieldValidator>
            </td>
        </tr>
        <tr>
            <td height="20">
                   确认密码：
            </td>
            <td height="20">
                <asp:TextBox ID="txtRePwd"
                    runat="server"
                    TextMode="Password">
                </asp:TextBox>
            </td>
            <td>
                <asp:CompareValidator ID="CompareValidator1"
                    runat="server"
                    ErrorMessage="确认密码必须和密码相同"
                    ControlToCompare="txtPwd"
                    ControlToValidate="txtRePwd">
                </asp:CompareValidator>
            </td>
        </tr>
        <tr>
            <td height="20">
                   用户类型：
            </td>
```

```
                    <td height="20" colspan="2">
                        <asp:RadioButton ID="rdPerson" runat="server"
                            Checked="True" Text="个人" GroupName="role" />
                            
                        <asp:RadioButton ID="rdCompany" runat="server"
                            Text="企业" GroupName="role" />
                    </td>
                </tr>
                <tr>
                    <td height="20" colspan="2" align="center">
                        <asp:Button ID="btnRegist" runat="server"
                            Text="注册" CssClass="input_button"
                            Height="23px" Width="80px"
                            OnClick="btnRegist_Click" />
                          
                        <asp:Button ID="btnReset" runat="server"
                            Text="重置" CssClass="input_button"
                            Height="23px" Width="80px"
                            OnClick="btnReset_Click" />
                    </td>
                    <td align="left" width="81">
                        <a href="Login.aspx">返回</a>
                    </td>
                </tr>
            </table>
        </div>
        </form>
</body>
</html>
```

实践 4.4

设计 HR 网站的登录页面。

【分析】

(1) 在 HR 的 Web 层中创建 Login.aspx 页面，用户登录信息包括用户名、密码和用户类型。

(2) 设计 Login.aspx 页面。

(3) 使用 RequiredFieldValidator 控件验证用户名和密码不能为空。

【参考解决方案】

(1) 创建 Login.aspx。

在 HR 的 Web 网站中添加 Login.aspx 页面，并按图 S4-14 所示设计该页面。

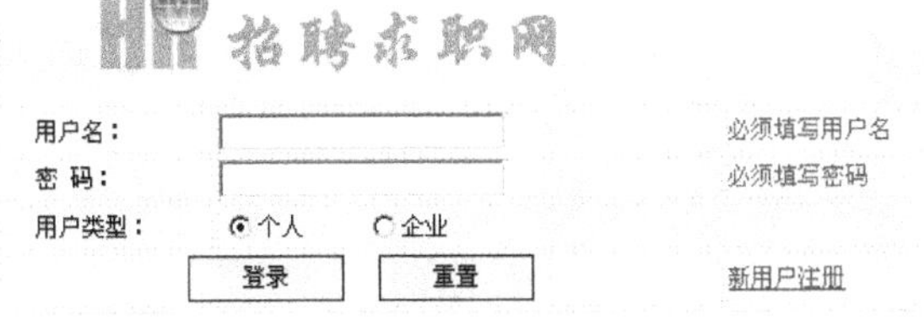

图 S4-14　设计页面

(2) Login.aspx 源代码如下：

```
<%@ Page Language="C#" AutoEventWireup="true" CodeFile="Login.aspx.cs"
    Inherits="Login" %>
<!DOCTYPE html PUBLIC "-//W3C//DTD XHTML 1.0 Transitional//EN"
    "http://www.w3.org/TR/xhtml1/DTD/xhtml1-transitional.dtd">
<html xmlns="http://www.w3.org/1999/xhtml">
<head runat="server">
    <link type="text/css" rel="stylesheet" href="Css/hr.css">
    <title>HR_登录</title>
</head>
<body>
    <form id="form1" runat="server">
    <div style="width: 500px; top: 30px; left: 30px;">
        <table align="center">
            <tr>
                <td colspan="3" height="40" valign="middle"
                    align="center">
                    <img src="images/logo.gif" />
                </td>
            </tr>
            <tr>
                <td width="80" height="20">
                       用户名:
                </td>
                <td width="120" height="20">
                    <asp:TextBox ID="txtName" runat="server">
                    </asp:TextBox>
                </td>
                <td width="100" height="20">
```

```
                <asp:RequiredFieldValidator
                    ID="RequiredFieldValidator1"
                    runat="server"
                    ErrorMessage="必须填写用户名"
                    ControlToValidate="txtName">
                </asp:RequiredFieldValidator>
            </td>
        </tr>
        <tr>
            <td>
                   密码:
            </td>
            <td width="120" height="20">
                <asp:TextBox ID="txtPwd"
                    runat="server"
                    TextMode="Password">
                </asp:TextBox>
            </td>
            <td>
                <asp:RequiredFieldValidator
                    ID="RequiredFieldValidator2"
                    runat="server"
                    ErrorMessage="必须填写密码"
                    ControlToValidate="txtPwd">
                </asp:RequiredFieldValidator>
            </td>
        </tr>
        <tr>
            <td height="20">
                   用户类型:
            </td>
            <td height="20" colspan="2">
                <asp:RadioButton ID="rdPerson" runat="server"
                    Checked="True" Text="个人" GroupName="role" />
                    
                <asp:RadioButton ID="rdCompany" runat="server"
                    Text="企业" GroupName="role" />
            </td>
        </tr>
```

```
            <tr>
                <td height="20" colspan="2" align="center">
                    <asp:Button ID="btnLogin" runat="server"
                        Text="登录" CssClass="input_button"
                        Height="23px" Width="80px"
                        OnClick="btnLogin_Click" />
                      
                    <asp:Button ID="btnReset" runat="server"
                        Text="重置" CssClass="input_button"
                        Height="23px" Width="80px"
                        OnClick="btnReset_Click" />
                </td>
                <td align="left">
                    <a href="Regist.aspx">新用户注册</a>
                </td>
            </tr>
        </table>
    </div>
    </form>
</body>
</html>
```

(3) 运行。

在“解决方案资源管理器”窗口中右击“解决方案‘HR’”，选择“属性”命令，弹出“解决方案‘HR’属性页”，如图 S4-15 所示，设置解决方案是“单启动项目”，并选择“Web”项目为启动项。单击“应用”按钮后，再单击“确定”按钮。

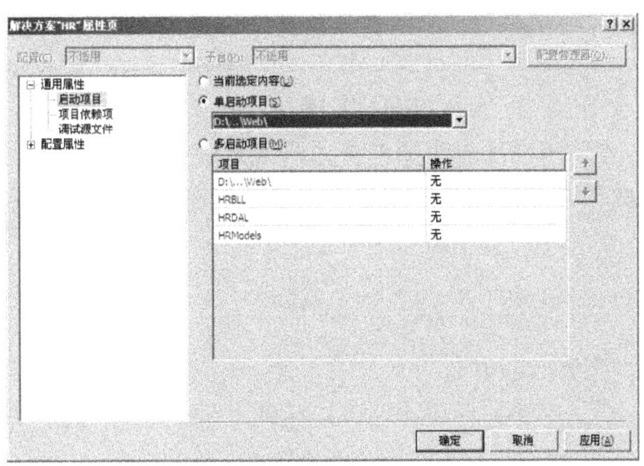

图 S4-15　设置启动项

右击 Login.aspx 页面，选择“设为起始页”命令项，如图 S4-16 所示，将 Login.aspx

页面设为 Web 网站的起始页。

按下“F5”键或单击工具栏中的启动按钮 ▶，运行程序，如图 S4-17 所示，IE 中显示登录页面 Login.aspx。

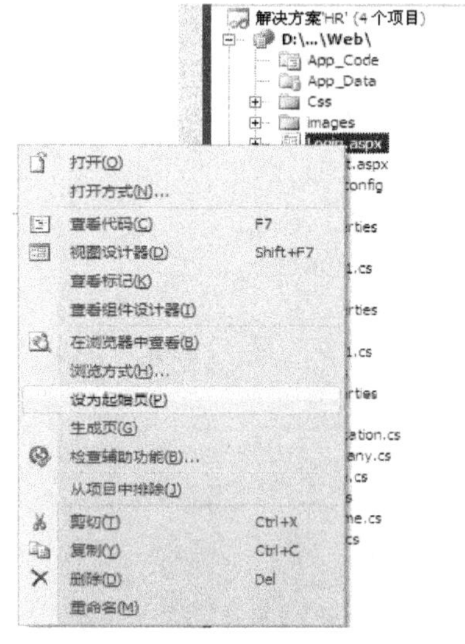

图 S4-16　设为起始页

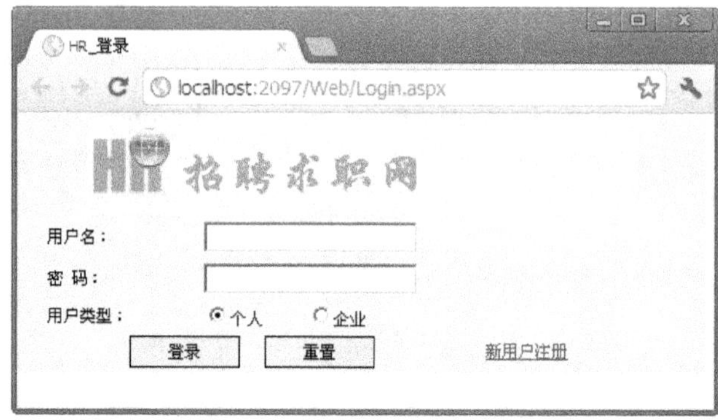

图 S4-17　运行结果

当没输入任何信息，就单击“登录”按钮时，RequiredFieldValidator 验证控件将显示提示信息，如图 S4-18 所示。

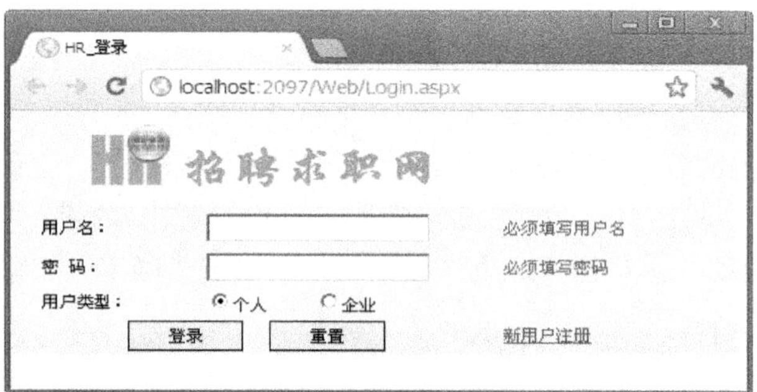

图 S4-18　错误提示

单击登录页面中“新用户注册”超链接，进入页面 Regist.aspx，如图 S4-19 所示。

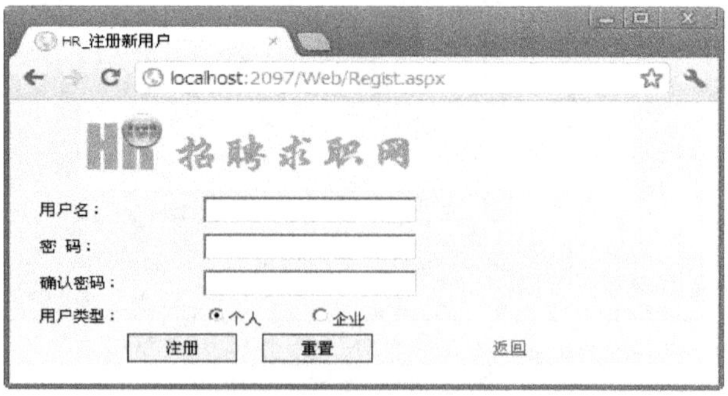

图 S4-19　注册页面

当确认密码和密码不同时，CompareValidator 验证控件将显示提示信息，如图 S4-20 所示。

图 S4-20　错误提示

知识拓展

在 ASP.NET 中，系统自带的服务器控件为应用程序开发提供了诸多便利。在应用程序开发中，许多功能都需要重复使用，而如果在应用程序开发中重复地编写类似的代码是非常没有必要的。ASP.NET 允许开发人员开发用户控件和自定义控件，以提升代码的复用性。

1. 用户控件

用户控件是用 ASP.NET 代码创建的控件。开发所使用的编程技术与编写 Web 窗体的技术相同，不同之处在于一旦创建了用户控件，就可以方便地在多个 ASP.NET 页面中重用。用户控件的页面以 .ascx 为后缀名。当用户访问页面时，用户控件的页面是不能被用户访问到的。

虽然 .ascx 文件阻止用户的直接访问，但是一些常用的下载工具是能够下载 .ascx 文件的。

下面通过完成一个登录控件来演示用户控件的创建和使用方法。首先在创建的 Web 应用程序解决方案中创建一个用户控件的页面，如图 S4-21 所示。

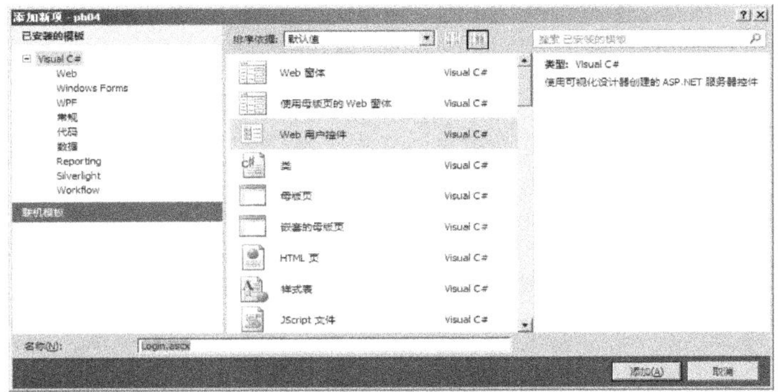

图 S4-21　创建用户控件

用户控件页面中并没有 HTML 标签，因为 .ascx 页面作为控件被引用到其他页面，引用的页面中(如 .aspx)已经包含了 HTML 标签。而 .ascx 的后台代码文件则与 .aspx 的后台代码文件没有任何区别。

现在开始实现登录用户控件。首先在 Login.ascx 页面中编写如下代码：

```
<%@ Control Language="C#" AutoEventWireup="true" CodeBehind="Login.ascx.cs"
Inherits="ph04.Login1" %>
<style type="text/css">
        .tableStyle
        {
                width:255px;
                font-size:12px;
        }
        .style1
        {
                width: 54px;
        }
</style>
<div style="border:1px solid #ccc;width:300px;background:#0f0f0;padding:5px 5px 5px 5px;font-size:12px;">
<table class="tableStyle">
        <tr>
                <td class="style1">用户名：</td>
                <td><asp:TextBox ID="TextBox1" runat="server"></asp:TextBox></td>
        </tr>
        <tr>
                <td class="style1">密码 ：</td>
                <td><asp:TextBox ID="TextBox2" runat="server"></asp:TextBox></td>
        </tr>
        <tr>
                <td class="style1"><asp:Button ID="Button1" runat="server"
                        Text="登录" onclick="btnLogin_Click" /></td>
                <td><asp:LinkButton ID="LinkButton" runat="server">还没有注册？
                        </asp:LinkButton></td>
        </tr>
</table>
        <asp:Label runat="server" ID="Label1" ></asp:Label>
</div>
```

然后编写“登录”按钮的后台代码：

```
        protected void btnLogin_Click(object sender, EventArgs e) {
                Label1.Text = "登录成功";
        }
```

上述代码中实现的功能是单击登录按钮，Label 标签显示“登录成功”的字样。在此并没有实现验证用户名和密码的功能，读者可自行完成。这样一个用户控件就制作完成了，可以直接在其他页面中进行引用。在 Login.aspx 中使用 Login 用户控件，前台代码如下：

```
<%@ Page Language="C#" AutoEventWireup="true" CodeBehind="Login.aspx.cs"
    Inherits="ph04.Login" %>
<%@ Register TagPrefix="Login" TagName="UserControl" Src="~/Login.ascx"%>
<!DOCTYPE html PUBLIC "-//W3C//DTD XHTML 1.0 Transitional//EN"
"http://www.w3.org/TR/xhtml1/DTD/xhtml1-transitional.dtd">
<html xmlns="http://www.w3.org/1999/xhtml" >
<head runat="server">
    <title>登录_用户控件</title>
</head>
<body>
    <form id="form1" runat="server">
    <div>
        <login:UserControl runat="server" id="userControl">
        </login:UserControl>
    </div>
    </form>
</body>
</html>
```

通过上述代码可发现，在使用用户控件前需要先进行注册，注册代码如下：

```
<%@ Register TagPrefix="Login" TagName="UserControl" Src="~/Login.ascx"%>
```

其中：

- ✧ TagPrefix：定义控件位置的命名空间，用了命名空间的制约，就可以在同一个页面中使用不同功能的同名控件；
- ✧ TagName：指向所用的控件的名字；
- ✧ Src：用户控件的文件路径，可以为相对路径或绝对路径，但不能使用物理路径。

了解了上述属性后，就可以按照上述代码中的格式“TagPrefix：TagName”来引用用户控件。运行代码并单击登录按钮后，其显示结果如图 S4-22 所示。

图 S4-22　运行结果

通过图 S4-22 的运行结果可见 Login.aspx 页面中没有使用任何控件，也没有编写代码，但却已经运行了登录框，这说明用户控件已经被运行了。当需要对用户控件的功能进行修改时，只需修改用户控件的页面及后台代码文件即可，而无需修改 Web 页面。

2. 自定义服务器控件

用户控件能够执行很多操作，并实现一些功能，但是在复杂的环境下，用户控件并不能达到开发人员的要求，因为用户控件是使用现有的控件进行组合、编写事件来达到目的的。于是 ASP.NET 允许开发人员编写自定义控件实现复杂的功能。自定义控件需要定义一个直接或间接从 Control 类派生的类，并重写 RenderContents()方法。在 .NET 框架中，System.Web.UI.Control 与 System.Web.UI.WebControls.WebControl 两个类是服务器控件的基类，并且定义了所有服务器控件共有的属性、方法和事件，其中最为重要的就是包括了控制控件执行生命周期的方法和事件，以及 ID 等共有属性。

在项目 ph04 中创建一个名为 MyServerControl 的自定义服务器控件，首先单击“文件”→“添加”→“新建项目”菜单，在“添加新项目”窗口中选择“ASP.NET 服务器控件”模板，如图 S4-23 所示。

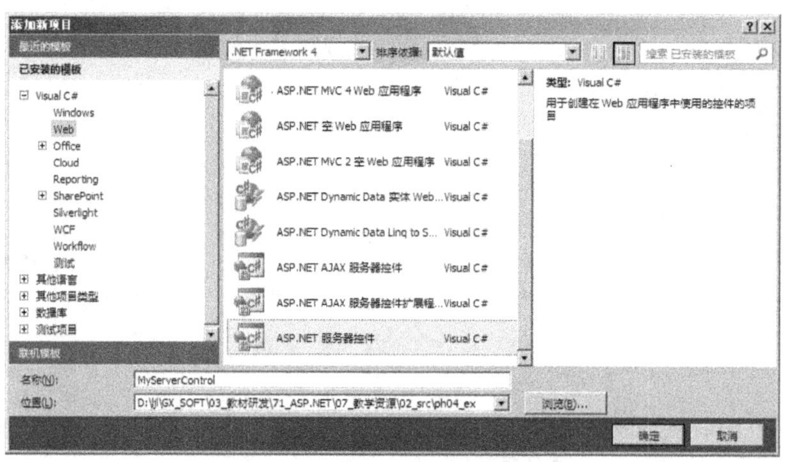

图 S4-23　添加 ASP.NET 服务器控件

单击“确定”按钮会自动生成一个类，并在类中生成相应的方法，代码如下：

```
[DefaultProperty("Text")]                          //声明属性
//设置控件格式
[ToolboxData("<{0}:MyServerControl runat=server></{0}:MyServerControl>")]
public class MyServerControl : WebControl {
        [Bindable(true)]                            //设置是否支持绑定
        [Category("Appearance")]                    //设置类别
        [DefaultValue("")]                          //设置默认值
        [Localizable(true)]                         //设置是否支持本地化操作
        //定义 Text 属性
        public string Text {
                //获取属性值
```

```
        get {
            String s = (String)ViewState["Text"];
            return ((s == null) ? String.Empty : s);
        }
        //设置属性值
        set {
            ViewState["Text"] = value;
        }
    }
    //页面显示
    protected override void RenderContents(HtmlTextWriter output) {
        output.Write(Text);
    }
}
```

程序开发人员在源代码中编写和添加属性，当需要显示在 Web 页面上时，只需重写 RenderContents()方法即可。通过创建一个 MyPage 自定义控件，可以执行分页操作，在创建完成后需要明确控件的基本属性，这些属性能方便控件的使用者进行相应的配置，从而使用控件快速完成开发工作。对于分页控件通常所需的属性如表 S4-1 所示。

表 S4-1　分页控件常用的属性

属　性	说　　明
PageSize	每页所显示的数据数目
Server	数据库服务器的地址
DataBase	数据库服务器的服务器
Pwd	数据库服务器的密码
Uid	数据库服务器有效的用户名
Table	需要执行分页的表，如果不指定 SqlCommand，则自动生成语句
SqlCommand	如果不指定表，则执行 SqlCommand
IndexPage	开始的索引页面
PageName	当前页面的名称，用于跳转

在确定了自定义控件的属性后，就可以编写相应的代码。首先定义用于设置连接数据库和执行 SQL 语句的属性，代码如下：

```
[Bindable(true)]
[Category("Appearance")]
[DefaultValue("")]
[Localizable(true)]
public string Text {
    get {
        String s = (String)ViewState["Text"];
```

```
                return ((s == null) ? "[" + this.ID + "]" : s);
        }
        set {
                ViewState["Text"] = value;
        }
}
//设置 PageSize
[Bindable(true)]
[Category("Data")]
[DefaultValue("10")]
[Localizable(true)]
//设置 PageSize 属性
public int PageSize {
        get {
                try {
                        Int32 s = (Int32)ViewState["PageSize"];          //获取分页值
                        return ((s.ToString() == null) ? 10 : s);        //设置默认值
                } catch{
                        return 10;                                       //如果用户输入异常，设置默认值
                }
        }
        set {
                ViewState["PageSize"] = value;                           //设置分页
        }
}
//省略 Server、DataBase、Uid、Pwd、Table、SqlCommand 属性设置…
```

上述代码为数据库连接进行了属性配置，这些属性分别包括数据库连接字符串、数据库服务器 IP、数据库用户名、数据库密码等，通过这些属性，用户可根据实际开发需要配置不同的数据库。在定义了连接数据库的属性后，还需要定义相应的页面属性以便能够对页面进行控制，这些属性包括页面名称(PageName)、索引(IndexPage)等，这两个属性的设置与上述代码类似，将其添加到类中即可。

定义完所有的控件属性后，就可以重写 RenderContents()方法，用于执行 html 的输出，代码如下：

```
protected override void RenderContents(HtmlTextWriter output) {
        string html = "";
        string strConn = "server='" + Server + "';database='"
                + DataBase + "';uid='" + Uid + "';pwd='" + Pwd + "'";
        string strSql = "";
        SqlConnection sqlConn = new SqlConnection(strConn);
```

```
try {
        sqlConn.Open();
        if (SqlCommand == "none" || SqlCommand == "") {
                strSql = "SELECT COUNT(*) AS MyCount FROM " + Table;
        } else {
                strSql = SqlCommand;
        }
        //创建适配器
        SqlDataAdapter sda = new SqlDataAdapter(strSql, strConn);
        DataSet ds = new DataSet();
        //创建 DataSet
        int count = sda.Fill(ds);                               //填充 DataSet
        int page = 0;                                           //数据表中的函数
        int pageCount = 0;                                      //数据表中的页数
        if (count > 0) {
                page = Convert.ToInt32(ds.Tables[0].
                        Rows[0]["MyCount"].ToString());
        }
        //开始分页
        if (page % PageSize > 0) {
                pageCount = (page / PageSize) + 1;              //分页计算
        } else {
                pageCount = page / PageSize;
        }
        html = html + "<table><tr>";
        for (int i = 1; i < pageCount + 1; i++) {
                //如果查看的是当前页面，则高亮显示
                if (IndexPage != i.ToString()) {
                        html = html + "<td style=\"padding:5px 5px 5px 5px"
                                + ";background:#f0f0f0;border:1px dashed #ccc;\">";
                } else {
                        html = html + "<td style=\"padding:5px 5px 5px 5px" +
                                ";background:Gray;border:1px dashed #ccc;\">";
                }
                html = html + "<a href=\"" + PageName + "?page=" +
                        i + "\">" + i + "</a>";
                html = html + "</td>";
        }
        html = html + "</tr></table>";
```

```
        } catch (Exception e) {
            html = e.ToString();
        } finally {
            output.Write(html);
            sqlConn.Close();
        }
}
```

完成上述代码后，自定义的分页控件就完成了，用户在使用的时候只需设置其属性就可以对数据进行分页了。将自定义控件生成.dll 文件(在 bin 目录下的 Debug 文件夹中)，在工程 ph04 中新建一个 MyPage.aspx 页面，然后将生成的.dll 文件添加到 ph04 的引用中，如图 S4-24 所示。

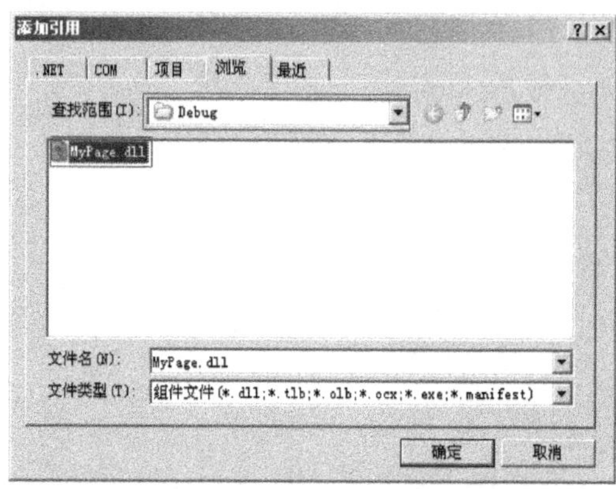

图 S4-24　添加引用

在 MyPage.aspx 页面中注册分页控件后，即可在页面中使用。代码如下：

```
<%@ Page Language="C#" AutoEventWireup="true" CodeBehind="MyPage.aspx.cs"
Inherits="ph04.MyPage" %>
<%@ Register Namespace="MyPage" Assembly="MyPage" TagPrefix="cc" %>
<!DOCTYPE html PUBLIC "-//W3C//DTD XHTML 1.0 Transitional//EN"
"http://www.w3.org/TR/xhtml1/DTD/xhtml1-transitional.dtd">
<html xmlns="http://www.w3.org/1999/xhtml">
<head runat="server">
    <title>自定义分页</title>
</head>
<body>
    <form id="form1" runat="server">
    <div>
        <cc:MyServerControl ID="myPage" runat ="server"
            DataBase ="HR" IndexPage="1" PageName="MyPage.aspx"
            PageSize="5" Pwd="zkl123" Table="UserDetails"
            Uid ="sa" Server="10.10.9.114" />
```

```
        </div>
        </form>
</body>
</html>
```

运行上述代码，就会在页面中显示分页控件的效果，如图 S4-25 所示。

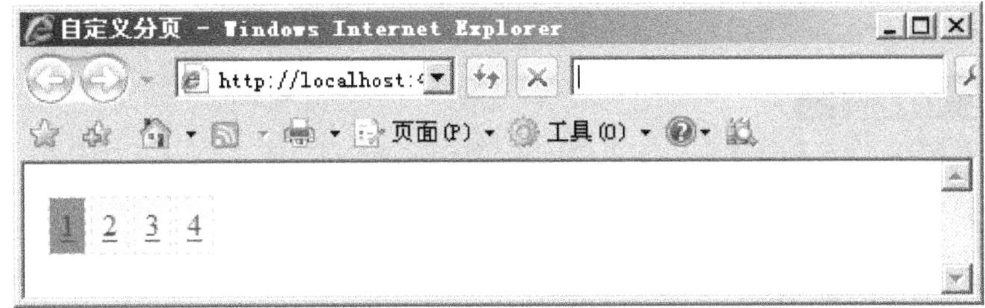

图 S4-25　运行效果

拓展练习

自定义一个下拉列表控件，该控件既可以从列表中选择也可以输入。

实践 5　ASP.NET 数据库访问

实践指导

实践 5.1

在 HR 的 HRDAL 项目中，实现访问数据库的基础类。

【分析】

(1) 在 Web 网站的配置文件 Web.config 中，配置数据库的连接字符串。

(2) 在 HRDAL 项目中添加访问数据库的基础类 DBHelper。

【参考解决方案】

(1) 配置连接字符串。

打开 Web 网站的配置文件 Web.config，查找<connectionStrings>标签，并将原来的

```
<connectionStrings/>
```

改为

```
<connectionStrings>
    <add name="HRConStr" connectionString="Data Source=.;
        Initial Catalog=HR;User ID=sa;pwd=a"
        providerName="System.Data.SqlClient"/>
</connectionStrings>
```

上述代码在<connectionStrings>标签内配置了一个名为“HRConStr”的连接字符串。

(2) 创建访问数据库基础类 DBHelper。

右击 HRDAL 项目，选择“添加”→“类”命令，如图 S5-1 所示，在弹出的“添加

图 S5-1　创建 DBHelper 类

新项”窗口中输入类的名称“DBHelper.cs”。

DBHelper.cs 中的代码如下：

```
//数据库访问基础类
public static class DBHelper
{
    private static SqlConnection connection;
    //连接属性
    public static SqlConnection Connection
    {
        get
        {
            //从配置文件中获取连接数据库的连接字符串
            string connectionString = ConfigurationManager.
                ConnectionStrings["HRConStr"].ConnectionString;
            if (connection == null)
            {
                connection = new SqlConnection(connectionString);
                connection.Open();
            }
            else if (connection.State == System.Data.ConnectionState.Closed)
            {
                connection.Open();
            }
            else if (connection.State == System.Data.ConnectionState.Broken)
            {
                connection.Close();
                connection.Open();
            }
            return connection;
        }
    }
    //不带参数的执行命令
    public static int ExecuteCommand(string safeSql)
    {
        SqlCommand cmd = new SqlCommand(safeSql, Connection);
        int result = cmd.ExecuteNonQuery();
        return result;
        connection.Close();
    }
```

```
//带参数的执行命令
 public static int ExecuteCommand(string sql,
     params SqlParameter[] values)
{
    SqlCommand cmd = new SqlCommand(sql, Connection);
    cmd.Parameters.AddRange(values);
    return cmd.ExecuteNonQuery();
    connection.Close();
}
public static int GetScalar(string safeSql)
{
    SqlCommand cmd = new SqlCommand(safeSql, Connection);
    int result = Convert.ToInt32(cmd.ExecuteScalar());
    return result;
    connection.Close();
}
public static int GetScalar(string sql, params SqlParameter[] values)
{
    SqlCommand cmd = new SqlCommand(sql, Connection);
    cmd.Parameters.AddRange(values);
    int result = Convert.ToInt32(cmd.ExecuteScalar());
    return result;
    connection.Close();
}
public static SqlDataReader GetReader(string safeSql)
{
    SqlCommand cmd = new SqlCommand(safeSql, Connection);
    SqlDataReader reader = cmd.ExecuteReader();
    return reader;
    connection.Close();
}
 public static SqlDataReader GetReader(string sql,
     params SqlParameter[] values)
{
    SqlCommand cmd = new SqlCommand(sql, Connection);
    cmd.Parameters.AddRange(values);
    SqlDataReader reader = cmd.ExecuteReader();
    return reader;
    connection.Close();
```

```
    }
    public static DataTable GetDataSet(string safeSql)
    {
        DataSet ds = new DataSet();
        SqlCommand cmd = new SqlCommand(safeSql, Connection);
        SqlDataAdapter da = new SqlDataAdapter(cmd);
        da.Fill(ds);
        return ds.Tables[0];
    }
    public static DataTable GetDataSet(string sql,
        params SqlParameter[] values)
    {
        DataSet ds = new DataSet();
        SqlCommand cmd = new SqlCommand(sql, Connection);
        cmd.Parameters.AddRange(values);
        SqlDataAdapter da = new SqlDataAdapter(cmd);
        da.Fill(ds);
        return ds.Tables[0];
    }
}
```

上述代码中使用 ConfigurationManager 获取配置文件中的连接字符串，因此必须添加 System.Configuration 的引用。方法是：右击 HRDAL 项目，选择“添加引用”命令，在弹出的“添加引用”窗口中选择“.NET”选项卡，选择“System.Configuration”组件并单击“确定”按钮，如图 S5-2 所示。

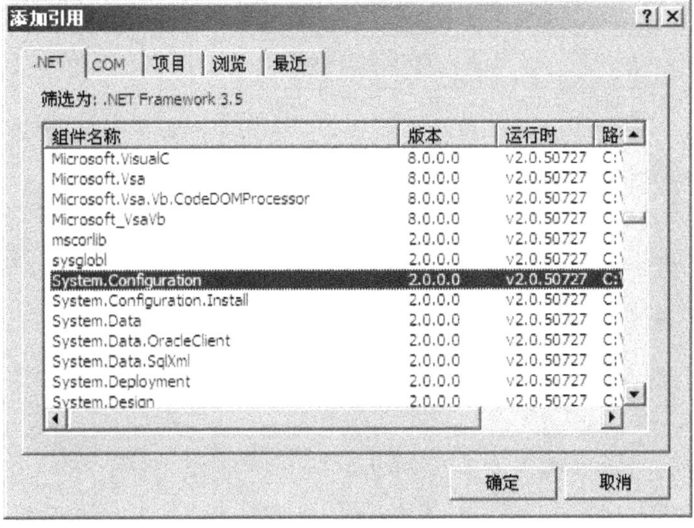

图 S5-2　添加引用

实践 5.2

实现用户注册功能。

【分析】

(1) 在 HRDAL 项目中添加 UserService 类，该类提供访问 UserDetails 表的各种操作。

(2) 在 HRBLL 项目中添加 UserManager 类，该类提供对用户操作的业务方法。

(3) 编写 Regist.aspx.cs 后台代码，实现相关的事件处理。

【参考解决方案】

(1) 在 HRDAL 中添加对 HRModels 的引用。

HRDAL 层需要用到 HRModels 层中的实体类，将关系型数据封装到对象中。因此，需要在 HRDAL 项目中添加对 HRModels 项目的引用。

右击 HRDAL 项目，选择“添加引用”命令，在弹出的“添加引用”窗口中，选择“项目”选项卡，并选中“HRModels”项目，如图 S5-3 所示。

展开 HRDAL 项目引用文件夹，如图 S5-4 所示，显示该项目的所有引用。

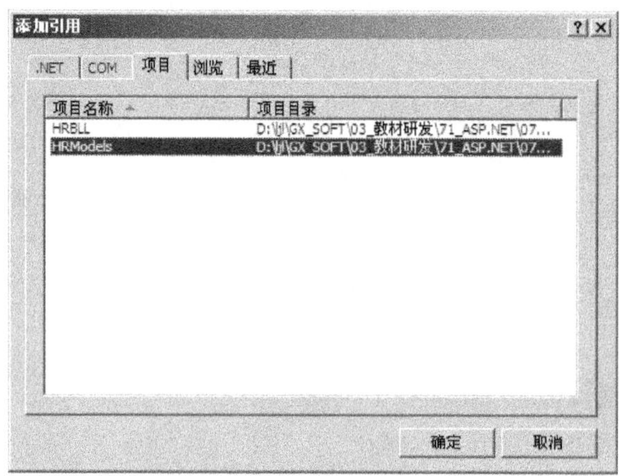

图 S5-3　选择引用

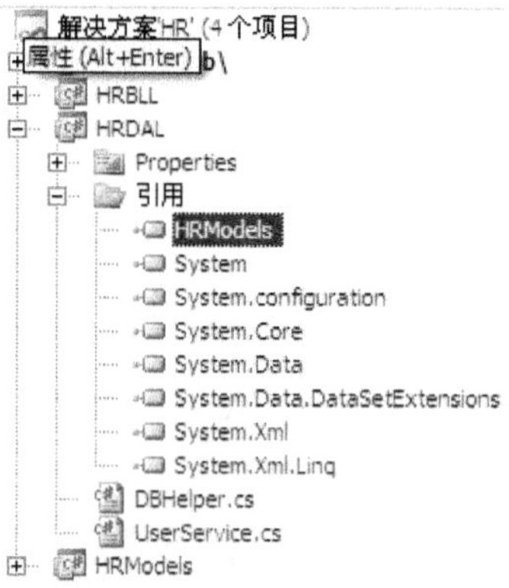

图 S5-4　添加引用完成

(2) 添加 UserService 类。

在 HRDAL 项目中添加一个 UserService 类，UserService.cs 的代码如下：

```
public static partial class UserService
{
    /// <summary>
    /// 添加 User
    /// </summary>
    /// <param name="user"></param>
    /// <returns></returns>
    public static User AddUser(User user)
    {
```

```
    string sql =
      "INSERT userdetails (userName, userPass, role, regTime, logNum)"+
      "VALUES (@userName, @userPass, @role, @regTime, @logNum)";
    sql += " ; SELECT @@IDENTITY";
    try
    {
        SqlParameter[] para = new SqlParameter[]
                            {
                                new SqlParameter("@userName", user.UserName),
                                new SqlParameter("@userPass", user.UserPass),
                                new SqlParameter("@role", user.Role),
                                new SqlParameter("@regTime", user.RegTime),
                                new SqlParameter("@logNum", user.LogNum)
                            };
        int newId = DBHelper.GetScalar(sql, para);
        return GetUserByUserId(newId);
    }
    catch (Exception e)
    {
        Console.WriteLine(e.Message);
        throw e;
    }
}
/// <summary>
/// 删除 User
/// </summary>
/// <param name="user"></param>
public static void DeleteUser(User user)
{
    DeleteUserByUserId(user.UserId);
}
/// <summary>
/// 根据 userId 删除用户
/// </summary>
/// <param name="userId"></param>
public static void DeleteUserByUserId(int userId)
{
    string sql = "DELETE userdetails WHERE UserId = @UserId";
    try
```

```
    {
        SqlParameter[] para = new SqlParameter[]
                            {
                                new SqlParameter("@userId", userId)
                            };
        DBHelper.ExecuteCommand(sql, para);
    }
    catch (Exception e)
    {
        Console.WriteLine(e.Message);
        throw e;
    }
}
/// <summary>
/// 修改用户
/// </summary>
/// <param name="user"></param>
public static void ModifyUser(User user)
{
    string sql =
        "UPDATE userdetails " +
        "SET " +
            "userName = @userName, " +
            "userPass = @userPass, " +
            "role = @role, " +
            "regTime = @regTime, " +
            "logNum = @logNum " +
        "WHERE userId = @userId";
    try
    {
        SqlParameter[] para = new SqlParameter[]
                            {
                                new SqlParameter("@userId", user.UserId),
                                new SqlParameter("@userName", user.UserName),
                                new SqlParameter("@userPass", user.UserPass),
                                new SqlParameter("@role", user.Role),
                                new SqlParameter("@regTime", user.RegTime),
                                new SqlParameter("@logNum", user.LogNum)
                            };
```

```
            DBHelper.ExecuteCommand(sql, para);
        }
        catch (Exception e)
        {
            Console.WriteLine(e.Message);
            throw e;
        }
    }
    /// <summary>
    /// 获取所有用户
    /// </summary>
    /// <returns></returns>
    public static IList<User> GetAllUsers()
    {
        string sqlAll = "SELECT * FROM userdetails";
        return GetUserBySql(sqlAll);
    }
    /// <summary>
    /// 根据 userId 获取用户信息
    /// </summary>
    /// <param name="userId"></param>
    /// <returns></returns>
    public static User GetUserByUserId(int userId)
    {
        string sql = "SELECT * FROM userdetails WHERE UserId = @UserId";
        try
        {
            SqlDataReader reader = DBHelper.GetReader(sql,
                new SqlParameter("@UserId", userId));
            if (reader.Read())
            {
                User user = new User();
                user.UserId = (int)reader["userId"];
                user.UserName = (string)reader["userName"];
                user.UserPass = (string)reader["userPass"];
                user.Role = (int)reader["role"];
                user.RegTime = (DateTime)reader["regTime"];
                user.LogNum = (int)reader["logNum"];
                reader.Close();
```

```
                return user;
            }
            else
            {
                reader.Close();
                return null;
            }
        }
        catch (Exception e)
        {
            Console.WriteLine(e.Message);
            throw e;
        }
    }
    /// <summary>
    /// 根据 name 获取用户信息
    /// </summary>
    /// <param name="name"></param>
    /// <returns></returns>
    public static User GetUserByUserName(string name)
    {
        string sql = "SELECT * FROM userdetails WHERE userName = @UserName";
        try
        {
            SqlDataReader reader = DBHelper.GetReader(sql, new
                SqlParameter("@UserName", name));
            if (reader.Read())
            {
                User user = new User();
                user.UserId = (int)reader["userId"];
                user.UserName = (string)reader["userName"];
                user.UserPass = (string)reader["userPass"];
                user.Role = (int)reader["role"];
                user.RegTime = (DateTime)reader["regTime"];
                user.LogNum = (int)reader["logNum"];
                reader.Close();
                return user;
            }
            else
```

```
            {
                reader.Close();
                return null;
            }
        }
        catch (Exception e)
        {
            Console.WriteLine(e.Message);
            throw e;
        }
    }
    /// <summary>
    /// 根据 sql 获取用户列表
    /// </summary>
    /// <param name="safeSql"></param>
    /// <returns></returns>
    private static IList<User> GetUserBySql(string safeSql)
    {
        List<User> list = new List<User>();
        try
        {
            DataTable table = DBHelper.GetDataSet(safeSql);
            foreach (DataRow row in table.Rows)
            {
                User user = new User();
                user.UserId = (int)row["userId"];
                user.UserName = (string)row["userName"];
                user.UserPass = (string)row["userPass"];
                user.Role = (int)row["role"];
                user.RegTime = (DateTime)row["regTime"];
                user.LogNum = (int)row["logNum"];
                list.Add(user);
            }
            return list;
        }
        catch (Exception e)
        {
            Console.WriteLine(e.Message);
            throw e;
```

```
        }
    }
    /// <summary>
    /// 根据 sql 获取用户列表，带参数
    /// </summary>
    /// <param name="safeSql"></param>
    /// <returns></returns>
    private static IList<User> GetUserBySql(string sql,
        params SqlParameter[] values)
    {
        List<User> list = new List<User>();
        try
        {
            DataTable table = DBHelper.GetDataSet(sql, values);
            foreach (DataRow row in table.Rows)
            {
                User user = new User();
                user.UserId = (int)row["userId"];
                user.UserName = (string)row["userName"];
                user.UserPass = (string)row["userPass"];
                user.Role = (int)row["role"];
                user.RegTime = (DateTime)row["regTime"];
                user.LogNum = (int)row["logNum"];
                list.Add(user);
            }
            return list;
        }
        catch (Exception e)
        {
            Console.WriteLine(e.Message);
            throw e;
        }
    }
}
```

(3) 在 HRBLL 中添加 HRDAL 和 HRModels 引用。

BLL 层是 Web 层和 DAL 层之间通信的桥梁，负责数据的传递和处理。因此，需要在 HRBLL 项目中添加对 HRDAL 和 HRModels 项目的应用。

右击 HRBLL 项目，选择“添加引用”命令，在弹出的“添加引用”窗口中，选择“项目”选项卡，并选中“HRDAL”和“HRModels”项目，如图 S5-5 所示。

展开 HRBLL 项目的引用文件夹，如图 S5-6 所示，对 HRDAL 和 HRModels 的引用已添加到了 HRBLL 项目中。

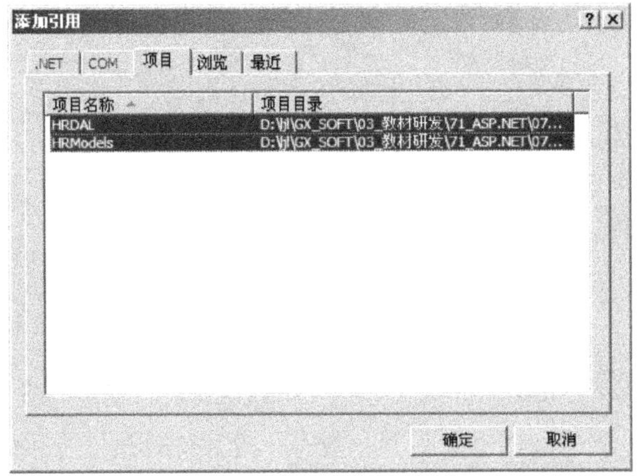

图 S5-5　选择应用

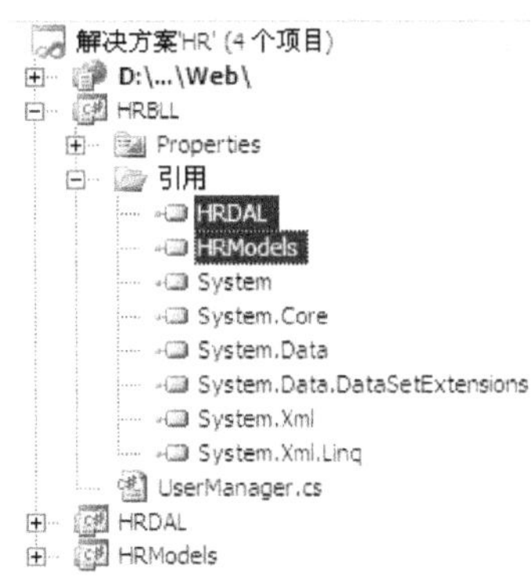

图 S5-6　添加引用完成

(4) 添加 UserManager 类。

在 HRBLL 项目中添加一个 UserManager 类，UserManager.cs 的代码如下：

```
public static partial class UserManager
{
    //添加用户
    public static User AddUser(User user)
    {
        return UserService.AddUser(user);
    }
    //删除用户
    public static void DeleteUser(User user)
    {
        UserService.DeleteUser(user);
    }
    //根据 userId 删除用户
    public static void DeleteUserById(int userId)
    {
        UserService.DeleteUserByUserId(userId);
    }
    //修改用户
    public static void ModifyUser(User user)
    {
        UserService.ModifyUser(user);
    }
    //获取所有用户
```

```
    public static IList<User> GetAllUsers()
    {
        return UserService.GetAllUsers();
    }
    //根据 userId 获取用户
    public static User GetUserByUserId(int userId)
    {
        return UserService.GetUserByUserId(userId);
    }
    //根据用户名获取用户
    public static User GetUserByUserName(string name)
    {
        return UserService.GetUserByUserName(name);
    }
}
```

(5) 在 Web 中添加 HRBLL 引用。

视图层需要通过 BLL 层进行业务处理，因此在 Web 网站中需添加对 HRBLL 项目的引用。右击 Web 网站，选择“添加引用”命令，在弹出的“添加引用”窗口中，选择“项目”选项卡，并选中“HRBLL”项目，如图 S5-7 所示。

如图 S5-8 所示，相关的项目都添加到 Bin 文件夹下。

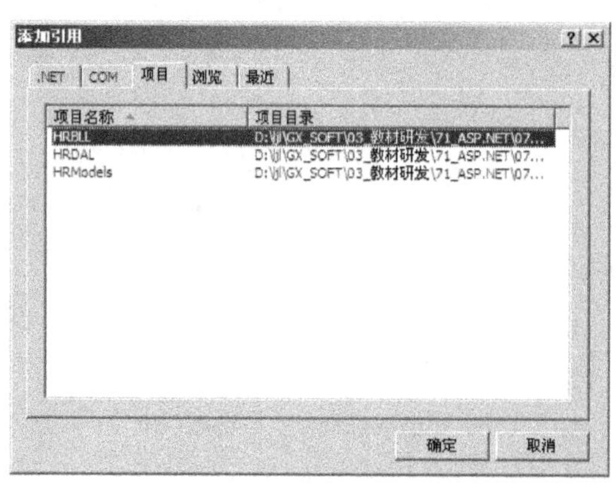

图 S5-7　选择引用

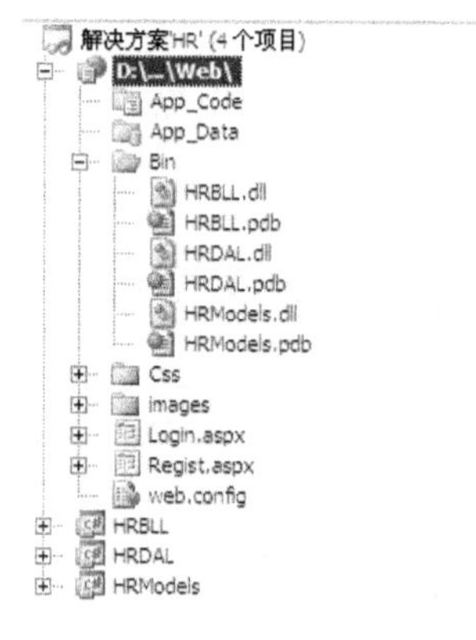

图 S5-8　添加引用完成

(6) 编写 Regist.aspx.cs 后台代码。

打开 Web 网站的 Regist.aspx 页面的后台代码文件 Regist.aspx.cs，编写代码如下：

```
using HR.BLL;
using HR.Models;
public partial class Regist : System.Web.UI.Page
{
    protected void Page_Load(object sender, EventArgs e)
    {
```

```
}
protected void btnRegist_Click(object sender, EventArgs e)
{
        string strName = txtName.Text;
        string strPwd = txtPwd.Text;
        int role = 0;
        if (rdCompany.Checked)
        {
                role = 1;
        }
        //根据用户名查询用户，确保用户名不重复
        if(UserManager.GetUserByUserName (strName )!=null)
        {
                Response.Write("<Script>alert('此用户名已被使用，请重新填写');</Script>");
                ResetText();
                txtName.Focus();
                return;
        }
        //将信息封装到 User 对象中
        User user = new User();
        user.UserName = strName;
        user.UserPass = strPwd;
        user.Role = role;
        user.RegTime = DateTime.Now;
        user.LogNum = 0;
        //添加用户
        if (UserManager.AddUser(user) != null)
        {
                Response.Write("<Script>alert('注册成功，请记住您的信息！');</Script>");
        }
        else
        {
                Response.Write("<Script>alert('注册失败！');</Script>");
        }
}
protected void btnReset_Click(object sender, EventArgs e)
{
        ResetText();
}
```

```
        //重置文本信息
        private void ResetText()
        {
            txtName.Text = "";
            txtPwd.Text = "";
            txtRePwd.Text = "";
            rdPerson.Checked = true;
        }
}
```

(7) 运行。

单击“生成”→“重新生成解决方案”菜单，生成成功后，再按 F5 键运行程序，进入 Regist.aspx 页面，如图 S5-9 所示，输入注册信息，单击“注册”按钮，将显示注册成功提示对话框。

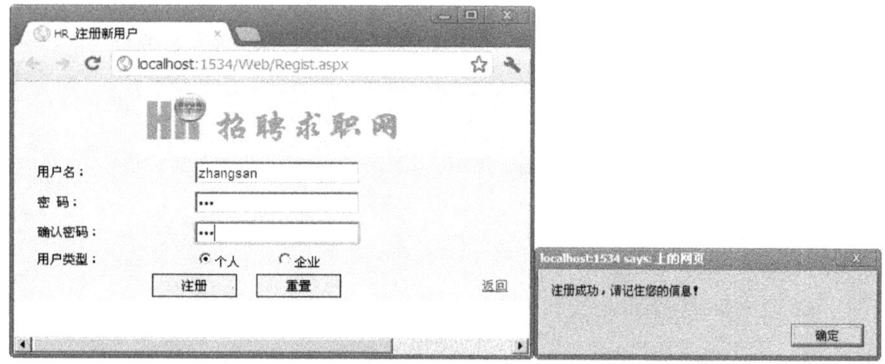

图 S5-9　注册成功

打开数据库的 UserDetails 表，如图 S5-10 所示，该条记录已成功添加到 UserDetails 表中。

GUOQY.HR - dbo.UserDetails

	userId	userName	userPass	role	regTime	logNum
	1	zhangsan	123	0	2015-02-02 10:...	0
▶*	NULL	NULL	NULL	NULL	NULL	NULL

图 S5-10　数据库查看数据

实践 5.3

实现用户登录功能。

【分析】

编写 Login.aspx.cs 后台代码，实现相关的事件处理。

【参考解决方案】

(1) 编写 Login.aspx.cs 后台代码。

打开 Web 网站的 Login.aspx 页面的后台代码 Login.aspx.cs，编写代码如下：

```
using HR.BLL;
using HR.Models;
public partial class Login : System.Web.UI.Page
{
    protected void Page_Load(object sender, EventArgs e)
    {
    }
    protected void btnLogin_Click(object sender, EventArgs e)
    {
        string strName = txtName.Text;
        string strPwd = txtPwd.Text;
        int role = 0;
        if (rdCompany.Checked)
        {
            role = 1;
        }
        //根据用户名获取 UserDetails 表中的用户对象
        User user = UserManager.GetUserByUserName(strName);
        if (user != null)
        {
            //检查用户输入的数据是否正确
            if (strPwd.Equals(user.UserPass) && role == user.Role)
            {
                //登录次数增加 1
                user.LogNum += 1;
                //修改数据库中的用户信息
                UserManager.ModifyUser(user);
                //将当前用户保存到 Session 中
                Session.Add("CurUser", user);
                if (role == 0)
                {
                    //跳转到个人用户主页
                    Response.Redirect("~/Person/PersonMain.aspx");
                }
                else
                {
```

```
                    //跳转到企业用户主页
                    Response.Redirect("~/Company/CompanyMain.aspx");
                }
            }
            else
            {
                Response.Write("<Script>alert('密码或权限不正确！');
                    </Script>");
            }
        }
        else
        {
            Response.Write("<Script>alert('没有该用户！请注册后再登录！');
                </Script>");
        }
    }
    protected void btnReset_Click(object sender, EventArgs e)
    {
        txtName.Text = "";
        txtPwd.Text = "";
    }
}
```

(2) 运行。

按 F5 键运行程序，在浏览器中显示 Login.aspx 页面，如图 S5-11 所示。输入错误的信息时，弹出对话框进行提示。

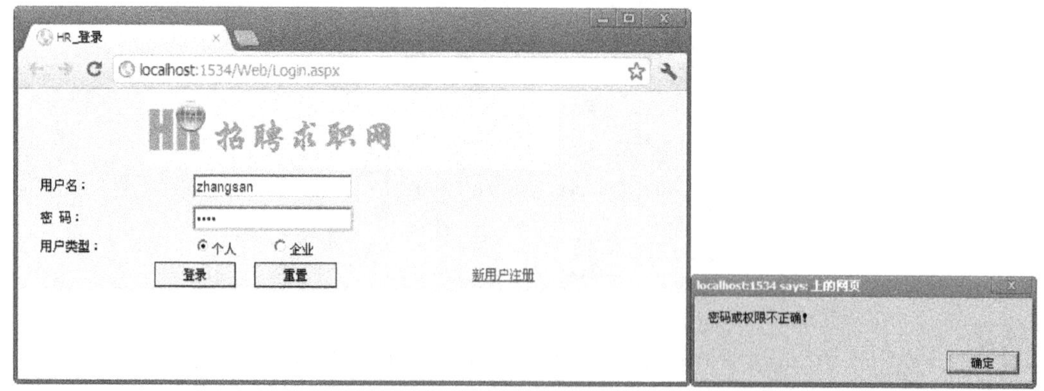

图 S5-11　错误提示

输入正确的信息后，页面将跳转到个人或企业主页。如图 S5-12 所示，因主页还没有创建，所以 IE 中显示 404 错误；但浏览器的地址栏已经改变，显示个人主页 PersonMain.aspx。

图 S5-12　无法找到资源

注意　个人主页和企业主页将在后续的实践中逐步完善。

知识拓展

1. DataView

DataView 对象类似于数据库中的视图，表示 DataTable 中数据子集的对象。DataView 对象作为 DataTable 的上一层，提供数据和筛选的功能。通过该功能可以将两个控件与同一个 DataTable 绑定，但会显示数据的不同版本。

DataView 对象可以筛选、排序和搜索 DataTable 对象的内容，但不是 SQL 查询。不能使用 DataView 连接两个 DataTable 对象之间的数据，也不能使用 DataView 只查看 DataTable 中的某些列。DataView 对象支持在动态条件的基础上对数据行进行筛选，但只能访问单个的 DataTable，并且 DataTable 中所有的列都是可用的。DataView 的属性如表 S5-1 所示。

表 S5-1　DataView 属性

属　性	描　述
Table	视图的基表
RowFilter	行过滤器，如 Country = 'USA'
RowStateFilter	行状态过滤器，如 Deleted
Sort	排序规则，如 FirstName DESC
AllowNew	是否允许用户通过视图添加数据
AllowUpdate	是否允许用户通过视图更新数据
AllowDelete	是否允许用户通过视图删除数据

使用 DataView 对象能够在设计时设置排序规则，并提供可以用来进行数据绑定的对象。可以使用已经显式地添加到窗体或组件上的 DataView 来对 DataTable 进行筛选和排序，这样可以在设计时就设置筛选器和排序选项。

另外，还可以对 DataSet 使用名为 DefaultView 的默认 DataView。对于 DataSet 内的每个表，该视图均自动可用。在使用默认视图时，可以通过编程的方式指定筛选器和排序选项。

通过以下示例来演示使用 DataView 对象在页面上倒序显示表 users 中的数据。代码如下：

```
public partial class DataViewSort : System.Web.UI.Page
{
    protected void Page_Load(object sender, EventArgs e)
    {
        string connStr = ConfigurationManager.
                ConnectionStrings["conn"].ConnectionString;
        SqlConnection conn = new SqlConnection(connStr);
        conn.Open();
        string sql = "select * from users";
        SqlDataAdapter da = new SqlDataAdapter(sql,conn);
        DataSet ds = new DataSet();
        da.Fill(ds);
        DataView dv = new DataView(ds.Tables[0]);
        dv.Sort = "id desc";
        GridView1.DataSource = dv;
        GridView1.DataBind();
    }
}
```

上述代码中通过设置 DataView 的 Sort 属性使表中的数据进行倒序排列，运行结果如图 S5-13 所示。

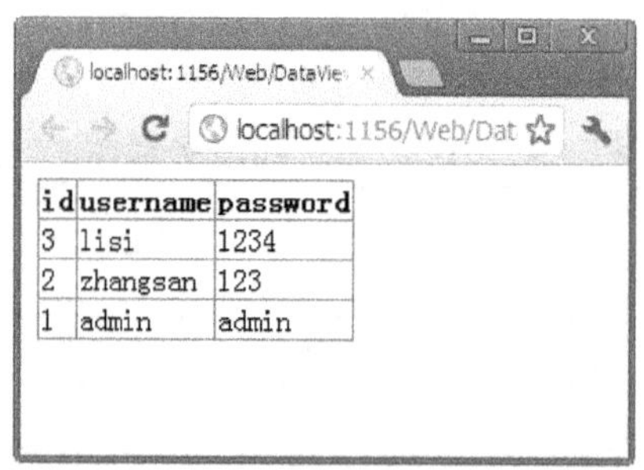

图 S5-13　通过 DataView 实现数据排序功能

通过 DataView 可以实现筛选功能，只需将下面的代码追加到 DataViewSort Demo.aspx.cs 中“dv.Sort”语句后面即可：

```
//数据筛选
dv.RowFilter = "username LIKE 'zhang%'";
```

上述代码通过设置 DataView 的 RowFilter 属性，显示用户名为“zhang”开头的数

据。运行结果如图 S5-14 所示。

id	username	password
2	zhangsan	123

图 S5-14　通过 DataView 实现数据筛选功能

通过 DataView 的 Sort 和 RowFilter 属性可将从数据库中取出的数据根据实际需要显示在页面上，类似于 SQL 语句中的升降序和 WHERE 子句的功能。

2. 连接 Access 数据库

ADO.NET 可以通过 OLEDB 的方式来操作 ACCESS 数据库，以下示例实现了对 Access 数据库中数据的增删改功能。

(1) 在 Access 数据库中建表。

在 Access 数据库中建立 users 表，具有 username、address、birthday 三个字段，对此表的查询结果如图 S5-15 所示。

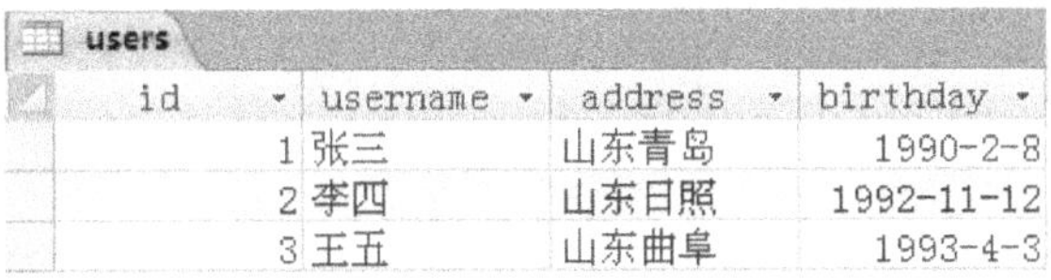

users

id	username	address	birthday
1	张三	山东青岛	1990-2-8
2	李四	山东日照	1992-11-12
3	王五	山东曲阜	1993-4-3

图 S5-15　查看 users 表

(2) 新建 Web 页。

新建一个 Web 页面，用于显示数据库中 users 表的数据信息。界面设计源代码如下：

```
<%@ Page Language="C#" AutoEventWireup="true" CodeFile="UsersList.aspx.cs" Inherits="UsersList" %>

<!DOCTYPE html PUBLIC "-//W3C//DTD XHTML 1.0 Transitional//EN"
"http://www.w3.org/TR/xhtml1/DTD/xhtml1-transitional.dtd">

<html xmlns="http://www.w3.org/1999/xhtml">
<head runat="server">
    <title>用户列表</title>
</head>
<body>
    <form id="form1" runat="server">
    <asp:GridView ID="gvUsersList" runat="server" CellPadding="4" ForeColor="#333333"
      GridLines="None" Width="450">
```

```
        <AlternatingRowStyle BackColor="White" ForeColor="#284775" />
        <EditRowStyle BackColor="#999999" />
        <FooterStyle BackColor="#5D7B9D" Font-Bold="True" ForeColor="White" />
        <HeaderStyle BackColor="#5D7B9D" Font-Bold="True" ForeColor="White" />
        <PagerStyle BackColor="#284775" ForeColor="White"
            HorizontalAlign="Center" />
        <RowStyle BackColor="#F7F6F3" ForeColor="#333333" />
        <SelectedRowStyle BackColor="#E2DED6" Font-Bold="True"
            ForeColor="#333333" />
        <SortedAscendingCellStyle BackColor="#E9E7E2" />
        <SortedAscendingHeaderStyle BackColor="#506C8C" />
        <SortedDescendingCellStyle BackColor="#FFFDF8" />
        <SortedDescendingHeaderStyle BackColor="#6F8DAE" />
    </asp:GridView>
    <br />
    <div style=" width:430px">
        姓名：<asp:TextBox ID="txtUserName" runat="server"></asp:TextBox>
        地址：<asp:TextBox ID="txtAddress" runat="server"></asp:TextBox>
        生日：<asp:TextBox ID="txtBirthday" runat="server"></asp:TextBox>
        <asp:Button ID="btnInsert" runat="server" Text="添加"
                onclick="btnInsert_Click" />
    </div>
    </form>
</body>
</html>
```

页面设计只是添加了一个“添加”按钮，用于向数据库中添加新的数据。而前台页面中的各种操作在后台的程序代码中实现，具体程序代码如下：

```
using System.Data.OleDb;
public partial class UsersList : System.Web.UI.Page
{
    private string strConnection = "provider=Microsoft.jet.oledb.4.0;
        data source=d:/AccessDb.mdb";
    OleDbConnection objconnection;
    OleDbCommand myCommand;
    protected void Page_Load(object sender, EventArgs e)
    {
        GvDataBind();
    }
    //插入数据到数据库中
```

```
    protected int InsertData()
    {
        objconnection = new OleDbConnection(strConnection);
        objconnection.Open();
        string userName = txtUserName.Text;
        string address = txtAddress.Text;
        string birthday = txtBirthday.Text;
        string sql = "insert into users(username,address,birthday)
            values('"+userName+"','"+address+"','"+birthday+"')";
        myCommand = new OleDbCommand(sql, objconnection);
        int i = myCommand.ExecuteNonQuery();
        objconnection.Close();
        txtUserName.Text = "";
        txtAddress.Text = "";
        txtBirthday.Text = "";
        return i;
    }
    //绑定 GridView
    private void GvDataBind()
    {
        objconnection = new OleDbConnection(strConnection);
        objconnection.Open();
        string sql = "select username as  姓名, address as  地址,
            birthday as  生日  from users";
        myCommand = new OleDbCommand(sql, objconnection);
        gvUsersList.DataSource = myCommand.ExecuteReader();
        gvUsersList.DataBind();
        objconnection.Close();
    }
    protected void btnInsert_Click(object sender, EventArgs e)
    {
        int i = InsertData();
        if(i > 0)
        {
            GvDataBind();
        }
    }
}
```

因为要通过 OLEDB 与 Access 数据库连接，所以在上述代码中首先导入“System.Data.

OleDb”命名空间，然后声明连接字符串。连接 Access 数据库的字符串如下：

```
provider=microsoft.jet.oledb.4.0;data source=C:/users.mdb
```

其中：

✧ provider 指定数据库驱动器，此处值为 microsoft.jet.oledb.4.0；

✧ data source 指定数据库，此处值为 Access 数据库文件的路径。

(3) 运行。

运行项目，初始界面如图 S5-16 所示。

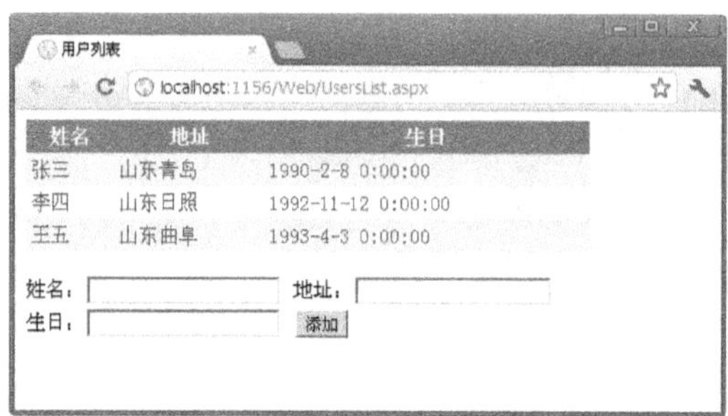

图 S5-16　初始界面

页面初始后将数据库中的数据呈现在 Web 页中，此时在页面上的“姓名”、“地址”和“生日”的文本框中输入用户想要添加的数据，如图 S5-17 所示。

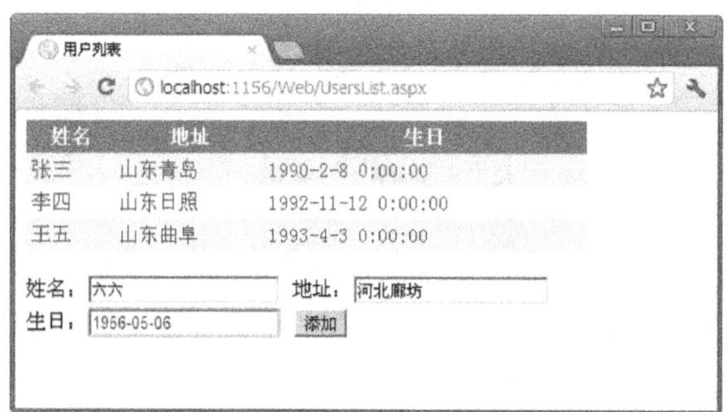

图 S5-17　填写数据

在输入完数据后，单击“添加”按钮，调用后台代码中的“InsertData()”方法，将数据添加到数据库中，新增加的数据就会在页面中显示，如图 S5-18 所示。

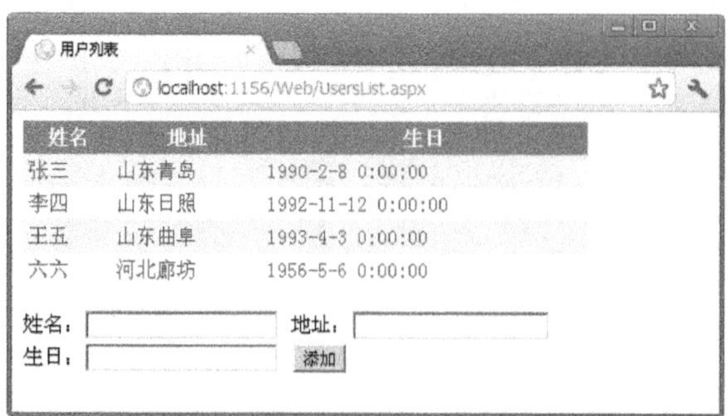

图 S5-18　数据新增成功

上述代码只是完成了数据的显示和添加功能，读者可动手完成对数据的删除和修改等

功能。

3．连接 Oracle 数据库

ADO.NET 针对 Oracle 数据库提供了特殊支持，在 System.Data.OracleClient 命名空间下有一系列对象可以用来操作 Oracle 数据库。以下示例实现了对 Oracle 数据库中数据的增删改功能。

(1) 在 Oracle 数据库中建表。

在 Oracle 数据库中建立 users 表，具有 name、address、birthday 三个字段，对此表中的检索结果如图 S5-19 所示。

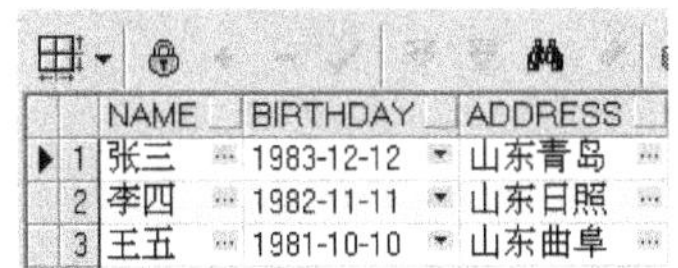

	NAME	BIRTHDAY	ADDRESS
1	张三	1983-12-12	山东青岛
2	李四	1982-11-11	山东日照
3	王五	1981-10-10	山东曲阜

图 S5-19　查看 Oracle 数据库数据

(2) 新建 Web 页。

页面设计的源代码可参考连接 Access 数据库中的源代码，此处不再赘述。

(3) 编写后台代码。

后台代码可参考连接 Access 数据库时的后台代码，唯一区别在于，在代码开始处要首先导入“System.Data.OracleClient”命名空间，然后在声明连接字符串时，连接 Oracle 数据库的字符串修改为如下格式：

```
data source=orcl;user id=scott;password=sa
```

(4) 运行。

运行项目，页面运行效果与连接 Access 时相同。

拓展练习

使用 DataView 对表中的数据进行筛选。

实践 6　数 据 控 件

实践指导

实践 6.1

使用 DetailsView 数据绑定控件实现个人简历的添加、查看和修改。

【分析】

(1) 个人简历用到 Resume 表，对应地在 HRDAL 添加一个 ResumeService 类，提供访问简历表的各种方法。

(2) 在 HRBLL 添加 ResumeManager 类。

(3) 创建 Resume.aspx 页面，通过使用数据绑定控件 DetailsView 来设计该页面。

【参考解决方案】

(1) 创建 ResumeService 类。

在 HRDAL 项目中添加一个 ResumeService 类，代码如下：

```
public static partial class ResumeService
{
    /// <summary>
    /// 添加简历
    /// </summary>
    /// <param name="resume"></param>
    /// <returns></returns>
    public static Resume AddResume(Resume resume)
    {
        string sql =
            "INSERT Resume (userId, name, sex, identityNo, birthday, stature,
                degree, school, marriage, occupation, career,
                specialty, email, phone, address)" +
            "VALUES (@userId, @name, @sex, @identityNo, @birthday, @stature,
                 @degree, @school, @marriage, @occupation, @career,
                @specialty, @email, @phone, @address)";
```

```
    sql += " ; SELECT @@IDENTITY";
    try
    {
        SqlParameter[] para = new SqlParameter[]
                {
                        new SqlParameter("@userId", resume.User.UserId), //FK
                        new SqlParameter("@name", resume.Name),
                        new SqlParameter("@sex", resume.Sex),
                        new SqlParameter("@identityNo", resume.IdentityNo),
                        new SqlParameter("@birthday", resume.Birthday),
                        new SqlParameter("@stature", resume.Stature),
                        new SqlParameter("@degree", resume.Degree),
                        new SqlParameter("@school", resume.School),
                        new SqlParameter("@marriage", resume.Marriage),
                        new SqlParameter("@occupation", resume.Occupation),
                        new SqlParameter("@career", resume.Career),
                        new SqlParameter("@specialty", resume.Specialty),
                        new SqlParameter("@email", resume.Email),
                        new SqlParameter("@phone", resume.Phone),
                        new SqlParameter("@address", resume.Address)
                };
        int newId = DBHelper.GetScalar(sql, para);
        return GetResumeByResumeId(newId);
    }
    catch (Exception e)
    {
        Console.WriteLine(e.Message);
        throw e;
    }
}
//删除简历
public static void DeleteResume(Resume resume)
{
    DeleteResumeByResumeId(resume.ResumeId);
}
//删除简历
public static void DeleteResumeByResumeId(int resumeId)
{
    string sql = "DELETE Resume WHERE ResumeId = @ResumeId";
```

```
        try
        {
            SqlParameter[] para = new SqlParameter[]
                {
                        new SqlParameter("@resumeId", resumeId)
                };
            DBHelper.ExecuteCommand(sql, para);
        }
        catch (Exception e)
        {
            Console.WriteLine(e.Message);
            throw e;
        }
    }
    /// <summary>
    /// 修改简历
    /// </summary>
    /// <param name="resume"></param>
    public static void ModifyResume(Resume resume)
    {
        string sql =
            "UPDATE Resume " +
            "SET " +
                "userId = @userId, " + //FK
                "name = @name, " +
                "sex = @sex, " +
                "identityNo = @identityNo, " +
                "birthday = @birthday, " +
                "stature = @stature, " +
                "degree = @degree, " +
                "school = @school, " +
                "marriage = @marriage, " +
                "occupation = @occupation, " +
                "career = @career, " +
                "specialty = @specialty, " +
                "email = @email, " +
                "phone = @phone, " +
                "address = @address " +
            "WHERE resumeId = @resumeId";
```

```
    try
    {
        SqlParameter[] para = new SqlParameter[]
            {
                    new SqlParameter("@resumeId", resume.ResumeId),
                    new SqlParameter("@userId", resume.User.UserId), //FK
                    new SqlParameter("@name", resume.Name),
                    new SqlParameter("@sex", resume.Sex),
                    new SqlParameter("@identityNo", resume.IdentityNo),
                    new SqlParameter("@birthday", resume.Birthday),
                    new SqlParameter("@stature", resume.Stature),
                    new SqlParameter("@degree", resume.Degree),
                    new SqlParameter("@school", resume.School),
                    new SqlParameter("@marriage", resume.Marriage),
                    new SqlParameter("@occupation", resume.Occupation),
                    new SqlParameter("@career", resume.Career),
                    new SqlParameter("@specialty", resume.Specialty),
                    new SqlParameter("@email", resume.Email),
                    new SqlParameter("@phone", resume.Phone),
                    new SqlParameter("@address", resume.Address)
            };
        DBHelper.ExecuteCommand(sql, para);
    }
    catch (Exception e)
    {
        Console.WriteLine(e.Message);
        throw e;
    }
}
/// <summary>
/// 获取所有简历
/// </summary>
/// <returns></returns>
public static IList<Resume> GetAllResumes()
{
    string sqlAll = "SELECT * FROM Resume";
    return GetResumesBySql(sqlAll);
}
//根据 resumeId 获取简历
```

```
public static Resume GetResumeByResumeId(int resumeId)
{
    string sql = "SELECT * FROM Resume WHERE ResumeId = @ResumeId";
    int userId;
    try
    {
        SqlDataReader reader = DBHelper.GetReader(sql,
            new SqlParameter("@ResumeId", resumeId));
        if (reader.Read())
        {
            Resume resume = new Resume();
            resume.ResumeId = (int)reader["resumeId"];
            resume.Name = (string)reader["name"];
            resume.Sex = (string)reader["sex"];
            resume.IdentityNo = (string)reader["identityNo"];
            resume.Birthday = (DateTime)reader["birthday"];
            resume.Stature = (string)reader["stature"];
            resume.Degree = (string)reader["degree"];
            resume.School = (string)reader["school"];
            resume.Marriage = (string)reader["marriage"];
            resume.Occupation = (string)reader["occupation"];
            resume.Career = (string)reader["career"];
            resume.Specialty = (string)reader["specialty"];
            resume.Email = (string)reader["email"];
            resume.Phone = (string)reader["phone"];
            resume.Address = (string)reader["address"];
            userId = (int)reader["userId"]; //FK
            reader.Close();
            resume.User = UserService.GetUserByUserId(userId);
            return resume;
        }
        else
        {
            reader.Close();
            return null;
        }
    }
    catch (Exception e)
    {
```

```
            Console.WriteLine(e.Message);
            throw e;
        }
    }
    /// <summary>
    /// 根据 userId 获取简历
    /// </summary>
    /// <param name="userId"></param>
    /// <returns></returns>
    public static Resume GetResumeByUserId(int userId)
    {
        string sql = "SELECT * FROM Resume WHERE userId = @UserId";
        try
        {
            SqlDataReader reader = DBHelper.GetReader(sql,
                new SqlParameter("@UserId", userId));
            if (reader.Read())
            {
                Resume resume = new Resume();
                resume.ResumeId = (int)reader["resumeId"];
                resume.Name = (string)reader["name"];
                resume.Sex = (string)reader["sex"];
                resume.IdentityNo = (string)reader["identityNo"];
                resume.Birthday = (DateTime)reader["birthday"];
                resume.Stature = (string)reader["stature"];
                resume.Degree = (string)reader["degree"];
                resume.School = (string)reader["school"];
                resume.Marriage = (string)reader["marriage"];
                resume.Occupation = (string)reader["occupation"];
                resume.Career = (string)reader["career"];
                resume.Specialty = (string)reader["specialty"];
                resume.Email = (string)reader["email"];
                resume.Phone = (string)reader["phone"];
                resume.Address = (string)reader["address"];
                reader.Close();
                resume.User = UserService.GetUserByUserId(userId);
                return resume;
            }
            else
```

```
            {
                reader.Close();
                return null;
            }
        }
        catch (Exception e)
        {
            Console.WriteLine(e.Message);
            throw e;
        }
    }
    /// <summary>
    /// 根据 sql 获取简历列表
    /// </summary>
    /// <param name="safeSql"></param>
    /// <returns></returns>
    private static IList<Resume> GetResumesBySql(string safeSql)
    {
        List<Resume> list = new List<Resume>();
        try
        {
            DataTable table = DBHelper.GetDataSet(safeSql);
            foreach (DataRow row in table.Rows)
            {
                Resume resume = new Resume();
                resume.ResumeId = (int)row["resumeId"];
                resume.Name = (string)row["name"];
                resume.Sex = (string)row["sex"];
                resume.IdentityNo = (string)row["identityNo"];
                resume.Birthday = (DateTime)row["birthday"];
                resume.Stature = (string)row["stature"];
                resume.Degree = (string)row["degree"];
                resume.School = (string)row["school"];
                resume.Marriage = (string)row["marriage"];
                resume.Occupation = (string)row["occupation"];
                resume.Career = (string)row["career"];
                resume.Specialty = (string)row["specialty"];
                resume.Email = (string)row["email"];
                resume.Phone = (string)row["phone"];
```

```
                resume.Address = (string)row["address"];
                resume.User = UserService.GetUserByUserId((int)row["userId"]);
                list.Add(resume);
            }
            return list;
        }
        catch (Exception e)
        {
            Console.WriteLine(e.Message);
            throw e;
        }
    }
    /// <summary>
    /// 获取简历列表，带参数
    /// </summary>
    /// <param name="sql"></param>
    /// <param name="values"></param>
    /// <returns></returns>
    private static IList<Resume> GetResumesBySql(string sql,
        params SqlParameter[] values)
    {
        List<Resume> list = new List<Resume>();
        try
        {
            DataTable table = DBHelper.GetDataSet(sql, values);
            foreach (DataRow row in table.Rows)
            {
                Resume resume = new Resume();
                resume.ResumeId = (int)row["resumeId"];
                resume.Name = (string)row["name"];
                resume.Sex = (string)row["sex"];
                resume.IdentityNo = (string)row["identityNo"];
                resume.Birthday = (DateTime)row["birthday"];
                resume.Stature = (string)row["stature"];
                resume.Degree = (string)row["degree"];
                resume.School = (string)row["school"];
                resume.Marriage = (string)row["marriage"];
                resume.Occupation = (string)row["occupation"];
                resume.Career = (string)row["career"];
```

```
                resume.Specialty = (string)row["specialty"];
                resume.Email = (string)row["email"];
                resume.Phone = (string)row["phone"];
                resume.Address = (string)row["address"];
                resume.User = UserService.GetUserByUserId((int)row["userId"]);
                list.Add(resume);
            }
            return list;
        }
        catch (Exception e)
        {
            Console.WriteLine(e.Message);
            throw e;
        }
    }
}
```

(2) 创建 ResumeManager 类。

在 HRBLL 项目中添加一个 ResumeManager 类，代码如下：

```
public static partial class ResumeManager
{
    //添加简历，参数是简历对象
    public static Resume AddResume(Resume resume)
    {
        return ResumeService.AddResume(resume);
    }
    //添加简历
    public static Resume AddResume(string name, string sex,
        string identityNo, DateTime birthday, string stature,
        string degree, string school, string marriage,
        string occupation, string career, string specialty,
        string email, string phone, string address, int userId)
    {
        if (career == null)
            career = "";
        if (specialty == null)
            specialty = "";
        if (email == null)
            email = "";
        if (phone == null)
```

```
        phone = "";
    if (address == null)
        address = "";
    Resume resume = new Resume();
    resume.User = UserManager.GetUserByUserId(userId);
    resume.Name = name;
    resume.Sex = sex;
    resume.IdentityNo = identityNo;
    resume.Birthday = birthday;
    resume.Stature = stature;
    resume.Degree = degree;
    resume.School = school;
    resume.Marriage = marriage;
    resume.Occupation = occupation;
    resume.Career = career;
    resume.Specialty = specialty;
    resume.Email = email;
    resume.Phone = phone;
    resume.Address = address;
    return ResumeService.AddResume(resume);
}
//删除简历
public static void DeleteResume(Resume resume)
{
    ResumeService.DeleteResume(resume);
}
//根据 resumeId 删除简历
public static void DeleteResumeById(int resumeId)
{
    ResumeService.DeleteResumeByResumeId(resumeId);
}
//修改简历
 public static void ModifyResume(int resumeId, string name,
     string sex, string identityNo, DateTime birthday,
     string stature, string degree, string school, string marriage,
     string occupation, string career, string specialty,
     string email, string phone, string address)
{
    if (career == null)
```

```
            career = "";
        if (specialty == null)
            specialty = "";
        if (email == null)
            email = "";
        if (phone == null)
            phone = "";
        if (address == null)
            address = "";
        Resume resume = GetResumeByResumeId(resumeId);
        resume.Name = name;
        resume.Sex = sex;
        resume.IdentityNo = identityNo;
        resume.Birthday = birthday;
        resume.Stature = stature;
        resume.Degree = degree;
        resume.School = school;
        resume.Marriage = marriage;
        resume.Occupation = occupation;
        resume.Career = career;
        resume.Specialty = specialty;
        resume.Email = email;
        resume.Phone = phone;
        resume.Address = address;
        ResumeService.ModifyResume(resume);
    }
    //修改简历，参数是简历对象
    public static void ModifyResume(Resume resume)
    {
        ResumeService.ModifyResume(resume);
    }
    //获取所有简历
    public static IList<Resume> GetAllResumes()
    {
        return ResumeService.GetAllResumes();
    }
    //根据 resumeId 获取简历
    public static Resume GetResumeByResumeId(int resumeId)
    {
```

```
        return ResumeService.GetResumeByResumeId(resumeId);
    }
    //根据 userId 获取个人用户对应的简历
    public static Resume GetResumeByUserId(int userId)
    {
        return ResumeService.GetResumeByUserId(userId);
    }
}
```

(3) 创建 Resume.aspx 页面。

右击 Web 网站，选择“新建文件夹”命令，如图 S6-1 所示。

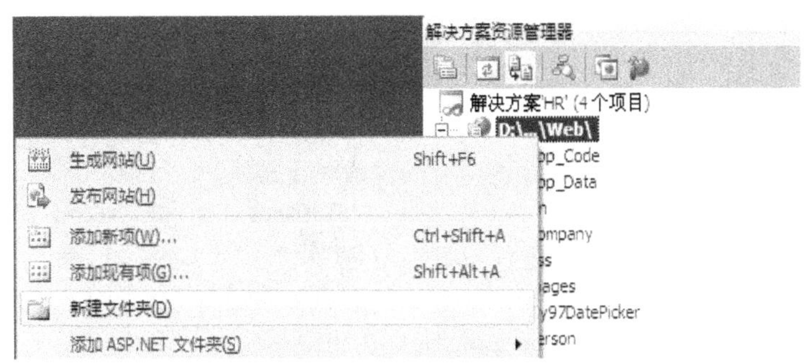

图 S6-1　新建文件夹

将新建的文件夹命名为“Person”，如图 S6-2 所示。

右击 Person 文件夹，选择“添加新项”命令，添加 Resume.aspx 页面。如图 S6-3 所示，创建的 Resume.aspx 在 Person 文件夹下。

图 S6-2　项目文件

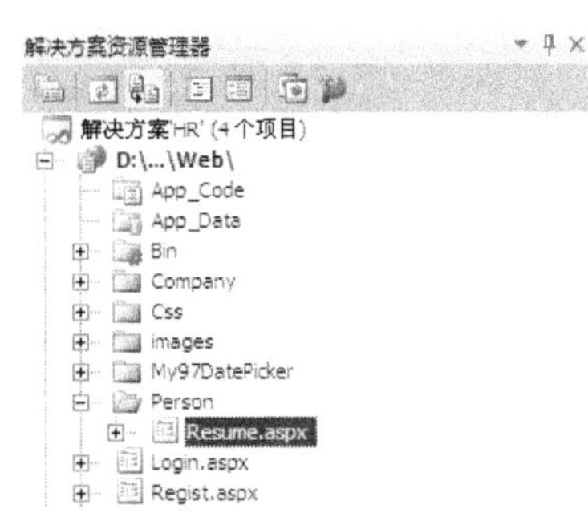

图 S6-3　项目文件

(4) 设计 Resume.aspx 页面。

在 Resume.aspx 设计模式下，从工具箱的“数据”选项卡中将“DetailsView”控件拖曳到页面中，如图 S6-4 所示，并设置该控件的 ID 为“dvResume”。

右击页面中的 DetailsView 控件，选择“显示智能标记”命令或单击 DetailsView 控件右上角的 [>] 图标，显示“DetailsView 任务”窗口，如图 S6-5 所示。

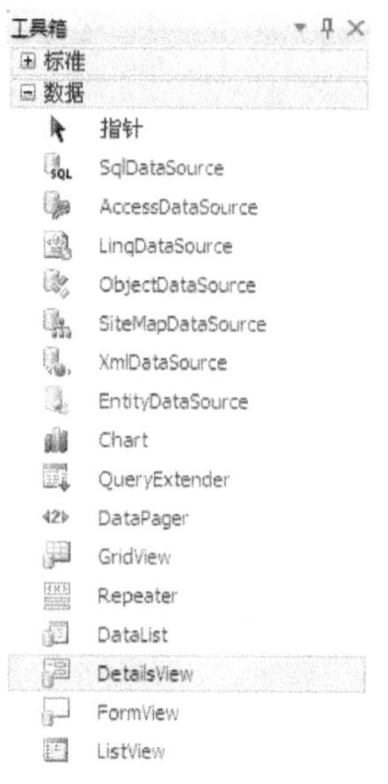

图 S6-4　数据控件列表

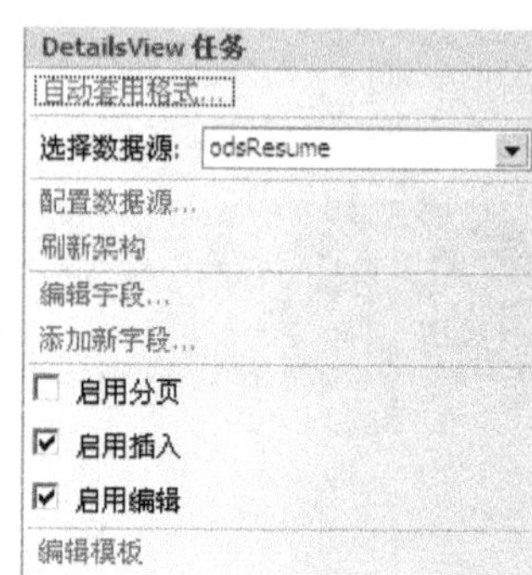

图 S6-5　DetailsView 任务窗口

(5) 设置 DetailsView 控件的数据源。

在“DetailsView 任务”窗口中的“选择数据源”下拉组合框中，选择“新建数据源”，弹出“数据源配置向导”窗口，如图 S6-6 所示，选择数据源类型为“对象”类型，并指定数据源的 ID 为“odsResume”，单击“确定”按钮。

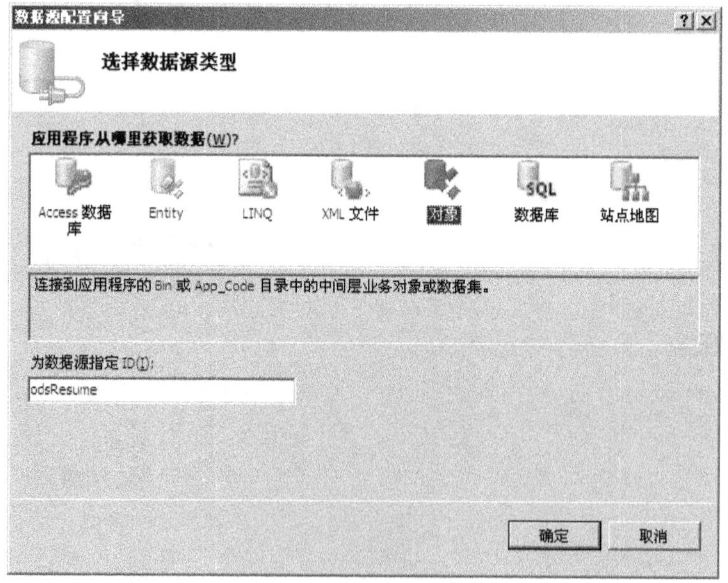

图 S6-6　选择数据源类型

如图 S6-7 所示，进入“选择业务对象”窗口，在下拉组合框中选择“HR.BLL.ResumeManager”选项，再单击“下一步”按钮。

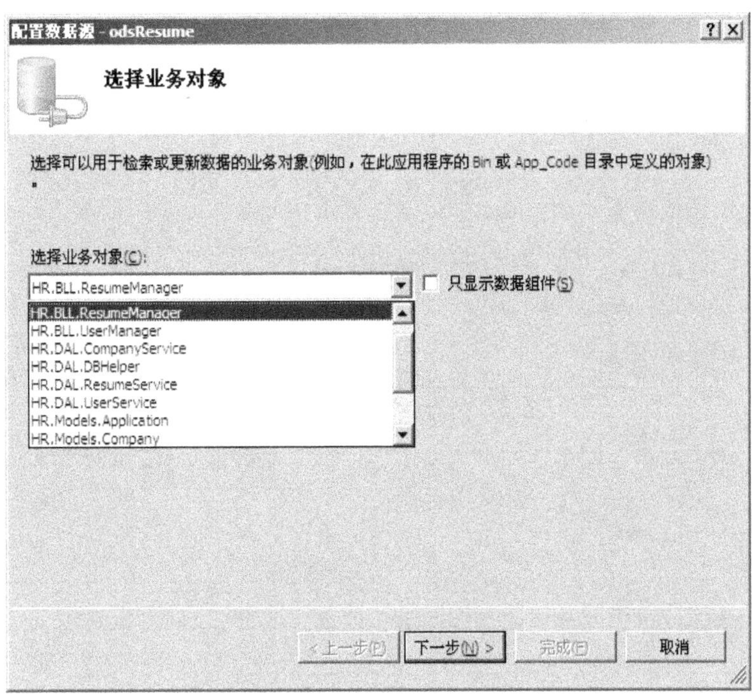

图 S6-7 选择业务对象

在“定义数据方法”窗口中分别指定 Select、Update、Insert 和 Delete 的方法。如图 S6-8 所示，在“SELECT”选项卡中指定查询方法，此处选择 GetResumeByResumeId()。

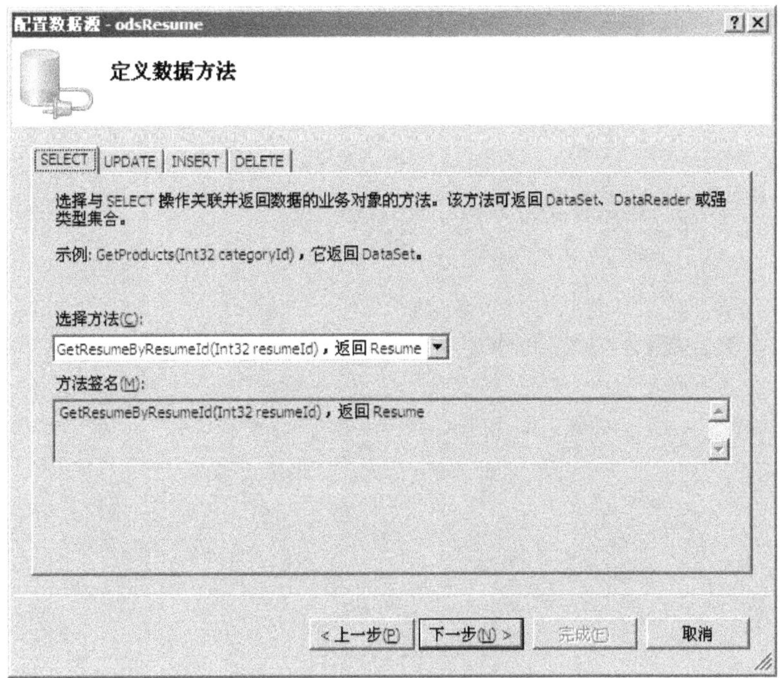

图 S6-8 定义 Select 数据方法

如图 S6-9 所示，在“UPDATE”选项卡中指定更新方法，此处选择 ModifyResume()。

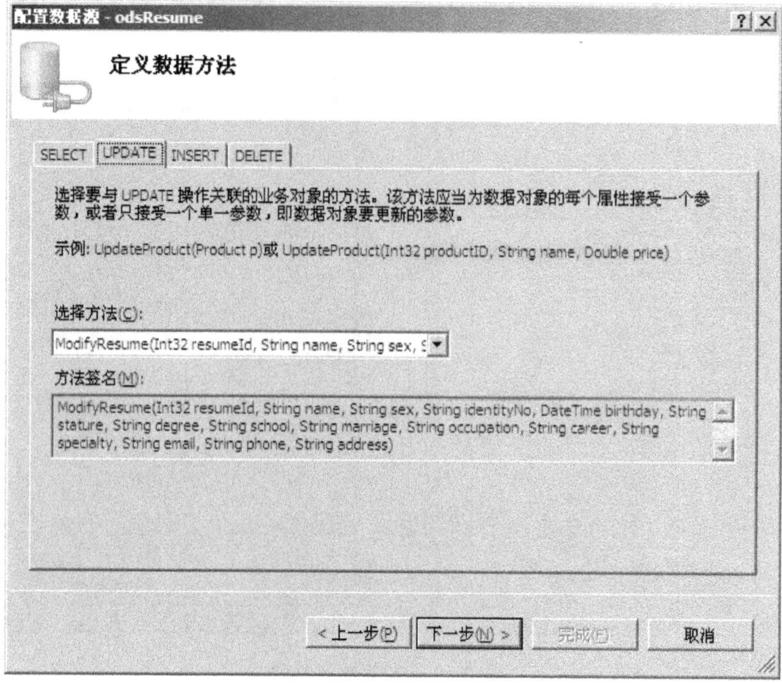

图 S6-9　定义 Update 数据方法

如图 S6-10 所示，在“INSERT”选项卡中指定插入方法，此处选择 AddResume()。

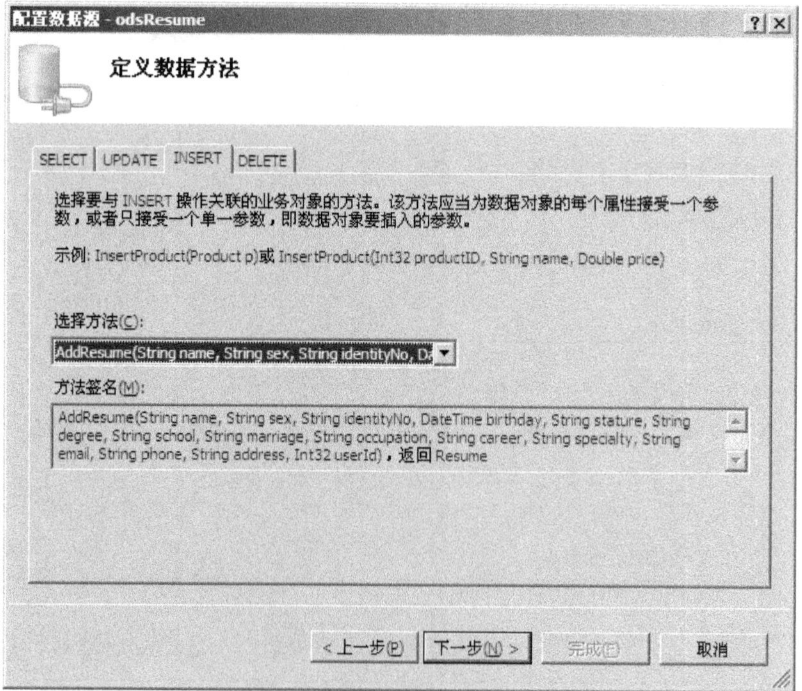

图 S6-10　定义 Insert 数据方法

在“定义参数”窗口，指定“参数源”为 Session，“字段”是 resumeId，如图 S6-11 所示。

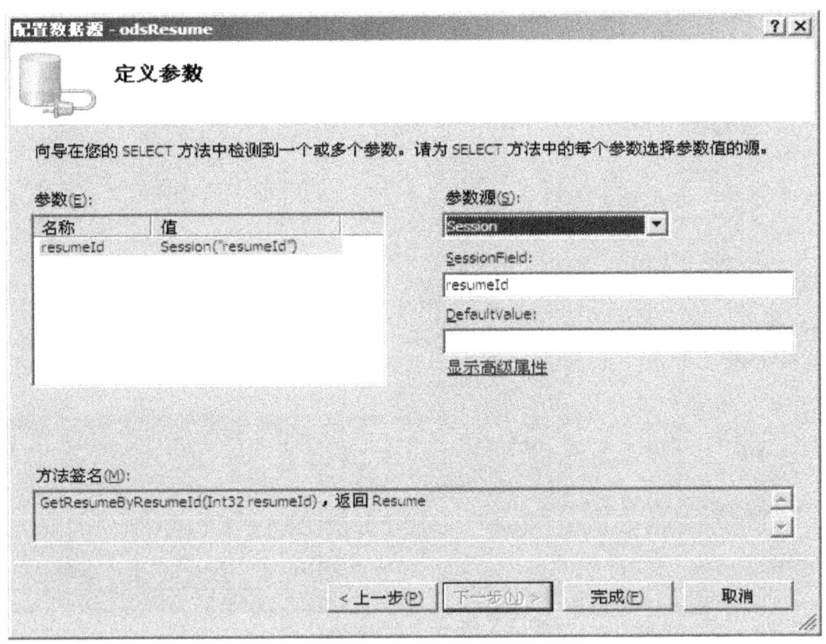

图 S6-11　定义参数

(6) 改变 DetailsView 控件的外观格式。

如果想改变 DetailsView 控件的外观格式，可以在“DetailsView 任务”窗口中选择“自动套用格式”命令，如图 S6-12 所示，可以选定“沙滩和天空”格式。

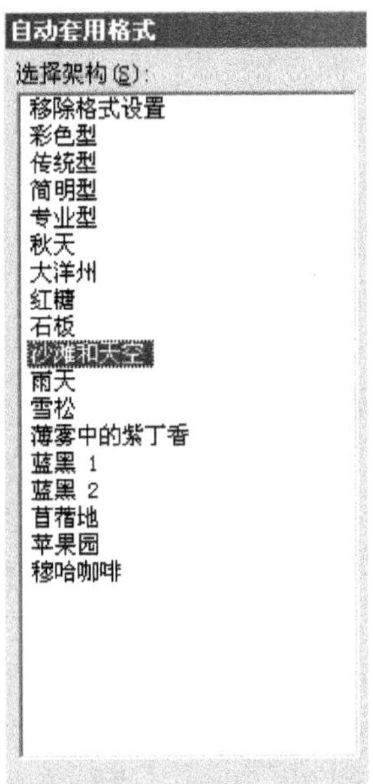

图 S6-12　选择套用格式

(7) 编辑 DetailsView 控件中的字段。

展开 DetailViews 控件的智能标记，在“DetailsView 任务”窗口中选择“编辑字段”命令，弹出“字段”窗口，如图 S6-13 所示，先删除原来自动生成的绑定字段。

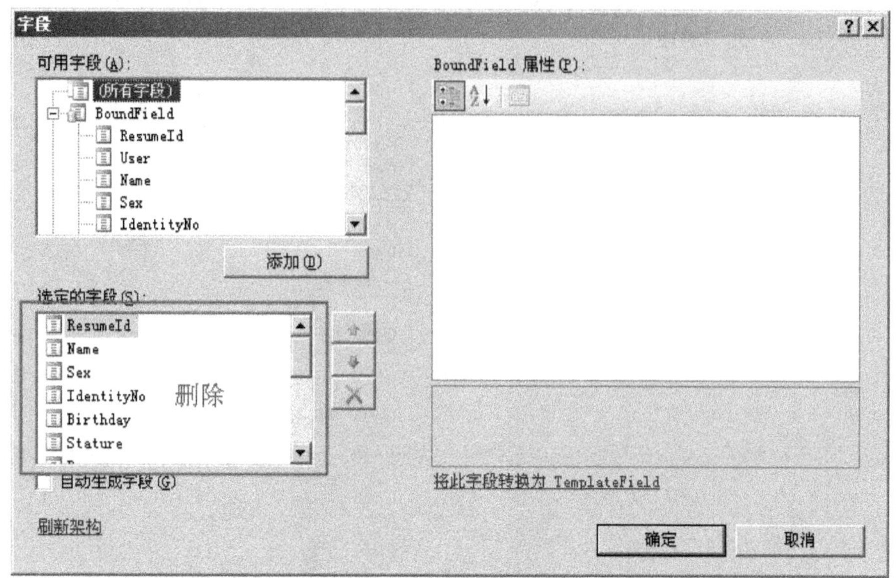

图 S6-13　编辑控件

如图 S6-14 所示，在“可用字段”框中选择 TemplateField(模板字段)，并设置其“HeaderText”属性为对应 Resume 表中的列名，替代原来的字段。

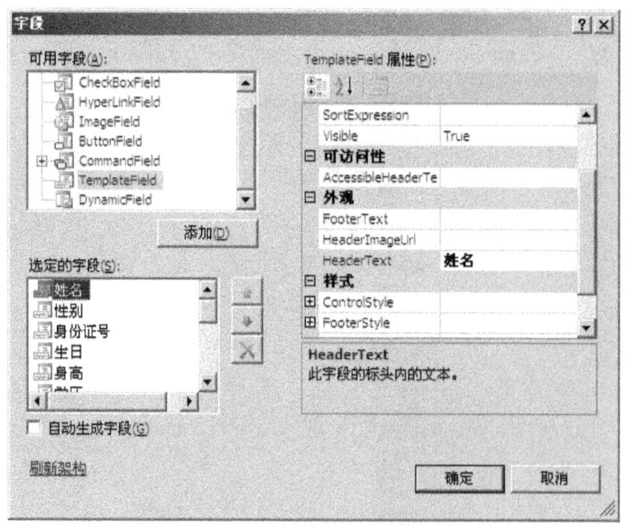

图 S6-14　编辑控件

(8) 编辑 DetailsView 控件中的模板字段。

展开 DetailViews 控件的智能标记，在“DetailsView 任务”窗口中选择“模板编辑模式”命令，如图 S6-15 所示，进入 DetailsView 模板编辑模式后，在下拉组合框中选中要进行编辑的模板字段，例如“Field[0]-姓名”字段，则显示“姓名”字段的各编辑模板。

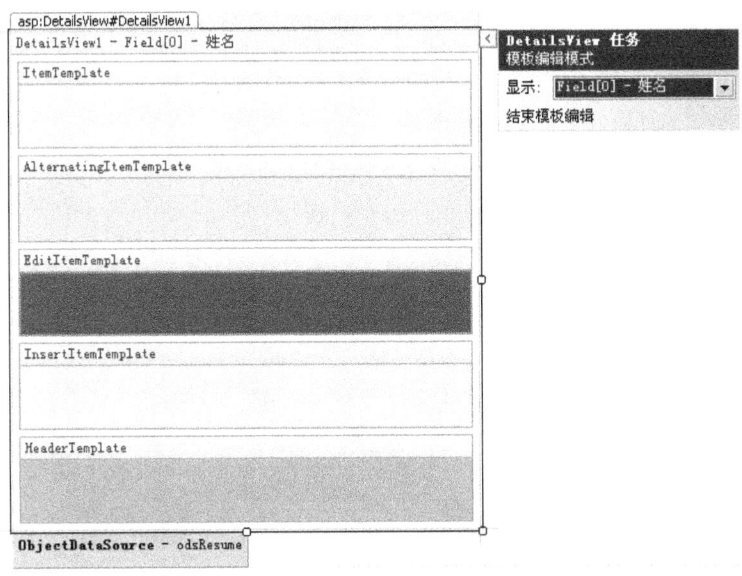

图 S6-15　编辑模板

在 ItemTemplate 模板中，放入一个 Label 标签，如图 S6-16 所示，并选择“编辑 DataBindings”命令，对该标签进行数据绑定。

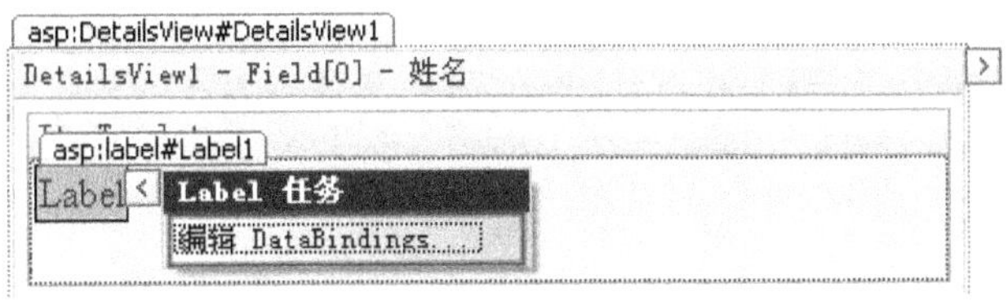

图 S6-16　数据绑定

在弹出的“Label1 DataBindings”窗口中，将该标签的“Text”属性绑定到 Resume 的“Name”字段上，如图 S6-17 所示，此时生成的代码表达式是“Eval("Name")”，即使用标签显示 Name 字段的值。

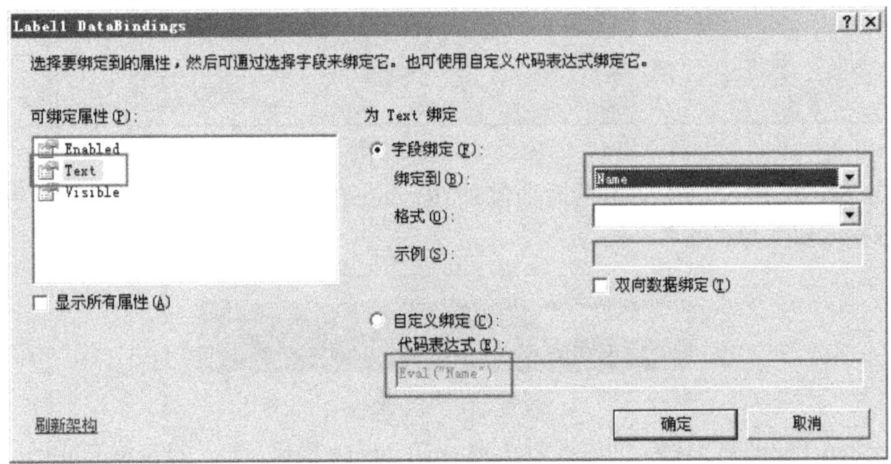

图 S6-17　选择绑定属性

如图 S6-18 所示，在 EditItemTemplate 模板中，放入一个文本框，并选择“编辑 DataBindings”命令，对该文本框进行数据绑定。

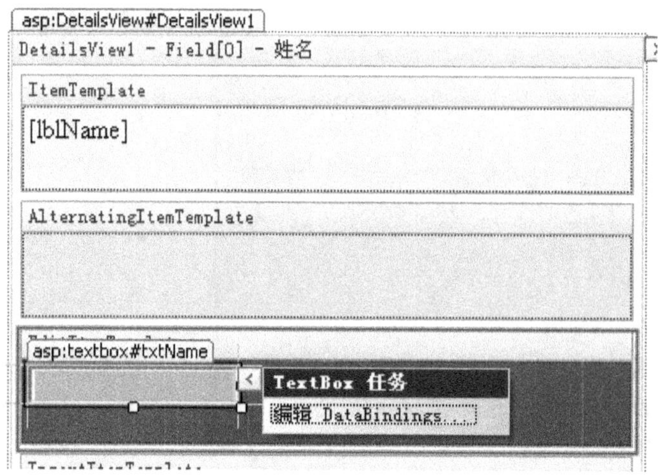

图 S6-18　绑定文本框

将文本框的“Text”属性也绑定到 Resume 的“Name”字段上，并选中“双向数据绑定”复选框，如图 S6-19 所示，此时生成的代码表达式是“Bind("Name")”，即使用文本框不仅可以显示 Name 字段的值，还可以对 Name 字段的值进行修改编辑。

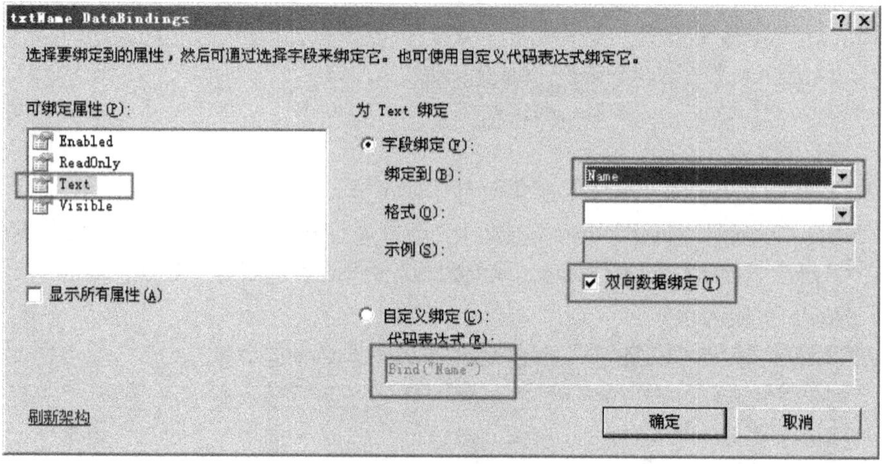

图 S6-19　设置属性

如图 S6-20 所示，在文本框后面添加 RequiredFieldValidator 验证控件，并设置其 ErrorMessage 属性为“姓名不能为空”。

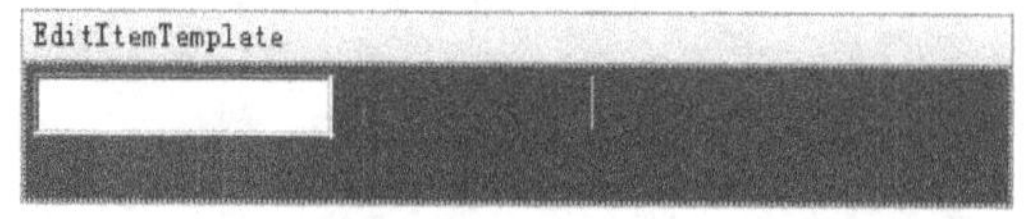

图 S6-20　添加验证

InsertItemTemplate 模板中的内容和 EditItemTemplate 模板一样，只需将 EditItemTemplate 模板中的控件拷贝到 InsertItemTemplate 模板中即可，如图 S6-21 所示。

asp:DetailsView#DetailsView1
DetailsView1 - Field[0] - 姓名
ItemTemplate
[lblName]
AlternatingItemTemplate
EditItemTemplate
InsertItemTemplate
姓名不可为空
HeaderTemplate
ObjectDataSource - odsResume

图 S6-21　添加验证

编辑完“姓名”字段的各模板后，自动生成的源代码如下：

```
<asp:TemplateField HeaderText="姓名">
    <EditItemTemplate>
        <asp:TextBox ID="txtName" runat="server"
            Text='<%# Bind("Name") %>' Width="114px">
        </asp:TextBox>
        <asp:RequiredFieldValidator ID="rfvName" runat="server"
            ControlToValidate="txtName" ErrorMessage="姓名不可为空">
        </asp:RequiredFieldValidator>
    </EditItemTemplate>
    <InsertItemTemplate>
        <asp:TextBox ID="txtName" runat="server"
            Text='<%# Bind("Name") %>' Width="114px">
        </asp:TextBox>
        <asp:RequiredFieldValidator ID="rfvName" runat="server"
            ControlToValidate="txtName" ErrorMessage="姓名不可为空">
        </asp:RequiredFieldValidator>
    </InsertItemTemplate>
    <ItemTemplate>
        <asp:Label ID="lblName" runat="server"
            Text='<%#Eval("Name") %>'>
        </asp:Label>
    </ItemTemplate>
</asp:TemplateField>
```

和编辑“姓名”字段的步骤相同，编辑 Resume 的其他字段，如图 S6-22 所示。

姓名	数据绑定
性别	数据绑定
身份证号	数据绑定
生日	数据绑定
身高	数据绑定
学历	数据绑定
毕业院校	数据绑定
婚否	数据绑定
专业	数据绑定
工作经历	数据绑定
能力特长	数据绑定
邮箱	数据绑定
电话	数据绑定
地址	数据绑定
编辑 新建	

ObjectDataSource - odsResume

图 S6-22　编辑字段

需要注意不同字段所使用的控件是根据具体需求而定的，例如：“性别”字段的 InsertItemTemplate 模板和 EditItemTemplate 模板中应使用单选按钮，让用户进行选择，而不是使用文本框进行输入。另外需要注意的是对于需填写日期的字段，如生日，可使用 My97DatePicker 日历控件(该控件是使用 js 脚本实现的，可以从网上免费下载，并放入 Web 网站根目录的 My97DatePicker 文件夹下)，使用时应在页面增加如下语句：

```
<script language="javascript" type="text/javascript"
        src="../My97DatePicker/WdatePicker.js" charset="gb2312">
</script>
```

在文本框控件中使用 My97DatePicker 日历控件，需要对文本框的 CssClass 属性和 onFocus 属性进行设置，代码如下：

```
<asp:TextBox ID="txtBirthday" runat="server"
        Text='<%# Bind("Birthday") %>' Width="280px"
        CssClass="Wdate"
        onFocus="new WdatePicker(this,'%Y-%M-%D',true,'default')">
</asp:TextBox>
```

经过设置的文本框，其右侧将显示一个日历小图标，单击该图标，将展开一个可供选择的日历，如图 S6-23 所示。

图 S6-23　运行结果

(9) 设置 DetailsView 控件的样式。

设计人员可根据项目的具体需要设置 DetailsView 控件的样式。以修改 EditRowStyle (编辑模式行样式)的 BackColor 属性为例，如图 S6-24 所示。

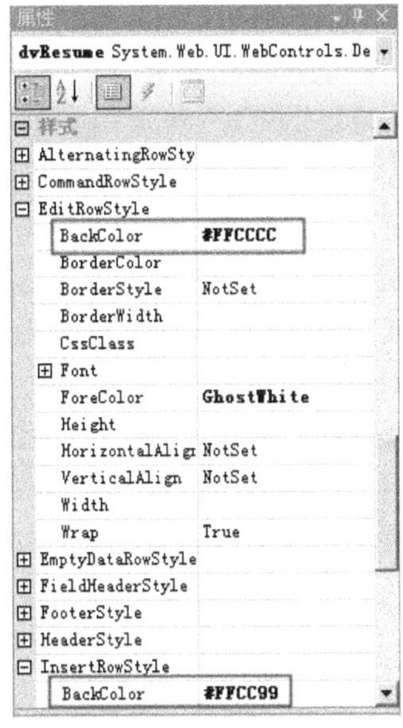

图 S6-24 设置属性

(10) Resume.aspx 页面代码。

Resume.aspx 页面完整的页面源代码如下：

```
<%@ Page Language="C#" AutoEventWireup="true" CodeFile="Resume.aspx.cs"
    Inherits="Person_Resume" %>
<!DOCTYPE html PUBLIC "-//W3C//DTD XHTML 1.0 Transitional//EN"
    "http://www.w3.org/TR/xhtml1/DTD/xhtml1-transitional.dtd">
<html xmlns="http://www.w3.org/1999/xhtml">
<head runat="server">
    <title>简历</title>
    <script language="javascript" type="text/javascript"
        src="../My97DatePicker/WdatePicker.js" charset="gb2312">
    </script>
</head>
<body>
    <form id="form1" runat="server">
    <div>
        <asp:DetailsView ID="dvResume"
            runat="server" AutoGenerateRows="False"
            BackColor="LightGoldenrodYellow"
            BorderColor="Tan" BorderWidth="1px" CellPadding="2"
            DataSourceID="odsResume"
```

```
ForeColor="Black" GridLines="None"
Height="50px" Width="385px">
<FooterStyle BackColor="Tan" />
<PagerStyle BackColor="PaleGoldenrod"
        ForeColor="DarkSlateBlue" HorizontalAlign="Center" />
<Fields>
        <asp:TemplateField HeaderText="姓名">
                <EditItemTemplate>
                <asp:TextBox ID="txtName" runat="server"
                        Text='<%# Bind("Name") %>'Width="114px">
                </asp:TextBox>
                <asp:RequiredFieldValidator ID="rfvName"
                        runat="server" ControlToValidate="txtName"
                        ErrorMessage="姓名不可为空">
                </asp:RequiredFieldValidator>
                </EditItemTemplate>
                <InsertItemTemplate>
                <asp:TextBox ID="txtName" runat="server"
                        Text='<%# Bind("Name") %>' Width="114px">
                </asp:TextBox>
                <asp:RequiredFieldValidator ID="rfvName"
                        runat="server" ControlToValidate="txtName"
                        ErrorMessage="姓名不可为空">
                </asp:RequiredFieldValidator>
                </InsertItemTemplate>
                <ItemTemplate>
                <asp:Label ID="lblName" runat="server"
                        Text='<%# Eval("Name") %>'>
                    </asp:Label>
                </ItemTemplate>
                <HeaderStyle Width="80px" />
        </asp:TemplateField>
        <asp:TemplateField HeaderText="性别">
        <EditItemTemplate>
        <asp:RadioButtonList ID="rdSex" runat="server"
                DataTextField="Sex" RepeatDirection="Horizontal"
                SelectedValue='<%# Bind("Sex")%>' Width="105px">
                <asp:ListItem>男</asp:ListItem>
                <asp:ListItem>女</asp:ListItem>
```

```
            </asp:RadioButtonList>
        </EditItemTemplate>
        <InsertItemTemplate>
        <asp:RadioButtonList ID="rdSex" runat="server"
            DataTextField="Sex" RepeatDirection="Horizontal"
            SelectedValue='<%# Bind("Sex")%>' Width="105px">
            <asp:ListItem Selected="True">男</asp:ListItem>
            <asp:ListItem>女</asp:ListItem>
        </asp:RadioButtonList>
        </InsertItemTemplate>
        <ItemTemplate>
            <asp:Label ID="lblSex" runat="server"
                Text='<%# Eval("Sex") %>'>
            </asp:Label>
            </ItemTemplate>
          <HeaderStyle Width="80px" />
        </asp:TemplateField>
        <asp:TemplateField HeaderText="身份证号">
        <EditItemTemplate>
        <asp:TextBox ID="txtIdentityNo" runat="server"
            Text='<%# Bind("IdentityNo")%>' Width="400px">
        </asp:TextBox>
        <asp:RequiredFieldValidator ID="rfvIdentityNo"
            runat="server" ControlToValidate="txtIdentityNo"
            ErrorMessage="身份证号不可为空">
        </asp:RequiredFieldValidator>
        </EditItemTemplate>
        <InsertItemTemplate>
            <asp:TextBox ID="txtIdentityNo" runat="server"
            Text='<%# Bind("IdentityNo")%>' Width="400px">
        </asp:TextBox>
            <asp:RequiredFieldValidator ID="rfvIdentityNo"
            runat="server" ControlToValidate="txtIdentityNo"
            ErrorMessage="身份证号不可为空">
            </asp:RequiredFieldValidator>
        </InsertItemTemplate>
        <ItemTemplate>
            <asp:Label ID="lblIdentityNo" runat="server"
            Text='<%# Eval("IdentityNo") %>'></asp:Label>
```

```
</ItemTemplate>
</asp:TemplateField>
<asp:TemplateField HeaderText="生日">
<EditItemTemplate>
<asp:TextBox ID="txtBirthday" runat="server"
        Text='<%# Bind("Birthday") %>' Width="280px"
        CssClass="Wdate"
        onFocus="new WdatePicker(this,
              '%Y-%M-%D',true,'default')">
</asp:TextBox>
</EditItemTemplate>
<InsertItemTemplate>
        <asp:TextBox ID="txtBirthday" runat="server"
        Text='<%# Bind("Birthday") %>' Width="280px"
        CssClass="Wdate"
        onFocus="new WdatePicker(this,
                '%Y-%M-%D',true,'default')">
        </asp:TextBox>
        </InsertItemTemplate>
        <ItemTemplate>
        <asp:Label ID="lblBirthday" runat="server"
                Text='<%# Eval("Birthday") %>'>
            </asp:Label>
        </ItemTemplate>
</asp:TemplateField>
<asp:TemplateField HeaderText="身高">
<EditItemTemplate>
        <asp:TextBox ID="txtStature" runat="server"
                Text='<%# Bind("Stature") %>' Width="64px">
        </asp:TextBox>
        <asp:RequiredFieldValidator ID="rfvStature"
        runat="server" ControlToValidate="txtStature"
        ErrorMessage="身高不可为空">
        </asp:RequiredFieldValidator>
        </EditItemTemplate>
        <InsertItemTemplate>
        <asp:TextBox ID="txtStature" runat="server"
                Text='<%# Bind("Stature")%>' Width="64px">
        </asp:TextBox>
```

```
                <asp:RequiredFieldValidator ID="rfvStature"
                runat="server" ControlToValidate="txtStature"
                ErrorMessage="身高不可为空">
                </asp:RequiredFieldValidator>
                </InsertItemTemplate>
                <ItemTemplate>
                <asp:Label ID="lblStature" runat="server"
                        Text='<%# Eval("Stature") %>'>
                    </asp:Label>
                </ItemTemplate>
        </asp:TemplateField>
        <asp:TemplateField HeaderText="学历">
        <EditItemTemplate>
                <asp:DropDownList ID="ddlDegree" runat="server"
                        DataTextField="Degree"
                        SelectedValue='<%# Bind("Degree") %>'
                        Width="137px" Height="30px">
                        <asp:ListItem>小学</asp:ListItem>
                        <asp:ListItem>初中</asp:ListItem>
                        <asp:ListItem>高中、中专</asp:ListItem>
                        <asp:ListItem>大专</asp:ListItem>
                        <asp:ListItem>本科</asp:ListItem>
                        <asp:ListItem>研究生</asp:ListItem>
                        <asp:ListItem>博士</asp:ListItem>
                </asp:DropDownList>
                </EditItemTemplate>
                <InsertItemTemplate>
                <asp:DropDownList ID="ddlDegree" runat="server"
                        DataTextField="Degree"
                        SelectedValue='<%# Bind("Degree") %>'
                        Width="137px" Height="30px">
                        <asp:ListItem>小学</asp:ListItem>
                        <asp:ListItem>初中</asp:ListItem>
                        <asp:ListItem>高中、中专</asp:ListItem>
                        <asp:ListItem>大专</asp:ListItem>
                        <asp:ListItem>本科</asp:ListItem>
                        <asp:ListItem>研究生</asp:ListItem>
                        <asp:ListItem>博士</asp:ListItem>
                </asp:DropDownList>
```

```
            </InsertItemTemplate>
            <ItemTemplate>
                <asp:Label ID="lblDegree" runat="server"
                    Text='<%# Eval("Degree") %>'>
                </asp:Label>
            </ItemTemplate>
        </asp:TemplateField>
        <asp:TemplateField HeaderText="毕业院校">
        <EditItemTemplate>
            <asp:TextBox ID="txtSchool" runat="server"
                Text='<%# Bind("School") %>' Width="400px">
            </asp:TextBox>
            <asp:RequiredFieldValidator ID="rfvSchool"
            runat="server" ControlToValidate="txtSchool"
            ErrorMessage="毕业院校不可为空">
            </asp:RequiredFieldValidator>
            </EditItemTemplate>
            <InsertItemTemplate>
            <asp:TextBox ID="txtSchool" runat="server"
                Text='<%# Bind("School") %>' Width="400px">
            </asp:TextBox>
            <asp:RequiredFieldValidator ID="rfvSchool"
            runat="server" ControlToValidate="txtSchool"
            ErrorMessage="毕业院校不可为空">
        </asp:RequiredFieldValidator>
            </InsertItemTemplate>
            <ItemTemplate>
            <asp:Label ID="lblSchool" runat="server"
                    Text='<%# Eval("School") %>'>
               </asp:Label>
            </ItemTemplate>
        </asp:TemplateField>
        <asp:TemplateField HeaderText="婚否">
        <EditItemTemplate>
        <asp:RadioButtonList ID="rdMarriage" runat="server"
            DataTextField="Marriage"
            RepeatDirection="Horizontal"
            SelectedValue='<%# Bind("Marriage") %>'
            Width="150px">
```

```
            <asp:ListItem>未婚</asp:ListItem>
            <asp:ListItem>已婚</asp:ListItem>
        </asp:RadioButtonList>
        </EditItemTemplate>
        <InsertItemTemplate>
        <asp:RadioButtonList ID="rdMarriage" runat="server"
            DataTextField="Marriage"
            RepeatDirection="Horizontal"
            SelectedValue='<%# Bind("Marriage") %>'
            Width="150px">
            <asp:ListItem Selected="True">未婚</asp:ListItem>
            <asp:ListItem>已婚</asp:ListItem>
        </asp:RadioButtonList>
        </InsertItemTemplate>
        <ItemTemplate>
            <asp:Label ID="lblMarriage" runat="server"
                Text='<%# Eval("Marriage") %>'>
            </asp:Label>
        </ItemTemplate>
        </asp:TemplateField>
        <asp:TemplateField HeaderText="专业">
        <EditItemTemplate>
        <asp:TextBox ID="txtOccupation" runat="server"
            Text='<%# Bind("Occupation")%>' Width="400px">
        </asp:TextBox>
            <asp:RequiredFieldValidator ID="rfvOccupation"
                runat="server"
                ControlToValidate="txtOccupation"
                ErrorMessage="专业不可为空">
            </asp:RequiredFieldValidator>
            </EditItemTemplate>
            <InsertItemTemplate>
            <asp:TextBox ID="txtOccupation" runat="server"
                Text='<%# Bind("Occupation")%>'
                Width="400px">
            </asp:TextBox>
            <asp:RequiredFieldValidator ID="rfvOccupation"
                runat="server"
                ControlToValidate="txtOccupation"
```

```
                    ErrorMessage="专业不可为空">
                </asp:RequiredFieldValidator>
                </InsertItemTemplate>
                <ItemTemplate>
                <asp:Label ID="lblOccupation" runat="server"
                        Text='<%# Eval("Occupation") %>'>
                  </asp:Label>
                </ItemTemplate>
            </asp:TemplateField>
            <asp:TemplateField HeaderText="工作经历">
            <EditItemTemplate>
                <asp:TextBox ID="txtCareer" runat="server"
                    Text='<%# Bind("Career") %>' Width="609px"
                    Height="300px" TextMode="MultiLine">
                </asp:TextBox>
                </EditItemTemplate>
                <InsertItemTemplate>
                    <asp:TextBox ID="txtCareer" runat="server"
                        Text='<%# Bind("Career") %>'
                        Width="609px"Height="300px"
                        TextMode="MultiLine">
                    </asp:TextBox>
                </InsertItemTemplate>
                <ItemTemplate>
                <asp:Label ID="lblCareer" runat="server"
                    Text='<%# Eval("Career") %>'></asp:Label>
                </ItemTemplate>
            </asp:TemplateField>
            <asp:TemplateField HeaderText="能力特长">
            <EditItemTemplate>
            <asp:TextBox ID="txtSpecialty" runat="server"
                Text='<%# Bind("Specialty") %>' Width="612px"
                Height="300px" TextMode="MultiLine">
                </asp:TextBox>
            </EditItemTemplate>
            <InsertItemTemplate>
            <asp:TextBox ID="txtSpecialty" runat="server"
                Text='<%# Bind("Specialty") %>'
                  Width="612px"    Height="300px"
```

```
                TextMode="MultiLine">
            </asp:TextBox>
        </InsertItemTemplate>
        <ItemTemplate>
            <asp:Label ID="lblSpecialty" runat="server"
                Text='<%# Eval("Specialty") %>'>
            </asp:Label>
            </ItemTemplate>
        </asp:TemplateField>
        <asp:TemplateField HeaderText="邮箱">
        <EditItemTemplate>
        <asp:TextBox ID="txtEmail" runat="server"
            Text='<%# Bind("Email") %>' Width="196px">
            </asp:TextBox>
            <asp:RegularExpressionValidator
            ID="RegularExpressionValidator2"
            runat="server" ControlToValidate="txtEmail"
            ErrorMessage="Email 地址不正确"
            ValidationExpression="\w+([-+.']\w+)*
                @\w+([-.]\w+)*\.\w+([-.]\w+)*">
            </asp:RegularExpressionValidator>
            </EditItemTemplate>
            <InsertItemTemplate>
            <asp:TextBox ID="txtEmail" runat="server"
                Text='<%# Bind("Email") %>' Width="196px">
            </asp:TextBox>
            <asp:RegularExpressionValidator
                ID="RegularExpressionValidator2"
                runat="server" ControlToValidate="txtEmail"
                ErrorMessage="Email 地址不正确"
               ValidationExpression="\w+([-+.']
               \w+)*@\w+([-.]\w+)*\.\w+([-.]\w+)*">
            </asp:RegularExpressionValidator>
            </InsertItemTemplate>
            <ItemTemplate>
            <asp:Label ID="lblEmail" runat="server"
                Text='<%# Eval("Email") %>'>
              </asp:Label>
            </ItemTemplate>
```

```
</asp:TemplateField>
<asp:TemplateField HeaderText="电话">
    <EditItemTemplate>
        <asp:TextBox ID="txtPhone" runat="server"
            Text='<%# Bind("Phone") %>' Width="194px">
        </asp:TextBox>
        </EditItemTemplate>
        <InsertItemTemplate>
            <asp:TextBox ID="txtPhone" runat="server"
                Text='<%# Bind("Phone") %>'
                Width="194px">
            </asp:TextBox>
        </InsertItemTemplate>
        <ItemTemplate>
            <asp:Label ID="lblPhone" runat="server"
                Text='<%# Eval("Phone") %>'>
            </asp:Label>
        </ItemTemplate>
</asp:TemplateField>
<asp:TemplateField HeaderText="地址">
        <EditItemTemplate>
            <asp:TextBox ID="txtAddress" runat="server"
                Text='<%# Bind("Address")%>'
                TextMode="MultiLine"
                Width="400px">
            </asp:TextBox>
        </EditItemTemplate>
        <InsertItemTemplate>
            <asp:TextBox ID="txtAddress" runat="server"
                Text='<%# Bind("Address") %>'
                TextMode="MultiLine"
                Width="400px">
            </asp:TextBox>
        </InsertItemTemplate>
        <ItemTemplate>
            <asp:Label ID="lblAddress" runat="server"
                Text='<%# Eval("Address") %>'>
            </asp:Label>
        </ItemTemplate>
```

```
                </asp:TemplateField>
                <asp:CommandField ShowEditButton="True"
                        ButtonType="Button" ShowInsertButton="True" />
        </Fields>
        <HeaderStyle BackColor="Tan" Font-Bold="True" />
        <EditRowStyle BackColor="#FF6600" ForeColor="GhostWhite" />
        <AlternatingRowStyle BackColor="PaleGoldenrod" />
</asp:DetailsView>
<asp:ObjectDataSource ID="odsResume" runat="server"
InsertMethod="AddResume" SelectMethod="GetResumeByResumeId"
        TypeName="HR.BLL.ResumeManager"
        UpdateMethod="ModifyResume">
        <UpdateParameters>
                <asp:SessionParameter Name="resumeId"
                        SessionField="resumeId" Type="Int32" />
                <asp:Parameter Name="name" Type="String" />
                <asp:Parameter Name="sex" Type="String" />
                <asp:Parameter Name="identityNo" Type="String" />
                <asp:Parameter Name="birthday" Type="DateTime" />
                <asp:Parameter Name="stature" Type="String" />
                <asp:Parameter Name="degree" Type="String" />
                <asp:Parameter Name="school" Type="String" />
                <asp:Parameter Name="marriage" Type="String" />
                <asp:Parameter Name="occupation" Type="String" />
                <asp:Parameter Name="career" Type="String" />
                <asp:Parameter Name="specialty" Type="String" />
                <asp:Parameter Name="email" Type="String" />
                <asp:Parameter Name="phone" Type="String" />
                <asp:Parameter Name="address" Type="String" />
        </UpdateParameters>
        <SelectParameters>
                <asp:SessionParameter Name="resumeId"
                        SessionField="resumeId" Type="Int32" />
        </SelectParameters>
        <InsertParameters>
                <asp:Parameter Name="name" Type="String" />
                <asp:Parameter Name="sex" Type="String" />
                <asp:Parameter Name="identityNo" Type="String" />
                <asp:Parameter Name="birthday" Type="DateTime" />
```

```
                    <asp:Parameter Name="stature" Type="String" />
                    <asp:Parameter Name="degree" Type="String" />
                    <asp:Parameter Name="school" Type="String" />
                    <asp:Parameter Name="marriage" Type="String" />
                    <asp:Parameter Name="occupation" Type="String" />
                    <asp:Parameter Name="career" Type="String" />
                    <asp:Parameter Name="specialty" Type="String" />
                    <asp:Parameter Name="email" Type="String" />
                    <asp:Parameter Name="phone" Type="String" />
                    <asp:Parameter Name="address" Type="String" />
                </InsertParameters>
            </asp:ObjectDataSource>
        </div>
        </form>
</body>
</html>
```

(11) Resume.aspx 页面后台代码。

给 DetailsView 控件添加“ItemInserted”事件和“ItemInserting”事件，操作如图 S6-25 所示。

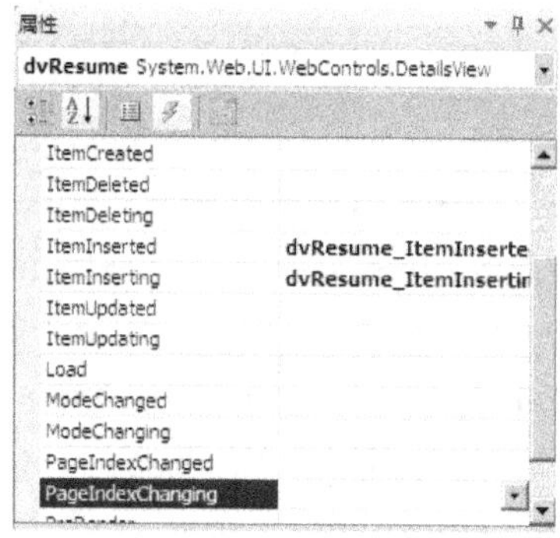

图 S6-25 添加事件

编写 Resume.aspx 页面事件处理的后台代码(Resume.aspx.cs)：

```
public partial class Person_Resume : System.Web.UI.Page
{
    protected void Page_Load(object sender, EventArgs e)
    {
        //判断当前用户是否有简历
        if (Session["resumeId"] == null)
        {
            //没有简历，则 dvResume 应处于插入模式，以便添加简历
            dvResume.DefaultMode = DetailsViewMode.Insert;
```

```
                }
                else
                {
                    //有简历，则隐藏命令字段中的“插入”按钮，使其只能修改
                    ((CommandField)dvResume.Fields[14]).ShowInsertButton=false;
                }
        }
        // 添加方法执行前，增加参数
        protected void dvResume_ItemInserting(object sender,
                DetailsViewInsertEventArgs e)
        {
                User user = (User)Session["CurUser"];
                //添加用户 id 的参数
                this.odsResume.InsertParameters.Add("userId",
                        user.UserId.ToString());
        }
        // 添加成功后，跳转到个人主页
        protected void dvResume_ItemInserted(object sender,
                DetailsViewInsertedEventArgs e)
        {
                Response.Redirect("PersonMain.aspx");
        }
}
```

Resume.aspx 页面的运行和演示将在实践 7 中进行。

实践 6.2

使用 DetailsView 数据绑定控件实现企业信息的添加、查看和修改。

【分析】

(1) 企业信息用到 Company 表，在 HRDAL 中添加 CompanyService 类，提供访问 Company 表的各种方法。

(2) 在 HRBLL 中添加 CompanyManager 类。

(3) 创建 CompanyBasicInfo.aspx 页面，设计该页面并使用 DetailsView 控件。

【参考解决方案】

(1) 创建 CompanyService 类。

在 HRDAL 项目中添加一个 CompanyService 类，代码如下：

```
public static partial class CompanyService
```

```
{
    public static Company AddCompany(Company company)
    {
        string sql =
            "INSERT Company (userId, companyName, companyAddress,
            property, employeeNum, linkman, email, phone, www, details)" +
            "VALUES (@userId, @companyName, @companyAddress, @property,
            @employeeNum, @linkman, @email, @phone, @www, @details)";
        sql += " ; SELECT @@IDENTITY";
        try
        {
            SqlParameter[] para = new SqlParameter[]
                {
                        new SqlParameter("@userId", company.User.UserId), //FK
                        new SqlParameter("@companyName", company.CompanyName),
                        new SqlParameter("@companyAddress", company.CompanyAddress),
                        new SqlParameter("@property", company.Property),
                        new SqlParameter("@employeeNum", company.EmployeeNum),
                        new SqlParameter("@linkman", company.Linkman),
                        new SqlParameter("@email", company.Email),
                        new SqlParameter("@phone", company.Phone),
                        new SqlParameter("@www", company.Www),
                        new SqlParameter("@details", company.Details)
                };
            int newId = DBHelper.GetScalar(sql, para);
            return GetCompanyByCompanyId(newId);
        }
        catch (Exception e)
        {
            Console.WriteLine(e.Message);
            throw e;
        }
    }
    public static void DeleteCompany(Company company)
    {
        DeleteCompanyByCompanyId(company.CompanyId);
    }
    public static void DeleteCompanyByCompanyId(int companyId)
    {
```

```
        string sql = "DELETE Company WHERE CompanyId = @CompanyId";
        try
        {
            SqlParameter[] para = new SqlParameter[]
                                {
                                        new SqlParameter("@companyId", companyId)
                                };
            DBHelper.ExecuteCommand(sql, para);
        }
        catch (Exception e)
        {
            Console.WriteLine(e.Message);
            throw e;
        }
    }
    public static void ModifyCompany(Company company)
    {
        string sql =
            "UPDATE Company " +
            "SET " +
                "userId = @userId, " + //FK
                "companyName = @companyName, " +
                "companyAddress = @companyAddress, " +
                "property = @property, " +
                "employeeNum = @employeeNum, " +
                "linkman = @linkman, " +
                "email = @email, " +
                "phone = @phone, " +
                "www = @www, " +
                "details = @details " +
            "WHERE companyId = @companyId";
        try
        {
            SqlParameter[] para = new SqlParameter[]
            {
                new SqlParameter("@companyId", company.CompanyId),
                new SqlParameter("@userId", company.User.UserId), //FK
                new SqlParameter("@companyName", company.CompanyName),
                new SqlParameter("@companyAddress", company.CompanyAddress),
```

```
                new SqlParameter("@property", company.Property),
                new SqlParameter("@employeeNum", company.EmployeeNum),
                new SqlParameter("@linkman", company.Linkman),
                new SqlParameter("@email", company.Email),
                new SqlParameter("@phone", company.Phone),
                new SqlParameter("@www", company.Www),
                new SqlParameter("@details", company.Details)
                };
            DBHelper.ExecuteCommand(sql, para);
        }
        catch (Exception e)
        {
            Console.WriteLine(e.Message);
            throw e;
        }
    }
    public static IList<Company> GetAllCompanies()
    {
        string sqlAll = "SELECT * FROM Company";
        return GetCompaniesBySql(sqlAll);
    }
    public static Company GetCompanyByCompanyId(int companyId)
    {
        string sql = "SELECT * FROM Company WHERE CompanyId = @CompanyId";
        int userId;
        try
        {
            SqlDataReader reader = DBHelper.GetReader(sql,
                 new SqlParameter("@CompanyId", companyId));
            if (reader.Read())
            {
                Company company = new Company();
                company.CompanyId = (int)reader["companyId"];
                company.CompanyName = (string)reader["companyName"];
                company.CompanyAddress = (string)reader["companyAddress"];
                company.Property = (string)reader["property"];
                company.EmployeeNum = (string)reader["employeeNum"];
                company.Linkman = (string)reader["linkman"];
                company.Email = (string)reader["email"];
```

```
                company.Phone = (string)reader["phone"];
                company.Www = (string)reader["www"];
                company.Details = (string)reader["details"];
                userId = (int)reader["userId"];
                reader.Close();
                company.User = UserService.GetUserByUserId(userId);
                return company;
            }
            else
            {
                reader.Close();
                return null;
            }
        }
        catch (Exception e)
        {
            Console.WriteLine(e.Message);
            throw e;
        }
    }
    private static IList<Company> GetCompaniesBySql(string safeSql)
    {
        List<Company> list = new List<Company>();
        try
        {
            DataTable table = DBHelper.GetDataSet(safeSql);
            foreach (DataRow row in table.Rows)
            {
                Company company = new Company();

                company.CompanyId = (int)row["companyId"];
                company.CompanyName = (string)row["companyName"];
                company.CompanyAddress = (string)row["companyAddress"];
                company.Property = (string)row["property"];
                company.EmployeeNum = (string)row["employeeNum"];
                company.Linkman = (string)row["linkman"];
                company.Email = (string)row["email"];
                company.Phone = (string)row["phone"];
                company.Www = (string)row["www"];
```

```
                company.Details = (string)row["details"];
                company.User =
                    UserService.GetUserByUserId((int)row["userId"]);
                list.Add(company);
            }
            return list;
        }
        catch (Exception e)
        {
            Console.WriteLine(e.Message);
            throw e;
        }
    }
    private static IList<Company> GetCompaniesBySql(string sql, params SqlParameter[] values)
    {
        List<Company> list = new List<Company>();
        try
        {
            DataTable table = DBHelper.GetDataSet(sql, values);
            foreach (DataRow row in table.Rows)
            {
                Company company = new Company();
                company.CompanyId = (int)row["companyId"];
                company.CompanyName = (string)row["companyName"];
                company.CompanyAddress = (string)row["companyAddress"];
                company.Property = (string)row["property"];
                company.EmployeeNum = (string)row["employeeNum"];
                company.Linkman = (string)row["linkman"];
                company.Email = (string)row["email"];
                company.Phone = (string)row["phone"];
                company.Www = (string)row["www"];
                company.Details = (string)row["details"];
                company.User =
                    UserService.GetUserByUserId((int)row["userId"]); //FK
                list.Add(company);
            }
            return list;
        }
        catch (Exception e)
```

```
        {
            Console.WriteLine(e.Message);
            throw e;
        }
    }
    /// <summary>
    /// 根据 UserID 获取企业信息
    /// </summary>
    /// <param name="userId"></param>
    /// <returns></returns>
    public static Company GetCompanyByUserId(int userId)
    {
        string sql = "SELECT * FROM Company WHERE userId = @userId";
        try
        {
            SqlDataReader reader = DBHelper.GetReader(sql,
                new SqlParameter("@userId", userId));
            if (reader.Read())
            {
                Company company = new Company();
                company.CompanyId = (int)reader["companyId"];
                company.CompanyName = (string)reader["companyName"];
                company.CompanyAddress = (string)reader["companyAddress"];
                company.Property = (string)reader["property"];
                company.EmployeeNum = (string)reader["employeeNum"];
                company.Linkman = (string)reader["linkman"];
                company.Email = (string)reader["email"];
                company.Phone = (string)reader["phone"];
                company.Www = (string)reader["www"];
                company.Details = (string)reader["details"];
                reader.Close();
                company.User = UserService.GetUserByUserId(userId);
                return company;
            }
            else
            {
                reader.Close();
                return null;
            }
```

```
        }
        catch (Exception e)
        {
            Console.WriteLine(e.Message);
            throw e;
        }
    }
}
```

(2) 创建 CompanyManager 类。

在 HRBLL 项目中添加一个 CompanyManager 类，代码如下：

```
public static partial class CompanyManager
{
    //添加企业信息，参数是企业对象
    public static Company AddCompany(Company company)
    {
        return CompanyService.AddCompany(company);
    }
    //添加企业信息
    public static Company AddCompany(string companyName,
        string companyAddress, string property, string employeeNum,
        string linkman, string email, string phone, string www,
        string details, int userId)
    {
        if (linkman == null)
            linkman = "";
        if (phone == null)
            phone = "";
        if (www == null)
            www = "";
        if (details == null)
            details = "";
        Company company = new Company();
        company.User = UserManager.GetUserByUserId(userId);
        company.CompanyName = companyName;
        company.CompanyAddress = companyAddress;
        company.Property = property;
        company.EmployeeNum = employeeNum;
        company.Linkman = linkman;
        company.Email = email;
```

```
        company.Phone = phone;
        company.Www = www;
        company.Details = details;
        return CompanyService.AddCompany(company);
    }
    //删除企业信息
    public static void DeleteCompany(Company company)
    {
        CompanyService.DeleteCompany(company);
    }
    //通过 CompanyId 删除企业信息
    public static void DeleteCompanyById(int companyId)
    {
        CompanyService.DeleteCompanyByCompanyId(companyId);
    }
    //修改企业信息，参数是企业对象
    public static void ModifyCompany(Company company)
    {
        CompanyService.ModifyCompany(company);
    }
    //修改企业信息
    public static void ModifyCompany(int companyId, string companyName,
        string companyAddress, string property, string employeeNum,
        string linkman, string email, string phone,
        string www, string details)
    {
        if (linkman == null)
            linkman = "";
        if (phone == null)
            phone = "";
        if (www == null)
            www = "";
        if (details == null)
            details = "";
        Company company = GetCompanyByCompanyId(companyId);
        company.CompanyName = companyName;
        company.CompanyAddress = companyAddress;
        company.Property = property;
        company.EmployeeNum = employeeNum;
```

```
        company.Linkman = linkman;
        company.Email = email;
        company.Phone = phone;
        company.Www = www;
        company.Details = details;
        CompanyService.ModifyCompany(company);
    }
    //获取所有企业信息
    public static IList<Company> GetAllCompanies()
    {
        return CompanyService.GetAllCompanies();
    }
    //通过 CompanyId 获取企业信息
    public static Company GetCompanyByCompanyId(int companyId)
    {
        return CompanyService.GetCompanyByCompanyId(companyId);
    }
    /// <summary>
    /// 根据 UserID 获取企业信息
    /// </summary>
    /// <param name="userId"></param>
    /// <returns></returns>
    public static Company GetCompanyByUserId(int userId)
    {
        return CompanyService.GetCompanyByUserId(userId);
    }
}
```

(3) 创建 CompanyBasicInfo.aspx 页面。

在 Web 网站新建一个名为“Company”的文件夹，并在该文件夹内添加 Company-BasicInfo. aspx 页面，如图 S6-26 所示。

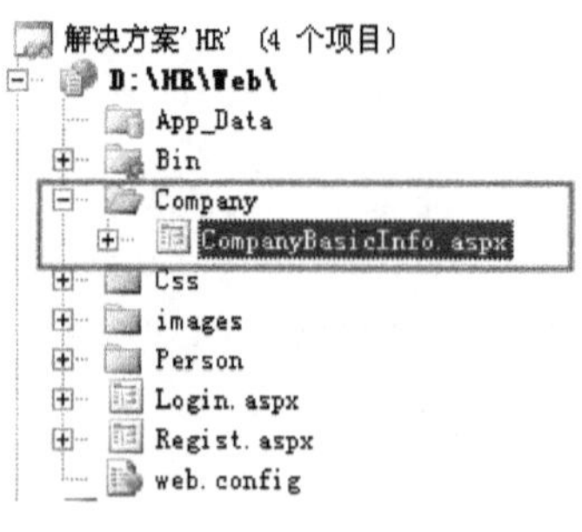

图 S6-26　项目文件

(4) 设计 CompanyBasicInfo.aspx 页面。

与实践 6.1 中设计 Resume.aspx 页面类似，在 CompanyBasicInfo.aspx 页面中也放入 DetailsView 控件，并绑定数据源，再编辑 DetailsView 控件中的字段。CompanyBasicInfo.aspx 页面的设计视图如图 S6-27 所示。

公司名称	数据绑定
地址	数据绑定
企业性质	数据绑定
员工人数	数据绑定
联系人	数据绑定
企业邮箱	数据绑定
联系电话	数据绑定
公司主页	数据绑定
企业简介	数据绑定
编辑 新建	

ObjectDataSource - odsBasicInfo

图 S6-27　编辑字段

CompanyBasicInfo.aspx 页面的源代码如下：

```
<%@ Page Language="C#" AutoEventWireup="true"
                        CodeFile="CompanyBasicInfo.aspx.cs"
                        Inherits="Company_CompanyBasicInfo" %>
<!DOCTYPE html PUBLIC "-//W3C//DTD XHTML 1.0 Transitional//EN"
        "http://www.w3.org/TR/xhtml1/DTD/xhtml1-transitional.dtd">
<html xmlns="http://www.w3.org/1999/xhtml">
<head runat="server">
        <title>企业信息</title>
</head>
<body>
        <form id="form1" runat="server">
        <div>
                <asp:DetailsView ID="dvBasicInfo" runat="server"
                        AutoGenerateRows="False" CellPadding="2"
                        DataSourceID="odsBasicInfo" ForeColor="Black"
                        GridLines="None" Width="584px"
                        BackColor="LightGoldenrodYellow" BorderColor="Tan"
                        BorderWidth="1px"
                        OnItemInserted="dvBasicInfo_ItemInserted"
                        OnItemInserting="dvBasicInfo_ItemInserting">
                        <FooterStyle BackColor="Tan" />
                        <PagerStyle BackColor="PaleGoldenrod"
                                ForeColor="DarkSlateBlue"
                                HorizontalAlign="Center" />
                        <Fields>
```

```
<asp:TemplateField HeaderText="ID" Visible="false">
    <ItemTemplate>
        <%# Eval("CompanyId")%>
    </ItemTemplate>
</asp:TemplateField>
<asp:TemplateField HeaderText="公司名称">
    <ItemTemplate>
        <%# Eval("CompanyName") %>
    </ItemTemplate>
    <InsertItemTemplate>
    <asp:TextBox ID="txtCompanyName" runat="server"
        Width="200px" DataTextField="CompanyName"
            Text='<%# Bind("CompanyName") %>'>
    </asp:TextBox>
    <asp:RequiredFieldValidator ID="rfvCompanyName"
        runat="server"
       ControlToValidate="txtCompanyName"
        ErrorMessage="公司名称不可为空">
    </asp:RequiredFieldValidator>
    </InsertItemTemplate>
    <EditItemTemplate>
    <asp:TextBox ID="txtCompanyName" runat="server"
        Width="200px" DataTextField="CompanyName"
        Text='<%# Bind("CompanyName") %>'>
     </asp:TextBox>
    <asp:RequiredFieldValidator ID="rfvCompanyName"
        runat="server"
        ControlToValidate="txtCompanyName"
        ErrorMessage="公司名称不可为空">
    </asp:RequiredFieldValidator>
    </EditItemTemplate>
</asp:TemplateField>
<asp:TemplateField HeaderText="地址">
    <ItemTemplate>
        <%# Eval("CompanyAddress")%>
    </ItemTemplate>
    <InsertItemTemplate>
        <asp:TextBox ID="txtCompanyAddress"
            runat="server" Width="200px"
```

```
                CompanyName="CompanyAddress"
                Text='<%# Bind("CompanyAddress") %>'>
        </asp:TextBox>
        <asp:RequiredFieldValidator
                ID="rfvCompanyAddress"
                runat="server"
                ControlToValidate="txtCompanyAddress"
                ErrorMessage="地址不可为空">
        </asp:RequiredFieldValidator>
    </InsertItemTemplate>
    <EditItemTemplate>
        <asp:TextBox ID="txtCompanyAddress"
            runat="server" Width="200px"
                CompanyName="CompanyAddress"
                Text='<%# Bind("CompanyAddress") %>'>
        </asp:TextBox>
        <asp:RequiredFieldValidator
                ID="rfvCompanyAddress"
                runat="server"
                ControlToValidate="txtCompanyAddress"
                ErrorMessage="地址不可为空">
        </asp:RequiredFieldValidator>
    </EditItemTemplate>
</asp:TemplateField>
<asp:TemplateField HeaderText="企业性质">
    <ItemTemplate>
        <%# Eval("Property")%>
    </ItemTemplate>
    <InsertItemTemplate>
      <asp:DropDownList ID="ddlProperty"
            runat="server" Width="200px"
            DataTextField="Property"
      SelectedValue='<%# Bind("Property")%>'>
      <asp:ListItem Value="国企">国企
      </asp:ListItem>
      <asp:ListItem Value="私企">私企
      </asp:ListItem>
      <asp:ListItem Value="外商独资">外商独资
      </asp:ListItem>
```

```
                <asp:ListItem Value="中外合资">中外合资
                </asp:ListItem>
                </asp:DropDownList>
            </InsertItemTemplate>
            <EditItemTemplate>
            <asp:DropDownList ID="ddlProperty"
                        runat="server" Width="200px"
                        DataTextField="Property"
                        SelectedValue='<%#Bind("Property")%>'>
                        <asp:ListItem Value="国企">国企
                        </asp:ListItem>
                        <asp:ListItem Value="私企">私企
                        </asp:ListItem>
                        <asp:ListItem Value="外商独资">外商独资
                        </asp:ListItem>
                        <asp:ListItem Value="中外合资">中外合资
                        </asp:ListItem>
                </asp:DropDownList>
            </EditItemTemplate>
        </asp:TemplateField>
        <asp:TemplateField HeaderText="员工人数">
            <ItemTemplate>
                <%# Eval("EmployeeNum") %>
            </ItemTemplate>
            <InsertItemTemplate>
                <asp:DropDownList ID="ddlEmployeeNum"
                <runat="server" Width="200px"
                DataTextField="EmployeeNum"
                SelectedValue='<%#Bind("EmployeeNum")%>'>
                <asp:ListItem Value="50 人以下">50 人以下
                </asp:ListItem>
                <asp:ListItem Value="50~100 人">50~100 人
                </asp:ListItem>
                <asp:ListItem Value="100~500 人">100~500 人
                </asp:ListItem>
                <asp:ListItem Value="500 人以上">500 人以上
                </asp:ListItem>
                </asp:DropDownList>
            </InsertItemTemplate>
```

```
            <EditItemTemplate>
                <asp:DropDownList ID="ddlEmployeeNum"
                runat="server" Width="200px"
                  DataTextField="EmployeeNum"
                SelectedValue='<%#Bind("EmployeeNum")%>'>
                <asp:ListItem Value="50 人以下">50 人以下
                </asp:ListItem>
                <asp:ListItem Value="50~100 人">50~100 人
                </asp:ListItem>
                <asp:ListItem Value="100~500 人">100~500 人
                </asp:ListItem>
                <asp:ListItem Value="500 人以上">500 人以上
                </asp:ListItem>
                </asp:DropDownList>
            </EditItemTemplate>
        </asp:TemplateField>
        <asp:TemplateField HeaderText="联系人">
            <ItemTemplate>
                <%#Eval("LinkMan") %>
            </ItemTemplate>
            <InsertItemTemplate>
                <asp:TextBox ID="txtLinkman" runat="server"
                        Width="200px" DataTextField="Linkman"
                        Text='<%# Bind("Linkman") %>'>
                </asp:TextBox>
            </InsertItemTemplate>
            <EditItemTemplate>
                <asp:TextBox ID="txtLinkman" runat="server"
                        Width="200px" DataTextField="Linkman"
                        Text='<%# Bind("Linkman") %>'>
                </asp:TextBox>
            </EditItemTemplate>
        </asp:TemplateField>
        <asp:TemplateField HeaderText="企业邮箱">
            <ItemTemplate>
                <%#Eval("Email")%>
            </ItemTemplate>
            <InsertItemTemplate>
                <asp:TextBox ID="txtEmail"
```

```
                        runat="server" Width="200px"
                        DataTextField="Email"
                        Text='<%# Bind("Email") %>'>
                    </asp:TextBox>
                    <asp:RequiredFieldValidator ID="rfvEmail"
                        runat="server"
                        ControlToValidate="txtEmail"
                        ErrorMessage="企业邮箱不能为空">
                    </asp:RequiredFieldValidator>
                    <asp:RegularExpressionValidator
                        ID="revEmail" runat="server"
                        ControlToValidate="txtEmail"
                        ErrorMessage="Email 地址不正确"
                        ValidationExpression="\w+([-+.']
                        \w+)*@\w+([-.]\w+)*\.\w+([-.]\w+)*">
                    </asp:RegularExpressionValidator>
                </InsertItemTemplate>
                <EditItemTemplate>
                    <asp:TextBox ID="txtEmail" runat="server"
                        Width="200px" DataTextField="Email"
                        Text='<%# Bind("Email") %>'>
                    </asp:TextBox>
                    <asp:RequiredFieldValidator ID="rfvEmail"
                        runat="server"
                        ControlToValidate="txtEmail"
                        ErrorMessage="企业邮箱不能为空">
                    </asp:RequiredFieldValidator>
                    <asp:RegularExpressionValidator
                        ID="revEmail" runat="server"
                        ControlToValidate="txtEmail"
                        ErrorMessage="Email 地址不正确"
                        ValidationExpression="\w+([-+.']
                        \w+)*@\w+([-.]\w+)*\.\w+([-.]\w+)*">
                    </asp:RegularExpressionValidator>
                </EditItemTemplate>
            </asp:TemplateField>
            <asp:TemplateField HeaderText="联系电话">
                <ItemTemplate>
                    <%#Eval("Phone")%>
```

```
                </ItemTemplate>
                <InsertItemTemplate>
                    <asp:TextBox ID="txtPhone" runat="server"
                        Width="200px"  DataTextField="Phone"
                        Text='<%# Bind("Phone") %>'>
                    </asp:TextBox>
                </InsertItemTemplate>
                <EditItemTemplate>
                    <asp:TextBox ID="txtPhone" runat="server"
                            Width="200px" DataTextField="Phone"
                            Text='<%# Bind("Phone") %>'>
                    </asp:TextBox>
                </EditItemTemplate>
            </asp:TemplateField>
            <asp:TemplateField HeaderText="公司主页">
                <ItemTemplate>
                    <%#Eval("Www")%>
                </ItemTemplate>
                <InsertItemTemplate>
                    <asp:TextBox ID="txtWww" runat="server"
                            Width="200px" DataTextField="Www"
                            Text='<%# Bind("Www") %>'>
                    </asp:TextBox>
                    <asp:RegularExpressionValidator ID="revWww"
                            runat="server"
                            ControlToValidate="txtWww"
                            ErrorMessage="网址不正确"
                            ValidationExpression="http(s)?://([
                            \w-]+\.)+[\w-]+(/[\w- ./?%&=]*)?">
                    </asp:RegularExpressionValidator>
                </InsertItemTemplate>
                <EditItemTemplate>
                    <asp:TextBox ID="txtWww" runat="server"
                            Width="200px" DataTextField="Www"
                            Text='<%# Bind("Www") %>'>
                    </asp:TextBox>
                    <asp:RegularExpressionValidator ID="revWww"
                            runat="server"
                            ControlToValidate="txtWww"
```

```
                    ErrorMessage="网址不正确"
                    ValidationExpression="http(s)?://([
                    \w-]+\.)+[\w-]+(/[\w- ./?%&=]*)?">
                </asp:RegularExpressionValidator>
            </EditItemTemplate>
        </asp:TemplateField>
        <asp:TemplateField HeaderText="企业简介">
            <ItemTemplate>
                <%#Eval("Details")%>
            </ItemTemplate>
            <InsertItemTemplate>
                <asp:TextBox ID="txtDetails" runat="server"
                    Width="200px" DataTextField="Details"
                    Text='<%# Bind("Details") %>'
                    TextMode="MultiLine">
                </asp:TextBox>
            </InsertItemTemplate>
            <EditItemTemplate>
                <asp:TextBox ID="txtDetails" runat="server"
                    Width="200px" DataTextField="Details"
                    Text='<%# Bind("Details") %>'
                    TextMode="MultiLine">
                </asp:TextBox>
            </EditItemTemplate>
        </asp:TemplateField>
        <asp:CommandField ShowEditButton="True"
            ButtonType="Button"
            ShowInsertButton="True" />
    </Fields>
    <HeaderStyle BackColor="Tan" Font-Bold="True" />
    <EditRowStyle BackColor="DarkSlateBlue" ForeColor="GhostWhite" />
    <AlternatingRowStyle BackColor="PaleGoldenrod" />
</asp:DetailsView>
<asp:ObjectDataSource ID="odsBasicInfo" runat="server"
    InsertMethod="AddCompany"
    SelectMethod="GetCompanyByCompanyId"
    TypeName="HR.BLL.CompanyManager"
    UpdateMethod="ModifyCompany">
    <UpdateParameters>
```

```
                    <asp:SessionParameter DefaultValue="companyId"
                        Name="companyId" SessionField="companyId"
                        Type="Int32" />
                    <asp:Parameter Name="companyName" Type="String" />
                    <asp:Parameter Name="companyAddress" Type="String" />
                    <asp:Parameter Name="property" Type="String" />
                    <asp:Parameter Name="employeeNum" Type="String" />
                    <asp:Parameter Name="linkman" Type="String" />
                    <asp:Parameter Name="email" Type="String" />
                    <asp:Parameter Name="phone" Type="String" />
                    <asp:Parameter Name="www" Type="String" />
                    <asp:Parameter Name="details" Type="String" />
                </UpdateParameters>
                <SelectParameters>
                    <asp:SessionParameter DefaultValue="companyId"
                        Name="companyId" SessionField="companyId"
                        Type="Int32" />
                </SelectParameters>
                <InsertParameters>
                    <asp:Parameter Name="companyName" Type="String" />
                    <asp:Parameter Name="companyAddress" Type="String" />
                    <asp:Parameter Name="property" Type="String" />
                    <asp:Parameter Name="employeeNum" Type="String" />
                    <asp:Parameter Name="linkman" Type="String" />
                    <asp:Parameter Name="email" Type="String" />
                    <asp:Parameter Name="phone" Type="String" />
                    <asp:Parameter Name="www" Type="String" />
                    <asp:Parameter Name="details" Type="String" />
                </InsertParameters>
            </asp:ObjectDataSource>
        </div>
        </form>
</body>
</html>
```

(5) CompanyBasicInfo.aspx 页面的后台代码。

CompanyBasicInfo.aspx.cs 代码如下：

```
public partial class Company_CompanyBasicInfo : System.Web.UI.Page
{
    protected void Page_Load(object sender, EventArgs e)
```

```
    {
        //判断当前用户是否有企业信息
        if (Session["companyId"] == null)
        {
            //没有，则 dvBasicInfo 应处于插入模式，以便填写企业信息
            dvBasicInfo.DefaultMode = DetailsViewMode.Insert;
        }
        else
        {
            //有，则隐藏命令字段中的“插入”按钮，使其只能修改
            ((CommandField)dvBasicInfo.Fields[10]).
            ShowInsertButton = false;
        }
    }
    protected void dvBasicInfo_ItemInserted(object sender,
        DetailsViewInsertedEventArgs e)
    {
        Response.Redirect("CompanyMain.aspx");
    }
    protected void dvBasicInfo_ItemInserting(object sender,
        DetailsViewInsertEventArgs e)
    {
        User user = (User)Session["CurUser"];
        //添加用户 id 的参数
        this.odsBasicInfo.InsertParameters.Add("userId",
            user.UserId.ToString());
    }
}
```

注 意

CompanyBasicInfo.aspx 页面的运行和演示将在实践 7 中进行。

知识拓展

Repeater 控件在重复的列表中显示数据项目，Repeater 中的列表项的内容和布局是用模板定义的。Repeater 控件没有内置的布局或样式，必须显式声明其控件模板中的所有 HTML 布局、格式设置及样式标记。例如在 HTML 表格内创建一个列表，需要声明 HeaderTemplate 中的<table>标记、ItemTemplate 中的表行<tr>标记、<td>标记和数据绑定项以及 FooterTemplate 中的</table>标记，每个 Repeater 至少要定义一个 ItemTemplate。

Repeater 控件中的模板主要有以下几种：

✧ ItemTemplate：定义列表中项目的内容和布局，该模板是必选项。

✧ AlternatingItemTemplate：确定替换项的内容和布局。

✧ SeparatorTemplate：各个项目(及替换项)之间呈现的分隔符。

✧ HeaderTemplate：列表标题的内容和布局。

✧ FooterTemplate：列表脚注的内容和布局。

以下代码演示 Repeater 控件的使用。其页面源代码如下：

```
<%@ Page Language="C#" AutoEventWireup="true"
    CodeBehind="RepeaterExample.aspx.cs" Inherits="ph06.RepeaterExample" %>
<%@ Import Namespace="System.Collections.Generic" %>
<!DOCTYPE html PUBLIC "-//W3C//DTD XHTML 1.0 Transitional//EN"
    "http://www.w3.org/TR/xhtml1/DTD/xhtml1-transitional.dtd">
<html xmlns="http://www.w3.org/1999/xhtml" >
<head runat="server">
    <title>Repeater 示例</title>
</head>
<body>
    <form id="form1" runat="server">
    <div>
        <asp:Repeater ID="re" runat="server">
        <ItemTemplate>
        key:<%# ((KeyValuePair<string,string>)Container.DataItem).Key %>
        value:<%#((KeyValuePair<string,string>)Container.DataItem).Value%>
        <br/>
        </ItemTemplate>
        </asp:Repeater>
    </div>
    </form>
</body>
</html>
```

后台代码如下：

```
using System.Collections.Generic;
public partial class RepeaterExample : System.Web.UI.Page {
    protected void Page_Load(object sender, EventArgs e) {
        Bind();
    }
    protected void Bind() {
        Dictionary<string, string> dic = new Dictionary<string, string>();
        dic.Add("a", "abcd");
```

```
            dic.Add("b", "1234");
            re.DataSource = dic;
            re.DataBind();
        }
}
```

本页面使用集合类 Dictionary<TKey,TValue>作为 Repeater 控件的数据源，而不是连接到数据库，因此在前台和后台都需要导入“System.Collections.Generic”。运行此页面，其显示结果如图 S6-28 所示。

图 S6-28　运行结果

拓展练习

使用 Repeater 控件显示表中的数据。

实践 7　页 面 设 计

实践指导

实 践 7.1

设计 HR 网站的站点地图。

【分析】

(1) 添加站点地图 Web.sitemap 文件。

(2) 添加个人用户所需的树形菜单 perTree.xml 文件。

(3) 添加企业用户所需的树形菜单 comTree.xml 文件。

【参考解决方案】

(1) 添加站点地图。

在 HR 的 Web 网站中，选择“网站”→“添加新项”菜单，出现如图 S7-1 所示的“添加新项”窗口，在此窗口中选中“站点地图”模板后，站点地图的默认名称为“Web.sitemap”，单击“添加”按钮。

图 S7-1　创建站点地图

在 Web.sitemap 中配置站点地图节点，代码如下：

```
<?xml version="1.0" encoding="utf-8" ?>
<siteMap xmlns="http://schemas.microsoft.com/AspNet/SiteMap-File-1.0" >
    <siteMapNode url="Login.aspx" title="HR"  description="">
        <siteMapNode url="~\Person\PersonMain.aspx" title="个人管理"
            description="">
      <siteMapNode title="简历预览" url="~\Person\ResumeView.aspx"
                description="" />
      <siteMapNode title="添加/修改简历" url="~\Person\Resume.aspx"
            description="" />
            <siteMapNode title="工作申请列表" url="~\Person\ApplicationList.aspx"
                description="" />
      <siteMapNode title="职位申请" url="~\Person\Application.aspx"
                description="" />
           <siteMapNode title="申请信息" url="~\Person\ApplicationDetail.aspx"
                            description="" />
           <siteMapNode title="企业回复" url="~\Person\InviteList.aspx"
                            description="" />
           <siteMapNode title="邀请函信息" url="~\Person\InviteDetail.aspx"
                            description="" />
           <siteMapNode title="查询招聘信息" url="~\Person\SearchJob.aspx"
                        description=""/>
      <siteMapNode title="招聘信息" url="~\Person\JobDetail.aspx"
                        description=""/>
      </siteMapNode>
      <siteMapNode url="~\Company\CompanyMain.aspx" title="企业管理"
                        description="">
            <siteMapNode title="添加/修改信息"
                url="~\Company\CompanyBasicInfo.aspx" description="" />
            <siteMapNode title="发布招聘信息" url="~\Company\Job.aspx"
                description="" />
            <siteMapNode title="已发布招聘信息" url="~\Company\JobList.aspx"
                description="" />
      <siteMapNode title="收到的求职申请" url="~\Company\AcceptList.aspx"
                description="" />
            <siteMapNode title="求职申请信息"
                url="~\Company\ApplicationDetail.aspx" description="" />
            <siteMapNode title="发送的邀请函" url="~\Company\InviteList.aspx"
                description="" />
```

```
            <siteMapNode title="填写邀请函" url="~\Company\Invite.aspx"
                    description="" />
            <siteMapNode title="邀请函信息" url="~\Company\InviteDetail.aspx"
                    description="" />
            <siteMapNode title="搜索简历" url="~\Company\SearchResume.aspx"
                    description=""/>
            <siteMapNode title="简历信息" url="~\Company\ResumeView.aspx"
                    description=""/>
            </siteMapNode>
        </siteMapNode>
</siteMap>
```

(2) 添加 perTree.xml。

在 Web 网站的 Person 文件夹下，添加一个 XML 文件，如图 S7-2 所示，选择“XML 文件”模板，并将文件名命名为“perTree.xml”。

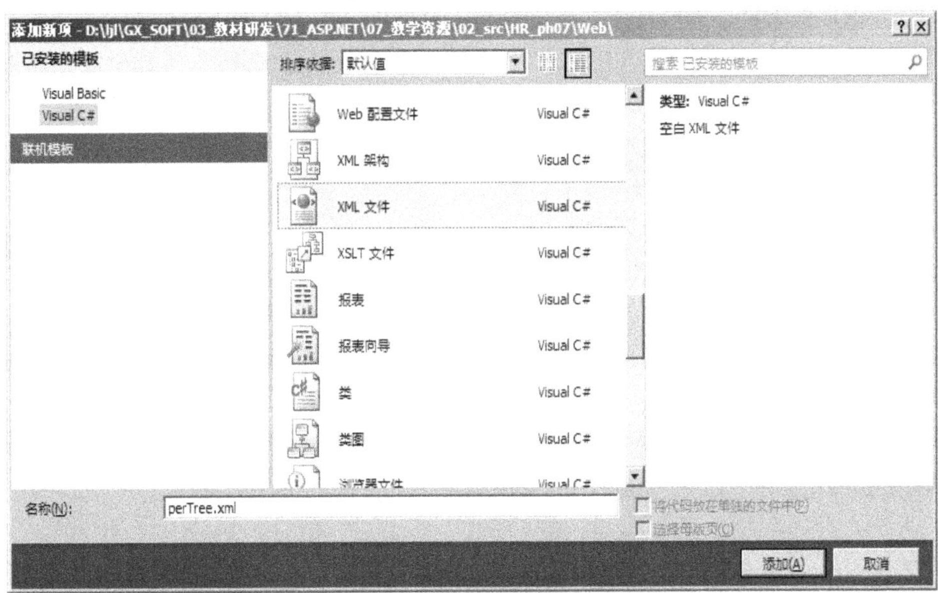

图 S7-2　创建 XML 文件

在 perTree.xml 中配置如下节点信息：

```
<?xml version="1.0" encoding="utf-8" ?>
<siteMapNode url="PersonMain.aspx" title="个人管理" description="">
    <siteMapNode title="简历维护" url="" description="">
        <siteMapNode title="添加/修改简历" url="Resume.aspx" description="" />
        <siteMapNode title="简历预览" url="ResumeView.aspx" description="" />
    </siteMapNode>
    <siteMapNode title="我的信箱" url="" description="">
        <siteMapNode title="发送的工作申请" url="ApplicationList.aspx"
```

```
                    description="" />
            <siteMapNode title="企业回复" url="InviteList.aspx" description="" />
        </siteMapNode>
        <siteMapNode title="查询招聘信息" url="SearchJob.aspx" description=""/>
</siteMapNode>
```

(3) 添加 comTree.xml。

在 Web 网站的 Company 文件夹下，添加一个名为“comTree.xml”的 XML 文件，并在该文件中配置如下节点信息：

```
<?xml version="1.0" encoding="utf-8" ?>
<siteMapNode url="CompanyMain.aspx" title="企业管理" description="">
    <siteMapNode title="基本信息维护" url="" description="">
        <siteMapNode title="添加/修改信息" url="CompanyBasicInfo.aspx"
            description="" />
        </siteMapNode>
        <siteMapNode title="我的信箱" url="" description="">
            <siteMapNode title="收到的求职申请" url="AcceptList.aspx"
                    description="" />
            <siteMapNode title="发送的邀请函" url="InviteList.aspx"
                    description="" />
    </siteMapNode>
    <siteMapNode title="招聘" url="" description="">
        <siteMapNode title="发布新招聘信息" url="Job.aspx" description=""/>
        <siteMapNode title="已发布招聘信息" url="JobList.aspx" description=""/>
    </siteMapNode>
    <siteMapNode title="搜索简历" url="SearchResume.aspx" description=""/>
</siteMapNode>
```

实践 7.2

设计个人用户的母版页，添加个人用户主页 PersonMain.aspx，并将原来的 Resume.aspx 页面升级为内容页，运行并演示 Resume.aspx 页面。

【分析】

(1) 添加 PersonMaster.master 母版页。

(2) 添加 PersonMain.aspx 页面。

(3) 升级 Resume.aspx 页面为内容页。

【参考解决方案】

(1) 添加个人用户的母版页 PersonMaster.master。

在 Web 网站的 Person 文件夹下，添加母版页 PersonMaster.master，如图 S7-3 所示。

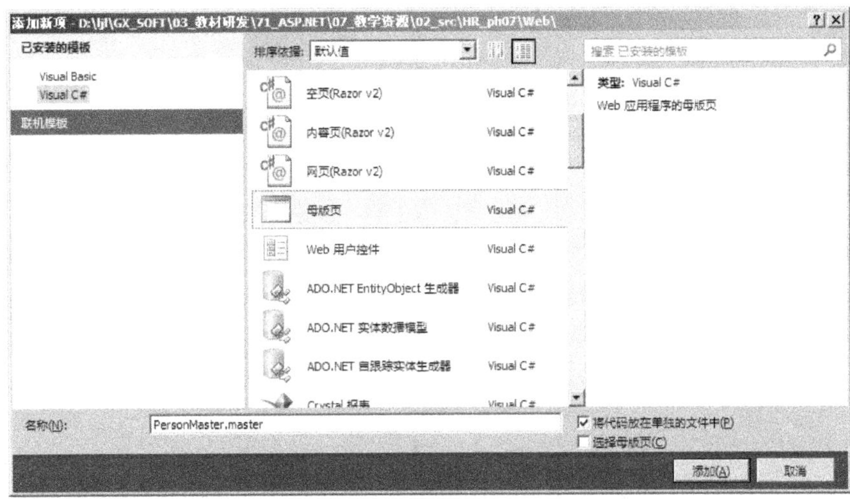

图 S7-3 创建母版页

设计 PersonMaster.master 母版页，使用 SiteMapPath 控件显示站点导航，使用 TreeView 控件显示树形菜单，如图 S7-4 所示。

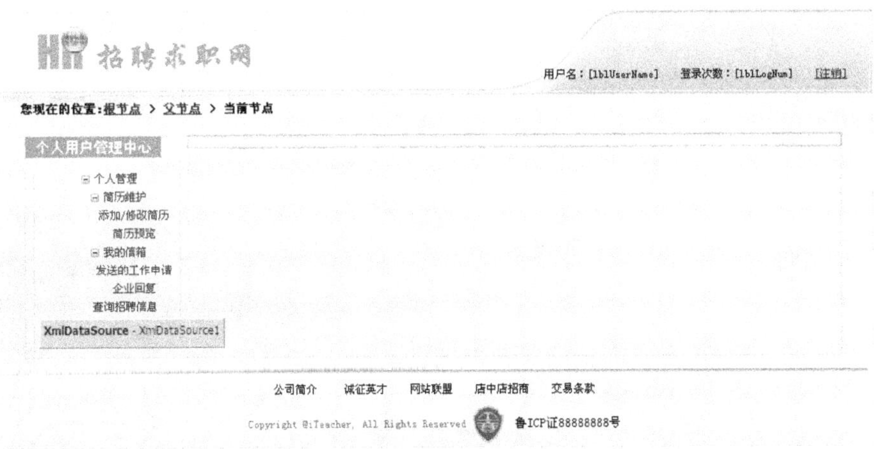

图 S7-4 设计界面

PersonMaster.master 母版页的源代码如下：

```
<%@ Master Language="C#" AutoEventWireup="true"
        CodeFile="PersonMaster.master.cs" Inherits="Person_PersonMaster" %>
<!DOCTYPE html PUBLIC "-//W3C//DTD XHTML 1.0 Transitional//EN"
"http://www.w3.org/TR/xhtml1/DTD/xhtml1-transitional.dtd">
<html xmlns="http://www.w3.org/1999/xhtml">
<head runat="server">
    <title>HR_个人用户</title>
    <style>
        image
        {
```

```
        border: 0;
}
div
{
        color: #000000;
        font-size: 12px;
}
td
{
        color: #000000;
        font-size: 12px;
}
.middle-bg
{
        background: url(../images/bg.jpg) 0px 0px no-repeat;
        width: 970px;
}
.middle-left
{
        width: 180px;
}
.middle-left1
{
        width: 150px;
        border-left: 1 #7AB271 solid;
        border-right: 1 #7AB271 solid;
        padding: 10px 5px 10px 5px;
}
.bottom
{
        width: 80px;
        color: #000000;
        line-height: 30px;
        font-size: 12px;
        text-align: center;
        text-decoration: none;
}
.bottom :hover
{
```

```
                width: 80px;
                color: #000000;
                line-height: 30px;
                font-size: 12px;
                text-align: center;
                text-decoration: none;
            }
            .bcopyright
            {
                color: #666666;
                font-size: 12px;
                text-align: center;
            }
        </style>
</head>
<body>
        <form id="form1" runat="server">
        <!--网站头部开始-->
        <div style="width: 970px; height: 93px;
            background-image: url('../images/topbg.gif');">
            <table style="width: 970px; height: 93px;">
                <tr>
                    <td width="600">
                              
                        <img src="../images/logo.gif" />
                    </td>
                    <td align="right" valign="bottom">
                        用户名：
                        <asp:Label ID="lblUserName" runat="server">
                        </asp:Label>   
                        登录次数：
                        <asp:LabelID="lblLogNum" runat="server">
                        </asp:Label>  
                        <asp:LinkButton ID="LinkButton1" runat="server"
                            OnClick="LinkButtonOut_Click">
                            [注销]
                        </asp:LinkButton>     
                    </td>
                </tr>
```

```
        </table>
    </div>
    <div class="middle-bg">
        <!--网站中间部分开始-->
        <div style="padding-left: 30px; font-size: 13px;
            line-height: 30px; font-weight: bold;">
            您现在的位置:
            <asp:SiteMapPath ID="SiteMapPath1" runat="server">
            </asp:SiteMapPath>
        </div>
        <div style="padding: 15px 0px 15px 0px;">
            <table width="900" border="0" cellspacing="0"
                cellpadding="0" align="center">
                <tr>
                    <!--左边菜单栏开始-->
                    <td class="middle-left" valign="top">
                        <div>
                            <img src="../images/per_menu_top.gif">
                        </div>
                        <div class="middle-left1">
                            <asp:TreeView ID="tvStoreClass"
                                runat="server"
                                DataSourceID="XmlDataSource1">
                                <DataBindings>
                                    <asp:TreeNodeBinding
                                    DataMember="siteMapNode"
                                    NavigateUrlField="url"
                                    TextField="title" />
                                </DataBindings>
                            </asp:TreeView>
                            <asp:XmlDataSource ID="XmlDataSource1"
                              runat="server"
                                DataFile="~/Person/perTree.xml">
                            </asp:XmlDataSource>
                        </div>
                    </td>
                    <!--右边主要内容开始-->
                    <td valign="top">
                        <table width="100%" border="0"
```

```
                                                  cellspacing="0" cellpadding="0">
                                                  <tr>
                                                  <td>
                                                  <asp:ContentPlaceHolder
                                                              ID="cphContent"
                                                          runat="server">
                                                        </asp:ContentPlaceHolder>
                                                  </td>
                                              </tr>
                                          </table>
                                    </td>
                              </tr>
                        </table>
                  </div>
                  <!--网站底部开始-->
                  <div align="center">
                        <img src="../images/line-1.gif" width="960" height="6"><br>
                        <a href="#" class="bottom">公司简介</a>   
                        <a href="#" class="bottom">诚征英才</a>  
                        <a href="#" class="bottom">网站联盟</a>  
                        <a href="#" class="bottom">店中店招商</a>  
                        <a href="#" class="bottom">交易条款</a>
                  </div>
                  <div class="bcopyright">
                        Copyright @iTeacher, All Rights Reserved
                        <img src="../images/validate.gif" hspace="4"
                              align="absmiddle">
                        <span style="font-size: 13px; color: #000000;">
                              鲁 ICP 证 88888888 号</span>
                  </div>
      </div>
      </form>
</body>
</html>
```

PersonMaster.master 母版页的后台代码(PersonMaster.master.cs)如下：

```
using HR.Models;
public partial class Person_PersonMaster : System.Web.UI.MasterPage
{
      protected void Page_Load(object sender, EventArgs e)
```

```
    {
        //判断用户是否是非法访问
        if (Session["CurUser"] != null)
        {
            //从 Session 中取出当前用户信息并显示
            User user = (User)Session["CurUser"];
            lblUserName.Text = user.UserName;
            lblLogNum.Text = user.LogNum.ToString();
        }
        else
        {
            //跳转到登录页面
            Response.Redirect("../Login.aspx");
        }
    }
    //注销
    protected void LinkButtonOut_Click(object sender, EventArgs e)
    {
        //清空 Session 中的数据
        Session["CurUser"] = null;
        Session["resumeId"] = null;
        Response.Redirect("../Login.aspx");
    }
}
```

(2) 添加 PersonMain.aspx 页面。

在 Web 网站的 Person 文件夹下添加 PersonMain.aspx 页面，注意在“添加新项”窗口中选中“选择母版页”复选框，如图 S7-5 所示。

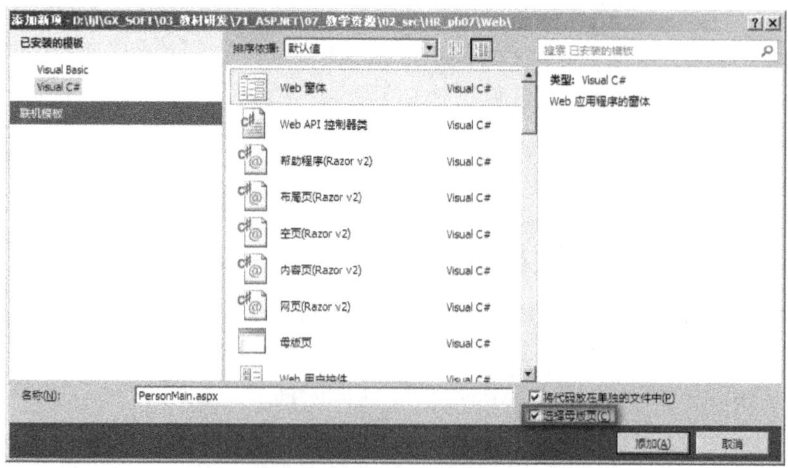

图 S7-5　添加 Web 窗体

如图 S7-6 所示，在弹出的“选择母版页”窗口中选中 Person 文件夹下的 PersonMaster.master 母版页，单击“确定”按钮。

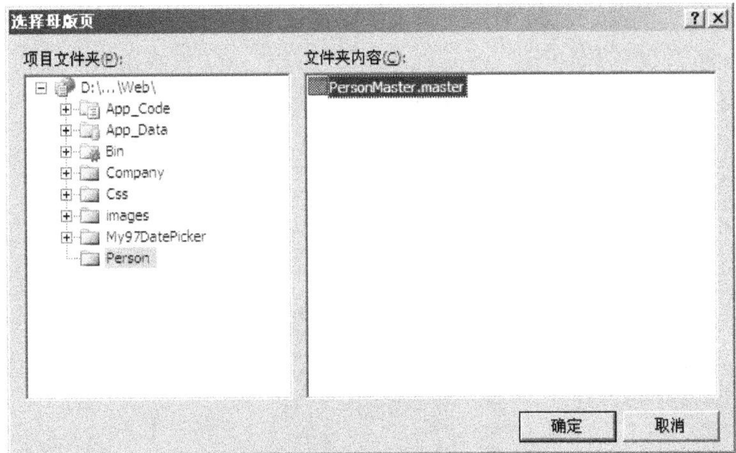

图 S7-6　选择母版页

生成的 PersonMain.aspx 页面的源代码如下：

```
<%@ Page Language="C#" MasterPageFile="~/Person/PersonMaster.master"
    AutoEventWireup="true" CodeFile="PersonMain.aspx.cs"
    Inherits="Person_PersonMain" Title="个人用户主页" %>
<asp:Content ID="Content1" ContentPlaceHolderID="cphContent" Runat="Server">
</asp:Content>
```

个人主页的后台代码(PersonMain.aspx.cs)如下：

```
public partial class Person_PersonMain : System.Web.UI.Page
{
    protected void Page_Load(object sender, EventArgs e)
    {
        User user = (User)Session["CurUser"];
        //根据用户 ID 查询该用户是否有简历
        Resume resume = ResumeManager.GetResumeByUserId(user.UserId);
        if (resume != null)
        {
            Session["resumeId"] = resume.ResumeId;
        }
        else
        {
            Session["resumeId"] = null;
        }
    }
}
```

(3) 升级 Resume.aspx 页面。

修改 Resume.aspx 页面，在 Page 指令中添加 MasterPageFile 属性指明母版页，再删除原来的 HTML 相关的头、体等内容，并使用<asp:Content>标签括起原来的内容。修改后的 Resume.aspx 页面源代码如下：

```
<%@ Page Language="C#" MasterPageFile="~/Person/PersonMaster.master"
    AutoEventWireup="true" CodeFile="Resume.aspx.cs"
    Inherits="Person_Resume"   Title="个人用户主页" %>
<asp:Content ID="Content1"    ContentPlaceHolderID="cphContent" runat="Server">
    <script language="javascript" type="text/javascript"
        src="../My97DatePicker/WdatePicker.js" charset="gb2312">
    </script>
        <!--省略 DetailsView、数据源和参数的配置内容 -->
        ...
</asp:Content>
```

(4) 运行。

以个人用户登录，如图 S7-7 所示。

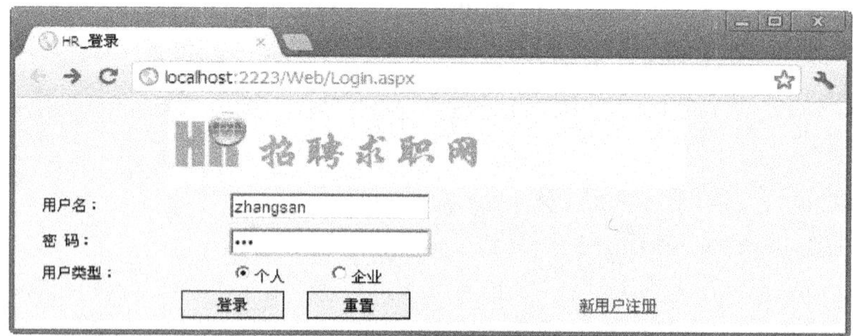

图 S7-7　运行结果(以个人用户登录)

登录成功后进入个人主页，如图 S7-8 所示。

图 S7-8　运行结果(进入个人主页)

在左侧的菜单树中选择“添加/修改简历”，则显示 Resume.aspx 页面。因为该用户还没有添加简历，所以 DetailsView 进入插入模式，如图 S7-9 所示。

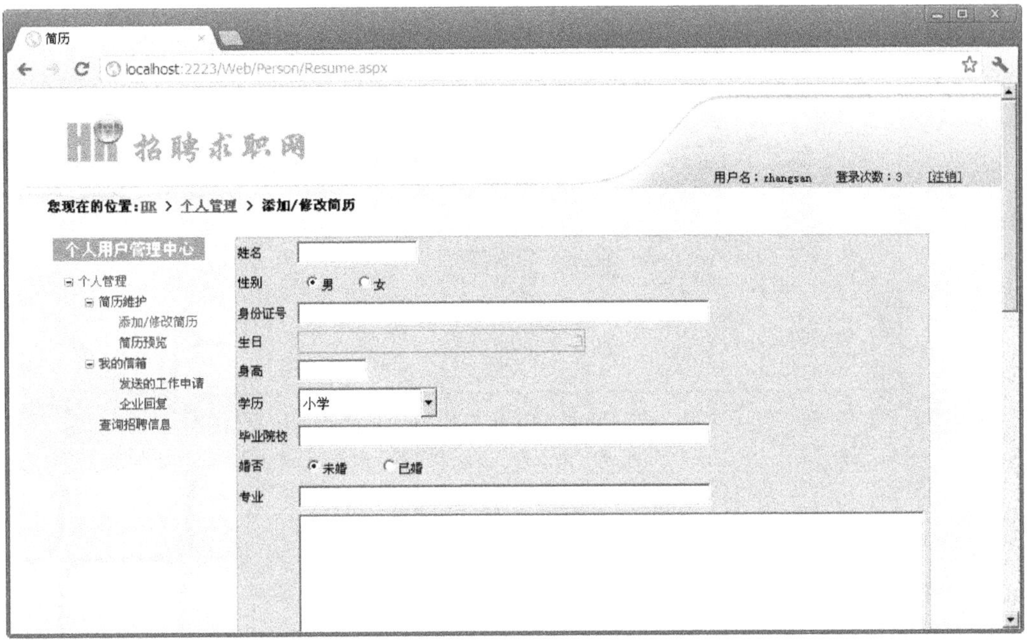

图 S7-9　添加简历

填写简历信息，单击“插入”按钮，插入成功后，系统自动返回到主页，此时再选择“添加/修改简历”菜单，DetailsView 进入只读模式，如图 S7-10 所示。

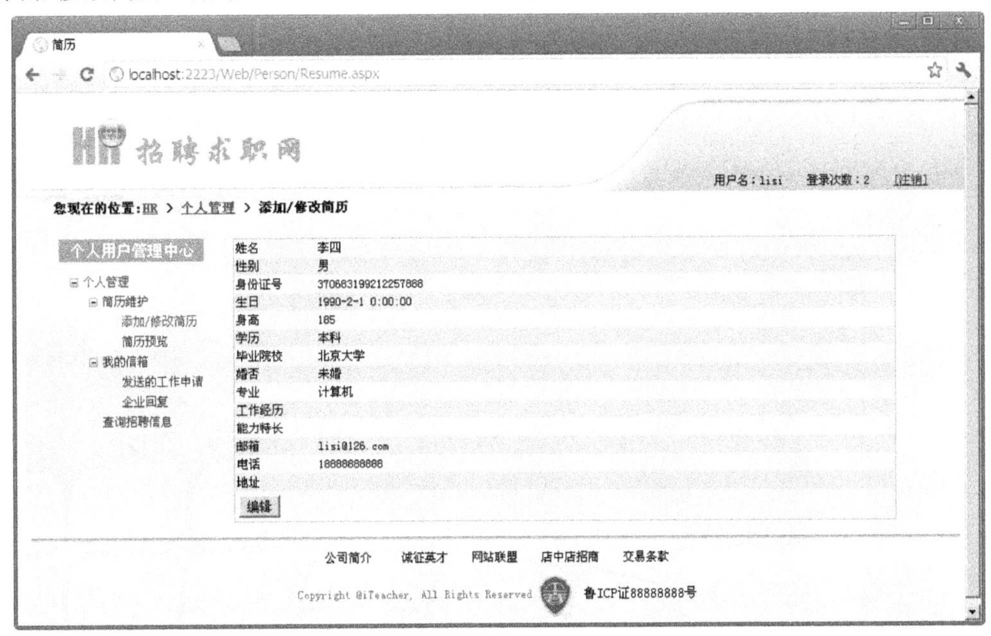

图 S7-10　简历展示

单击“编辑”按钮，DetailsView 进入编辑模式，如图 S7-11 所示，可以修改简历。

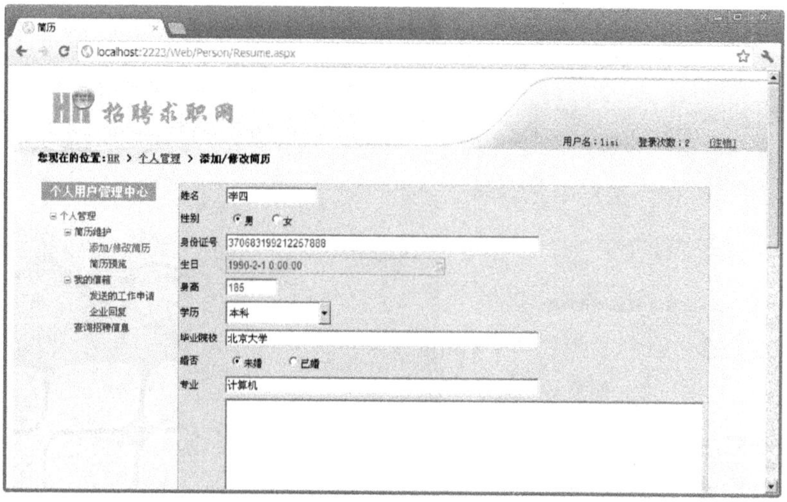

图 S7-11　编辑简历

实践 7.3

设计企业用户的母版页，并将原来的 CompanyBasicInfo.aspx 页面升级为内容页，运行并演示 CompanyBasicInfo.aspx 页面。

【分析】

(1) 添加 CompanyMaster.master 母版页。

(2) 添加 CompanyMain.aspx 页面。

(3) 升级 CompanyBasicInfo.aspx 页面。

【参考解决方案】

(1) 创建 CompanyMaster.master 母版页。

在 Web 网站的 Company 文件夹下，添加企业用户的母版页 CompanyMaster.master，并设计该母版页。企业用户的母版页与个人用户的母版页相似，只需改变树形菜单树即可，如图 S7-12 所示。

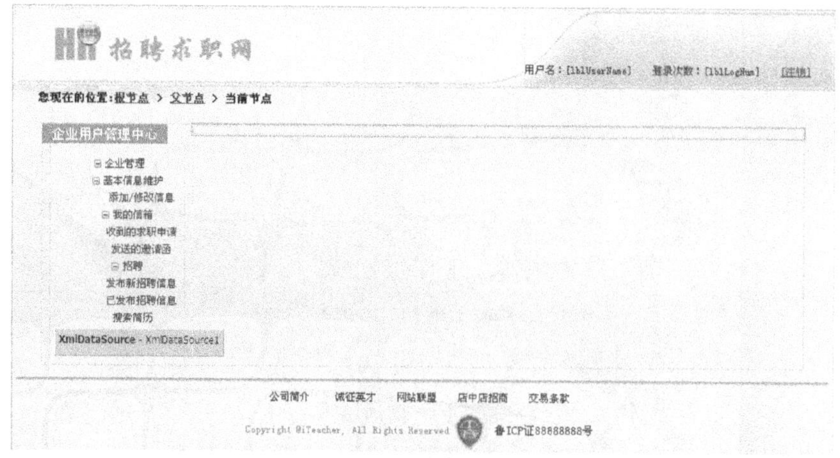

图 S7-12　设计界面

CompanyMaster.master 母版页的源代码如下：

```
<%@ Master Language="C#" AutoEventWireup="true"
    CodeFile="CompanyMaster.master.cs" Inherits="Company_CompanyMaster" %>
<!DOCTYPE html PUBLIC "-//W3C//DTD XHTML 1.0 Transitional//EN"
    "http://www.w3.org/TR/xhtml1/DTD/xhtml1-transitional.dtd">
<html xmlns="http://www.w3.org/1999/xhtml">
<head id="Head1" runat="server">
    <title>HR_企业用户</title>
    <style>
        image
        {
            border: 0;
        }
        div
        {
            color: #000000;
            font-size: 12px;
        }
        td
        {
            color: #000000;
            font-size: 12px;
        }
        .middle-bg
        {
            background: url(../images/bg.jpg) 0px 0px no-repeat;
            width: 970px;
        }
        .middle-left
        {
            width: 180px;
        }
        .middle-left1
        {
            width: 150px;
            border-left: 1 #7AB271 solid;
            border-right: 1 #7AB271 solid;
            padding: 10px 5px 10px 5px;
        }
```

```
            .bottom
            {
                width: 80px;
                color: #000000;
                line-height: 30px;
                font-size: 12px;
                text-align: center;
                text-decoration: none;
            }
            .bottom :hover
            {
                width: 80px;
                color: #000000;
                line-height: 30px;
                font-size: 12px;
                text-align: center;
                text-decoration: none;
            }
            .bcopyright
            {
                color: #666666;
                font-size: 12px;
                text-align: center;
            }
        </style>
</head>
<body>
        <form id="form1" runat="server">
        <!--网站头部开始-->
        <div style="width: 970px; height: 93px;
            background-image: url('../images/topbg.gif');">
            <table style="width: 970px; height: 93px;">
                <tr>
                    <td width="600">
                              
                        <img src="../images/logo.gif" />
                    </td>
                    <td align="right" valign="bottom">
                        用户名：
```

```
                    <asp:Label ID="lblUserName" runat="server">
                    </asp:Label>   
                    登录次数:
                    <asp:LabelID="lblLogNum" runat="server">
                    </asp:Label>   
                    <asp:LinkButton ID="LinkButton1" runat="server"
                        OnClick="LinkButtonOut_Click">
                        [注销]
                    </asp:LinkButton>     
                </td>
            </tr>
        </table>
</div>
<div class="middle-bg">
    <!--网站中间部分开始-->
    <div style="padding-left: 30px; font-size: 13px;
        line-height: 30px; font-weight: bold;">
        您现在的位置:<asp:SiteMapPath ID="SiteMapPath1"
        runat="server">
        </asp:SiteMapPath>
    </div>
    <div style="padding: 15px 0px 15px 0px;">
        <table width="900" border="0"
            cellspacing="0" cellpadding="0" align="center">
            <tr>
                <!--左边菜单栏开始-->
                <td class="middle-left" valign="top">
                    <div>
                <img src="../images/comp_menu_top.gif">
                    </div>
                    <div class="middle-left1">
                    <asp:TreeView ID="tvStoreClass"
                            runat="server"
                        DataSourceID="XmlDataSource1">
                        <DataBindings>
                        <asp:TreeNodeBinding
                    DataMember="siteMapNode"
                            NavigateUrlField="url"
                            TextField="title" />
```

```
                                        </DataBindings>
                                </asp:TreeView>
                                <asp:XmlDataSource ID="XmlDataSource1"
                                        runat="server"
                                                DataFile="~/Company/comTree.xml">
                                </asp:XmlDataSource>
                                </div>
                        </td>
                        <!--右边主要内容开始-->
                        <td valign="top">
                                <table width="100%" border="0"
                                   cellspacing="0" cellpadding="0">
                                        <tr>
                                        <td>
                                                <asp:ContentPlaceHolder
                                                        ID="cphContent"
                                                      runat="server">
                                                </asp:ContentPlaceHolder>
                                                </td>
                                        </tr>
                                </table>
                        </td>
                </tr>
        </table>
</div>
<!--网站底部开始-->
<div align="center">
        <img src="../images/line-1.gif" width="960" height="6"><br>
        <a href="#" class="bottom">公司简介</a>   
        <a href="#" class="bottom">诚征英才</a>  
        <a href="#" class="bottom">网站联盟</a>  
        <a href="#" class="bottom">店中店招商</a>  
        <a href="#" class="bottom">交易条款</a>
</div>
<div class="bcopyright">
        Copyright @iTeacher, All Rights Reserved
           <img src="../images/validate.gif"
                 hspace="4" align="absmiddle">
        <span style="font-size: 13px; color: #000000;">
```

```
                    鲁 ICP 证 88888888 号</span>
            </div>
        </div>
        </form>
</body>
</html>
```

CompanyMaster.master 母版页的后台代码(CompanyMaster.master.cs)如下：

```
using HR.Models;
public partial class Company_CompanyMaster : System.Web.UI.MasterPage
{
    protected void Page_Load(object sender, EventArgs e)
    {
        if (Session["CurUser"] != null)
        {
            User user = (User)Session["CurUser"];
            lblUserName.Text = user.UserName;
            lblLogNum.Text = user.LogNum.ToString();
        }
        else
        {
            Response.Redirect("../Login.aspx");
        }
    }
    protected void LinkButtonOut_Click(object sender, EventArgs e)
    {
        //清空 Session 中的数据
        Session["CurUser"] = null;
        Session["companyId"] = null;
        Response.Redirect("../Login.aspx");
    }
}
```

(2) 创建 CompanyMain.aspx 页面。

在 Web 网站的 Company 文件夹下，添加企业主页 CompanyMain.aspx 页面，并指定该页面的母版页是 CompanyMaster.master。企业主页 CompanyMain.aspx 页面的源代码如下：

```
<%@ Page Language="C#" MasterPageFile="~/Company/CompanyMaster.master"
    AutoEventWireup="true" CodeFile="CompanyMain.aspx.cs"
    Inherits="Company_CompanyMain" Title="企业用户主页" %>
<asp:Content ID="Content1" ContentPlaceHolderID="cphContent"
```

```
    Runat="Server">
</asp:Content>
```

企业主页的后台代码(CompanyMain.aspx.cs)如下：

```
public partial class Company_CompanyMaster : System.Web.UI.MasterPage
{
    protected void Page_Load(object sender, EventArgs e)
    {
        if (Session["CurUser"] != null)
        {
            User user = (User)Session["CurUser"];
            lblUserName.Text = user.UserName;
            lblLogNum.Text = user.LogNum.ToString();
        }
        else
        {
            Response.Redirect("../Login.aspx");
        }
    }
    protected void LinkButtonOut_Click(object sender, EventArgs e)
    {
        //清空 Session 中的数据
        Session["CurUser"] = null;
        Session["companyId"] = null;
        Response.Redirect("../Login.aspx");
    }
}
```

(3) 升级 CompanyBasicInfo.aspx 页面。

修改实践 6.2 中创建的 CompanyBasicInfo.aspx 页面，使其成为 CompanyMaster.master 母版页的内容页。修改后的 CompanyBasicInfo.aspx 页面源代码如下：

```
<%@ Page Language="C#" MasterPageFile="~/Company/CompanyMaster.master"
    AutoEventWireup="true" CodeFile="CompanyBasicInfo.aspx.cs"
    Inherits="Company_CompanyBasicInfo" Title="企业用户主页" %>
<asp:Content ID="Content1" ContentPlaceHolderID="cphContent" runat="Server">
    <!--省略 DetailsView、数据源和参数的配置内容 -->
    ......
</asp:content>
```

(4) 运行。

以企业用户登录，如图 S7-13 所示。

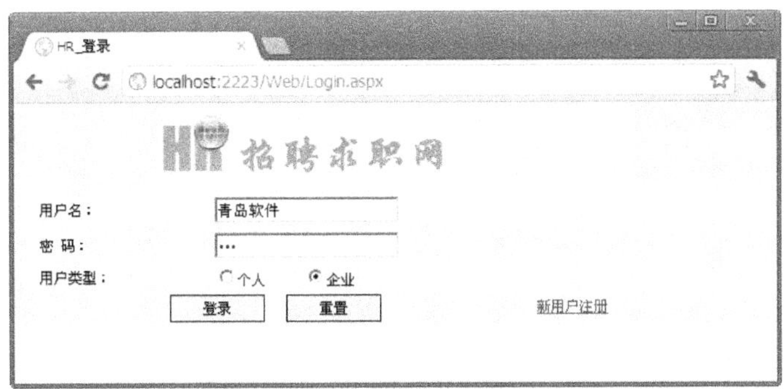

图 S7-13　运行结果(以企业用户登录)

登录成功后进入企业用户主页，如图 S7-14 所示。

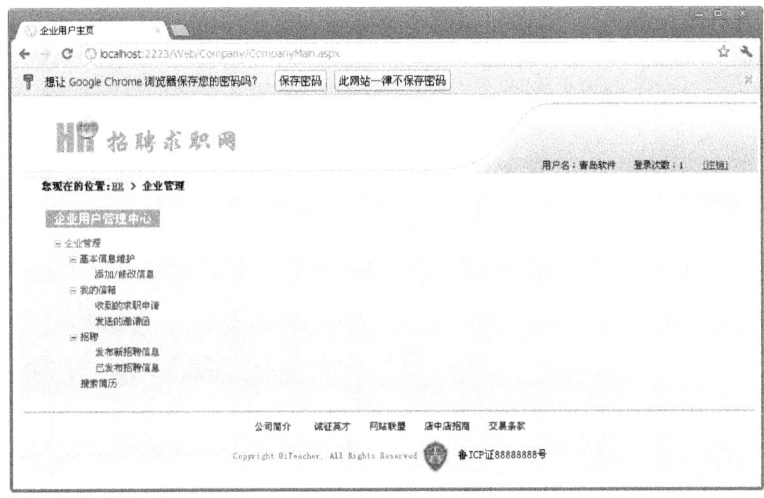

图 S7-14　运行结果(进入企业用户主页)

在左侧的菜单树中选择“添加/修改信息”，则显示 CompanyBasicInfo.aspx 页面，因为该用户还没有添加企业基本信息，所以 DetailsView 进入插入模式，如图 S7-15 所示。

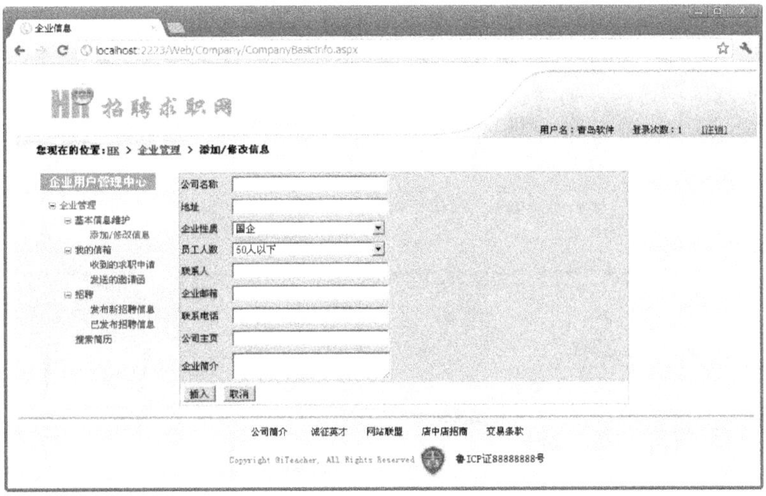

图 S7-15　添加信息

填写企业信息，单击“插入”按钮，插入成功后，系统自动返回到主页，此时再选择“添加/修改信息”菜单，DetailsView 进入只读模式，如图 S7-16 所示。

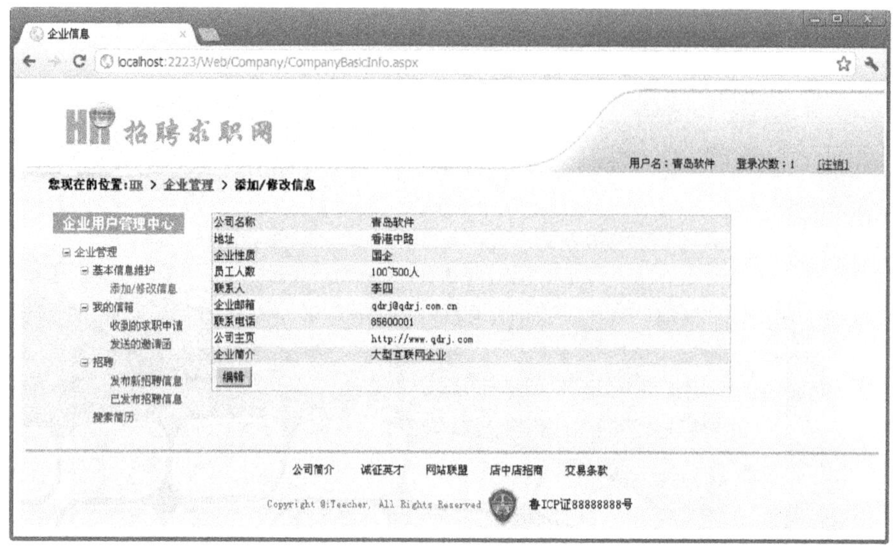

图 S7-16　信息展示

单击“编辑”按钮，DetailsView 进入编辑模式，可以修改企业信息，如图 S7-17 所示。

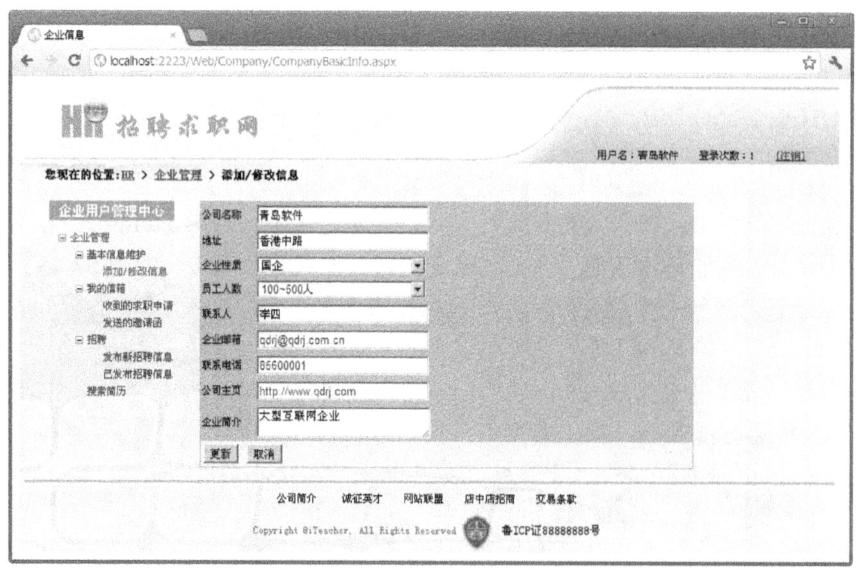

图 S7-17　编辑信息

实践 7.4

实现企业招聘信息的发布及修改。

【分析】

(1) 企业招聘信息要保存到 Job 表，对应地在 HRDAL 中应添加 JobService 类，提供

访问 Job 表的各种方法。

(2) 在 HRBLL 添加 JobManager 类。

(3) 创建 Job.aspx 页面，设计该页面并使用 DetailsView 控件。

【参考解决方案】

(1) 创建 JobService 类。

在 HRDAL 项目中添加一个 JobService 类，代码如下：

```
using HR.Models;
namespace HR.DAL
{
    public static partial class JobService
    {
        //添加
        public static Job AddJob(Job job)
        {
            string sql =
 "INSERT Job (companyId, jobType, occupation, position, laborage, demand)" +
 "VALUES (@companyId, @jobType, @occupation, @position, @laborage, @demand)";
            sql += " ; SELECT @@IDENTITY";
            try
            {
                SqlParameter[] para = new SqlParameter[]
                {
                    new SqlParameter("@companyId", job.Company.CompanyId),
                    new SqlParameter("@jobType", job.JobType),
                    new SqlParameter("@occupation", job.Occupation),
                    new SqlParameter("@position", job.Position),
                    new SqlParameter("@laborage", job.Laborage),
                    new SqlParameter("@demand", job.Demand)
                };
                int newId = DBHelper.GetScalar(sql, para);
                return GetJobByJobId(newId);
            }
            catch (Exception e)
            {
                Console.WriteLine(e.Message);
                throw e;
            }
        }
```

```
//修改
public static void ModifyJob(Job job)
{
    string sql =
        "UPDATE Job " +
        "SET " +
            "companyId = @companyId, " + //FK
            "jobType = @jobType, " +
            "occupation = @occupation, " +
            "position = @position, " +
            "laborage = @laborage, " +
            "demand = @demand " +
        "WHERE jobId = @jobId";
    try
    {
        SqlParameter[] para = new SqlParameter[]
        {
            new SqlParameter("@jobId", job.JobId),
            new SqlParameter("@companyId", job.Company.CompanyId),
            new SqlParameter("@jobType", job.JobType),
            new SqlParameter("@occupation", job.Occupation),
            new SqlParameter("@position", job.Position),
            new SqlParameter("@laborage", job.Laborage),
            new SqlParameter("@demand", job.Demand)
        };
        DBHelper.ExecuteCommand(sql, para);
    }
    catch (Exception e)
    {
        Console.WriteLine(e.Message);
        throw e;
    }
}
//获取所有工作列表
public static IList<Job> GetAllJobs()
{
    string sqlAll = "SELECT * FROM Job";
    return GetJobsBySql(sqlAll);
}
```

```
// 根据查询条件获取所有工作
public static IList<Job> GetAllJobsByWhere(string jobType,
        string occupation, string position, string laborage)
{
        string sqlAll = "SELECT * FROM Job WHERE 1=1";
        if (jobType != "-请选择-" && jobType != null)
        {
                sqlAll += " AND jobType='" + jobType + "'";
        }
        if (occupation != "-请选择-" && occupation != null)
        {
                sqlAll += " AND occupation='" + occupation + "'";
        }
        if (position != "-请选择-" && position != null)
        {
                sqlAll += " AND position='" + position + "'";
        }
        if (laborage != "-请选择-" && laborage != null)
        {
                sqlAll += " AND laborage='" + laborage + "'";
        }
        return GetJobsBySql(sqlAll);
}
//根据 jobId 获取工作
public static Job GetJobByJobId(int jobId)
{
        string sql = "SELECT * FROM Job WHERE JobId = @JobId";
        int companyId;
        try
        {
                SqlDataReader reader =
                DBHelper.GetReader(sql, new SqlParameter("@JobId", jobId));
                if (reader.Read())
                {
                        Job job = new Job();
                        job.JobId = (int)reader["jobId"];
                        job.JobType = (string)reader["jobType"];
                        job.Occupation = (string)reader["occupation"];
                        job.Position = (string)reader["position"];
```

```
                        job.Laborage = (string)reader["laborage"];
                        job.Demand = (string)reader["demand"];
                        companyId = (int)reader["companyId"]; //FK
                        reader.Close();
                        job.Company =
                            CompanyService.GetCompanyByCompanyId(companyId);
                        return job;
                    }
                    else
                    {
                        reader.Close();
                        return null;
                    }
                }
                catch (Exception e)
                {
                    Console.WriteLine(e.Message);
                    throw e;
                }
            }
            //根据 companyId 获取发布的招聘信息列表
            public static IList<Job> GetAllJobsByCompanyId(int companyId)
            {
                string sql = "SELECT * FROM Job WHERE companyId =" + companyId;
                return GetJobsBySql(sql);
            }
            //查询
            private static IList<Job> GetJobsBySql(string safeSql)
            {
                List<Job> list = new List<Job>();
                try
                {
                    DataTable table = DBHelper.GetDataSet(safeSql);
                    foreach (DataRow row in table.Rows)
                    {
                        Job job = new Job();
                        job.JobId = (int)row["jobId"];
                        job.JobType = (string)row["jobType"];
                        job.Occupation = (string)row["occupation"];
```

```
                    job.Position = (string)row["position"];
                    job.Laborage = (string)row["laborage"];
                    job.Demand = (string)row["demand"];
                    job.Company =
        CompanyService.GetCompanyByCompanyId((int)row["companyId"]);
                    list.Add(job);
                }
                return list;
        }
        catch (Exception e)
        {
                Console.WriteLine(e.Message);
                throw e;
        }
}
private static IList<Job> GetJobsBySql(string sql,
        params SqlParameter[] values)
{
        List<Job> list = new List<Job>();
        try
        {
                DataTable table = DBHelper.GetDataSet(sql, values);
                foreach (DataRow row in table.Rows)
                {
                    Job job = new Job();
                    job.JobId = (int)row["jobId"];
                    job.JobType = (string)row["jobType"];
                    job.Occupation = (string)row["occupation"];
                    job.Position = (string)row["position"];
                    job.Laborage = (string)row["laborage"];
                    job.Demand = (string)row["demand"];
                    job.Company =
        CompanyService.GetCompanyByCompanyId((int)row["companyId"]);
                    list.Add(job);
                }
                return list;
        }
        catch (Exception e)
        {
```

```
                        Console.WriteLine(e.Message);
                        throw e;
                    }
                }
        }
}
```

(2) 创建 JobManager 类。

在 HRBLL 项目中添加一个 JobManager 类，代码如下：

```
using HR.DAL;
using HR.Models;
namespace HR.BLL
{
        public static partial class JobManager
        {
                //添加
                public static Job AddJob(Job job)
                {
                        return JobService.AddJob(job);
                }
                public static Job AddJob(int companyId, string jobType,
                        string occupation, string position, string laborage,
                        string demand)
                {
                        if (demand == null)
                           demand = "";
                        Job job = new Job();
                        job.Company = CompanyManager.GetCompanyByCompanyId(companyId);
                        job.JobType = jobType;
                        job.Occupation = occupation;
                        job.Position = position;
                        job.Laborage = laborage;
                        job.Demand = demand;
                        return JobService.AddJob(job);
                }
                //修改
                public static void ModifyJob(Job job)
                {
                        JobService.ModifyJob(job);
```

```
        }
        public static void ModifyJob(int jobId, string jobType,
            string occupation,    string position, string laborage,
            string demand)
        {
            if (demand == null)
                demand = "";
            Job job = GetJobByJobId(jobId);
            job.JobType = jobType;
            job.Occupation = occupation;
            job.Position = position;
            job.Laborage = laborage;
            job.Demand = demand;
            JobService.ModifyJob(job);
        }
        //获取所有的招聘信息
        public static IList<Job> GetAllJobs()
        {
            return JobService.GetAllJobs();
        }
        //根据查询条件获取 JOB
        public static IList<Job> GetAllJobsByWhere(string jobType,
             string occupation, string position, string laborage)
        {
            return JobService.GetAllJobsByWhere(jobType, occupation,
                position, laborage);
        }
        //根据 jobId 获取工作
        public static Job GetJobByJobId(int jobId)
        {
            return JobService.GetJobByJobId(jobId);
        }
        //根据 companyId 获取发布的招聘信息列表
        public static IList<Job> GetAllJobsByCompanyId(int companyId)
        {
            return JobService.GetAllJobsByCompanyId(companyId);
        }
    }
}
```

(3) 创建 Job.aspx 页面。

在 Web 网站的 Company 文件夹下添加一个名为“Job.aspx”的页面，并设计该页面，如图 S7-18 所示。

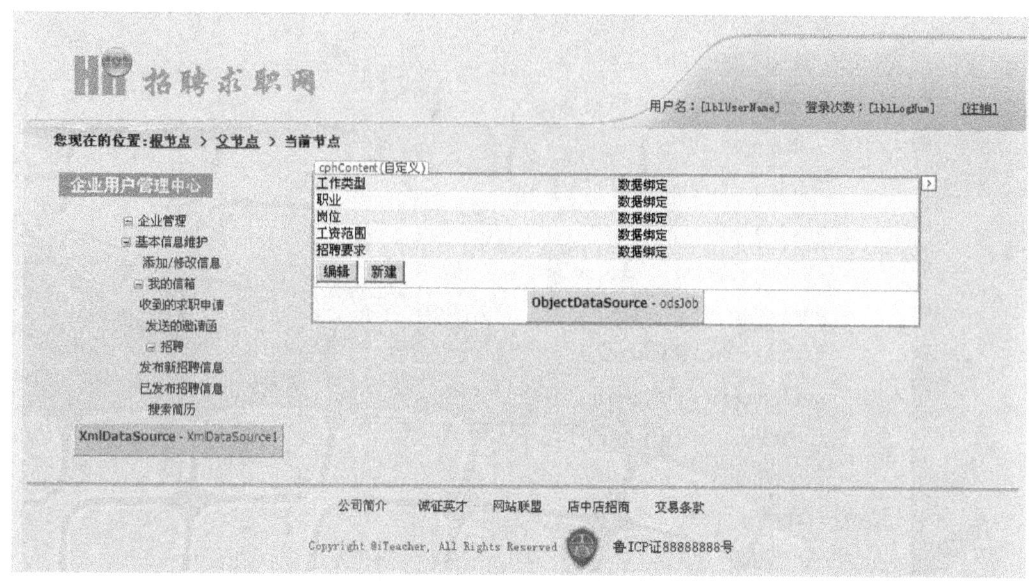

图 S7-18 设计界面

Job.aspx 页面的源代码如下：

```
<%@ Page Language="C#" MasterPageFile="~/Company/CompanyMaster.master"
    AutoEventWireup="true" CodeFile="Job.aspx.cs"
    Inherits="Company_Job"  Title="招聘"%>
<asp:Content ID="Content1" ContentPlaceHolderID="cphContent" runat="Server">
    <asp:DetailsView ID="dvJob" runat="server" AutoGenerateRows="False"
        CellPadding="2" DataSourceID="odsJob" Width="584px" ForeColor="Black"
        GridLines="None" OnItemInserted="dvJob_ItemInserted"
        BackColor="LightGoldenrodYellow" BorderColor="Tan" BorderWidth="1px">
        <FooterStyle BackColor="Tan" />
        <HeaderStyle BackColor="Tan" Font-Bold="True" />
        <InsertRowStyle BackColor="#FFCC99" />
        <EditRowStyle BackColor="#FF9999" ForeColor="GhostWhite" />
        <PagerStyle BackColor="PaleGoldenrod" ForeColor="DarkSlateBlue"
            HorizontalAlign="Center" />
        <Fields>
            <asp:TemplateField HeaderText="序号" Visible="false">
                <ItemTemplate>
                    <%#Eval("JobId")%>
                </ItemTemplate>
```

```
</asp:TemplateField>
<asp:TemplateField HeaderText="工作类型">
        <ItemTemplate>
                <%#Eval("JobType")%>
        </ItemTemplate>
        <InsertItemTemplate>
                <asp:DropDownList ID="ddlEditJobType" runat="server"
                        Width="200px" DataTextField="JobType"
                        SelectedValue='<%# Bind("JobType") %>'>
                        <asp:ListItem>全职</asp:ListItem>
                        <asp:ListItem>兼职</asp:ListItem>
                        <asp:ListItem>实习</asp:ListItem>
                        <asp:ListItem>外协</asp:ListItem>
                </asp:DropDownList>
        </InsertItemTemplate>
        <EditItemTemplate>
                <asp:DropDownList ID="ddlEditJobType" runat="server"
                        Width="200px" DataTextField="JobType"
                        SelectedValue='<%# Bind("JobType") %>'>
                        <asp:ListItem>全职</asp:ListItem>
                        <asp:ListItem>兼职</asp:ListItem>
                        <asp:ListItem>实习</asp:ListItem>
                        <asp:ListItem>外协</asp:ListItem>
                </asp:DropDownList>
        </EditItemTemplate>
</asp:TemplateField>
<asp:TemplateField HeaderText="职业">
        <ItemTemplate>
                <%#Eval("Occupation")%>
        </ItemTemplate>
        <InsertItemTemplate>
                <asp:DropDownList ID="ddlEditOccupation" runat="server"
                        Width="200px" DataTextField="Occupation"
                        SelectedValue='<%# Bind("Occupation") %>'>
                        <asp:ListItem>公务员</asp:ListItem>
                        <asp:ListItem>技术人员</asp:ListItem>
                        <asp:ListItem>生产、操作人员</asp:ListItem>
                        <asp:ListItem>商业、服务人员</asp:ListItem>
```

```
                <asp:ListItem>运输</asp:ListItem>
                <asp:ListItem>军人</asp:ListItem>
            </asp:DropDownList>
        </InsertItemTemplate>
        <EditItemTemplate>
            <asp:DropDownList ID="ddlEditOccupation" runat="server"
                Width="200px" DataTextField="Occupation"
                SelectedValue='<%# Bind("Occupation") %>'>
                <asp:ListItem>公务员</asp:ListItem>
                <asp:ListItem>技术人员</asp:ListItem>
                <asp:ListItem>生产、操作人员</asp:ListItem>
                <asp:ListItem>商业、服务人员</asp:ListItem>
                <asp:ListItem>运输</asp:ListItem>
                <asp:ListItem>军人</asp:ListItem>
            </asp:DropDownList>
        </EditItemTemplate>
    </asp:TemplateField>
    <asp:TemplateField HeaderText="岗位">
        <ItemTemplate>
            <%#Eval("Position")%>
        </ItemTemplate>
        <InsertItemTemplate>
            <asp:DropDownList ID="ddlEditPosition" runat="server"
                Width="200px" SelectedValue='<%# Bind("Position") %>'>
                <asp:ListItem>生产</asp:ListItem>
                <asp:ListItem>管理</asp:ListItem>
                <asp:ListItem>市场</asp:ListItem>
                <asp:ListItem>人力</asp:ListItem>
                <asp:ListItem>财务</asp:ListItem>
                <asp:ListItem>研发</asp:ListItem>
                <asp:ListItem>助理</asp:ListItem>
            </asp:DropDownList>
        </InsertItemTemplate>
        <EditItemTemplate>
            <asp:DropDownList ID="ddlEditPosition" runat="server"
                Width="200px" DataTextField="Position"
                SelectedValue='<%# Bind("Position") %>'>
                <asp:ListItem>生产</asp:ListItem>
```

```
                        <asp:ListItem>管理</asp:ListItem>
                        <asp:ListItem>市场</asp:ListItem>
                        <asp:ListItem>人力</asp:ListItem>
                        <asp:ListItem>财务</asp:ListItem>
                        <asp:ListItem>研发</asp:ListItem>
                        <asp:ListItem>助理</asp:ListItem>
                    </asp:DropDownList>
                </EditItemTemplate>
            </asp:TemplateField>
            <asp:TemplateField HeaderText="工资范围">
                <ItemTemplate>
                    <%#Eval("Laborage")%>
                </ItemTemplate>
                <InsertItemTemplate>
                    <asp:DropDownList ID="ddlEditLaborage" runat="server"
                        Width="200px" DataTextField="Laborage"
                        SelectedValue='<%#Bind("Laborage") %>'>
                        <asp:ListItem>面议</asp:ListItem>
                        <asp:ListItem>2000~3000</asp:ListItem>
                        <asp:ListItem>3000~4000</asp:ListItem>
                        <asp:ListItem>4000~5000</asp:ListItem>
                        <asp:ListItem>5000 以上</asp:ListItem>
                    </asp:DropDownList>
                </InsertItemTemplate>
                <EditItemTemplate>
                    <asp:DropDownList ID="ddlEditLaborage" runat="server"
                        Width="200px" DataTextField="Laborage"
                        SelectedValue='<%#Bind("Laborage") %>'>
                        <asp:ListItem>面议</asp:ListItem>
                        <asp:ListItem>2000~3000</asp:ListItem>
                        <asp:ListItem>3000~4000</asp:ListItem>
                        <asp:ListItem>4000~5000</asp:ListItem>
                        <asp:ListItem>5000 以上</asp:ListItem>
                    </asp:DropDownList>
                </EditItemTemplate>
            </asp:TemplateField>
            <asp:TemplateField HeaderText="招聘要求">
                <ItemTemplate>
```

```
                        <%#Eval("Demand")%>
                    </ItemTemplate>
                    <InsertItemTemplate>
                        <asp:TextBox ID="txtEditDemand" runat="server"
                            Width="200px" TextMode="MultiLine"
                            Text='<%#Bind("Demand")%>'>
                        </asp:TextBox>
                    </InsertItemTemplate>
                    <EditItemTemplate>
                        <asp:TextBox ID="txtEditDemand" runat="server"
                            Width="200px" TextMode="MultiLine"
                            Text='<%#Bind("Demand")%>'>
                        </asp:TextBox>
                    </EditItemTemplate>
                </asp:TemplateField>
                <asp:CommandField ShowEditButton="True" ButtonType="Button"
                    ShowInsertButton="True" />
            </Fields>
            <AlternatingRowStyle BackColor="PaleGoldenrod" />
        </asp:DetailsView>
        <asp:ObjectDataSource ID="odsJob" runat="server"
            SelectMethod="GetJobByJobId" TypeName="HR.BLL.JobManager"
            UpdateMethod="ModifyJob" InsertMethod="AddJob">
            <SelectParameters>
                <asp:QueryStringParameter Name="jobId" Type="Int32"
                    QueryStringField="jobId" />
            </SelectParameters>
            <UpdateParameters>
                <asp:QueryStringParameter Name="jobId" Type="Int32"
                    QueryStringField="jobId" />
                <asp:Parameter Name="jobType" Type="String" />
                <asp:Parameter Name="occupation" Type="String" />
                <asp:Parameter Name="position" Type="String" />
                <asp:Parameter Name="laborage" Type="String" />
                <asp:Parameter Name="demand" Type="String" />
            </UpdateParameters>
            <InsertParameters>
                <asp:SessionParameter DefaultValue="companyId"
```

```
                    Name="companyId" SessionField="companyId" Type="Int32" />
                <asp:Parameter Name="jobType" Type="String" />
                <asp:Parameter Name="occupation" Type="String" />
                <asp:Parameter Name="position" Type="String" />
                <asp:Parameter Name="laborage" Type="String" />
                <asp:Parameter Name="demand" Type="String" />
            </InsertParameters>
        </asp:ObjectDataSource>
</asp:Content>
```

Job.aspx 页面的后台代码 Job.aspx.cs 中的代码如下：

```
public partial class Company_Job : System.Web.UI.Page
{
    protected void Page_Load(object sender, EventArgs e)
    {
        //判断当前用户是否有企业信息
        if (Session["companyId"] == null)
        {
            //没有，跳转到 CompanyBasicInfo.aspx 页面，让用户先填写企业信息
            Response.Redirect("CompanyBasicInfo.aspx");
        }
        else
        {
            //判断请求中是否有 jobId，没有则插入新招聘信息
            if (Request.QueryString["jobId"] == null)
            {
                //设置 DetailsView 的模式为插入模式
                dvJob.DefaultMode = DetailsViewMode.Insert;
            }
        }
    }
    protected void dvJob_ItemInserted(object sender,
        DetailsViewInsertedEventArgs e)
    {
        //跳转到企业主页
        Response.Redirect("CompanyMain.aspx");
    }
}
```

(4) 运行。

以企业用户登录系统，单击左侧树形菜单树中的“发布新招聘信息”，进入 Job.aspx 页面，如图 S7-19 所示。

图 S7-19　发布招聘信息

输入招聘信息，如图 S7-20 所示，并单击“插入”按钮。

图 S7-20　编辑招聘信息

操作完毕后观察数据库中 Job 表的数据，如图 S7-21 所示，数据已插入到 Job 表中。

	jobId	companyId	jobType	occupation	position	laborage	demand
▶	1	1	全职	技术人员	研发	面议	精通ASP.NET，...
*	NULL	NULL	NULL	NULL	NULL	NULL	NULL

图 S7-21　数据库查询结果

知识拓展

当用户需要从浏览器向服务器端上传文件时，需要使用 FileUpload 控件。它可以处理从浏览器客户端向服务器上传的二进制文件或文本文件。但是 FileUpload 控件本身没有把文件发送到服务器的内置方法。需要结合使用 PostedFile 属性中包含的 System.Web.HttpPostedFile 对象的 SaveAs 方法。

下述代码演示使用 FileUpload 控件实现文件的上传。其中 FileUploadDemo.aspx 页面源代码如下：

```
<%@ Page Language="C#" AutoEventWireup="true"
        CodeFile="HtmlInputFileDemo.aspx.cs" Inherits="HtmlInputFileDemo" %>
<!DOCTYPE html PUBLIC "-//W3C//DTD XHTML 1.0 Transitional//EN"
        "http://www.w3.org/TR/xhtml1/DTD/xhtml1-transitional.dtd">
<html xmlns="http://www.w3.org/1999/xhtml">
<head runat="server">
        <title>HtmlInputFile 示例</title>
</head>
<body>
        <form id="form1" runat="server">
        <div>
                <input id="fileUp" type="file" runat="server" /><br />
                <br />
                <asp:Button ID="btnUp" runat="server" Text="上传"
                        OnClick="btnUp_Click" />
        </div>
        </form>
</body>
</html>
```

其后台代码 FileUploadDemo.aspx.cs 代码如下：

```
public partial class HtmlInputFileDemo : System.Web.UI.Page
{
        protected void Page_Load(object sender, EventArgs e)
        {
        }
        protected void btnUp_Click(object sender, EventArgs e)
        {
                //获取客户机上文件完整路径
                string filePath = fileUp.Value;
                //获取文件名(不包括路径)
```

```
            string fileName = filePath.Substring(filePath.LastIndexOf("\\"));
            //获取文件在服务器上所要保存的路径
            string uploadPath = Page.Request.PhysicalApplicationPath
                    + "UploadFiles\\";
            //上传文件
            fileUp.PostedFile.SaveAs(uploadPath + fileName);
            Response.Write("<Script>alert('文件上传成功！');</Script>");
        }
}
```

运行页面，单击“浏览”按钮，如图 S7-22 所示，弹出“选择”文件对话框，在此对话框中选择一个文件确定后，文件路径会在控件文本框中显示。

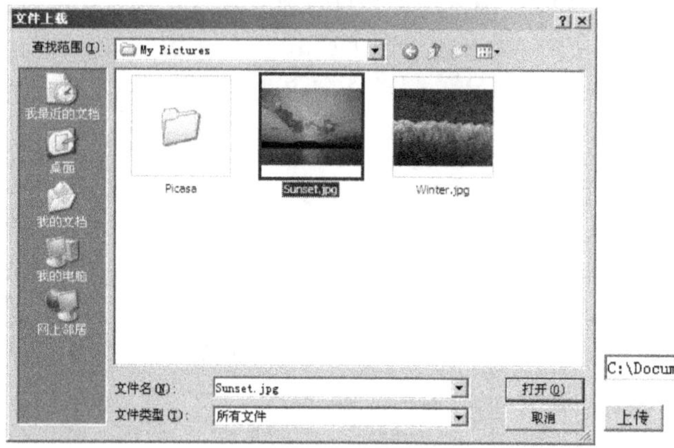

图 S7-22　选择文件

单击“上传”按钮，文件上传成功会弹出一个对话框进行提示，刷新网站观察 UploadFiles 文件夹中的文件，如图 S7-23 所示。

图 S7-23　上传成功

拓展练习

在 HR 项目中实现个人相片的上传。

实践 8　LINQ 查询技术

实践指导

实践 8.1

使用 LINQ 查询技术实现个人用户对企业回复信息的查询，即查看邀请函。

【分析】

(1) 在 Person 文件夹下创建 InviteList.aspx 页面，使用 LINQ 查询个人所收到的企业邀请函。

(2) 在 Person 文件夹下创建 InviteDetail.aspx 页面，显示邀请函详细信息。

【参考解决方案】

(1) 添加 InviteList.aspx 页面。

在 HR 的 Web 网站的 Person 文件夹下，添加一个名为“InviteList.aspx”的页面，并设计该页面，如图 S8-1 所示。

企业名称	职位	回复时间	
数据绑定	数据绑定	数据绑定	详细
数据绑定	数据绑定	数据绑定	详细
数据绑定	数据绑定	数据绑定	详细
数据绑定	数据绑定	数据绑定	详细
数据绑定	数据绑定	数据绑定	详细

图 S8-1　设计页面

InviteList.aspx 页面源代码如下：

```
<%@ Page Language="C#" MasterPageFile="~/Person/PersonMaster.master"
    AutoEventWireup="true" CodeFile="InviteList.aspx.cs"
    Inherits="Person_InviteList" Title="收到的邀请函列表" %>
<asp:Content ID="Content1" ContentPlaceHolderID="cphContent" runat="Server">
    <asp:GridView ID="gvInvite" runat="server" AutoGenerateColumns="False"
    CellPadding="4" Width="680px" BackColor="White" BorderColor="#3366CC"
    BorderStyle="None" BorderWidth="2px" EmptyDataText="没收到邀请函！">
        <FooterStyle BackColor="#FFCC99" ForeColor="#000099" />
        <RowStyle BackColor="White" ForeColor="#003399" />
        <Columns>
            <asp:BoundField DataField="CompanyName" HeaderText="企业名称" />
```

```
                <asp:BoundField DataField="Position" HeaderText="职位" />
                <asp:BoundField DataField="Time" HeaderText="回复时间" />
                <asp:HyperLinkField DataNavigateUrlFields="InviteId"
                        DataNavigateUrlFormatString=
                                "InviteDetail.aspx?inviteId={0}" Text="详细" />
            </Columns>
            <SelectedRowStyle BackColor="#009999" Font-Bold="True"
                    ForeColor="#CCFF99" />
            <HeaderStyle BackColor="#FFCC99" Font-Bold="True"
                    ForeColor="#000099" />
        </asp:GridView>
</asp:Content>
```

其后台代码(InviteList.aspx.cs)如下：

```
using System.Collections.Generic;
using System.Linq;
using System.Xml.Linq;
using HR.BLL;
using HR.Models;
public partial class Person_InviteList : System.Web.UI.Page
{
        protected void Page_Load(object sender, EventArgs e)
        {
                if (!IsPostBack)
                {
                        User user = (User)Session["CurUser"];
                        //获取所有邀请函列表
                        IList<Invite> invites = InviteManager.GetAllInvites();
                        //使用 Linq 查询当前用户收到的邀请函信息
                        var reciveInvite = from invite in invites
                                                        where invite.Resume.User.UserId == user.UserId
                                                        select new
                                                        {
                                                            InviteId=invite.InviteId ,
                                                            CompanyName=invite.Job.Company.CompanyName ,
                                                            Position=invite.Job.Position ,
                                                            Time=invite.InsertTime
                                                        };
                        //将查询结果绑定到 gvInvite
                        gvInvite.DataSource = reciveInvite;
```

```
                gvInvite.DataBind();
            }
        }
}
```

上述代码中使用 Linq 查询当前用户收到的邀请函，并将需要的数据封装到一个新的匿名类中，返回匿名类对象集合。需要注意在 GridView 控件中，绑定列的 DataField 值应与匿名类中的属性相对应。

(2) 添加 InviteDetail.aspx 页面。

在 HR 的 Web 网站的 Person 文件夹下，添加一个名为“InviteDetail.aspx”的页面，并设计该页面，如图 S8-2 所示。

求职企业	数据绑定
企业地址	数据绑定
企业性质	数据绑定
企业联系人	数据绑定
联系电话	数据绑定
职业	数据绑定
应聘岗位	数据绑定
工资待遇	数据绑定
邀请函内容	数据绑定
回复时间	数据绑定

图 S8-2　编辑 DetailsView 控件

InviteDetail.aspx 页面源代码如下：

```
<%@ Page Language="C#" MasterPageFile="~/Person/PersonMaster.master"
    AutoEventWireup="true" CodeFile="InviteDetail.aspx.cs"
    Inherits="Person_InviteDetail" Title="邀请函信息" %>
<asp:Content ID="Content1" ContentPlaceHolderID="cphContent" runat="Server">
    <asp:DetailsView ID="DetailsView1" runat="server"
        AutoGenerateRows="False"    BackColor="LightGoldenrodYellow"
        BorderColor="Tan" BorderWidth="1px"
        CellPadding="2" DataSourceID="odsInvite"
        ForeColor="Black" GridLines="None" Height="50px" Width="319px">
        <FooterStyle BackColor="Tan" />
        <PagerStyle BackColor="PaleGoldenrod" ForeColor="DarkSlateBlue"
            HorizontalAlign="Center" />
        <Fields>
            <asp:TemplateField HeaderText="求职企业">
                <ItemTemplate>
                    <asp:Label ID="lblCompanyName" runat="server"
                        Text='<%# Eval("Job.Company.CompanyName") %>'>
                    </asp:Label>
                </ItemTemplate>
            </asp:TemplateField>
            <asp:TemplateField HeaderText="企业地址">
```

```
                <ItemTemplate>
                    <asp:Label ID="lblCompanyAddress" runat="server"
                        Text='<%# Eval("Job.Company.CompanyAddress") %>'>
                    </asp:Label>
                </ItemTemplate>
            </asp:TemplateField>
            <asp:TemplateField HeaderText="企业性质">
                <ItemTemplate>
                    <asp:Label ID="lblProperty" runat="server"
                        Text='<%# Eval("Job.Company.Property") %>'>
                    </asp:Label>
                </ItemTemplate>
            </asp:TemplateField>
            <asp:TemplateField HeaderText="企业联系人">
                <ItemTemplate>
                    <asp:Label ID="lblLinkman" runat="server"
                        Text='<%# Eval("Job.Company.Linkman") %>'>
                    </asp:Label>
                </ItemTemplate>
            </asp:TemplateField>
            <asp:TemplateField HeaderText="联系电话">
                <ItemTemplate>
                    <asp:Label ID="lblPhone" runat="server"
                        Text='<%# Eval("Job.Company.Phone") %>'>
                    </asp:Label>
                </ItemTemplate>
            </asp:TemplateField>
            <asp:TemplateField HeaderText="职业">
                <ItemTemplate>
                    <asp:Label ID="lblOccupation" runat="server"
                        Text='<%# Eval("Job.Occupation") %>'>
                    </asp:Label>
                </ItemTemplate>
            </asp:TemplateField>
            <asp:TemplateField HeaderText="应聘岗位">
                <ItemTemplate>
                    <asp:Label ID="lblPosition" runat="server"
                        Text='<%# Eval("Job.Position") %>'>
                    </asp:Label>
```

```
                    </ItemTemplate>
                </asp:TemplateField>
                <asp:TemplateField HeaderText="工资待遇">
                    <ItemTemplate>
                        <asp:Label ID="lblLaborage" runat="server"
                            Text='<%# Eval("Job.Laborage") %>'>
                        </asp:Label>
                    </ItemTemplate>
                </asp:TemplateField>
                <asp:BoundField DataField="Details"
                    HeaderText="邀请函内容" SortExpression="Details" />
                <asp:BoundField DataField="InsertTime" HeaderText="回复时间"
                SortExpression="InsertTime" />
            </Fields>
            <HeaderStyle BackColor="Tan" Font-Bold="True" />
            <EditRowStyle BackColor="DarkSlateBlue" ForeColor="GhostWhite" />
            <AlternatingRowStyle BackColor="PaleGoldenrod" />
        </asp:DetailsView>
        <asp:Button ID="btnBack" runat="server" OnClick="btnBack_Click"
            Text="返回"   Height="23px" Width="80px" />
        <asp:ObjectDataSource ID="odsInvite" runat="server"
            SelectMethod="GetInviteByInviteId" TypeName="HR.BLL.InviteManager">
            <SelectParameters>
                <asp:QueryStringParameter Name="inviteId"
                    QueryStringField="inviteId" Type="Int32" />
            </SelectParameters>
        </asp:ObjectDataSource>
</asp:Content>
```

其后台代码(InviteDetail.aspx.cs)如下：

```
public partial class Person_InviteDetail : System.Web.UI.Page
{
        protected void Page_Load(object sender, EventArgs e)
        {
        }
        protected void btnBack_Click(object sender, EventArgs e)
        {
                Response.Redirect("InviteList.aspx");
        }
}
```

(3) 运行。

运行网站，以个人用户登录成功后，单击左侧菜单树中的“企业回复”选项，进入InviteList.aspx 页面，如图 S8-3 所示。

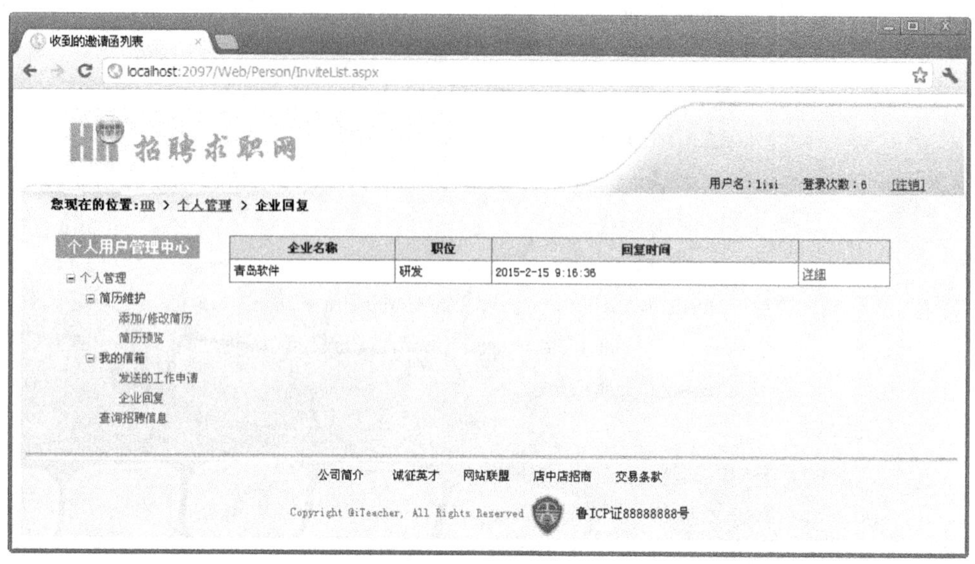

图 S8-3 运行结果

单击列表中的“详细”超链接，则显示邀请函详细信息 InviteDetail.aspx 页面，如图 S8-4 所示。

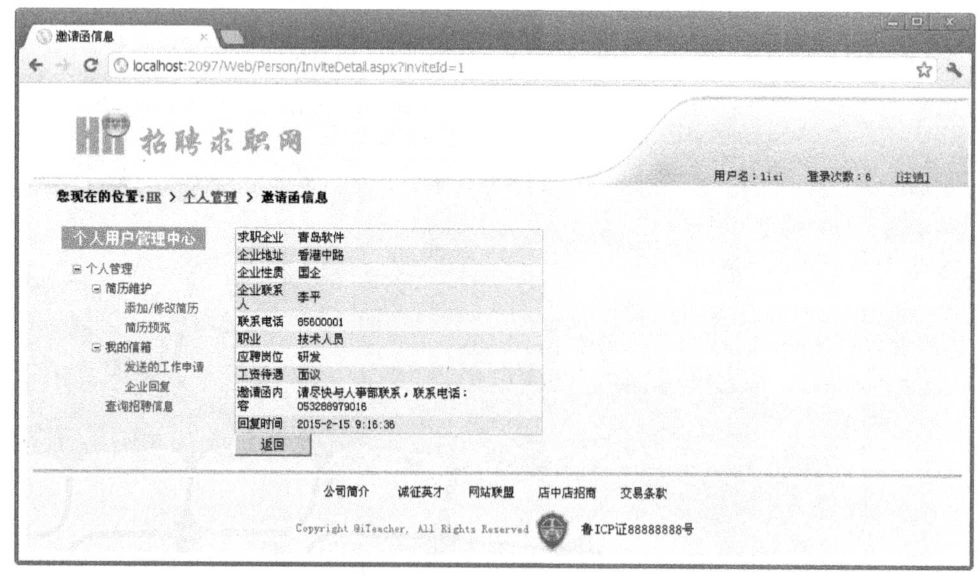

图 S8-4 运行结果(详细信息)

实践 8.2

使用 LINQ 查询技术实现个人用户查看发送的工作申请的功能。

【分析】

(1) 在 Person 文件夹下创建 ApplicationList.aspx 页面，使用 LINQ 查询个人用户所发送的工作申请。

(2) 在 Person 文件夹下创建 ApplicationDetail.aspx 页面，以显示申请的详细信息。

【参考解决方案】

(1) 添加 ApplicationList.aspx 页面。

在 HR 的 Web 网站的 Person 文件夹下，添加一个名为“ApplicationList.aspx”的页面，该页面的设计效果如图 S8-5 所示。

企业名称	职业	岗位	
数据绑定	数据绑定	数据绑定	详细
数据绑定	数据绑定	数据绑定	详细
数据绑定	数据绑定	数据绑定	详细
数据绑定	数据绑定	数据绑定	详细
数据绑定	数据绑定	数据绑定	详细

图 S8-5　设计页面

ApplicationList.aspx 页面源代码如下：

```
<%@ Page Language="C#" MasterPageFile="~/Person/PersonMaster.master"
    AutoEventWireup="true" CodeFile="ApplicationList.aspx.cs"
    Inherits="Person_ApplicationList" Title="发送的工作申请" %>
<asp:Content ID="Content1" ContentPlaceHolderID="cphContent" runat="Server">
    <asp:GridView ID="gvApplication" runat="server"
    AutoGenerateColumns="False" CellPadding="4"
    Width="680px" BackColor="White" BorderColor="#3366CC"
    BorderStyle="None" BorderWidth="2px" EmptyDataText="您没发送工作申请！">
        <FooterStyle BackColor="#FFCC99" ForeColor="#000099" />
        <RowStyle BackColor="White" ForeColor="#003399" />
        <Columns>
            <asp:BoundField DataField="CompanyName" HeaderText="企业名称" />
            <asp:BoundField DataField="Occupation" HeaderText="职业" />
            <asp:BoundField DataField="Position" HeaderText="岗位" />
            <asp:HyperLinkField DataNavigateUrlFields="ApplicationId"
                DataNavigateUrlFormatString=
                "ApplicationDetail.aspx?applicationId={0}" Text="详细" />
        </Columns>
        <SelectedRowStyle BackColor="#009999" Font-Bold="True"
            ForeColor="#CCFF99" />
        <HeaderStyle BackColor="#FFCC99" Font-Bold="True"
            ForeColor="#000099" />
    </asp:GridView>
</asp:Content>
```

其后台代码(ApplicationList.aspx.cs)如下：

```
using HR.BLL;
using HR.Models;
public partial class Person_ApplicationList : System.Web.UI.Page
{
    protected void Page_Load(object sender, EventArgs e)
    {
        if (!IsPostBack)
        {
            if (Session["resumeId"] == null)
            {
                //跳转到 Resume.aspx 页面，添加简历
                Response.Redirect("Resume.aspx");
            }
            else
            {
                int resumeId =
                        Convert.ToInt32(Session["resumeId"].ToString ());
                //获取所有申请列表
                IList<Application> apps =
                    ApplicationManager.GetAllApplications();
                //使用 LINQ 查询当前用户发送的申请
                var sendApp = from app in apps
                              where app.Resume.ResumeId == resumeId
                              select new
                              {
                                  ApplicationId = app.ApplicationId,
                                  CompanyName =
                                  app.Job.Company.CompanyName,
                                  Occupation = app.Job.Occupation,
                                  Position = app.Job.Position
                             };
                //将查询结果绑定到 gvInvite
                gvApplication.DataSource = sendApp;
                gvApplication.DataBind();
            }
        }
    }
}
```

(2) 添加 ApplicationDetail.aspx 页面。

在 HR 的 Web 网站的 Person 文件夹下，添加一个名为“ApplictionDetail.aspx”的页面，并设计该页面，如图 S8-6 所示。

求职企业	数据绑定
职业	数据绑定
岗位	数据绑定
工资	数据绑定
求职申请	数据绑定

图 S8-6　编辑 DetailsView 控件

ApplicationDetail.aspx 页面源代码如下：

```
<%@ Page Language="C#" MasterPageFile="~/Person/PersonMaster.master"
    AutoEventWireup="true" CodeFile="ApplicationDetail.aspx.cs"
    Inherits="Person_ApplicationDetail" Title="申请详细信息" %>
<asp:Content ID="Content1" ContentPlaceHolderID="cphContent" runat="Server">
    <asp:DetailsView ID="dvApplication" runat="server"
        AutoGenerateRows="False" BackColor="LightGoldenrodYellow"
        BorderColor="Tan" BorderWidth="1px"
        CellPadding="2" DataSourceID="odsApplication" ForeColor="Black"
        GridLines="None"  Width="580px">
        <FooterStyle BackColor="Tan" />
        <PagerStyle BackColor="PaleGoldenrod" ForeColor="DarkSlateBlue"
            HorizontalAlign="Center" />
        <Fields>
            <asp:TemplateField HeaderText="求职企业">
                <ItemTemplate>
                    <asp:Label ID="lblCompanyName" runat="server"
                        Text='<%# Eval("Job.Company.CompanyName") %>'>
                    </asp:Label>
                </ItemTemplate>
            </asp:TemplateField>
            <asp:TemplateField HeaderText="职业">
                <ItemTemplate>
                    <asp:Label ID="lblOccupation" runat="server"
                        Text='<%# Eval("Job.Occupation") %>'>
                    </asp:Label>
                </ItemTemplate>
            </asp:TemplateField>
            <asp:TemplateField HeaderText="岗位">
                <ItemTemplate>
                    <asp:Label ID="lblPosition" runat="server"
                        Text='<%# Eval("Job.Position") %>'>
```

```
                    </asp:Label>
                </ItemTemplate>
            </asp:TemplateField>
            <asp:TemplateField HeaderText="工资">
                <ItemTemplate>
                    <asp:Label ID="lblLaborage" runat="server"
                        Text='<%# Eval("Job.Laborage") %>'>
                    </asp:Label>
                </ItemTemplate>
            </asp:TemplateField>
            <asp:BoundField DataField="ApplicationDetails"
                HeaderText="求职申请" SortExpression="ApplicationDetails" />
        </Fields>
        <HeaderStyle BackColor="Tan" Font-Bold="True" />
        <EditRowStyle BackColor="DarkSlateBlue" ForeColor="GhostWhite" />
        <AlternatingRowStyle BackColor="PaleGoldenrod" />
    </asp:DetailsView>
    <asp:ObjectDataSource ID="odsApplication" runat="server"
        SelectMethod="GetApplicationByApplicationId"
        TypeName="HR.BLL.ApplicationManager">
        <SelectParameters>
            <asp:QueryStringParameter Name="applicationId"
                QueryStringField="applicationId" Type="Int32" />
        </SelectParameters>
    </asp:ObjectDataSource>
    <asp:Button ID="btnBack" runat="server" OnClick="btnBack_Click"
        Text="返回" Height="23px" Width="80px" />
</asp:Content>
```

其后台代码(ApplicationDetail.aspx.cs)如下：

```
public partial class Person_ApplicationDetail : System.Web.UI.Page
{
    protected void Page_Load(object sender, EventArgs e)
    {
    }
    protected void btnBack_Click(object sender, EventArgs e)
    {
        Response.Redirect("ApplicationList.aspx");
    }
}
```

(3) 运行。

运行网站，以个人用户登录成功后，单击左侧菜单树中的“发送的工作申请”选项，进入 ApplicationList.aspx 页面，如图 S8-7 所示。

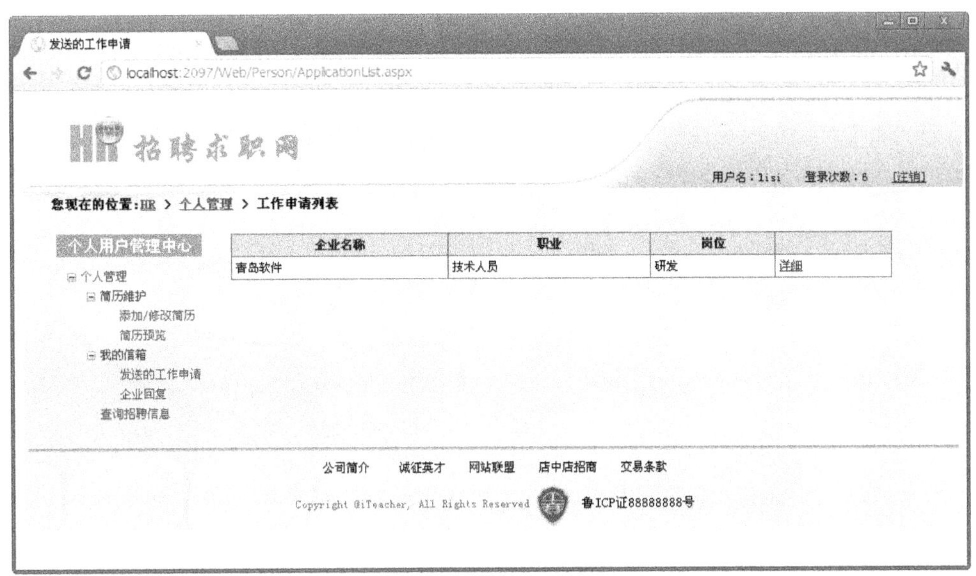

图 S8-7　运行结果

单击列表中的“详细”超链接，则显示申请的详细信息 ApplicationDetail.aspx 页面，如图 S8-8 所示。

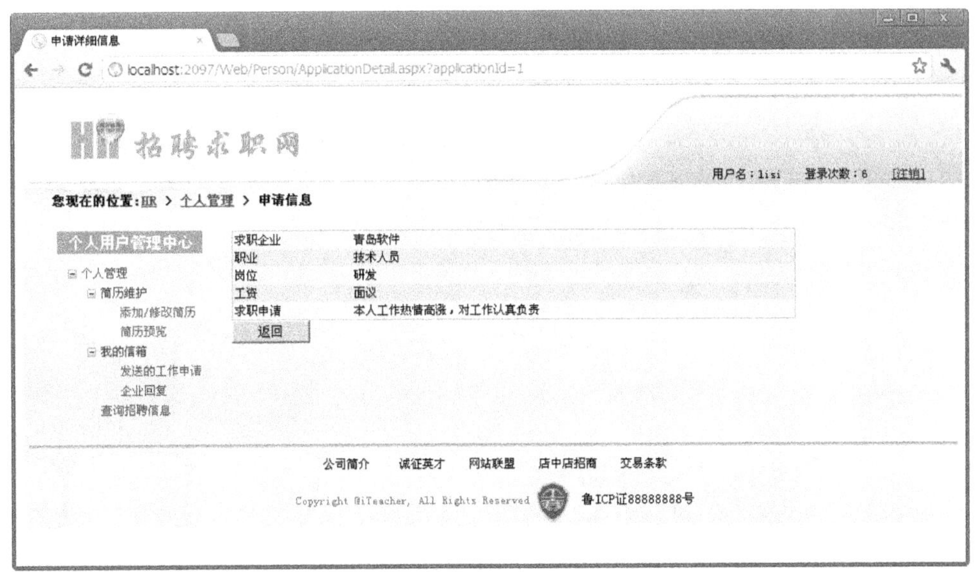

图 S8-8　运行结果(详细信息)

实践 8.3

实现个人用户对简历的预览。

【分析】

在 Person 文件夹下创建 ResumeView.aspx 页面，预览简历。

【参考解决方案】

(1) 添加 ResumeView.aspx 页面。

在 HR 的 Web 网站的 Person 文件夹下，添加一个名为“ResumeView.aspx”的页面，并设计该页面，如图 S8-9 所示。

姓名	[lblName]
性别	[lblSex]
身份证号	[lblIdentityNo]
生日	[lblBirthday]
身高	[lblStature] 厘米
学历	[lblDegree]
毕业院校	[lblSchool]
婚否	[lblMarriage]
专业	[lblOccupation]
工作经历	[lblCareer]
能力特长	[lblSpecialty]
邮箱	[lblEmail]
电话	[lblPhone]
地址	[lblAddress]

图 S8-9　设计页面

ResumeView.aspx 页面的源代码如下：

```
<%@ Page Language="C#" MasterPageFile="~/Person/PersonMaster.master"
    AutoEventWireup="true" CodeFile="ResumeView.aspx.cs"
    Inherits="Person_ResumeView" Title="简历预览" %>
<asp:Content ID="Content1" ContentPlaceHolderID="cphContent" Runat="Server">
    <table border="1">
        <tr>
            <td style="width: 289px">
                姓名
            </td>
            <td style="width: 612px">
                <asp:Label ID="lblName" runat="server"
                    Width="114px"></asp:Label>
            </td>
        </tr>
        <tr>
            <td style="width: 289px">
                性别
```

```
            </td>
            <td style="width: 612px">
                <asp:Label ID="lblSex" runat="server"
                    Width="114px"></asp:Label>
            </td>
        </tr>
        <tr>
            <td style="width: 289px">
                身份证号
            </td>
            <td style="width: 612px">
                <asp:Label ID="lblIdentityNo" runat="server"
                    Width="400px"></asp:Label>
            </td>
        </tr>
        <tr>
            <td style="width: 289px">
                生日
            </td>
            <td style="width: 612px;">
                <asp:Label ID="lblBirthday" runat="server"
                    Width="200px"></asp:Label>
                 
            </td>
        </tr>
        <tr>
            <td style="width: 289px">
                身高
            </td>
            <td style="width: 612px">
                <asp:Label ID="lblStature" runat="server"
                    Width="80px"></asp:Label>厘米
            </td>
        </tr>
        <tr>
            <td style="width: 289px; height: 21px;">
                学历
            </td>
            <td style="width: 612px; height: 21px;">
```

```
                <asp:Label ID="lblDegree" runat="server"
                    Width="200px"></asp:Label>
            </td>
        </tr>
        <tr>
            <td style="width: 289px">
                毕业院校
            </td>
            <td style="width: 612px">
                <asp:Label ID="lblSchool" runat="server"
                    Width="400px"></asp:Label>
            </td>
        </tr>
        <tr>
            <td style="width: 289px">
                婚否
            </td>
            <td style="width: 612px">
                <asp:Label ID="lblMarriage" runat="server"
                    Width="400px"></asp:Label>
            </td>
        </tr>
        <tr>
            <td style="width: 289px; height: 23px;">
                专业
            </td>
            <td style="width: 612px; height: 23px;">
                <asp:Label ID="lblOccupation" runat="server"
                    Width="400px"></asp:Label>
            </td>
        </tr>
        <tr>
            <td style="width: 289px">
                工作经历
            </td>
            <td style="width: 612px">
                <asp:Label ID="lblCareer" runat="server" Width="609px"
                    Height="120px"></asp:Label>
            </td>
```

```
        </tr>
        <tr>
            <td style="width: 289px">
                能力特长
            </td>
            <td style="width: 612px">
                <asp:Label ID="lblSpecialty" runat="server"  Width="609px"
                    Height="120px"></asp:Label>
            </td>
        </tr>
        <tr>
            <td style="width: 289px">
                邮箱
            </td>
            <td style="width: 612px">
                <asp:Label ID="lblEmail" runat="server"
                    Width="120px"></asp:Label>
            </td>
        </tr>
        <tr>
            <td style="width: 289px">
                电话
            </td>
            <td style="width: 612px">
                <asp:Label ID="lblPhone" runat="server"
                    Width="200px"></asp:Label>
            </td>
        </tr>
        <tr>
            <td style="width: 289px">
                地址
            </td>
            <td style="width: 612px">
                <asp:Label ID="lblAddress" runat="server"
                    Width="400px"></asp:Label>
            </td>
        </tr>
    </table>
</asp:Content>
```

其后台代码 ResumeView.aspx.cs)如下：

```
using HR.Models;
using HR.BLL;
public partial class Person_ResumeView : System.Web.UI.Page
{
    protected void Page_Load(object sender, EventArgs e)
    {
        if (Session["resumeId"] == null)
        {
            Response.Redirect("Resume.aspx");
        }
        else
        {
            int resumeId = Convert.ToInt32(Session["resumeId"].ToString());
            //定义 Resume Model
            Resume resume = new Resume();
            resume = ResumeManager.GetResumeByResumeId(resumeId);
            //页面初始化
            lblName.Text = resume.Name;
            lblSex.Text = resume.Sex;
            lblIdentityNo.Text = resume.IdentityNo.ToString();
            lblBirthday.Text = resume.Birthday.ToString("yyyy-MM-dd");
            lblStature.Text = resume.Stature;
            lblDegree.Text = resume.Degree;
            lblSchool.Text = resume.School;
            lblMarriage.Text = resume.Marriage;
            lblOccupation.Text = resume.Occupation;
            lblCareer.Text = resume.Career;
            lblSpecialty.Text = resume.Specialty;
            lblEmail.Text = resume.Email;
            lblPhone.Text = resume.Phone;
            lblAddress.Text = resume.Address;
        }
    }
}
```

(2) 运行。

运行网站，以个人用户登录成功后，单击左侧菜单树中的“简历预览”选项，如图 S8-10 所示，显示简历的预览结果。

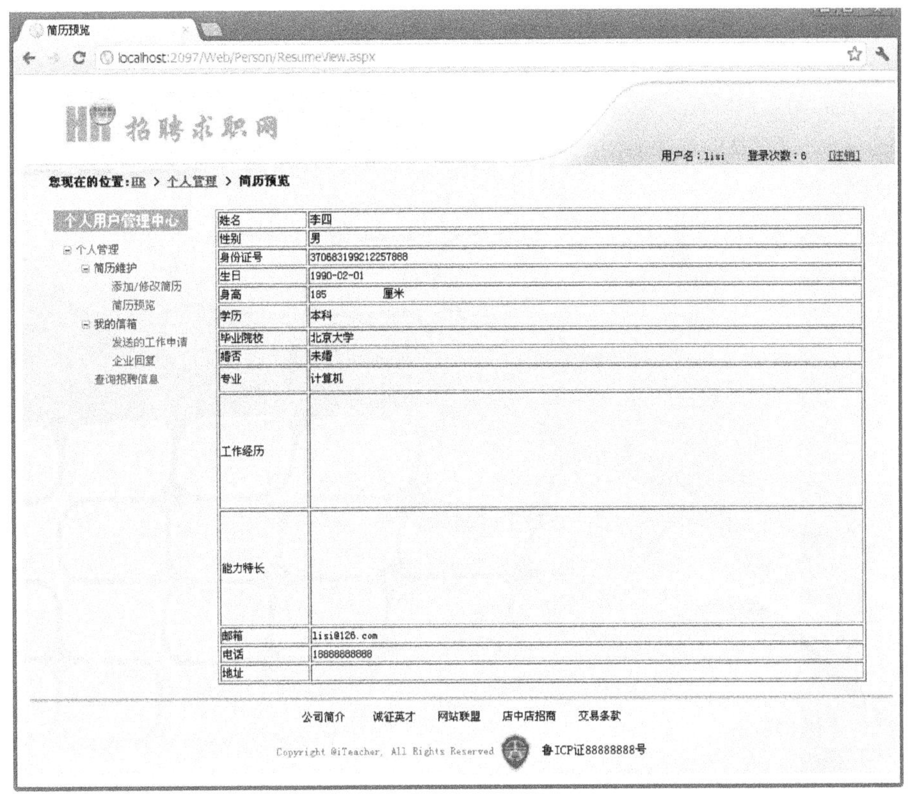

图 S8-10　运行结果

截止到本实践章节，HR 网站的个人用户的所有功能都已完成。

实践 8.4

使用 LINQ 查询技术实现企业用户查看已发送的邀请函的功能。

【分析】

(1) 在 Company 文件夹下创建 InviteList.aspx 页面，使用 LINQ 查询企业已发送的邀请函。

(2) 在 Company 文件夹下创建 InviteDetail.aspx 页面，以显示邀请函的详细信息。

【参考解决方案】

(1) 添加 InviteList.aspx 页面。

在 HR 的 Web 网站的 Company 文件夹下，添加一个名为“InviteList.aspx”的页面，并设计该页面，如图 S8-11 所示。

接收人	职位	发送时间	
数据绑定	数据绑定	数据绑定	详细
数据绑定	数据绑定	数据绑定	详细
数据绑定	数据绑定	数据绑定	详细
数据绑定	数据绑定	数据绑定	详细
数据绑定	数据绑定	数据绑定	详细

图 S8-11　设计页面

InviteList.aspx 页面源代码如下：

```
<%@ Page Language="C#" MasterPageFile="~/Company/CompanyMaster.master"
        AutoEventWireup="true" CodeFile="InviteList.aspx.cs"
        Inherits="Company_InviteList" Title="发送的邀请函列表" %>
<asp:Content ID="Content1" ContentPlaceHolderID="cphContent"    Runat="Server">
        <asp:GridView ID="gvInvite" runat="server" AutoGenerateColumns="False"
        CellPadding="4" Width="680px" BackColor="White" BorderColor="#3366CC"
        BorderStyle="None" BorderWidth="2px" EmptyDataText="没发送邀请函！">
                <FooterStyle BackColor="#FFCC99" ForeColor="#000099" />
                <RowStyle BackColor="White" ForeColor="#003399" />
                <Columns>
                        <asp:BoundField DataField="Name" HeaderText="接收人" />
                        <asp:BoundField DataField="Position" HeaderText="职位" />
                        <asp:BoundField DataField="Time" HeaderText="发送时间" />
                        <asp:HyperLinkField DataNavigateUrlFields="InviteId"
                                DataNavigateUrlFormatString=
                                "InviteDetail.aspx?inviteId={0}"       Text="详细" />
                </Columns>
                <SelectedRowStyle BackColor="#009999" Font-Bold="True"
                        ForeColor="#CCFF99" />
                <HeaderStyle BackColor="#FFCC99" Font-Bold="True"
                        ForeColor="#000099" />
        </asp:GridView>
</asp:Content>
```

其后台代码(InviteList.aspx.cs)如下：

```
using HR.BLL;
using HR.Models;
public partial class Company_InviteList : System.Web.UI.Page
{
        protected void Page_Load(object sender, EventArgs e)
        {
                if (!IsPostBack)
                {
                        User user = (User)Session["CurUser"];
                        //获取所有邀请函列表
                        IList<Invite> invites = InviteManager.GetAllInvites();
                        //使用 Linq 查询当前用户发送的邀请函
                        var reciveInvite = from invite in invites
                                                where invite.Job.Company.User.UserId == user.UserId
```

```
                    select new
                    {
                            InviteId = invite.InviteId,
                            Name = invite.Resume .Name ,
                            Position = invite.Job.Position,
                            Time = invite.InsertTime
                    };
            //将查询结果绑定到 gvInvite
            gvInvite.DataSource = reciveInvite;
            gvInvite.DataBind();
        }
    }
}
```

(2) 添加 InviteDetail.aspx 页面。

在 HR 的 Web 网站的 Company 文件夹下，添加一个名为“InviteDetail.aspx”的页面，并设计该页面，如图 S8-12 所示。

求职企业	数据绑定
企业地址	数据绑定
企业性质	数据绑定
企业联系人	数据绑定
联系电话	数据绑定
职业	数据绑定
应聘岗位	数据绑定
工资待遇	数据绑定
邀请函内容	数据绑定
回复时间	数据绑定

图 S8-12　编辑 DetailsView 控件

InviteDetail.aspx 页面源代码如下：

```
<%@ Page Language="C#" MasterPageFile="~/Company/CompanyMaster.master"
    AutoEventWireup="true" CodeFile="InviteDetail.aspx.cs"
    Inherits="Company_InviteDetail" Title="邀请函详细信息" %>
<asp:Content ID="Content1" ContentPlaceHolderID="cphContent"
    Runat="Server">
    <asp:DetailsView ID="dvInvite" runat="server" AutoGenerateRows="False"
        BackColor="LightGoldenrodYellow" BorderColor="Tan"
        BorderWidth="1px" CellPadding="2" DataSourceID="odsInvite"
        ForeColor="Black" GridLines="None" Height="50px" Width="319px">
        <FooterStyle BackColor="Tan" />
        <PagerStyle BackColor="PaleGoldenrod" ForeColor="DarkSlateBlue"
            HorizontalAlign="Center" />
        <Fields>
            <asp:TemplateField HeaderText="收件人">
```

```
                <ItemTemplate>
                    <asp:Label ID="lblName" runat="server"
                        Text='<%# Eval("Resume .Name") %>'>
                    </asp:Label>
                </ItemTemplate>
            </asp:TemplateField>
            <asp:TemplateField HeaderText="性别">
                <ItemTemplate>
                    <asp:Label ID="lblSex" runat="server"
                        Text='<%# Eval("Resume.Sex") %>'>
                    </asp:Label>
                </ItemTemplate>
            </asp:TemplateField>
            <asp:TemplateField HeaderText="生日">
                <ItemTemplate>
                    <asp:Label ID="lblBirthday" runat="server"
                        Text='<%# Eval("Resume.Birthday") %>'>
                    </asp:Label>
                </ItemTemplate>
            </asp:TemplateField>
            <asp:TemplateField HeaderText="学历">
                <ItemTemplate>
                    <asp:Label ID="lblDegree" runat="server"
                        Text='<%# Eval("Resume.Degree") %>'>
                    </asp:Label>
                </ItemTemplate>
            </asp:TemplateField>
            <asp:TemplateField HeaderText="专业">
                <ItemTemplate>
                    <asp:Label ID="lblOccupation" runat="server"
                        Text='<%# Eval("Resume.Occupation") %>'>
                    </asp:Label>
                </ItemTemplate>
            </asp:TemplateField>
            <asp:TemplateField HeaderText="联系电话">
                <ItemTemplate>
                    <asp:Label ID="lblPhone" runat="server"
                        Text='<%# Eval("Resume.Phone") %>'>
                    </asp:Label>
```

```
                </ItemTemplate>
            </asp:TemplateField>
            <asp:TemplateField HeaderText="邀请岗位">
                <ItemTemplate>
                    <asp:Label ID="lblPosition" runat="server"
                        Text='<%# Eval("Job.Position") %>'>
                    </asp:Label>
                </ItemTemplate>
            </asp:TemplateField>
            <asp:BoundField DataField="Details" HeaderText="邀请内容"
                SortExpression="Details" />
            <asp:BoundField DataField="InsertTime" HeaderText="回复时间"
                SortExpression="InsertTime" />
        </Fields>
        <HeaderStyle BackColor="Tan" Font-Bold="True" />
        <EditRowStyle BackColor="DarkSlateBlue" ForeColor="GhostWhite" />
        <AlternatingRowStyle BackColor="PaleGoldenrod" />
    </asp:DetailsView>
    <asp:Button ID="btnBack" runat="server" OnClick="btnBack_Click"
        Text="返回" Height="23px" Width="80px" />
    <asp:ObjectDataSource ID="odsInvite" runat="server"
        SelectMethod="GetInviteByInviteId"
        TypeName="HR.BLL.InviteManager">
        <SelectParameters>
            <asp:QueryStringParameter Name="inviteId"
                QueryStringField="inviteId" Type="Int32" />
        </SelectParameters>
    </asp:ObjectDataSource>
</asp:Content>
```

其后台代码(InviteDetail.aspx.cs)如下：

```
public partial class Person_InviteDetail : System.Web.UI.Page
{   protected void Page_Load(object sender, EventArgs e)
    {
    }
    protected void btnBack_Click(object sender, EventArgs e)
    {
        Response.Redirect("InviteList.aspx");
    }
}
```

(3) 运行。

运行网站，以企业用户身份登录成功后，单击左侧菜单树中的“发送的邀请函”选项，进入 InviteList.aspx 页面，如图 S8-13 所示。

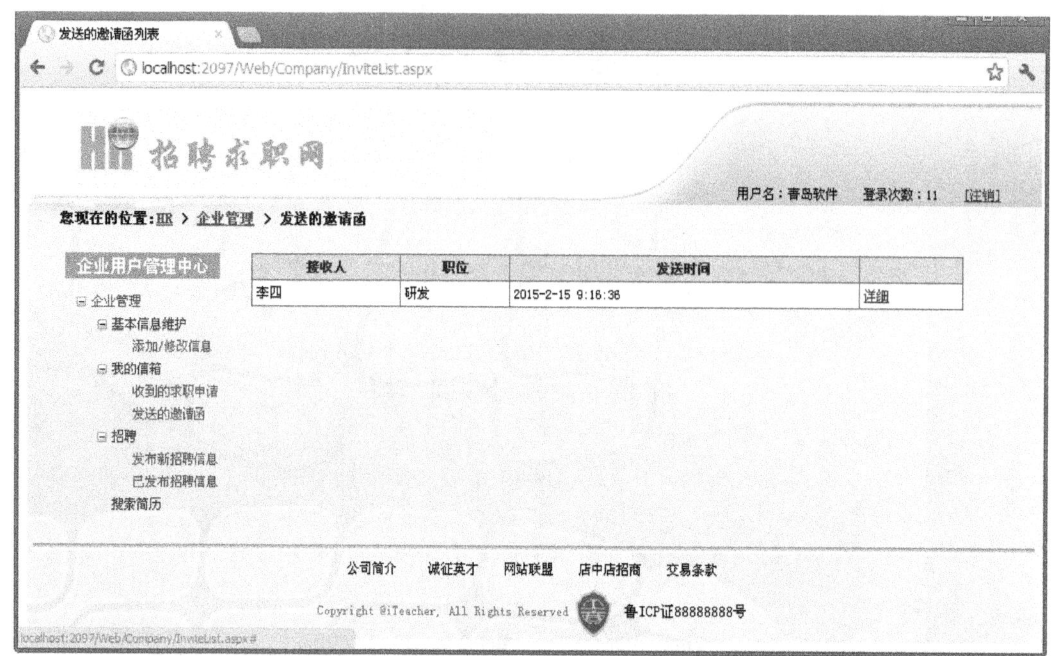

图 S8-13 运行结果

单击“详细”超链接，则显示邀请函的详细信息，如图 S8-14 所示。

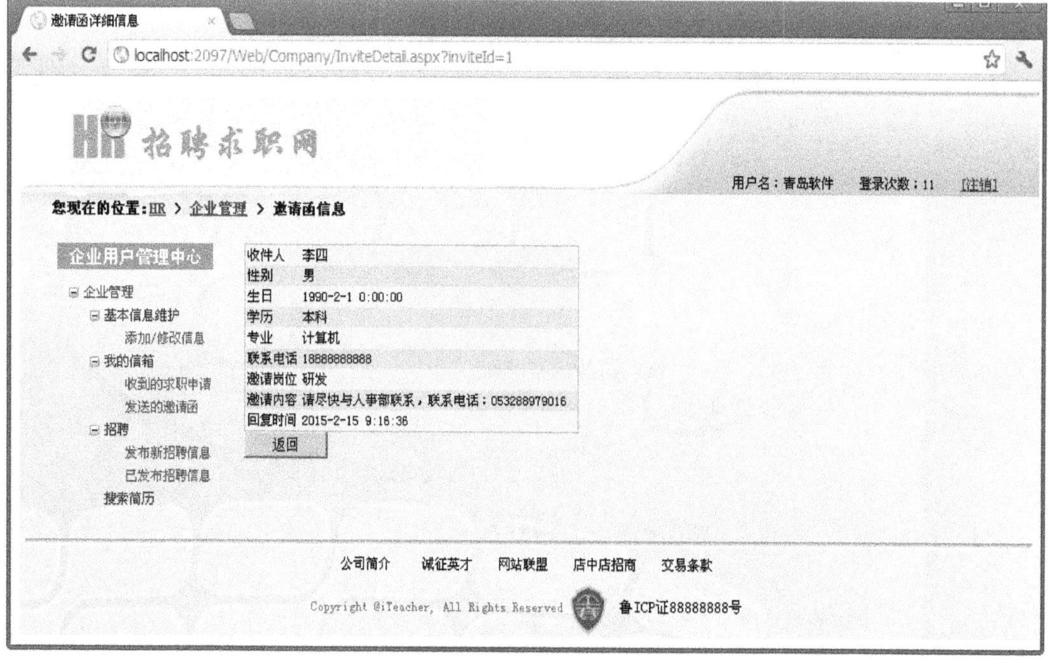

图 S8-14 运行结果(详细信息)

实践 8.5

使用 LINQ 查询技术实现企业用户查看接收到的求职申请的功能。

【分析】

(1) 在 Company 文件夹下创建 AcceptList.aspx 页面，使用 LINQ 查询企业接收到的求职申请。

(2) 在 Company 文件夹下创建 AppliationDetail.aspx 页面，以显示求职申请的详细信息。

【参考解决方案】

(1) 添加 AcceptList.aspx 页面。

在 HR 的 Web 网站的 Company 文件夹下，添加一个名为“AcceptList.aspx”的页面，并设计该页面，如图 S8-15 所示。

申请人	申请职位	申请人学历	性别	
数据绑定	数据绑定	数据绑定	数据绑定	详细
数据绑定	数据绑定	数据绑定	数据绑定	详细
数据绑定	数据绑定	数据绑定	数据绑定	详细
数据绑定	数据绑定	数据绑定	数据绑定	详细
数据绑定	数据绑定	数据绑定	数据绑定	详细

图 S8-15　设计页面

AcceptList.aspx 页面源代码如下：

```
<%@ Page Language="C#" MasterPageFile="~/Company/CompanyMaster.master"
        AutoEventWireup="true" CodeFile="AcceptList.aspx.cs"
        Inherits="Company_AcceptList" Title="收到的工作申请" %>
<asp:Content ID="Content1" ContentPlaceHolderID="cphContent"
        Runat="Server">
<asp:GridView ID="gvApplication" runat="server"
        AutoGenerateColumns="False" CellPadding="4" Width="680px"
        BackColor="White" BorderColor="#3366CC"
        BorderStyle="None" BorderWidth="2px" EmptyDataText="没收到求职申请！">
                <FooterStyle BackColor="#FFCC99" ForeColor="#000099" />
                <RowStyle BackColor="White" ForeColor="#003399" />
                <Columns>
                        <asp:BoundField DataField="Name" HeaderText="申请人" />
                        <asp:BoundField DataField="Position" HeaderText="申请职位" />
                        <asp:BoundField DataField="Degree" HeaderText="申请人学历" />
                        <asp:BoundField DataField="Sex" HeaderText="性别" />
                        <asp:HyperLinkField DataNavigateUrlFields="ApplicationId"
                                DataNavigateUrlFormatString=
                                "ApplicationDetail.aspx?applicationId={0}"
```

```
                    Text="详细" />
        </Columns>
        <SelectedRowStyle BackColor="#009999" Font-Bold="True"
            ForeColor="#CCFF99" />
        <HeaderStyle BackColor="#FFCC99" Font-Bold="True"
            ForeColor="#000099" />
    </asp:GridView>
</asp:Content>
```

后台代码(AcceptList.aspx.cs)如下：

```
using HR.BLL;
using HR.Models;
public partial class Company_AcceptList : System.Web.UI.Page
{
    protected void Page_Load(object sender, EventArgs e)
    {
        if (!IsPostBack)
        {
            User user = (User)Session["CurUser"];
            //获取所有求职申请
            IList<Application> apps =
                ApplicationManager.GetAllApplications();
            //使用 LINQ 查询当前用户收到的申请
            var reciveApp = from app in apps
                            where app.Job.Company.User.UserId ==user.UserId
                            select new
                            {
                                ApplicationId = app.ApplicationId,
                                Name = app.Resume.Name ,
                                Position = app.Job.Position,
                                Degree=app.Resume .Degree ,
                                Sex=app.Resume .Sex
                            };
            //将查询结果绑定到 gvInvite
            gvApplication.DataSource = reciveApp;
            gvApplication.DataBind();
        }
    }
}
```

(2) 添加 ApplicationDetail.aspx 页面。

在 HR 的 Web 网站的 Company 文件夹下，添加一个名为“ApplicationDetail.aspx”的页面，并设计该页面，如图 S8-16 所示。

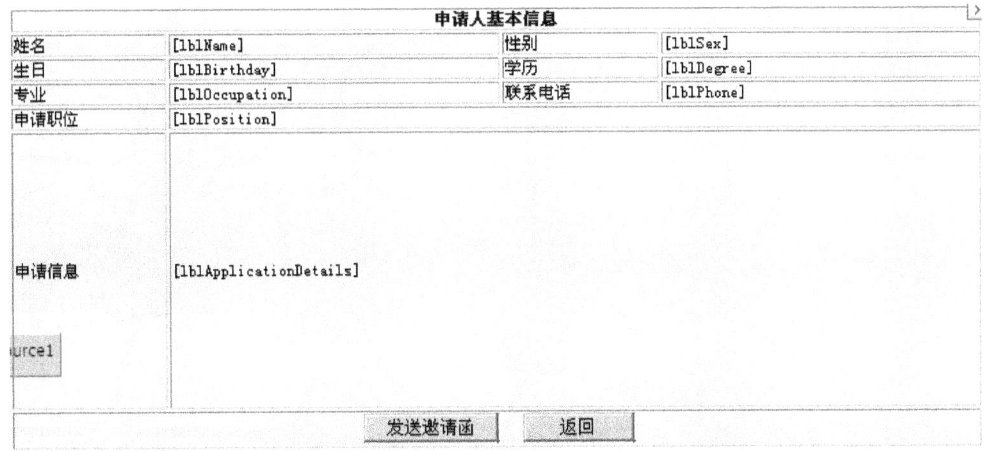

图 S8-16　设计页面

ApplicationDetail.aspx 页面源代码如下：

```
<%@ Page Language="C#" MasterPageFile="~/Company/CompanyMaster.master"
    AutoEventWireup="true" CodeFile="ApplicationDetail.aspx.cs"
    Inherits="Company_ApplicationDetail" Title="求职申请详细信息" %>
<asp:Content ID="Content1" ContentPlaceHolderID="cphContent"
    runat="Server">
    <table border="1">
        <tr>
            <th colspan="4">
                申请人基本信息
            </th>
        </tr>
        <tr>
            <td style="width:150px">
                姓名
            </td>
            <td style="width: 300px">
                <asp:Label ID="lblName" runat="server"></asp:Label>
            </td>
            <td style="width: 150px">
                性别
            </td>
            <td style="width: 300px">
                <asp:Label ID="lblSex" runat="server"></asp:Label>
```

```
            </td>
        </tr>
        <tr>
            <td style="width: 150px">
                生日
            </td>
            <td style="width: 300px">
                <asp:Label ID="lblBirthday" runat="server"></asp:Label>
            </td>
            <td style="width: 150px">
                学历
            </td>
            <td style="width: 300px">
                <asp:Label ID="lblDegree" runat="server"></asp:Label>
            </td>
        </tr>
        <tr>
            <td style="width: 150px">
                专业
            </td>
            <td style="width: 300px">
                <asp:Label ID="lblOccupation" runat="server"></asp:Label>
            </td>
            <td style="width: 150px">
                联系电话
            </td>
            <td style="width: 300px">
                <asp:Label ID="lblPhone" runat="server"></asp:Label>
            </td>
        </tr>
        <tr>
            <td style="width: 150px">
                申请职位
            </td>
            <td colspan="3">
                <asp:Label ID="lblPosition" runat="server"></asp:Label>
            </td>
        </tr>
        <tr>
```

```
                <td style="width: 150px">
                    申请信息
                </td>
                <td colspan="3" style="height: 200px;">
                    <asp:Label ID="lblApplicationDetails"
                        runat="server"></asp:Label>
                </td>
            </tr>
            <tr>
                <td colspan="4" align="center">
                    <asp:Button ID="btnSend" runat="server"
                        OnClick="btnSend_Click"
                        Text="发送邀请函"/>  
                    <asp:Button ID="btnBack" runat="server"
                        OnClick="btnBack_Click"
                        Text="返回" Width="81px"/>
                </td>
            </tr>
        </table>
</asp:Content>
```

其后台代码(ApplicationDetail.aspx.cs)如下：

```
using HR.BLL;
using HR.Models;
public partial class Company_ApplicationDetail : System.Web.UI.Page
{
    protected void Page_Load(object sender, EventArgs e)
    {
        if (!IsPostBack)
        {
            if (Request.QueryString["applicationId"] != null)
            {
                int applicationId =
                    Convert.ToInt32(Request.QueryString["applicationId"]);
                    Application app = ApplicationManager.
                        GetApplicationByApplicationId(applicationId);
                lblName.Text = app.Resume.Name;
                lblSex.Text = app.Resume.Sex;
                lblBirthday.Text = app.Resume.Birthday.ToString();
                lblDegree.Text = app.Resume.Degree;
```

```
                        lblOccupation .Text =app.Resume .Occupation ;
                        lblPhone.Text = app.Resume.Phone;
                        lblPosition.Text = app.Job.Position;
                        lblApplicationDetails.Text = app.ApplicationDetails;
                        ViewState["resumeId"]=app.Resume .ResumeId ;
                        ViewState["jobId"] = app.Job.JobId;
                    }
                }
        }
        protected void btnBack_Click(object sender, EventArgs e)
        {
            Response.Redirect("AcceptList.aspx");
        }
        protected void btnSend_Click(object sender, EventArgs e)
        {
            Response.Redirect("Invite.aspx?resumeId="+
                ViewState["resumeId"]+"&jobId="+ViewState["jobId"]);
        }
}
```

(3) 运行。

运行网站，以企业用户登录成功后，单击左侧菜单树的“收到的求职申请”选项，显示企业接收到的求职申请，如图 S8-17 所示。

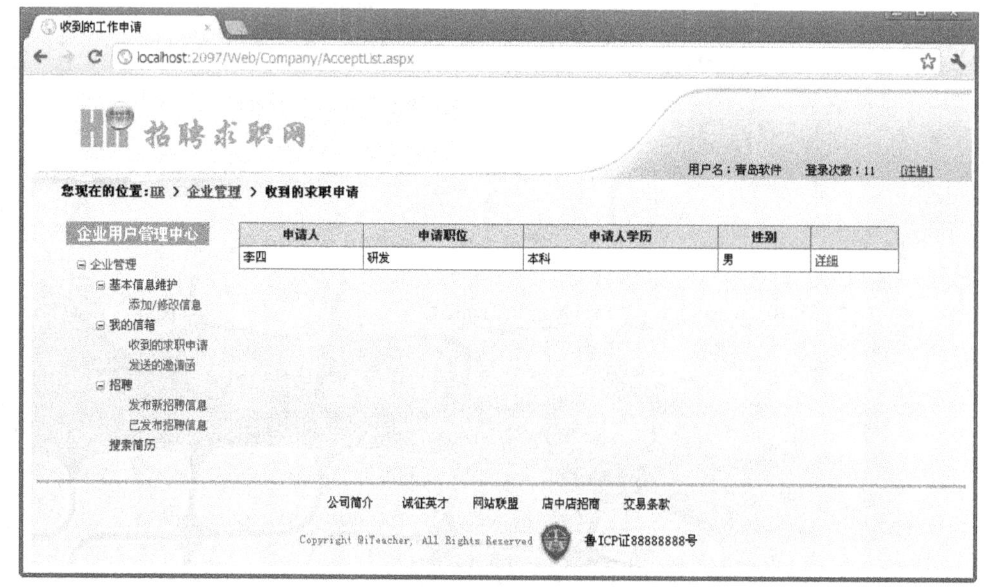

图 S8-17　运行结果

单击“详细”超链接，则显示求职详细信息，如图 S8-18 所示。

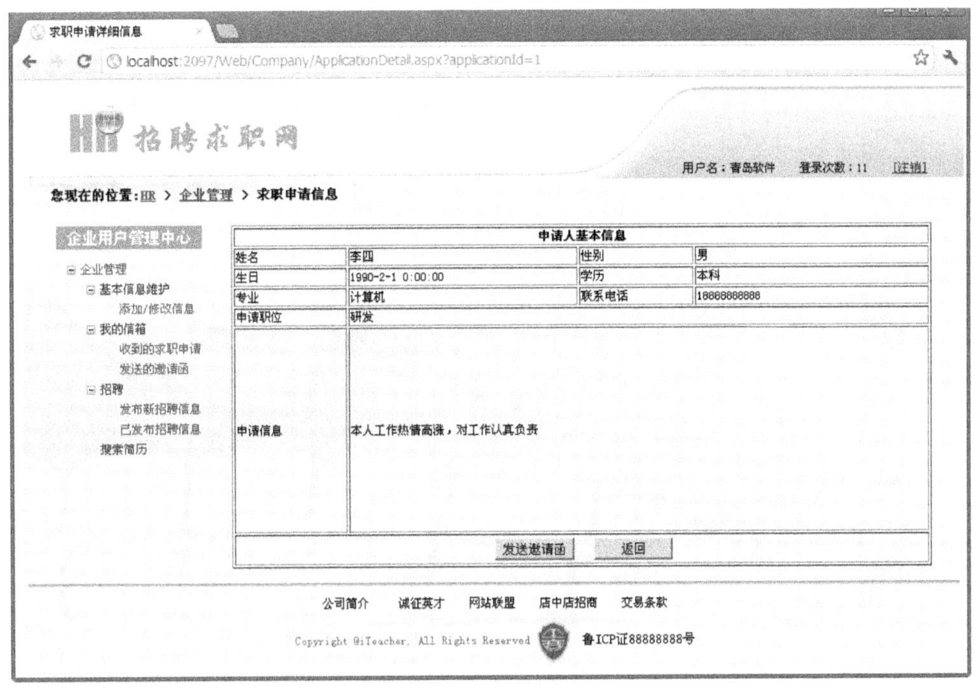

图 S8-18　运行结果(详细信息)

单击“发送邀请函”按钮，如图 S8-19 所示，填写邀请函信息。

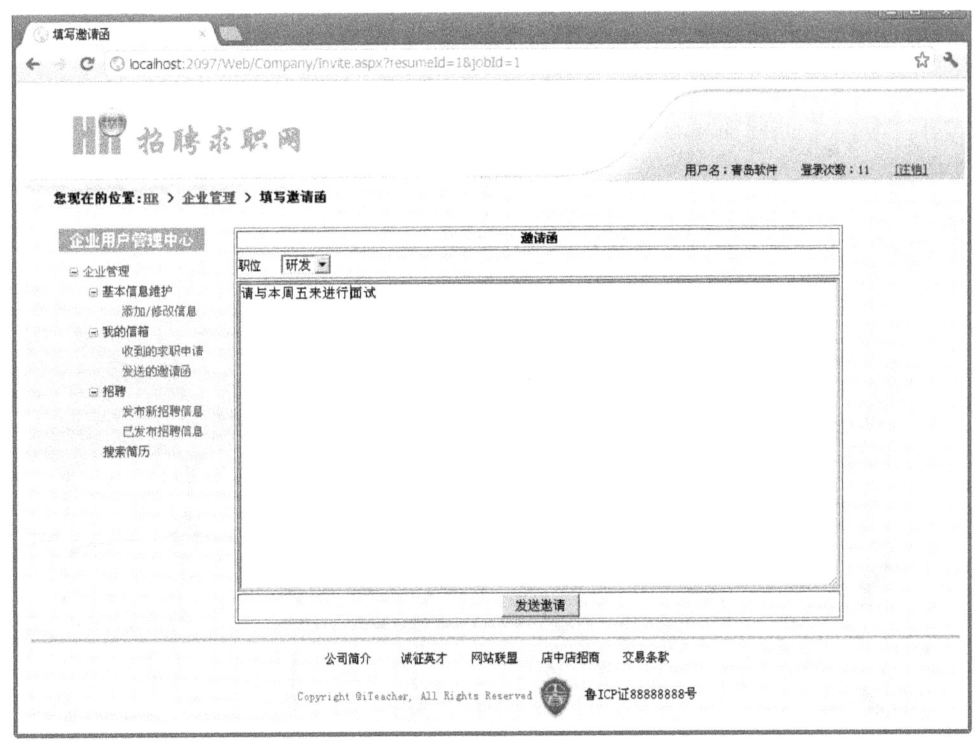

图 S8-19　运行结果(填写邀请函)

如图 S8-20 所示，在数据库中的 Invite 表中成功添加了一条记录。

	inviteId	jobId	resumeid	details	insertTime
1	1	1	14	请下周二来进行面试	2015-02-15 09:16:36.377
2	2	1	1	请与本周五来进行面试	2015-02-15 10:02:14.720

图 S8-20　数据库查看数据

实践 8.6

使用 LINQ 查询技术实现企业用户查看已发布的招聘信息的功能。

【分析】

在 Company 文件夹下创建 JobList.aspx 页面，使用 LINQ 查询企业已发布的招聘信息。

【参考解决方案】

(1) 添加 JobList.aspx 页面。

在 HR 的 Web 网站的 Company 文件夹下，添加一个名为“JobList.aspx”的页面，并设计该页面，如图 S8-21 所示。

工作类型	职业	岗位	工资	工作要求
数据绑定	数据绑定	数据绑定	数据绑定	数据绑定
数据绑定	数据绑定	数据绑定	数据绑定	数据绑定
数据绑定	数据绑定	数据绑定	数据绑定	数据绑定
数据绑定	数据绑定	数据绑定	数据绑定	数据绑定
数据绑定	数据绑定	数据绑定	数据绑定	数据绑定

图 S8-21　设计页面

JobList.aspx 页面源代码如下：

```
<%@ Page Language="C#" MasterPageFile="~/Company/CompanyMaster.master"
    AutoEventWireup="true" CodeFile="JobList.aspx.cs"
    Inherits="Company_JobList" Title="发布的招聘信息列表" %>
<asp:Content ID="Content1" ContentPlaceHolderID="cphContent"
    Runat="Server">
<asp:GridView ID="gvJob" runat="server" AutoGenerateColumns="False"
    CellPadding="4" Width="680px" BackColor="White" BorderColor="#3366CC"
    BorderStyle="None" BorderWidth="2px" EmptyDataText="无发布招聘信息！">
        <FooterStyle BackColor="#FFCC99" ForeColor="#000099" />
        <RowStyle BackColor="White" ForeColor="#003399" />
        <Columns>
            <asp:BoundField DataField="JobType" HeaderText="工作类型" />
            <asp:BoundField DataField="Occupation" HeaderText="职业" />
            <asp:BoundField DataField="Position" HeaderText="岗位" />
            <asp:BoundField DataField="Laborage" HeaderText="工资" />
            <asp:BoundField DataField="Demand" HeaderText="工作要求" />
```

```
            </Columns>
            <SelectedRowStyle BackColor="#009999" Font-Bold="True"
                ForeColor="#CCFF99" />
            <HeaderStyle BackColor="#FFCC99" Font-Bold="True"
                ForeColor="#000099" />
        </asp:GridView>
</asp:Content>
```

其后台代码(JobList.aspx.cs)如下：

```
using HR.Models;
using HR.BLL;
public partial class Company_JobList : System.Web.UI.Page
{
    protected void Page_Load(object sender, EventArgs e)
    {

        //判断当前用户是否有企业信息
        if (Session["companyId"] == null)
        {
            //没有，跳转到 CompanyBasicInfo.aspx 页面，让用户先填写企业信息
            Response.Redirect("CompanyBasicInfo.aspx");
        }
        else
        {
            int companyId=Convert .ToInt32 (
                Session["companyId"].ToString ());
            //获取所有招聘信息
            IList<Job> Jobs = JobManager.GetAllJobs();
            //使用 Linq 查询当前用户发布的招聘信息
            var outJob = from job in Jobs
                            where job.Company.CompanyId == companyId
                            select job;
            //数据绑定
            gvJob.DataSource = outJob;
            gvJob.DataBind();
        }
    }
}
```

(2) 运行。

运行网站，以企业用户登录成功后，单击左侧菜单树中的“已发布招聘信息”选项，

显示该企业发布的所有招聘信息，如图 S8-22 所示。

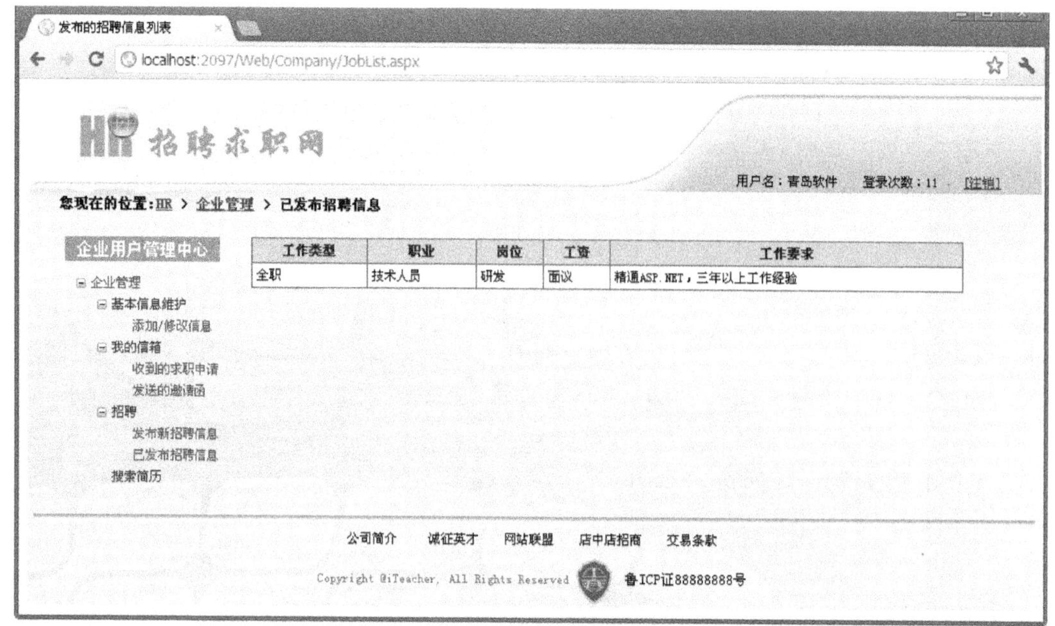

图 S8-22 运行结果

截止到本实践，HR 网站的企业用户的所有功能都已完成，整个网站所有模块都已实现。

知识拓展

LINQ to XML 是 LINQ 中专门用于操作 XML 数据的组件，它允许以一种类似于针对内存对象进行操作的方式对 XML 树进行创建、添加、删除、保存、查询等操作。以下示例演示使用 LINQ 创建和查询 XML 的方法。

创建一个名为“books.xml”的文件，其中包含了“Title”和“Author”等节点。新建一个名为 LinqToXml 的项目，在初始页面时，就创建 XML 文件，代码如下：

```
class LinqToXml {
    static void Main(string[] args) {
        //设置要创建的 XML 文档 books.xml 的存放路径
        string path = @"c:\books.xml";
        //创建 XML 文档中的元素
        XElement Books = new XElement("Books", new XElement("Book",
            new XElement("Title", "C 程序设计"),
            new XElement("Author", "谭浩强")),
            new XElement("Book", new XElement("Title", "Java SE 程序设计"),
            new XElement("Author", "孙卫琴")),
            new XElement("Book", new XElement("Title", "算法与数据结构"),
```

```
                new XElement("Author", "陈刚")));
            //保存 XML 文档
            Books.Save(path);
        }
}
```

运行上述代码，将在 C 盘根目录下创建名为 books.xml 的文档，如图 S8-23 所示。

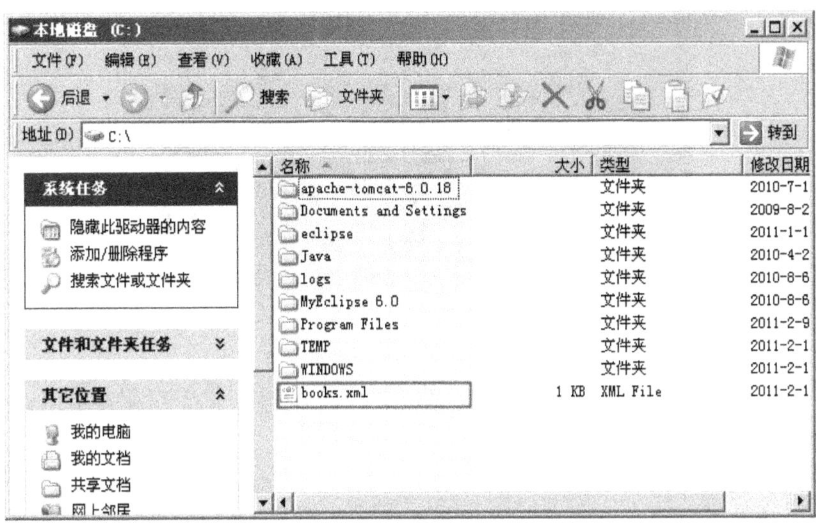

图 S8-23　运行结果

books.xml 中的代码如下：

```
<?xml version="1.0" encoding="utf-8"?>
<Books>
    <Book>
        <Title>C 程序设计</Title>
        <Author>谭浩强</Author>
</Book>
    <Book>
        <Title>Java SE 程序设计</Title>
        <Author>孙卫琴</Author>
</Book>
    <Book>
        <Title>算法与数据结构</Title>
        <Author>陈刚</Author>
    </Book>
</Books>
```

(1) 使用 LINQ to XML 遍历 books.xml。只需使用 XElement 类和 XAttribute 类中所提供的方法定位到某个或某些元素，即可进行遍历。将如下代码加入到 LinqToXml.cs 代码中即可。

```
//遍历 XML 文档，并在控制台输出
foreach (var item in Books.Elements("Book")) {
        Console.WriteLine(item.Element("Title").Value);
        Console.WriteLine(item.Element("Author").Value);
}
```

运行程序，将在控制台中输出 XML 中的书名和作者，如图 S8-24 所示。

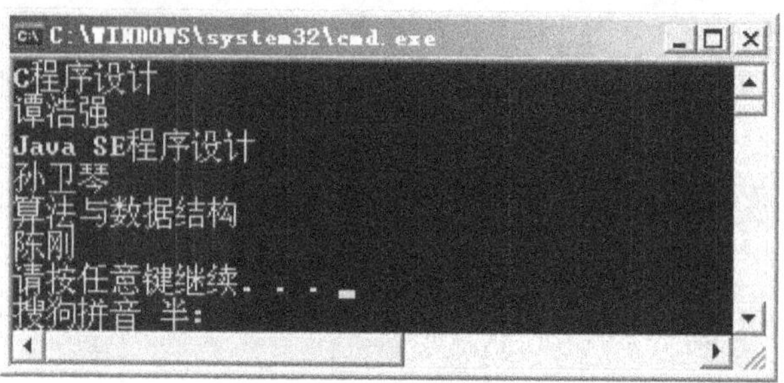

图 S8-24　运行结果

(2) 通过 LINQ 查询 XML 文件中所有的“Title”节点，并在控制台输出。将下述代码添加到 LinqToXml.cs 文件中即可：

```
Console.WriteLine("------------------------------");
//查询所有的 Title 节点
IEnumerable<XElement> books = from xml in Books.Descendants("Title")
                              select xml;
foreach (XElement item in books) {
        Console.WriteLine(item.ToString());
}
```

输出结果如图 S8-25 所示。

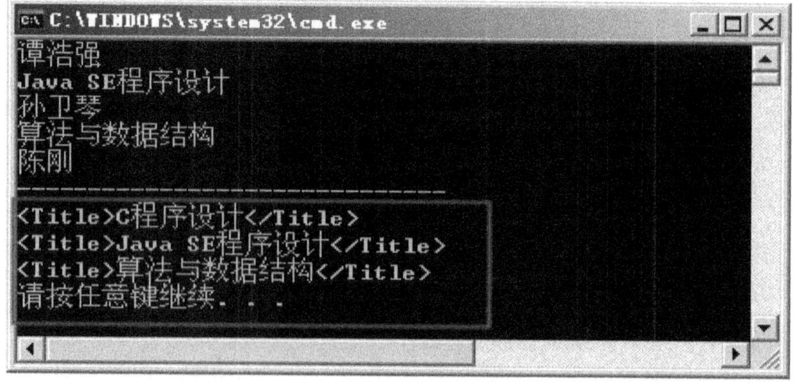

图 S8-25　运行结果

(3) 查询除“谭浩强”以外的所有作者的姓名。将下述代码添加到 LinqToXml.cs 文件中即可：

```
Console.WriteLine("------------------------------");
//查询除谭浩强以外的作者
IEnumerable<XElement> bookTan = from xml in books.Descendants("Author")
                                where (xml.Value != "谭浩强")
                                select xml;
foreach (XElement item in bookTan) {
    Console.WriteLine(item.Value);
}
```

输出结果如图 S8-26 所示。

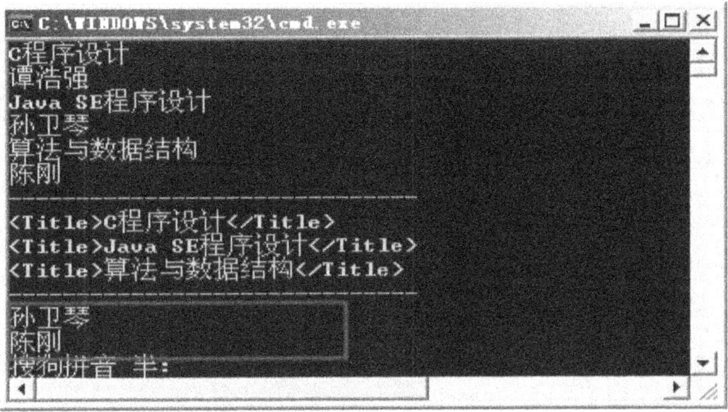

图 S8-26　运行结果

拓展练习

使用 LINQ to XML 查询 XML 中的数据。

实践 9　配置和部署网站

实践指导

实践 9.1

创建 HR 网站的安装程序，并使用安装文件将 HR 网站部署到 IIS 服务器中。

【分析】

(1) 创建 HR 网站的 Web 安装项目。

(2) 在 HR 安装项目中添加输出项。

(3) 设置 HR 安装项目的属性。

(4) 生成 HR 安装项目。

(5) 运行 HR 安装文件。

(6) 设置 HR 站点属性。

(7) 访问 HR 网站。

【参考解决方案】

(1) 创建 HR 安装项目。

右击 HR 解决方案，选择“添加”→“新建项目”命令，弹出“添加新项目”窗口。在左侧的“项目类型”树中，展开“其他项目类型”，选择“安装和部署”，再选择“Web 安装项目”模板，并输入项目名称 HRSetup，如图 S9-1 所示。

图 S9-1　创建 Web 安装项目

(2) 添加项目输出。

在解决方案资源管理器中右击“HRSetup”安装项目，选择“添加”→“项目输出”

命令，如图 S9-2 所示。

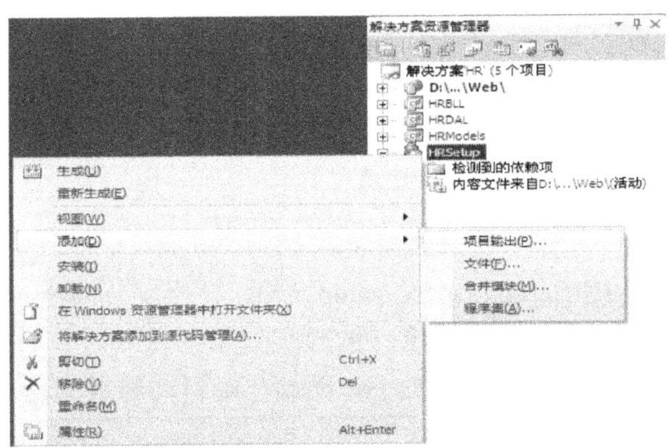

图 S9-2　添加项目输出

在“添加项目输出组”窗口中，在“项目”一栏选择 HR 的 Web 项目，再从列表中选择“内容文件”，如图 S9-3 所示，并单击“确定”按钮。此时“解决方案资源管理器”窗口中的 HRSetup 安装文件如图 S9-4 所示。

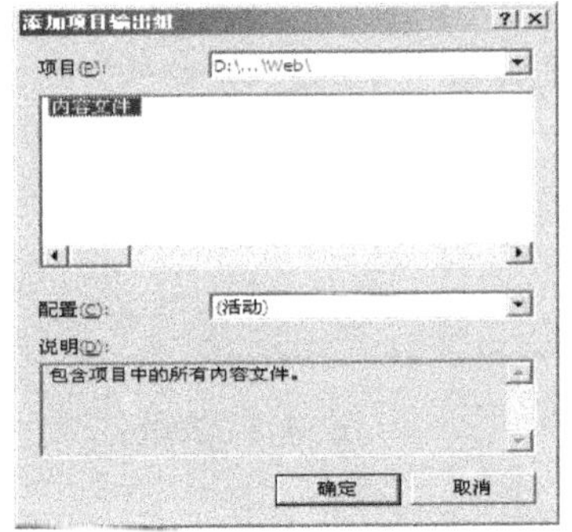

图 S9-3　添加项目输出组

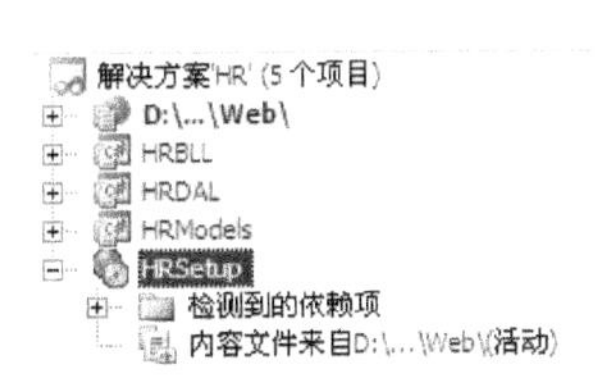

图 S9-4　项目文件

(3) 设置安装文件的属性。

在 HRSetup 项目的属性窗口中，设置 Author、Description 和 Manufacturer 属性，如图 S9-5 所示。

(4) 生成安装项目。

右击 HRSetup 项目，单击“生成”，如图 S9-6 所示。

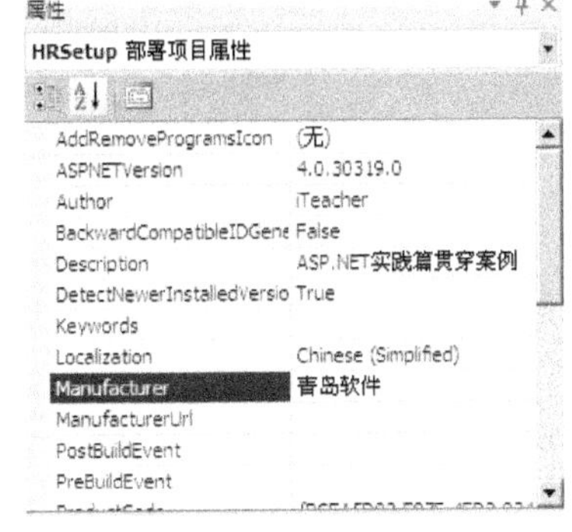

图 S9-5　设置属性

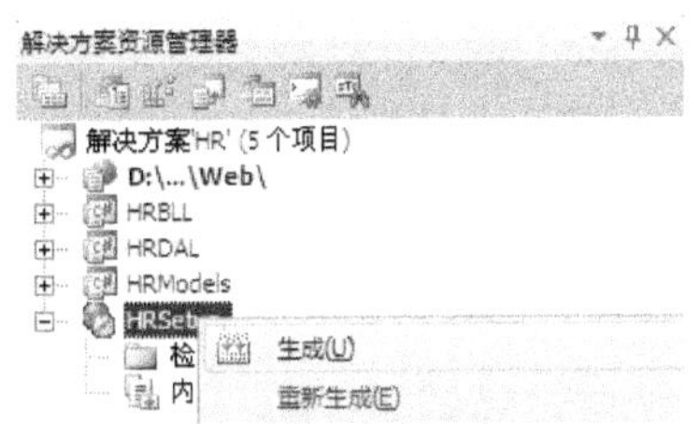

图 S9-6　生成安装项目

当安装项目生成后，查看文件夹“HRSetup”中的“Debug”文件夹，关于 HR 项目的安装部署文件“HRSetup.msi”和“setup.exe”已经生成了。用户可直接安装上述两个文件的任何一个，就可将 Web 项目发布到 IIS 中。

“HRSetup.msi”适合当客户端没有安装 .NET Framework 平台时使用，“setup.exe”则适合安装了.NET Framework 平台的客户端使用。

(5) 运行安装文件。

双击 HR 安装文件(HRSetup.msi 或 setup.exe)，按照安装向导一步步安装，直到安装完成。其中将虚拟目录设为“HR”，如图 S9-7 所示。

安装完成后，打开 IIS 服务器，此时 HR 网站已经自动部署成功，如图 S9-8 所示。

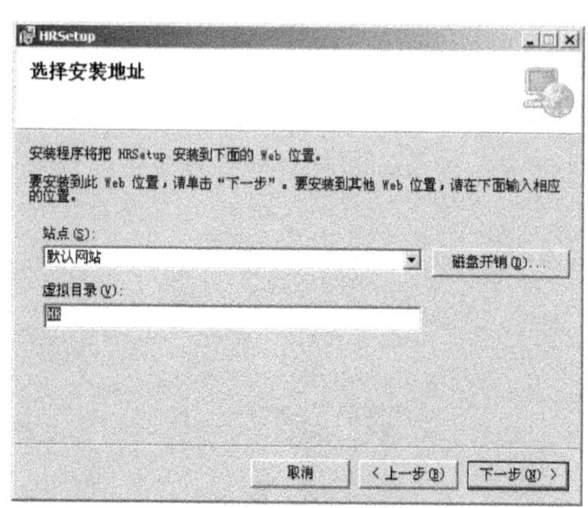

图 S9-7　选择安装地址

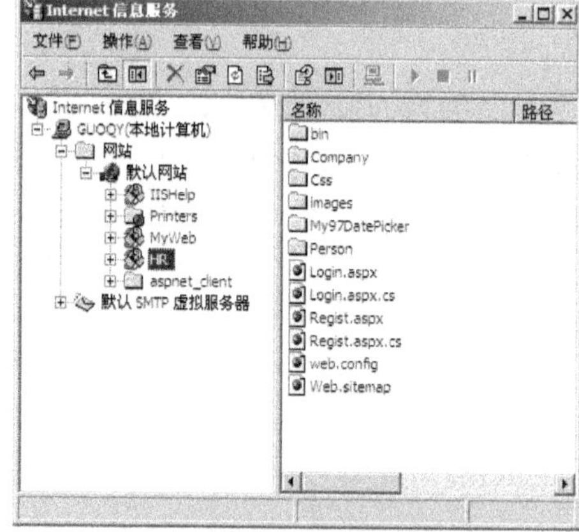

图 S9-8　安装完成

(6) 设置 HR 网站的属性。

在 IIS 中，右击 HR 网站，选择“属性”命令，弹出属性窗口，如图 S9-9 所示。

单击“文档”选项卡，在“启用默认文档”列表中添加“Login.aspx”页面，并将其移到最上方，如图 S9-10 所示。

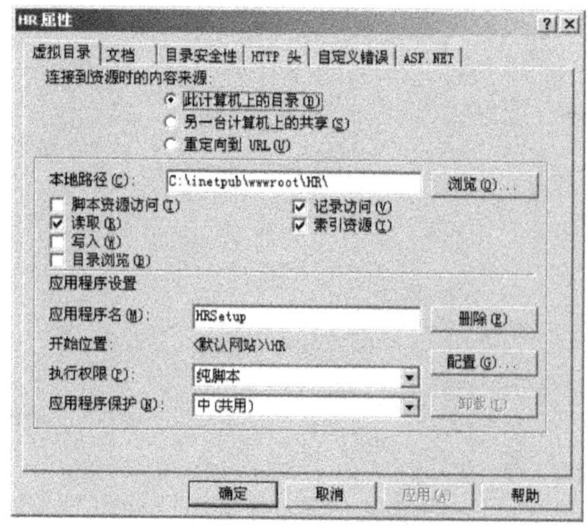

图 S9-9　设置属性

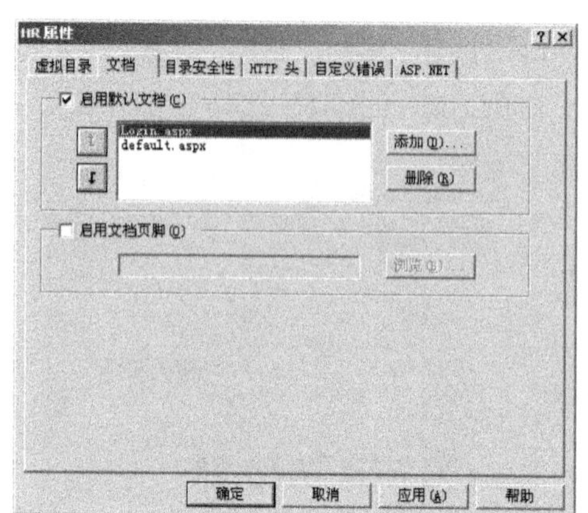

图 S9-10　设置属性

HR 项目所使用的版本如图 S9-11 所示。

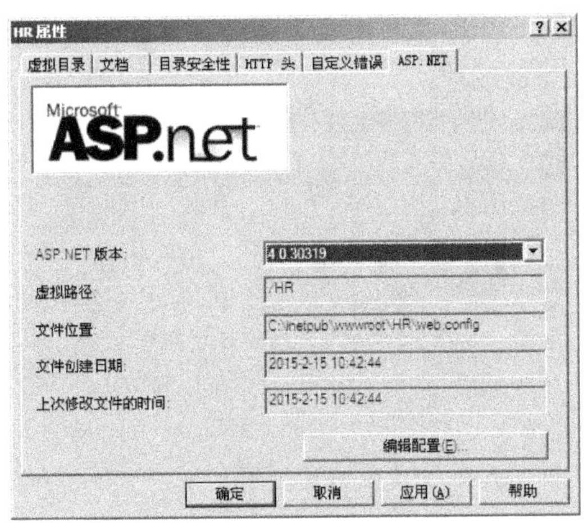

图 S9-11　查看属性

(7) 访问 HR 网站。

打开 IE 浏览器，在地址栏中输入“http://localhost/HR”，如图 S9-12 所示，显示 HR 网站的登录页面。

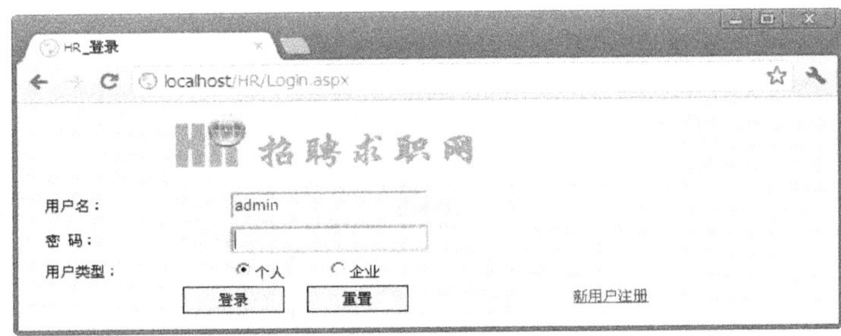

图 S9-12　运行结果

实践 9.2

生成并发布 HR 网站，并将网站部署到 IIS 服务器中。

【分析】

(1) 生成并发布 HR 网站。

(2) 在 IIS 中部署 HR 站点。

【参考解决方案】

(1) 生成并发布 HR 网站。

在“解决方案资源管理器”窗口中，右击 HR 网站项目，选择“生成网站”命令，生成成功后，再单击“发布网站”命令，如图 S9-13 所示。

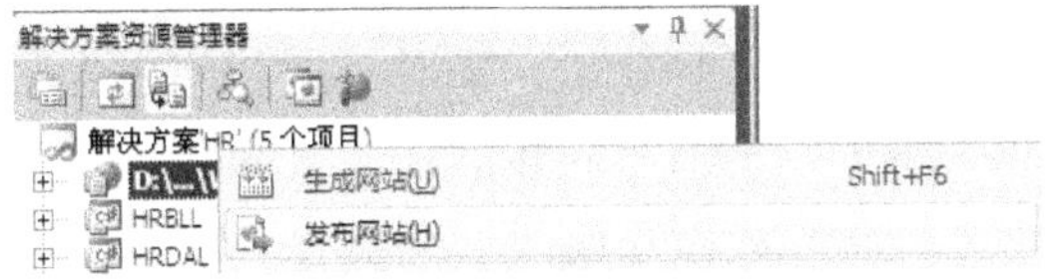

图 S9-13　发布网站

在“发布网站”窗口，指定 HR 网站生成的“目标位置”，如图 S9-14 所示，单击“确定”按钮，HR 网站生成成功。

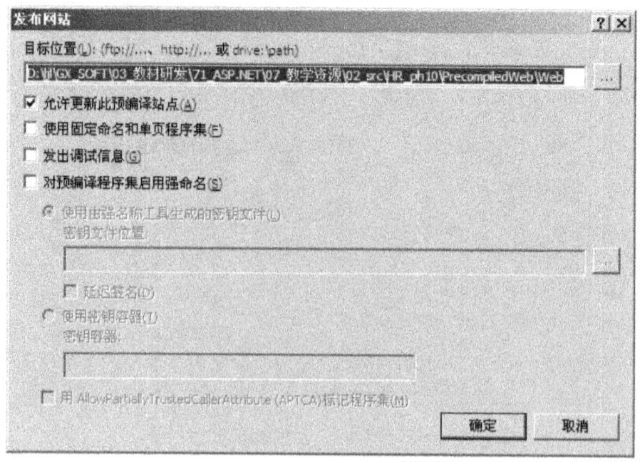

图 S9-14　设置网站存放位置

(2) 在 IIS 中部署 HR 站点。

参照实践 9.1，在 IIS 中部署 HR 站点。注意，设置虚拟目录的别名为“HR2”，并指定目录路径为发布网站后生成的目标位置，如图 S9-15 所示。

图 S9-16 所示为在 IIS 中部署的 HR2 站点。

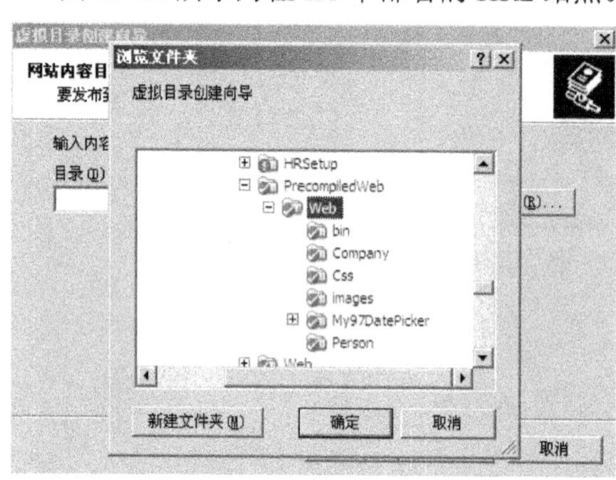

图 S9-15　选择网站

图 S9-16　部署成功

再设置 HR2 的属性，将 Login.aspx 设为默认起始页。在 IE 地址栏中输入“http://localhost/HR2”进行访问。

知识拓展

1. 页面跟踪

页面跟踪是 ASP.NET 引入的新功能，只需对页面和应用程序启用此功能，就可以查看有关单个 ASP.NET 页请求的诊断信息。跟踪还允许在代码中直接写出调试语句。在以前的 ASP.NET 版本中不支持跟踪，需要在网页中编写一些 Response.Write 命令来查看变量所具有的值，或检查是否调用了某方法或触发了某事件。ASP.NET 的跟踪功能省去了

编写这些输出语句的麻烦。

ASP.NET 提供两个级别的跟踪服务：页面级跟踪和应用程序级跟踪。

(1) 页面级跟踪。

在页面级别上，可以使用 Trace 内部对象来编写自定义调试语句，这些语句将会出现在发送到请求浏览器的客户端输出的末尾。除了输出自定义调试语句，以及有关页面执行情况的重要统计信息(控件层次结构、会话状态和应用程序状态)外，ASP.NET 还插入了一些有关生命周期开始或结束的跟踪信息，如 Init、Render 和 PreRender 等。因为可以禁用跟踪，所以这些调试语句可以留在页面代码中，对页面的性能没有影响。

要在页面中启用跟踪功能，就要在前台页面的@Page 指令中设置 Trace 属性，即：

```
<%@Page Trace="True"...%>
```

@Page 指令中用 TraceMode 属性来设置跟踪信息出现的顺序。其取值如下：

- SortByTime：按照这些信息的处理时间来进行排序；
- SortByCategory：按照在 Trace.Warn()和 Trace.Write()中指定的类别排序。

下面通过页面 TraceExample.aspx 来演示页面级跟踪的使用方法。页面设计源代码如下：

```
<%@ Page Language="C#" AutoEventWireup="true" CodeBehind="TraceExample.aspx.cs"
    Inherits="ph04.TraceExample" Trace="true" TraceMode="SortByTime"%>
<!DOCTYPE html PUBLIC "-//W3C//DTD XHTML 1.0 Transitional//EN"
    "http://www.w3.org/TR/xhtml1/DTD/xhtml1-transitional.dtd">
<html xmlns="http://www.w3.org/1999/xhtml" >
<head runat="server">
    <title>Trace 示例</title>
</head>
<body>
    <form id="form1" runat="server">
    <div>
        <asp:TextBox ID="txt1" runat="server" Text="aaa"></asp:TextBox>
        <asp:TextBox ID="txt2" runat="server" Text="bbb"></asp:TextBox>
        <asp:TextBox ID="txt3" runat="server" Text="ccc"></asp:TextBox>
        <asp:Button ID="btnClick" runat="server" Text="改变文本框"
            onclick="btnClick_Click" />
    </div>
    </form>
</body>
</html>
```

在上述代码中的@Page 命令中，设置了 Trace 属性值为 True 和 TraceMode 属性值为 SortByTime(表示按照处理时间进行排序)，代码如下：

```
Trace="true" TraceMode="SortByTime"
```

TraceExample.aspx 的后台程序代码如下：

```
public partial class TraceExample : System.Web.UI.Page {
    protected void Page_Load(object sender, EventArgs e) {
        Trace.Warn("Page_Load Start", "Page_Load 事件开始！");
        Trace.Write("Page_Load End", "Page_Load 事件：页面初始完成");
    }
    // 单击操作
    protected void btnClick_Click(object sender, EventArgs e) {
        Trace.Warn("btnClick_Click Start", "Btn_Click 事件：按钮单击事件开始！");
        txt1.Text = "AAA";
        txt2.Text = "BBB";
        txt3.Text = "CCC";
        Trace.Write("btnClick_Click End", "Btn_Click 事件：按钮单击事件结束！");
    }
}
```

在上述代码中，通过 Trace.Warn()和 Trace.Write()方法来标识 Page_Load 和 btnClick_Click 事件的开始和结束，运行结果如图 S9-17 所示。

图 S9-17　页面跟踪

对于被页面跟踪的页面中显示的信息的说明如表 S9-1 所示。

表 S9-1　页面跟踪信息

类　别	说　　明
请求详细信息	关于请求的信息，比如请求类型，HTTP 代码等
跟踪信息	执行顺序的细节，显示为每一部分执行所需要的时间。当添加自己定制的信息时，这些消息会出现在此部分
控件树	页面上的所有控件的分层列表，包括其大小
Cookie 集合	列出页面中的每一个 Cookie 的细节
标头集合	列出 HTTP 头文件
表单集合	列出每一个 Form 内容的名称和值
服务器变量	列出所有服务器变量及其值

(2) 应用程序级跟踪。

应用程序级跟踪由页面级跟踪的概念扩展而来，它可以跟踪整个应用程序。与页面级跟踪一样，应用程序级跟踪也允许开发人员查看页面的统计信息、输入信息以及其他信息。在应用程序启用跟踪相当于在此应用程序内为所有页启用页面级跟踪。当启用应用程序级跟踪后，ASP.NET 运行库还收集几种附加的统计信息，如控件层次结构状态、会话内容和应用程序状态、窗体和 Querystring 输入值以及其他的请求执行特性。这些统计信息是为指定数目的请求收集的，具体数目由应用程序的配置文件决定。若要为应用程序启用跟踪，可在 Web.config 文件中加入如下代码：

```
<configuration>
    <system.web>
        <trace enabled="true" pageOutput="true"/>
    </system.web>
</configuration>
```

通过上述配置，应用程序中的所有页面都将运行其页面级跟踪语句，并且这些语句将在客户端浏览器中输出。若要访问附加的页面统计信息，需从应用程序根目录请求特别的映射文件 trace.axd。例如，若应用程序的 URL 是“http://localhost:3246/PageTracing”，则可通过发送请求到“http://localhost:3246/PageTracing/trace.axd”来获取对应用程序的跟踪统计信息。

仍以 TraceExample.aspx 为例，运行程序后，打开一个新的 IE 浏览器，在地址栏中输入 URL“http://localhost:3246/PageTracing/trace.axd”，运行结果如图 S9-18 所示。

图 S9-18 中显示了访问页面 TraceExample.aspx 的时间。单击每行的“查看详细信息”，可查看有关页面的详细跟踪信息(即页面级跟踪信息中的内容，在此不再演示)。在默认情况下，ASP.NET 仅记录最近访问的 10 个页面的跟踪信息。如果需要将跟踪信息附加到其关联的页面的末尾，可以在 Web.config 文件的跟踪配置节中将属性“pageOutput”的值设置为 true，反之设置为 false。关于程序级跟踪行为属性的介绍可参考表 S9-2。

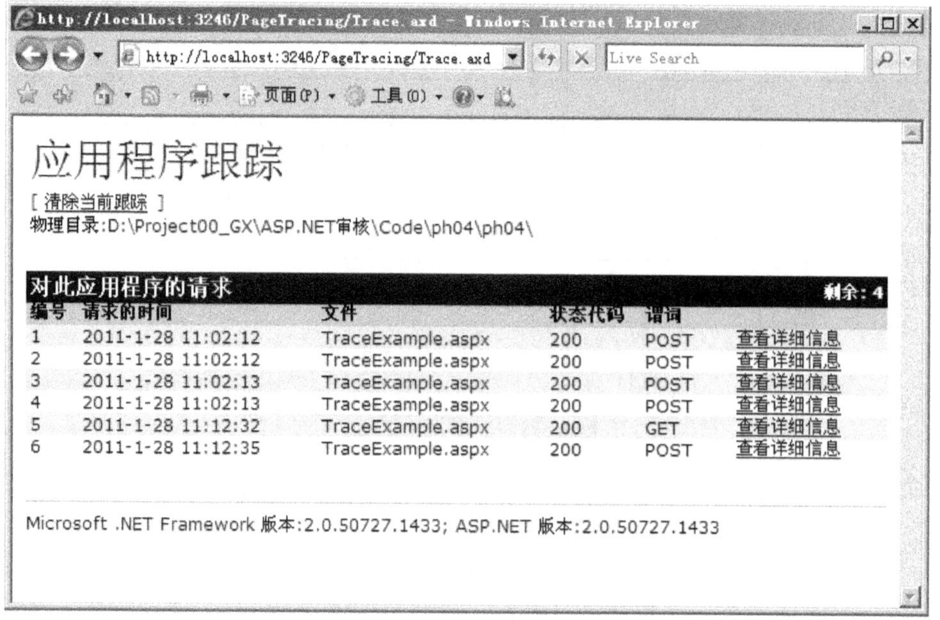

图 S9-18　应用程序跟踪

表 S9-2　程序级跟踪行为属性

属　性	说　　明	默认值
requestLimit	存储在服务器上的跟踪请求的数目	10
traceMode	跟踪信息的顺序排列方式	sortByTime
pageOutput	设置是否在每个页面的底部显示跟踪信息	False
Enabled	设置是否启用应用程序级跟踪	True
localOnly	设置跟踪查看器(Trace.axd)是否只在主机 Web 服务器上可用	True

2．缓存

缓存是在内存存储数据的一项技术，也是 ASP.NET 中提供的重要特性之一。例如程序开发人员可以在复杂查询的时候缓存数据，这样后来的请求就不需要从数据库中取数据，而是直接从缓存中获取。通过使用缓存可以提高应用程序的性能。ASP.NET 中主要有输出缓存和数据缓存两种类型的缓存。

1) 输出缓存

输出缓存是最简单的缓存形式。输出缓存只是在内存中保留为响应请求而发送的 HTML 的副本，当再有请求时将提供缓存的输出，一直持续至缓存到期。其语法结构如下：

```
<%@ OutputCache Duration="时间" VaryByParam="None" %>
```

其中：

✧ Duration 属性：用于设置数据存储在缓存中的时间；
✧ VaryByParam 属性：用于根据 GET 查询字符串或窗体 POST 参数来改变缓存的输出。如果不使用 VaryByParam 属性提供的功能，则必须将其值设置为 None。

下面通过 OutPutCache.aspx 来演示输出缓存的使用方法。页面设计源代码如下：

```
<%@ Page Language="C#" AutoEventWireup="true"
    CodeBehind="OutCache.aspx.cs"
    Inherits="ph10.OutCache" %>
<%@ OutputCache Duration="60" VaryByParam="none" %>
<!DOCTYPE html PUBLIC "-//W3C//DTD XHTML 1.0 Transitional//EN"
    "http://www.w3.org/TR/xhtml1/DTD/xhtml1-transitional.dtd">
<html xmlns="http://www.w3.org/1999/xhtml" >
<head id="Head1" runat="server">
    <title>缓存</title>
</head>
<body>
    <form id="form1" runat="server">
    <div>
        当前时间：
        <asp:Label ID ="lbDateNow" runat="server" Text=""></asp:Label><br />
        请求时间：<asp:Label ID="lbDate" runat="server" Text=""></asp:Label>
    </div>
    </form>
</body>
</html>
```

在前台页面的开始部分，指定了 ASP.NET 编译器缓存页面 60 秒。

后台代码如下：

```
public partial class OutCache : System.Web.UI.Page {
    protected void Page_Load(object sender, EventArgs e) {
        lbDateNow.Text = DateTime.Now.ToString();
        lbDate.Text = DateTime.Now.ToString("G");
    }
}
```

这就意味着第一次请求该页面后，在接下来的 60 秒内收到的页面请求将发送相同的编译输出，即页面上显示的请求时间保持不变。但一旦超过 60 秒，页面上的请求时间就会改变，然后再持续 60 秒。

2) 数据缓存

ASP.NET 还提供了另一种灵活的缓存类型：数据缓存。开发人员可以将一些耗费时间的条目加入到一个对象缓存集合中，以键值对的方式存储。其语法格式如下：

```
Cache["Key"]=value;
```

因此最简单的缓存方法就是通过赋值的方式建立一个缓存，代码如下：

```
Cache["MyCache"]="MyCache!!";
```

然后通过赋值的方式取出缓存，如页面中有一个 Label 标签，可在后台为 Label 标签的 Text 属性赋值，代码如下：

```
Label1.Text =Cache["MyCache"].ToString();
```

这种方法使用非常简单，但是在功能上受到一些限制。为了更完善缓存特性，可以使用 Cache.Insert()方法来设置缓存，如设置缓存的过期时间、优先级、依赖项等。以下通过示例来演示数据缓存的使用方法。前台页面代码如下：

```
<%@ Page Language="C#" AutoEventWireup="true"
    CodeBehind="CacheInsertDemo.aspx.cs" Inherits="ph10.CacheInsertDemo" %>
<!DOCTYPE html PUBLIC "-//W3C//DTD XHTML 1.0 Transitional//EN"
    "http://www.w3.org/TR/xhtml1/DTD/xhtml1-transitional.dtd">
<html xmlns="http://www.w3.org/1999/xhtml" >
<head runat="server">
    <title>数据缓存示例</title>
</head>
<body>
    <form id="form1" runat="server">
    <div>
        <asp:GridView ID="myGridView" runat="server"></asp:GridView>
    </div>
    </form>
</body>
</html>
```

前台代码中只是放置了一个 GridView，用于显示数据库数据。后台代码如下：

```
public partial class CacheInsertDemo : System.Web.UI.Page {
    //声明一个数据视图表来存放数据库中的数据
    DataView dv;
    protected void Page_Load(object sender, EventArgs e) {
        dv = (DataView)Cache["ds"];
        //判断缓存是否为空
        if (dv == null) {
            string strConn = ConfigurationManager.
                ConnectionStrings["conn"].ConnectionString;
            string sql = "SELECT * FROM users";
            SqlDataAdaptersda = new SqlDataAdapter(sql, strConn);
            DataSet ds = new DataSet();
            sda.Fill(ds);
            dv = ds.Tables[0].DefaultView;
            //设置缓存参数
            Cache.Insert("ds", dv, null
                , System.Web.Caching.Cache.NoAbsoluteExpiration
```

```
                    , TimeSpan.FromMinutes(2));
            Databind();
        } else {
            DataBind();
            Response.Write("缓存数据");
        }
    }
    //定义数据绑定方法
    protected void Databind() {
        myGridView.DataSource = dv;
        myGridView.DataBind();
    }
}
```

上述代码中，通过 Cache.Insert()方法对数据缓存进行了参数设置，其中各个参数的含义如下：

- ✧ 第 1 个参数：设置缓存的名称；
- ✧ 第 2 个参数：设置缓存的数据对象；
- ✧ 第 3 个参数：缓存键的依赖项，默认为 null；
- ✧ 第 4 个参数：过期时间，如果使用相对过期时间，则参数要设为 NoAbsolute Expiration；
- ✧ 第 5 个参数：可调过期时间，如果参数 4 使用了固定过期时间，则此参数要设成 NoSlidingExpiration。

运行程序，显示结果如图 S9-19 所示。

页面运行出来后，2 分钟后刷新页面，此时缓存已经过期，此时页面显示结果如图 S9-20 所示。

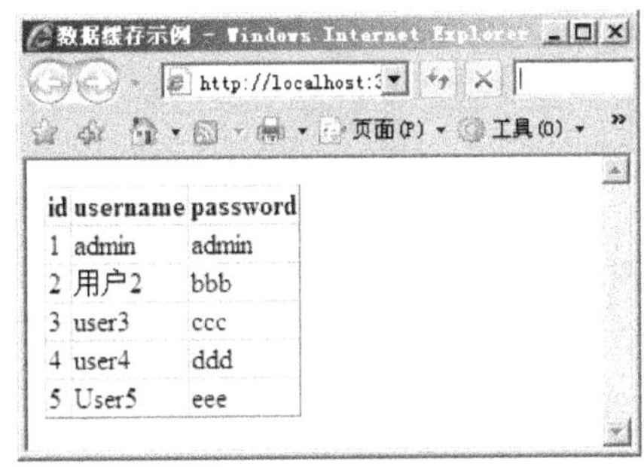

图 S9-19　运行结果

图 S9-20　运行结果

拓展练习

使用缓存技术对 HR 网站中的页面进行缓存，提高网站性能。

附录 A　C# 程序中的两类关键字

关键字是对编译器具有特殊意义的预定义保留标识符，不能在程序中用作标识符。在 C# 程序中的任何部分都作为关键字的字符，如附表 1 所示。

附表 1　C# 程序中的关键字

abstract	as	bool	base	break
byte	case	catch	char	checked
class	const	continue	decimal	default
delegate	do	double	else	enum
explicit	extern	False	finally	float
for	foreach	goto	if	implicit
in	int	interface	internal	is
lock	long	new	null	object
operator	out	override	params	private
protected	public	readonly	ref	return
sbyte	sealed	short	sizeof	stackalloc
static	string	struct	switch	this
throw	True	try	typeof	uint
ulong	unchecked	unsafe	ushort	using
virtual	void	volatile	while	

在 C# 中还有另一类关键字，仅在受限制的程序的上下文中具有特殊含义，并且可在该上下文外部用作标识符，此类关键字称为上下文关键字。上下文关键字用于提供代码中的特定含义，但不是 C# 中的保留字，如附表 2 所示。

附表 2　上下文关键字

add	dynamic	from	get	global
group	into	join	let	orderby
partial(类型)	partial(方法)	remove	select	set
var	where(泛型类型约束)	yield	where(查询子句)	

附录 B　ADO.NET 命名空间中的类

命 名 空 间	对 象 名 称	对 象 功 能
System.Data 命名空间	DataSet	数据在内存中的缓存
	DataTable	内存中的数据表
	DataTableCollection	内存中的 DataTable 集合
	DataView	内存中某个 DataTable 的视图
	DataRow	DataTable 中的某行数据
	DataRowCollection	DataTable 中行的集合
	DataRowView	DataRow 的视图
	DataColumn	DataTable 的列结构
	DataColumnCollection	某个 DataTable 对象的 DataColumn 集合
	DataRelation	两个 DataTable 之间的关系
	DataRelationCollection	DataSet 中所有的 DataRelation 对象的集合
	Constraint	DataColumn 对象上的约束
	ConstraintCollection	某个 DataTable 上所有的 Constraint 对象的集合
	DataTableReader	以一个或多个只读、只进结果集的形式获取多个 DataTable 对象的内容
	DataException	使用 ADO.NET 时发生的异常
System.Data.Common 命名空间	DataAdapter	包含一组 SQL 命令和一个数据库连接，用于填充 DataSet 和更新数据源
	DbCommand	表示要对数据源执行的 SQL 语句或存储过程
	DbConnection	表示到数据库的连接
	DbDataAdapter	继承 DataAdapter 的大部分功能
	DbDataReader	从数据源返回只读的、向前的数据
	DbException	数据源引发的异常
	DbParameter	为 DbCommand 对象设置参数
	DbTransaction	事务

续表

命名空间	对象名称	对象功能
System.Data.SqlClient 命名空间	SqlCommand	对数据源执行的 SQL 语句或存储过程
	SqlConnection	连接数据源
	SqlDataAdapter	数据命令集到数据源的连接，它们用于填充 DataSet，以及更新该数据源
	SqlDataReader	从数据源提取只读、向前的数据
	SqlError	从数据源返回的错误或者警告信息
	SqlException	数据源引发的异常
	SqlParameter	设置 SqlCommand 对象的参数
	SqlTransaction	事务
System.Data.OleDb 命名空间	OleDbCommand	对数据源执行的 SQL 语句或存储过程
	OleDbConnection	连接数据源
	OleDbDataAdapter	数据命令集到数据源的连接，它们用于填充 DataSet 以及更新该数据源
	OleDbDataReader	从数据源提取只读、向前的数据
	OleDbError	从数据源返回的错误或者警告信息
	OleDbException	数据源引发的异常
	OleDbParameter	设置 OleDbCommand 对象的参数
	OleDbTransaction	事务
System.Data.OracleClient 命名空间	OracleCommand	对数据源执行的 SQL 语句或存储过程
	OracleConnection	连接数据源
	OracleDataAdapter	数据命令集到数据源的连接，它们用于填充 DataSet 以及更新该数据源
	OracleDataReader	从数据源提取只读、向前的数据
	OracleError	从数据源返回的错误或者警告信息
	OracleException	数据源引发的异常
	OracleParameter	设置 OracleCommand 对象的参数
	OracleTransaction	事务